UG NX 12.0 中文版快速入门实例教程

三维书屋工作室

方月　胡仁喜　赵煜　等编著

机械工业出版社

本书按知识结构共分 8 章，内容包括 UG NX12.0 基础、曲线的创建与编辑、草图、实体建模、曲面造型、装配、工程图和综合实例等知识。在介绍的过程中，注意由浅入深、从易到难，各章节既相对独立又前后关联。编者根据自己多年的经验及学习的通常心理，及时给出总结和相关提示，帮助读者及时快捷地掌握所学知识。本书图文并茂、语言简洁、思路清晰，可以作为初学者的入门教材，也可作为工程技术人员的参考工具书。

图书在版编目（CIP）数据

UG NX 12.0中文版快速入门实例教程/方月等编著.—5版.—北京：机械工业出版社，2018.10

ISBN 978-7-111-60955-1

Ⅰ. ①U… Ⅱ. ①方… Ⅲ. ①计算机辅助设计—应用软件—教材 Ⅳ. ①TP391.72

中国版本图书馆CIP数据核字(2018)第218403号

机械工业出版社（北京市百万庄大街22号 邮政编码100037）
责任编辑：曲彩云 责任校对：张秀华 责任印制：孙 炜
北京中兴印刷有限公司印刷
2018年9月第5版第1次印刷
184mm×260mm • 16.5印张 • 398千字
0001－3000册
标准书号：ISBN 978-7-111-60955-1
定价：59.00元

凡购本书，如有缺页、倒页、脱页，由本社发行部调换

电话服务		网络服务
服务咨询热线：	010-88361066	机工官网：www.cmpbook.com
读者购书热线：	010-68326294	机工官博：weibo.com/cmp1952
	010-88379203	金 书 网：www.golden-book.com
编辑热线：	010-88379782	教育服务网：www.cmpedu.com

前　言

Unigraphics（简称 UG）是美国 EDS 公司出品的一套集 CAD/CAM/CAE 于一体的软件系统。它的功能覆盖了从概念设计到产品生产的整个过程，并且广泛地应用在汽车、航天、模具加工以及设计和医疗器械等行业。它提供了强大的实体建模技术，提供了高效的曲面建构能力，能够完成复杂的造型设计。除此之外，装配功能、2D 出图功能、模具加工功能及与 PDM 之间的紧密结合，使得 UG 在工业界成为一套无可匹敌的高级 CAD/CAM 系统。

UG NX 12.0 是 NX 系列的新版本，它在原版本的基础上进行了多处改进。例如，在创建特征和自由建模方面提供了更加广泛的功能，使得用户可以更快、更高效、更加高质量地设计产品；在制图方面也做了重要的改进，使得制图更加直观、快速和精确，并且更加贴近工业标准。

全书按知识结构共分 8 章，内容包括 UG NX12.0 基础、曲线的创建与编辑、草图、实体建模、曲面造型、装配、工程图及综合实例等知识。在介绍的过程中，注意由浅入深、从易到难，各章节既相对独立又前后关联。编者根据自己多年的经验及学习的通常心理，及时给出总结和相关提示，帮助读者及时快捷地掌握所学知识。本书图文并茂、语言简洁、思路清晰，可以作为初学者的入门教材，也可作为工程技术人员的参考工具书。

为了满足各大中专学校师生利用此书进行教学的需要，随书配赠多媒体光盘，包含全书实例源文件以及操作过程录屏和录音讲解的 AVI 文件；为了方便教师备课，随书光盘中还特意制作了授课 PPT 文件。

本书由三维书屋工作室总策划，方月、胡仁喜、赵煜、刘昌丽、康士廷、王敏、王玮、孟培、王艳池、闫聪聪、王培合、王义发、王玉秋、杨雪静、孙立明、甘勤涛、李兵、张日晶、阳平华、李亚莉、张俊生、李鹏、周冰、董伟、李瑞、王渊峰编写。由于时间仓促，加上编者水平有限，书中不足之处在所难免，望广大读者登陆网站 www.sjzswsw.com 或发送邮件到 win760520@126.com 批评指正，编者将不胜感激，也欢迎加入三维书屋图书学习交流群 QQ：334596627 交流探讨。

编　者

目　录

第 1 章　UG NX12.0 基础

导读

在 UG 软件中，所有的操作功能都可以通过菜单命令或是功能区中的按钮来实现。在本章中，用户可以了解到 UG 的工作界面、UG 中的主要操作命令，系统参数设计的主要方法，UG 中常用的工具、常用菜单的使用方法，以及一些具体的图层设置方法。

学 习 要 点

- 工作界面
- 基本操作
- UG 系统参数设计
- UG 常用工具

1.1 UG NX12.0 的特点

UG NX12.0 软件的主要特点是：提供一个基本虚拟产品开发环境，使产品开发从设计到真正的加工实现了数据的无缝集成，从而优化了企业的产品设计与制造；实现了知识驱动和利用知识库进行建模，同时能自上而下进行设计子系统和接口，是完整的系统库的建模。

UG NX12.0 具有强大的实体造型功能、曲面造型、虚拟技术和生成工程图等设计功能，而且还可以进行有限元分析、机构运动分析、动力学分析和仿真模拟，提高了产品设计的可靠性。同时，可以用三维的模型直接生成数控代码进行加工制造，其后的处理程序支持多种类型的数控机床。它的内容涉及平面工程制图、三维造型、求逆运算、加工制造、钣金设计和电子线路等。

1.2 工作界面

1.2.1 启动 UG NX12.0

有两种办法启动 UG NX12.0：

- 双击桌面快捷方式 NX12.0。
- 选择“开始”→“所有程序”→“Siemens NX12.0”→“NX12.0”选项。

启动 UG NX12.0 后，弹出 UG NX12.0 在没有打开部件文件前的窗口结构，如图 1-1 所示。如果定制用户窗口，则弹出的窗口将不同。

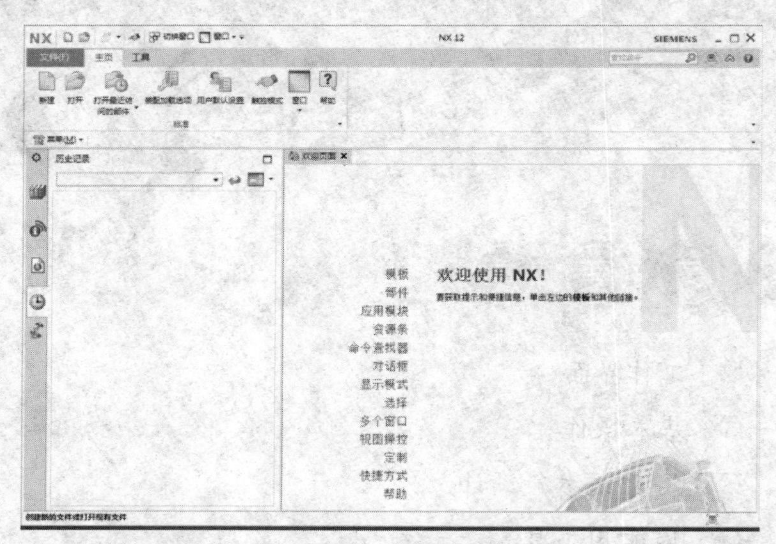

图 1-1 “NX12”启动工作界面

1.2.2 创建新的文件

单击“标准”组中的“新建”图标，弹出“新建”对话框，如图 1-2 所示。

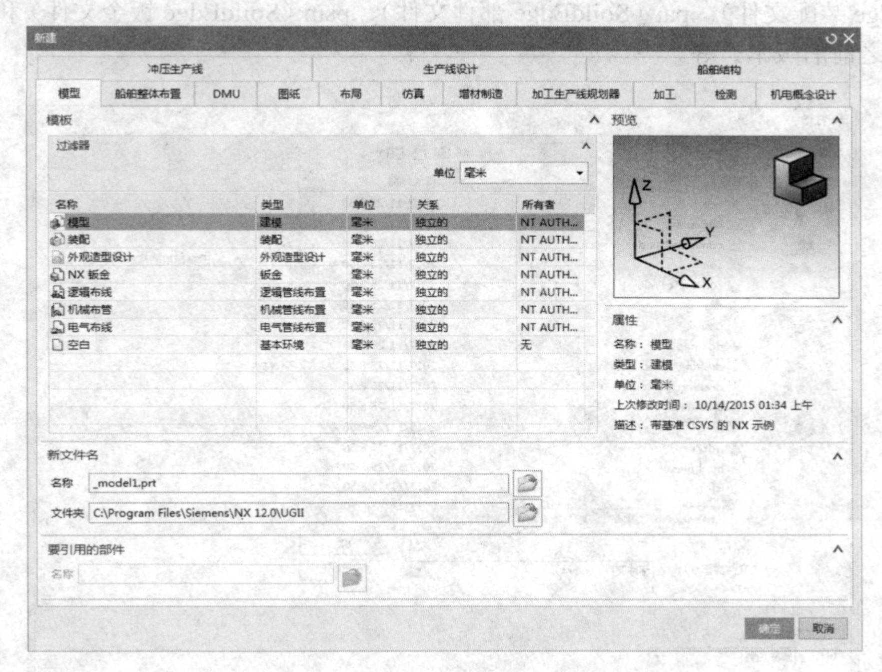

图 1-2 “新建”对话框

新建文件的步骤如下：

1）在对话框中选择要创建的文件类型，包括模型、图纸、仿真和加工等类型。

2）在对话框中首先选择文件的创建路径。

3）在“名称”文本框中输入创建的文件名。

4）在“单位”下拉列表中选择模型的度量单位。UG NX12.0 提供两种单位：英寸和毫米。

5）完成设置以后单击“确定”按钮，完成新的文件的创建。

在 UG 中，零件、装配、工程图等文件都是以.prt 格式保存。

1.2.3 打开已有的文件

单击“标准”组中的“打开”图标，弹出“打开”对话框，如图 1-3 所示。

打开文件的步骤如下：

1）选择文件所在目录。

2）选择所要打开的文件，在对话框的右侧可以显示文件的预览。

3）确定后单击“OK”按钮，或者双击自己要打开的文件名。

对话框左下方的“仅加载结构”复选框用于控制在打开一个大型装配部件时是否加载其中的组件。选中后不加载组件，这样可以快速地打开，此时文件是以非主控模型存在。

UG 中可以打开的文件类型包括.prt（部件文件）、.udf（用户自定义特征文件）、.asm（SoildEdge 装配文件）、.par（SoildEdge 部件文件）、.psm（SoildEdge 钣金文件）和.bkm（书签-NX 4 之前的版本）等。

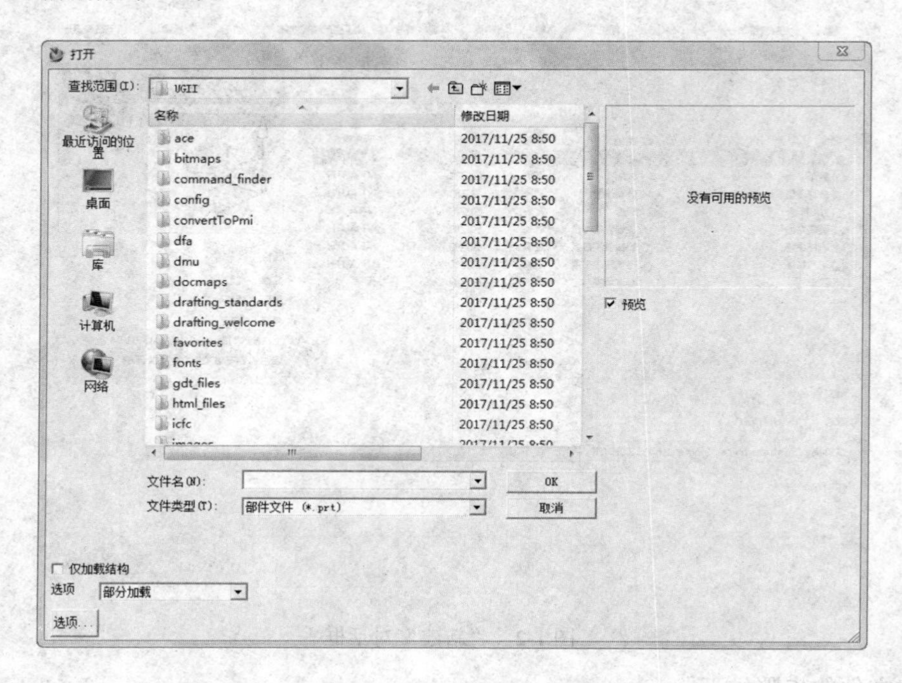

图 1-3 “打开”对话框

1.2.4 基本环境介绍

当新建或者打开文件时，就进入了“NX12-建模”的工作界面，如图 1-4 所示。这是建模的基本环境，所有的 UG 的建模都是基于这个环境进行。

- 标题栏：显示了当前软件的版本和当前使用的模块名称。
- 功能区：功能区的命令以图形的方式在各个组和库中表示命令功能。以“曲线”选项卡为例，如图 1-5 所示，所有的图形命令都可以在功能区中找到，这样可以使用户避免在菜单中查找命令的烦琐，方便操作。
- 菜单：位于功能区左下方，包含了本软件的主要功能。
- 提示行：主要是显示操作信息，当对 UG 中的任意一个操作对象进行操作时，都将在它上面显示相关的执行信息。
- 绘图区：就是进行绘制的区域，是用户进行绘图、组装零件等的工作场所，是界面最主要的组成部分。
- 资源工具条：有上网导航、培训教程、历史信息和系统材料等，可以方便用户进行命令查找。

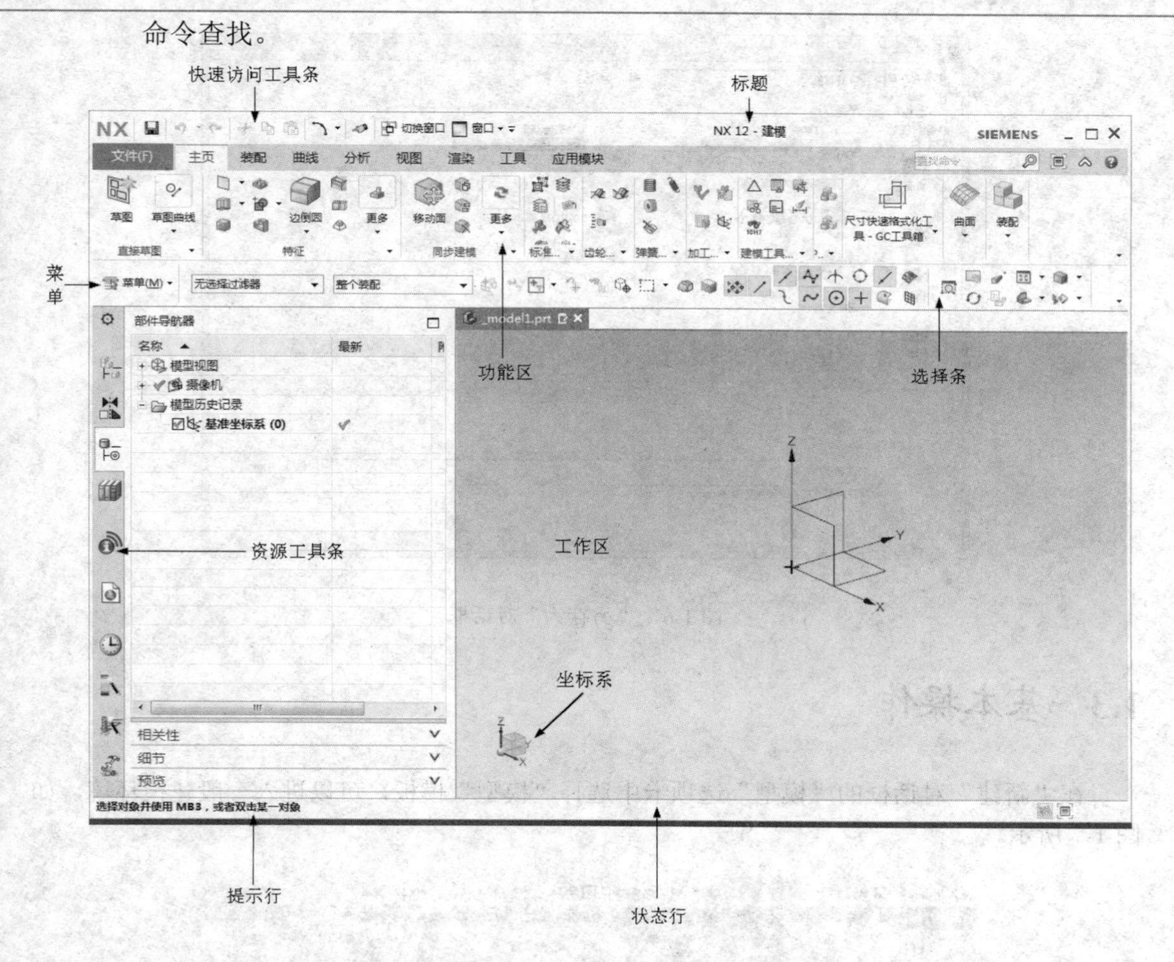

图 1-4 “NX12-建模”的工作界面

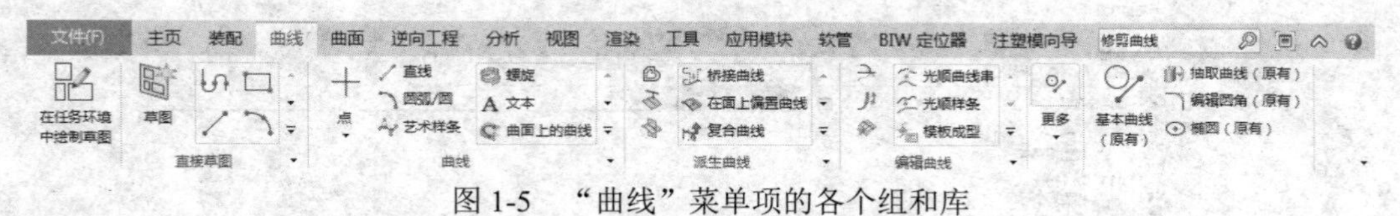

图 1-5 “曲线”菜单项的各个组和库

1.2.5 保存文件

- 保存文件。选择“菜单”→“文件”→“保存”选项，也可以使用快捷键 Ctrl+S，系统开始保存。
- 文件另存。选择“菜单”→“文件”→“保存”→“另存为”选项或者使用快捷键 Ctrl+Shift+A，系统显示“另存为”对话框，如图 1-6 所示。需要在对话框中选择保存路径，输入新的文件名，再单击“OK”按钮，完成文件的保存。

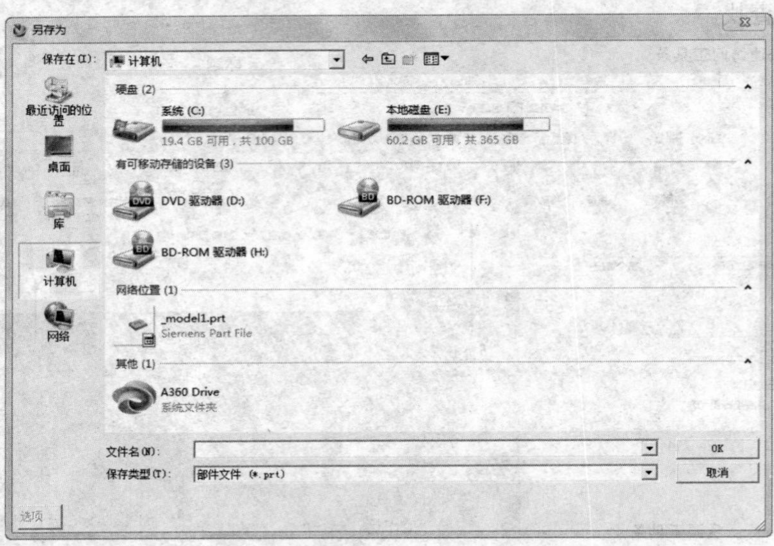

图 1-6　“另存为”对话框

1.3　基本操作

在“新建”对话框的“模型”选项卡中选择“模型”模板，可以进入一般建模环境，如图 1-7 所示。

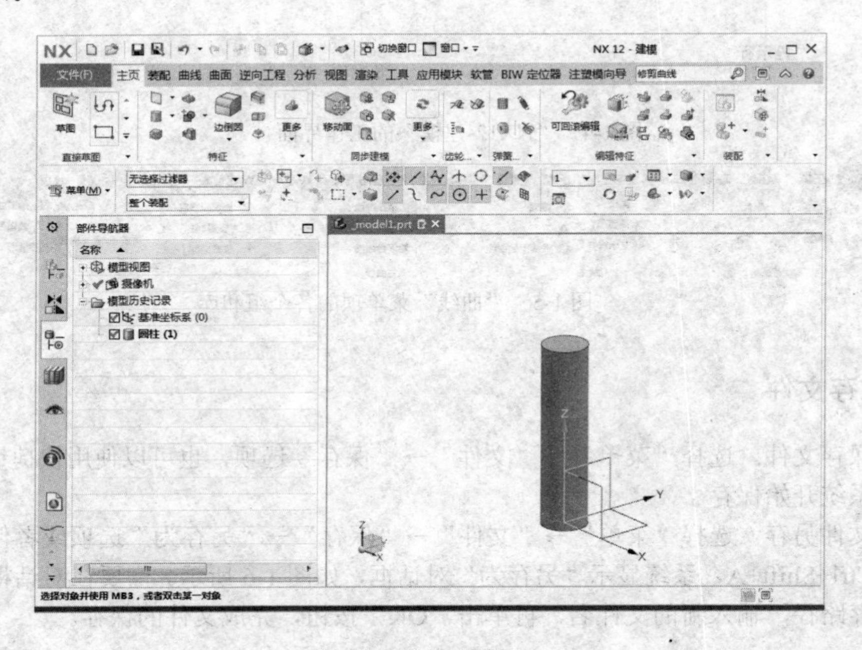

图 1-7　一般建模环境

一般建模环境的基本组成与基本建模环境（见图 1-4）大同小异，只是功能区中增加了很多建模的图标，便于操作。

提示：打开“文件”选项卡，选择“所有首选项”→“用户界面”，在“用户界面”中选择“布局”选项卡，在用户界面环境中选择经典工具栏，即可使用旧式风格的工具栏，也可以选择“主题”选项卡，在 NX“主题”类型中选择“经典”，即可使用以前版本的经典界面。

1.3.1 常用菜单命令

菜单如图 1-8 所示，包括了 UG NX12.0 中的所有命令，并把它们进行了分类，分别放在了文件、编辑、视图、插入、格式、工具、装配、信息、分析、首选项、窗口、GC 工具箱和帮助菜单中。当用户单击其中任何一个菜单选项时就会弹出子菜单，方便用户进行选择，其功能见表 1-1。

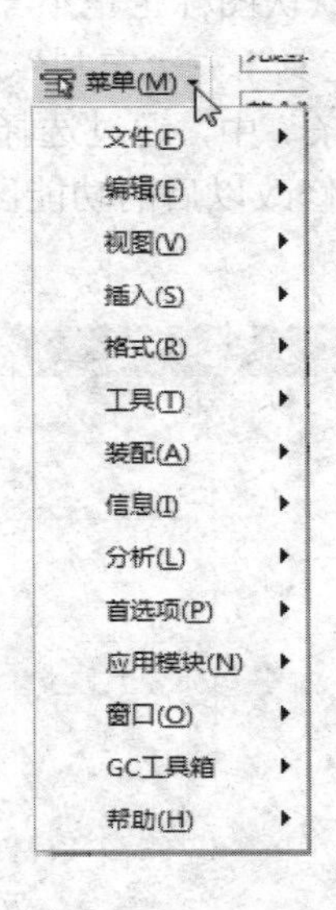

图 1-8 菜单

表 1-1 主菜单及其功能

主菜单名	功　能
文件	实现文件管理
编辑	执行复制、粘贴等常规编辑操作
视图	实现对模型的显示设置
插入	实现二维和三维的操作
格式	模型格式组织与管理
工具	建立修改工具栏等，便于对特征进行控制
装配	执行装配操作

（续）

主菜单名	功　能
信息	包含对选择对象的信息查询和相关报告
分析	对部件和装配进行测量和分析
首选项	对建模的界面和环境进行管理
窗口	管理多个窗口
GC 工具箱	多种工具的集合
帮助	实现在线帮助

1.3.2 自定义功能区

启动某个模块以后，UG NX12.0 在默认状态下只是显示一些常用的功能以及常用的图标，当然在不同的建模环境中所列的默认图标也是不一样的。用户可以根据需要自定义功能区。具体方法是：选择“菜单”→“工具”→“定制”选项，弹出“定制”对话框，如图 1-9 所示。在“定制”对话框的“选项卡/条”中，通过选择左侧的功能区可以控制界面中显示的功能区，如图 1-10 所示。如果对自己修改以后的功能区不满意，可以单击“重置”按钮，恢复为默认值。

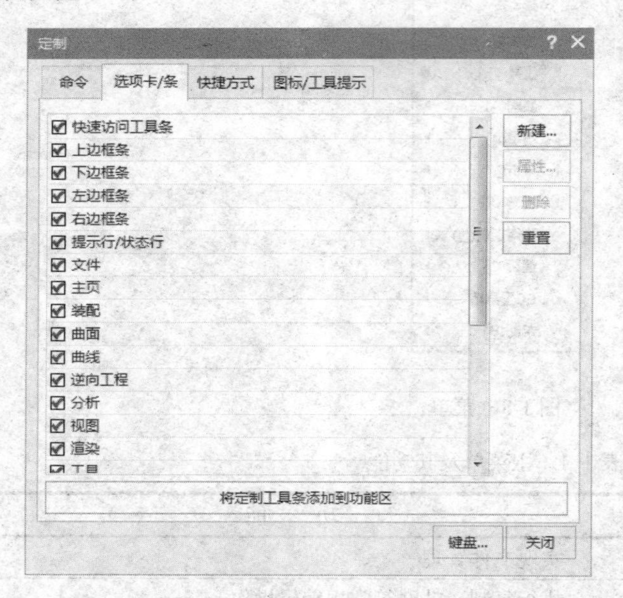

图 1-9 “定制”对话框

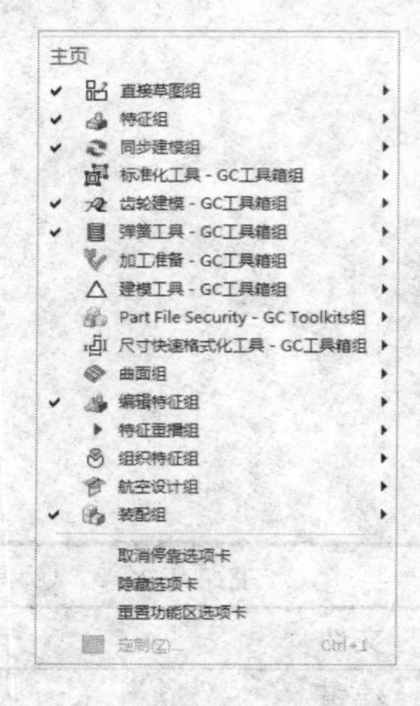

图 1-10 功能区菜单

1.3.3 基本视图操作

- 光标直接选择。当系统提示选择对象的时候，光标在绘图区中的形式变为选择形式，它不但可以选择对象，而且还可以进行各种绘图操作。

■ 常规过滤选择器选择。常规过滤选择器实际上就是一个对象过滤器，它可以通过某些限定条件来选择对象，提高工作效率，特别是在零件很多的情况下更是如此。

单击上边框条中“常规过滤器”图标，如图 1-11 所示。显示选择类型过滤器和选择范围两个选项，通过选择，可以选择符合过滤要求的所有对象。

■ 重叠对象选择。在进行选择的过程中，有的时候选择球变成十字选择形式，这表明在该位置处有多个对象重叠在一起。单击鼠标，系统会出现如图 1-12 所示的“快速拾取”框。它显示了当前位置处的对象个数、顺序。当把光标停放在所选的选项上时，窗口中的该选项变亮，便于进行选择。

■ 窗口操作

➢ 放大缩小：可以直接转动鼠标滚轮，或者单击图标。

➢ 旋转：可以按住鼠标中键实现，或者单击图标。

➢ 平移：可以按住 Shift 键和鼠标左键实现，或者单击图标。

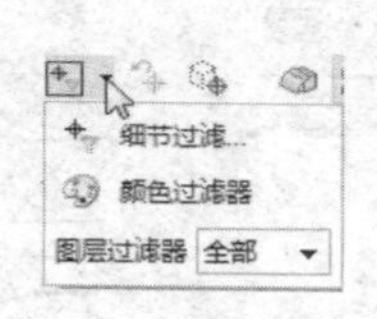

图 1-11 “过滤器”下拉菜单

图 1-12 “快速拾取”对话框

1.3.4 图层操作

用户在操作时要根据不同的情况设置图层，一个图层相当于一个覆盖层，层上的对象可以是三维的。一个 UG 文件包含 1~256 个层，每层上可以包含任意数量的对象，因此一个层上可以包含部件中的所有对象，而每个部件中的对象可以分布在一个或是多个层上。在一个部件的所有层中只有一个层是工作层，用户所做的任何操作都是发生在工作层上。其他层可以设为选择层、可见层或是不可见层，以方便用户的操作。图层可以通过选择“菜单”→“格式”→“图层设置”选项进行设定。

执行“图层设置”命令后，系统将弹出如图 1-13 所示的对话框。

■ 工作层：将指定的一个图层设置为工作图层。

■ 按范围/类别选择图层：用于输入范围或图层种类的名称以便进行筛选操作。

■ 类别显示：用于控制图层类列表框中显示图层类条数目，可使用通配符*，表示接收所有的图层种类。

1.4 UG 系统参数设计

“设置”菜单提供了参数设置功能，用户可以在使用具体的功能之前对一些控制参数进行设置。在本节中主要介绍对象参数、显示参数及平面参数的预设置。

1.4.1 对象首选项

选择“菜单”→“首选项”→“对象”选项，系统弹出如图 1-14 所示对话框。在这个对话框中可以设置对象的工作图层、颜色、线型、宽度以及透明度等。

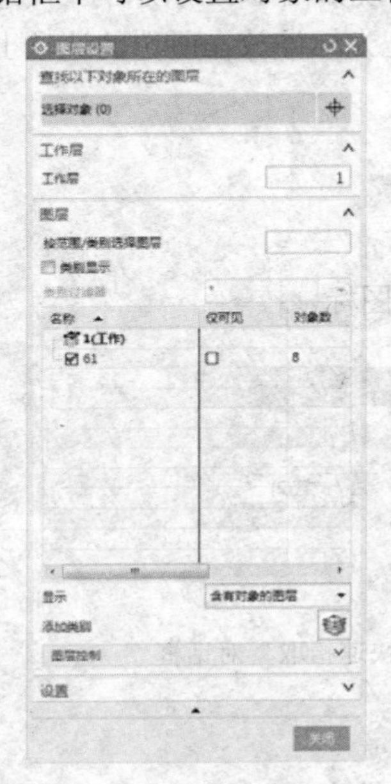

图 1-13 “图层设置”对话框

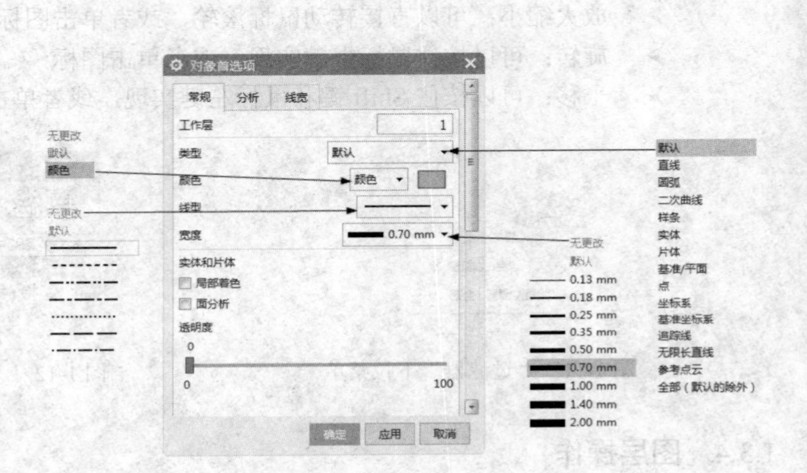

图 1-14 “对象首选项”对话框

1.4.2 可视化首选项

选择“菜单”→“首选项”→“可视化”选项，弹出如图 1-15 所示的对话框，可以控制下列影响图形显示的属性。

- 颜色/字体：设置预选对象，选择对象的颜色。
- 直线：设置线型显示的参数和方式。
- 着重：设置着色显示的质量。
- 视图/屏幕：设置视图拟合比例，或是校准显示器的物理尺寸。
- 名称/边界：设置是否显示对象名、视图名或视图边框。
- 可视：设置使用透视投影与视图原点、视图点以及裁减面。
- 特殊效果：设置显示对象的特殊效果。

1.4.3 栅格首选项

选择“菜单”→“首选项”→“栅格”选项，弹出如图 1-16 所示的对话框。此对话框用来设置图形窗口的网格等。

不在工作平面上对象的显示方式有以下两种：

- 淡化对象：选择此选项，则非工作平面上的对象暗淡显示且可选。
- 使不可选：选择此选项，则非工作平面上的对象暗淡显示，但不可以选择。

1.5 UG 常用工具

UG 提供了一些工具常用来提高绘图效率，“类选择”对话框就是其中之一。另外还包括“点”对话框、“矢量”对话框、“平面”对话框和“坐标”对话框等。

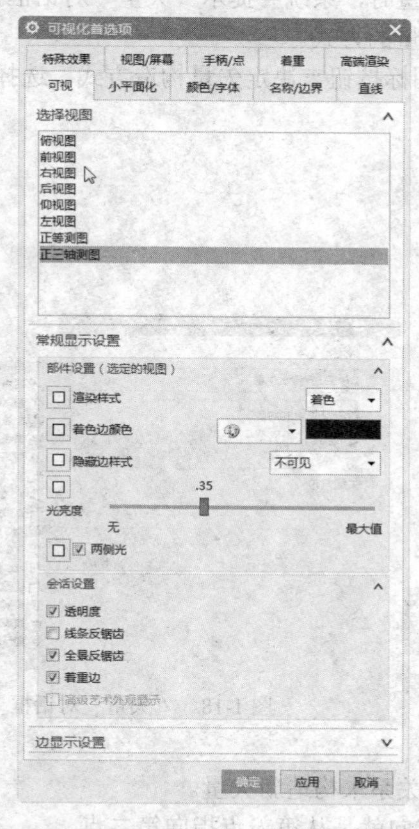

图 1-15 “可视化首选项”对话框

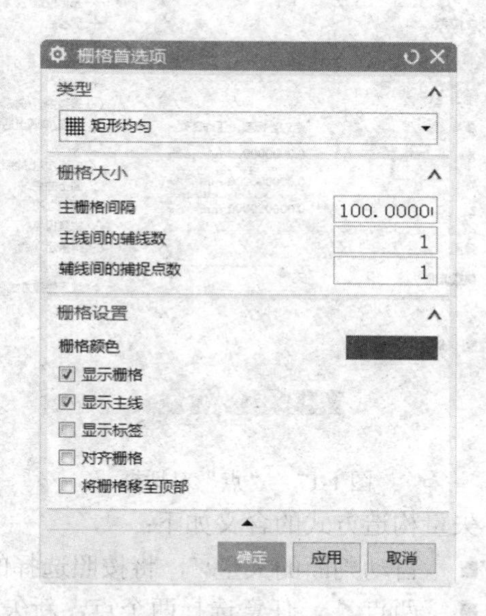

图 1-16 “栅格首选项”对话框

1.5.1 点

“点”对话框用于选择或是绘制一个点，可以通过选择“菜单”→“插入”→“基准/点”→“点”选项来启动它，如图 1-17 所示。该对话框的主要选项如下：

- 类型：用于设置点的类型。包括 15 种点的捕捉方式。

- WCS/绝对坐标系：WCS /绝对坐标单选按钮用于进行工作坐标与绝对坐标的切换。其中，WCS 就是系统提供的工作坐标系，可以转动和移动，绝对坐标系是默认的坐标系，其原点和轴向永远保持不变。
- 偏置选项：其下拉列表框用于设置偏移的方式。该下拉列表中提供了 5 种偏移的方式，分别是直角坐标、圆柱坐标、球坐标、沿矢量和沿曲线等。各种偏置将影响到“点”对话框中基准选项的设置值。

1.5.2 矢量构件

在 UG 中，当用户所应用的功能必须定义矢量时，系统会提示“矢量”对话框提供用户定义矢量。“矢量”对话框中共包含 11 种定义矢量的方式。

在图 1-18 所示的对话框中，可以通过选择图标按钮来决定矢量构造方式，选择坐标系，显示或是编辑约束等。

图 1-17 “点”对话框　　　　图 1-18 “矢量”对话框

矢量构造方式的含义如下：

- 自动判断的矢量，将按照选择的矢量关系来构造新矢量。
- 两点，任意选择两个点，新矢量的方向就是从第一点指向第二点。
- 曲线/轴矢量，选择直线或是曲线的对象，即可确定矢量。当选择样条曲线时，其矢量方向由选择的点距离较远的曲线端点指向距离该点近的点。
- 曲线上矢量，选择曲线，系统自动的构成切向矢量。
- 面/平面法向，选择一个已经存在的平面或是圆柱面，将建立平行于平面法线或是圆柱面轴线矢量。
- XC YC ZC -XC -YC -ZC，可以分别选择与 XC 轴、YC 轴、ZC 轴平行的方向构造矢量。

1.5.3 类选择

“类选择”对话框也是UG中经常出现的对话框，很多操作中都要对“类选择”对话框进行设置。当系统弹出图1-19所示的对话框时，在该对话框中可以通过各种过滤方式和选择方式快速选择对象，然后对对象进行操作。

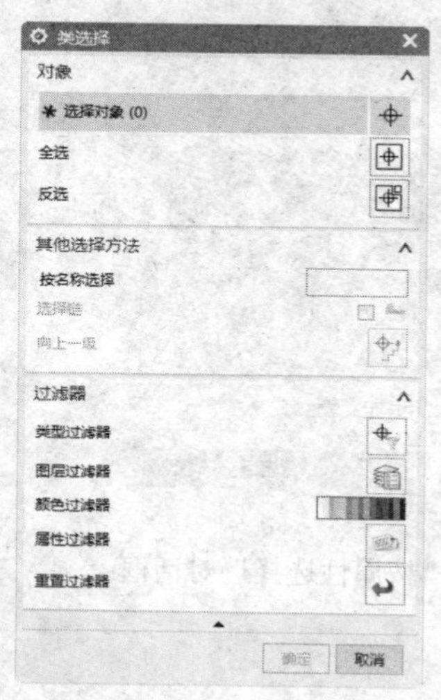

图1-19 “类选择”对话框

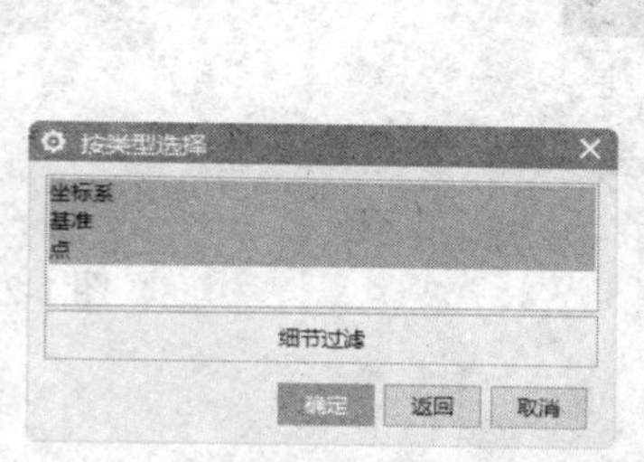

图1-20 “按类型选择”对话框

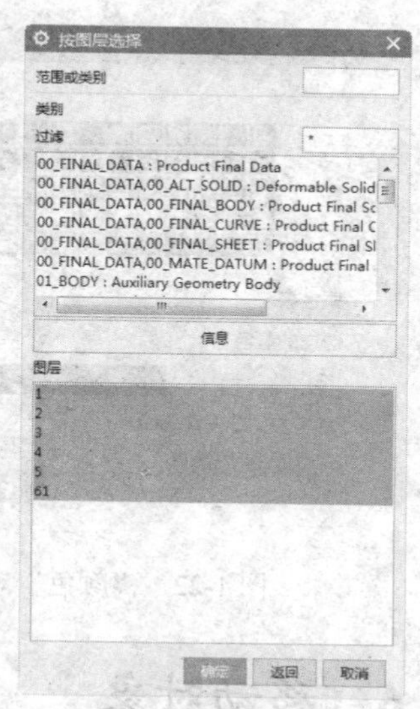

图1-21 “按图层选择”对话框

■ 对象：
- ➢ 选择对象：用于选择对象。
- ➢ 全选：用于选择所有的对象。
- ➢ 反选：用于选择在绘图区中未被用户选择的对象。

■ 其他选择方法：
- ➢ 按名称选择：用于输入预选择对象的名称，可使用通配符“？”或“*”。
- ➢ 选择链：用于选择首尾相接的多个对象。选择方法是首先单击对象链中的第一个对象，再单击最后一个对象，使所选对象呈高亮度显示，最后确定，结束选择对象的操作。
- ➢ 向上一级：用于选择上一级的对象。当选择了含有群组的对象时，该按钮才被激活。单击该按钮，系统自动选择群组中当前对象的上一级对象。

■ 过滤器
- ➢ 类型过滤器：通过指定的类型来限制选择对象的范围，当单击“类型过滤器”按钮以后，系统将弹出如图1-20所示的对话框。
- ➢ 图层过滤器：通过指定所在的层来限制选择对象的范围。当单击“图层过滤器”按钮以后，系统将弹出如图1-21所示的对话框。
- ➢ 颜色过滤器：通过指定所在的颜色来限制选择对象的范围。当单击“颜色过滤器”按钮以后，系统将弹出如图1-22所示的对话框。

➢ 属性过滤器：通过指定所在的属性来限制选择对象的范围。当单击“属性过滤器”按钮以后，系统将弹出如图 1-23 所示的对话框。

➢ 重置过滤器：单击“重置过滤器”按钮，用于恢复成默认的过滤方式。

图 1-22 “颜色”对话框

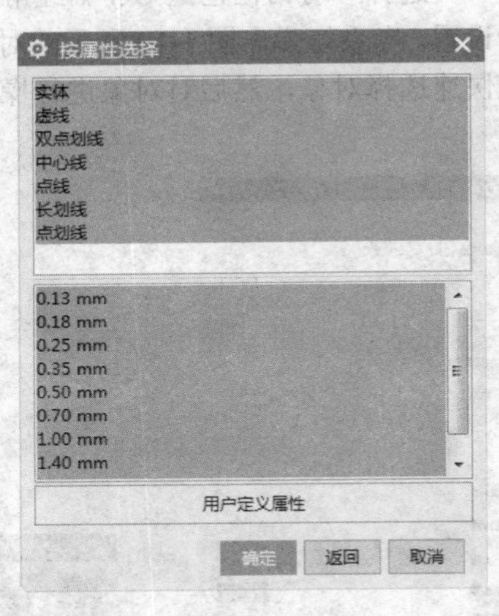

图 1-23 “按属性选择”对话框

1.6 移动对象

选择“菜单”→“编辑”→“移动对象”选项，弹出如图 1-24 所示“移动对象“对话框。

图 1-24 “移动对象”对话框

■ 运动：

➢ 距离：指将选择对象由原来的位置移动到新的位置。

- ➢ 点到点：用户可以选择参考点和目标点，则这两个点之间的距离和由参考点指向目标点的方向将决定对象的平移方向和距离。
- ➢ 根据三点旋转：提供三个位于同一个平面内且垂直于矢量轴的参考点，让对象围绕旋转中心，按照这三个点与旋转中心连线形成的角度逆时针旋转。
- ➢ 将轴与矢量对齐：将对象绕参考点从一个轴向另外一个轴旋转一定的角度。选择起始轴，然后确定终止轴，这两个轴决定了旋转角度的方向。此时用户可以清楚地看到两个矢量的箭头，而且这两个箭头首先出现在选择轴上，当单击“确定”按钮以后，该箭头就平移到参考点。
- ➢ 动态：用于将选择的对象相对于参考坐标系中的位置和方位移动（或复制）到目标坐标系中，使建立的新对象的位置和方位相对于目标坐标系保持不变

- ■ 移动原先的：该选项用于移动对象。即变换后，将原对象从其原来的位置移动到由变换参数所指定的新位置。
- ■ 复制原先的：用于复制对象。即变换后，将原对象从其原来的位置复制到由变换参数所指定的新位置。对于依赖其他父对象而建立的对象，复制后的新对象中数据关联信息将会丢失，即它不再依赖于任何对象而独立存在。
- ■ 非关联副本数：用于复制多个对象。按指定的变换参数和复制个数在新位置完成原对象的多个复制。

1.7 练习题

1. 如何建立一个新的 UG NX12.0 文件？如何保存、退出并重新打开这个文件？
2. UG NX12.0 的工作界面由哪几部分组成，各个部分的功能是什么？
3. 如何在 UG NX12.0 中设置图层？
4. 如何自定义一个功能区？

第 2 章　曲线的创建与编辑

曲线是建立实体模型的基础，利用曲线拉伸、旋转和扫描等办法，可以快速建立截面形状比较复杂的实体特征。本章将讲解创建曲线的相关内容，以便读者更好、更快地去创建和处理三维实体模型。

学 习 要 点

- 基本曲线
- 复杂曲线
- 曲线操作
- 编辑曲线功能

2.1 基本曲线

创建曲线的命令可以通过图 2-1 所示的“曲线”选项卡来实现。

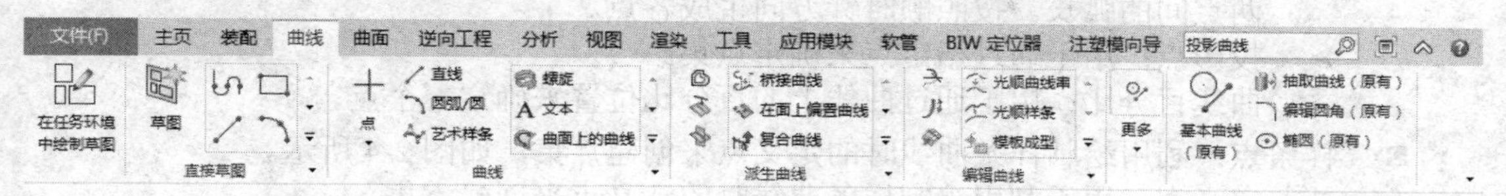

图 2-1 “曲线”选项卡

UG NX12.0 中“曲线”选项卡可以在“定制”对话框（见图 2-2）中用鼠标左键选择需要的图标，然后拖到相应的选项卡中即可。

2.1.1 创建点集

空间中任何一个点的位置都可以用 X、Y、Z 上的坐标来表示。点是构造各种图形的基础。选择“菜单”→“插入”→“基准/点”→“点集”图标，系统弹出“点集”对话框，如图 2-3 所示。其中提供了四种创建点集的方法。

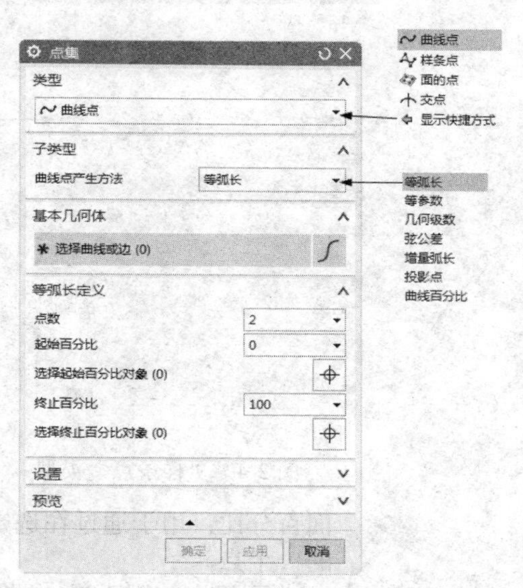

图 2-2 “定制”对话框

图 2-3 “点集”对话框

- 曲线点：主要用于在曲线上创建点集。“曲线点产生方法”包括：
  - 等弧长：用于在点集的起始点和结束点之间按点间等弧长来创建指定数目的点集。
  - 等参数：用于以曲线曲率的大小来确定点集的位置，曲率越大，产生点的距离越大，反之则越小。
  - 几何级数：在设置完其他参数数值后，还需要指定一个比率值，用来确定点集中彼此相邻的后两点之间的距离与前两点距离的倍数。

- ➢ 弦公差：在“弦公差”输入值，根据所给出弦公差的大小来确定点集的位置。弦公差值越小，产生的点数越多，反之则越少。
- ➢ 增量弧长：在“圆弧长”中确定点集的位置，而点数的多少取决于曲线总长及两点间的弧长。按照顺时针方向生成各点。
- ➢ 投影点：用于通过指定点来确定点集。
- ➢ 曲线百分比：用于通过曲线上的百分比位置来确定一个点。

■ 样条点：利用绘制样条曲线时的定义点来创建点集，如图 2-4 所示。

- ➢ 定义点：用于利用绘制样条曲线时的定义点来创建点集。
- ➢ 结点：用于利用绘制样条曲线时的结点来创建点集。
- ➢ 极点：用于利用绘制样条曲线时的极点来创建点集。

■ 面的点：主要用于产生曲面上的点集，如图 2-5 所示。

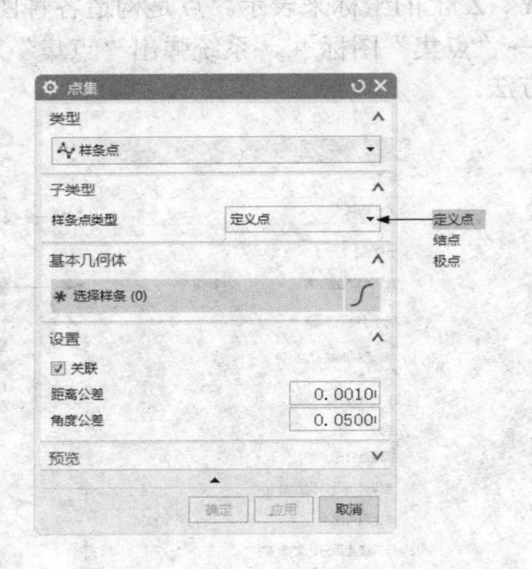

图 2-4 “样条点”类型

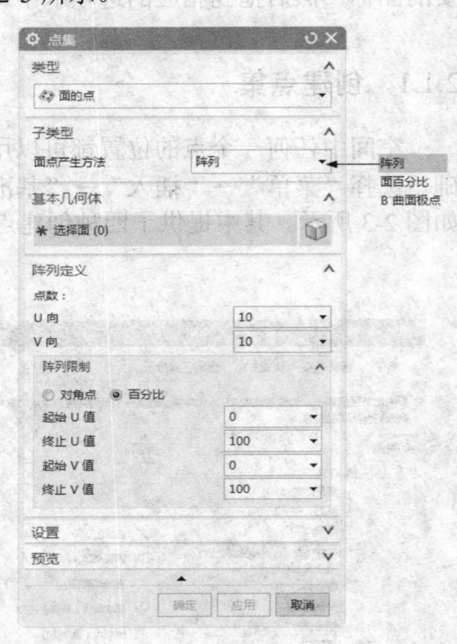

图 2-5 “面的点”类型

- ➢ 面百分比：用于通过在选定曲面上的 U、V 方向的百分比位置来创建该曲面上的一个点。
- ➢ B 曲面极点：用于以 B 曲面控制点的方式创建点集。

2.1.2 直线

选择“菜单”→“插入”→“曲线”→“基本曲线（原有）”选项，系统弹出“基本曲线”对话框和“跟踪条”对话框，如图 2-6 所示。

下面详细介绍对话框中的各个选项。

■ 无界：该复选框用于创建无边界的直线，即创建的直线将沿着起点和终点的方向延长至图形窗口的边界。

- 增量：选择该选项，系统将以增量的方式创建直线。此时选定一个点作为直线的起始点，然后在“跟踪栏”对话框中输入 XC、YC、ZC 值，该数值为直线结束点相对于起始点的增量。
- 点方法：单击选项按钮，系统将弹出如图 2-7 所示的下拉列表，用户可以从中选择捕捉点的方式。

图 2-6　“基本曲线”对话框和“跟踪条”对话框

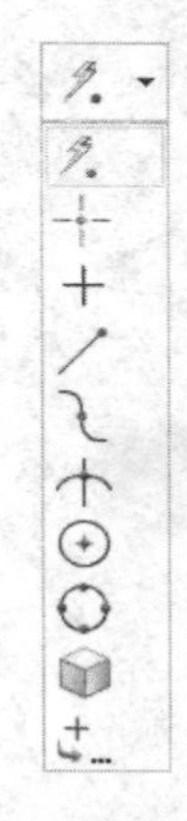

图 2-7　“点”方法下拉列表

- 线串模式。当用户选择该复选框后，则在创建直线时，系统将自动捕捉上一条直线的终点作为下一条直线的起点。
- 打断线串：单击该按钮，系统将关闭线串模式，系统不会自动捕捉上一条直线的端点，这样用户可以在主窗口绘图区的任意处创建新的直线。
- 锁定模式：单击该按钮以后，新创建的直线平行或垂直于选定的直线，或者与选定的直线有一定的夹角。
- 平行于 XC、YC、ZC：单击该选项组中的相应按钮，则创建的直线将与相应的坐标轴平行。
- 原始的：选择该按钮以后，新创建的平行线的距离由原先选择线算起。
- 新的：选择该按钮后，新创建的平行线的距离由新选择点算起。
- 角度增量：如果用户设置了角度增量值，则系统会以角度增量值方式创建直线。

当然用户也可以在“跟踪条”对话框中输入相应的数值来创建直线。需要注意的是：在“跟踪条”对话框中输入数据的时候，在接收输入前不要移动光标，否则数据就随着光标的位置移动发生变化。

2.1.3　圆弧

单击“基本曲线”对话框中的“圆弧”图标，对话框重新生成，如图 2-8 所示。

- 起点，终点，圆弧上的点：选择该选项，是通过设定圆弧的起点，终点以及圆弧上任意一点来创建圆弧。
- 中心点，起点，终点：选择该选项可以通过设定圆弧的中心点、起点和终点来创建圆弧，创建的圆弧如图 2-9 所示。

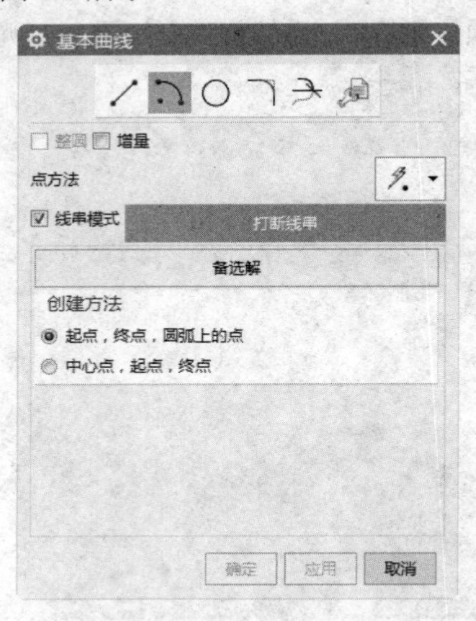

图 2-8　“基本曲线”圆弧对话框

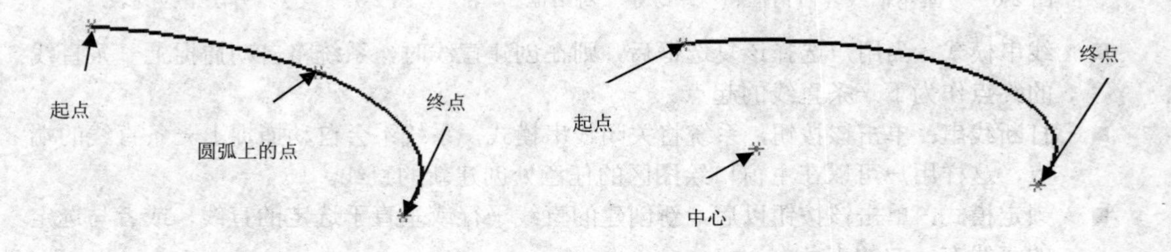

图 2-9　创建的圆弧

【例 2-1】以图 2-10 所示的圆头平键为例，讲述直线和圆弧的创建过程。

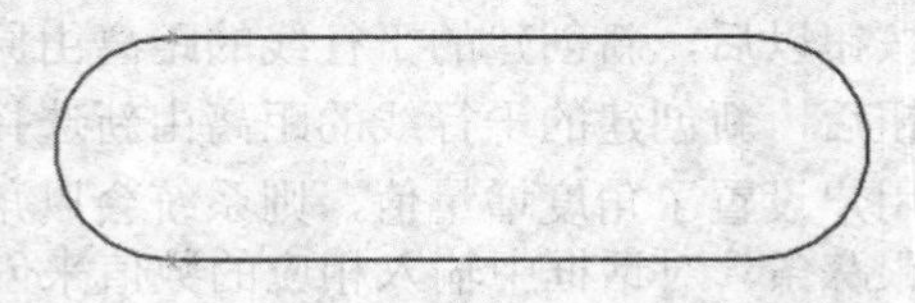

图 2-10　圆头平键

1）单击“新建”图标，在弹出的“新建”对话框中，选择存盘文件的位置，输入文件的名称“2-1”，选择“模型”模板。完成后单击“确定”按钮，进入建模环境。

2）切换视图方向。单击“视图”选项卡中“操作”组中的图标，将视图切换为俯视图。

3）选择“菜单”→“插入”→“曲线”→“基本曲线（原有）”选项，弹出“基本曲线”对话框，选择“直线”图标，如图 2-11 所示。在“点方法”下拉列表中选择图标，弹出“点”对话框，如图 2-12 所示。输入直线起点坐标为（-25，-10，0），单击“确定”按钮；再次输入直线终点坐标为（25，-10，0），完成直线的创建。

同理以坐标（-25，10，0）和（25，10，0）为直线的起点和终点绘制另一条直线，如图 2-13 所示。也可以在“跟踪条”中输入直线的起点或终点坐标来完成直线的绘制。

4）选择“菜单”→“插入”→“曲线”→“基本曲线（原有）”命令，弹出“基本曲线”和“跟踪条”对话框，如图 2-14 所示。选择“圆弧”图标，选择“起点，终点，圆弧上的点”创建方法，在视图中拾取两条直线的端点为圆弧的起点和端点，并在“跟踪条”的“半径” 10. 000 输入圆弧半径为 10，完成圆弧的绘制，如图 2-10 所示。

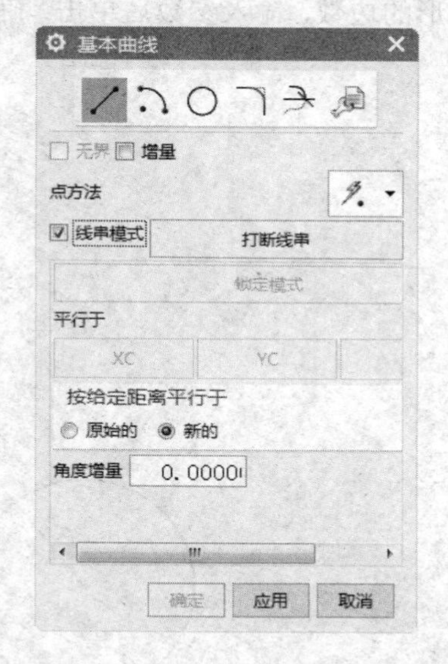

图 2-11 “基本曲线”对话框

图 2-12 “点”对话框

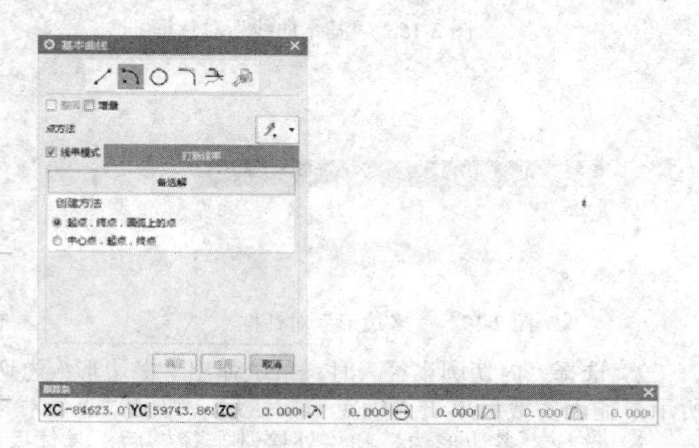

图 2-13 绘制直线

图 2-14 “基本曲线”对话框和“跟踪条”对话框

2.1.4 圆

单击“基本曲线”对话框中“圆”的图标，对话框重新生成，如图 2-15 所示。可以在绘图区单击一点作为圆心，然后移动光标并单击一点作为圆弧上的点即可创建一个圆，其创建的圆如图 2-16 所示。

2.1.5 多边形

1）选择“菜单”→“插入”→“曲线”→“多边形(原有)”选项，系统弹出“多边形”对话框，如图 2-17 所示。该文本框用来指定多边形的边数，输入参数后单击“确定”按钮后，弹出“多边形”选择对话框，如图 2-18 所示。

图 2-15 “基本曲线”对话框

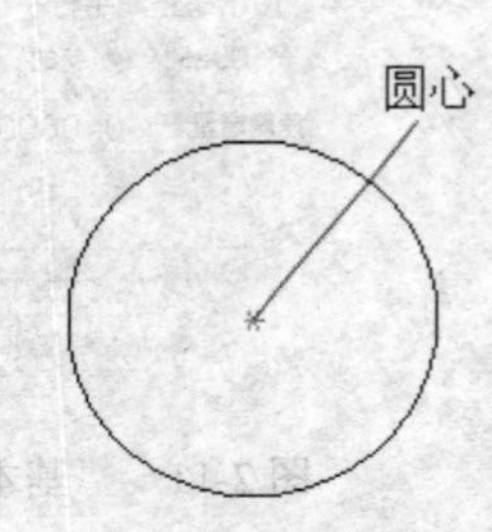

图 2-16 圆

图 2-17 “多边形”对话框

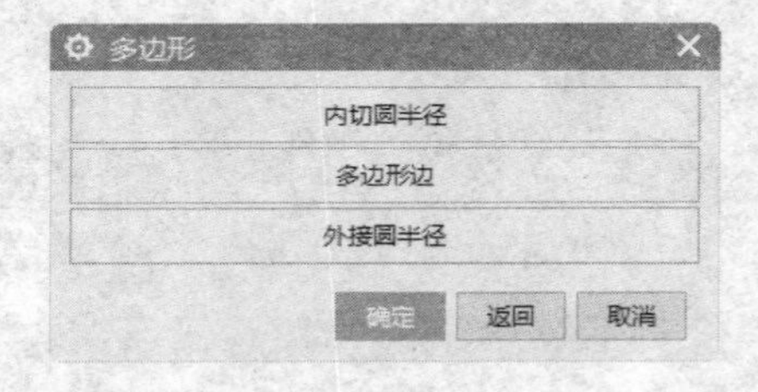

图 2-18 “多边形”选择对话框

2）选择“内切圆半径”时，系统弹出“多边形”内切圆半径参数输入对话框，如图 2-19 所示。输入参数后单击“确定”按钮后，弹出“点”对话框，确定多边形的中心即可。

3）选择“多边形边”和“外接圆半径”后，具体操作步骤与选择“内切圆半径”相同，输入参数后，最后创建的多边形如图 2-20 所示。

【例 2-2】绘制如图 2-21 所示的螺母，介绍利用多边形、圆以及圆弧命令的创建过程。

（1）新建文件。单击“新建”图标，在弹出的“新建”对话框中，选择存盘文件的位置，输入文件的名称为“2-2”，选择“模型”模板。完成后单击“确定”按钮，进入建模环境。

图 2-19 “多边形”内切圆半径参数输入对话框

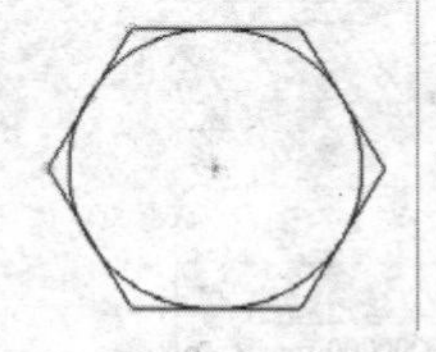
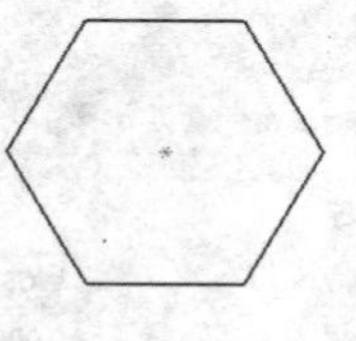
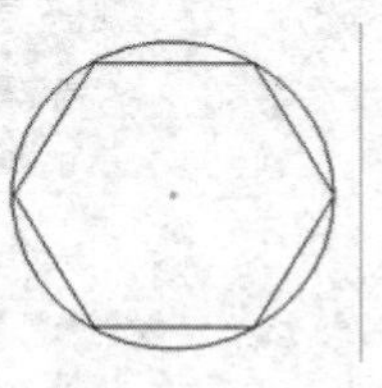

内切圆半径　多边形边　外接圆半径

图 2-20 多边形

图 2-21 螺母

（2）创建多边形。

1）选择“菜单”→“插入”→“曲线”→“多边形（原有）”选项，弹出如图 2-22 所示“多边形”对话框。在“边数”文本框中输入 6，再单击“确定”按钮。

2）弹出“多边形”选择对话框。单击“内切圆半径”按钮。

3）弹出“多边形”内切圆半径参数输入对话框。在“内切圆半径”和“方位角”文本框中分别输入 6、0，如图 2-23 所示。单击“确定”按钮。

4）弹出“点”对话框。以原点作为多边形的圆心，如图 2-24 所示。单击“确定”按钮，完成六边形的绘制，如图 2-25 所示。

图 2-22 “多边形”对话框

图 2-23 “多边形”内切圆半径参数对话框

（3）创建圆。

1）选择“菜单”→“插入”→“曲线”→“基本曲线（原有）”选项，弹出如图 2-26 所示的“基本曲线”对话框。

2）在“基本曲线”对话框中单击“圆”图标○，在“点方法”下拉列表中选择“点构造器”。

3）弹出“点”对话框。在该对话框中设置坐标原点为圆心，单击“确定”按钮，再设置点（6，0，0）为圆上的点，单击“确定”按钮，绘制的圆 1 如图 2-27 所示。

4）同理，在圆心处绘制一个半径为 2.5 的圆 2，如图 2-28 所示。

（4）创建圆弧。

1）选择“菜单”→“插入”→“曲线”→“基本曲线（原有）”选项，弹出如图 2-26 所示的“基本曲线”对话框。

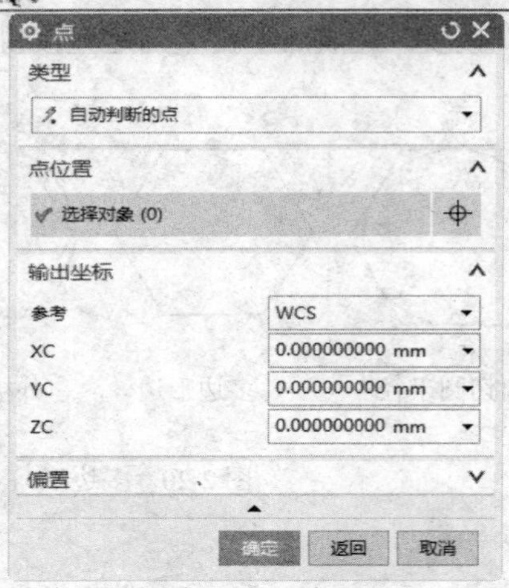

图 2-24　“点”对话框

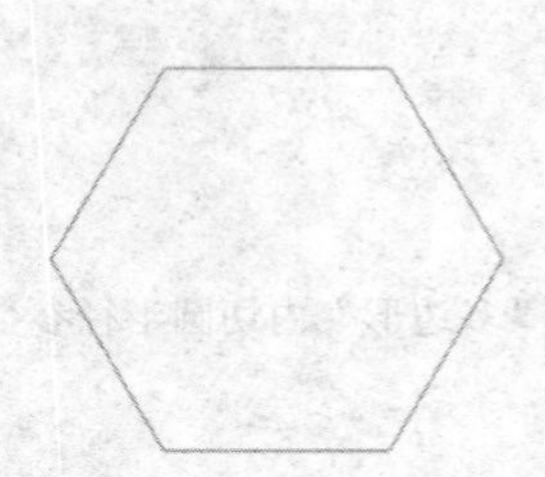

图 2-25　绘制的六边形

2）在“基本曲线”对话框中单击“圆弧”图标。选择以“中心点，起点，终点”为创建方法，在“点方法”下拉列表中选择“点构造器”。

3）弹出“点”对话框。在对话框中设置中心点坐标为（0，0，0），起点坐标为（3，0，0），终点坐标（0，-3，0），单击“确定”按钮，绘制的圆弧如图 2-21 所示。

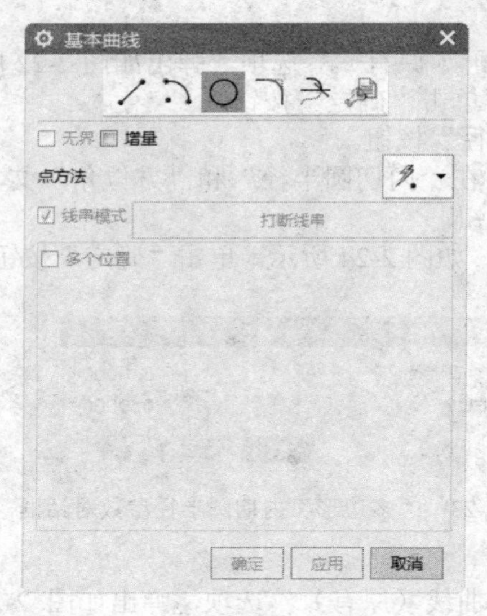

图 2-26　“基本曲线”对话框

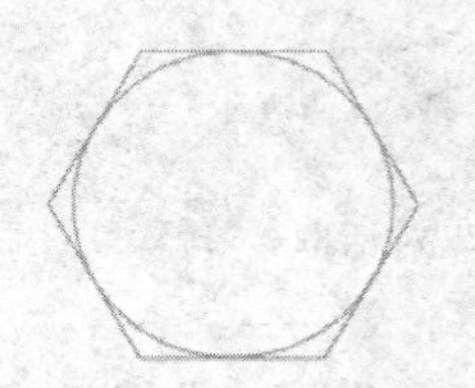

图 2-27　绘制的圆 1

图 2-28　绘制的圆 2

2.1.6　椭圆

选择“菜单”→“插入”→“曲线”→“椭圆（原有）”选项，系统首先弹出“点”对话框；选择椭圆中心点后，系统弹出“椭圆”对话框，如图 2-29 所示。输入参数后，单击“确定”按钮，创建的椭圆如图 2-30 所示。

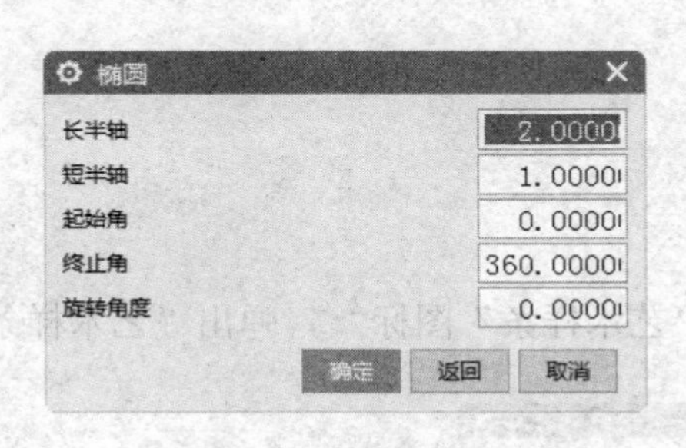

图 2-29　“椭圆”对话框

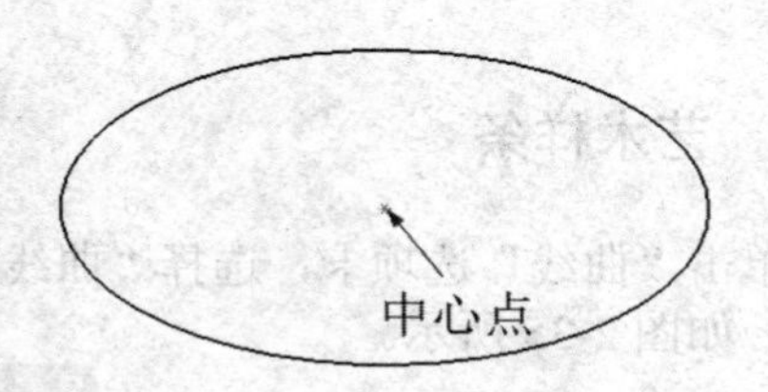

图 2-30　椭圆

2.1.7　抛物线

单击“曲线”选项卡，选择“更多”→“曲线”库中的“抛物线”图标，系统首先弹出“点”对话框，选择抛物线中心点后，系统弹出“抛物线”对话框，如图 2-31 所示。输入参数后，单击“确定”按钮，创建的抛物线如图 2-32 所示。

2.1.8　双曲线

单击“曲线”选项卡，选择“更多”→“曲线”库中的“双曲线”图标，系统首先弹出“点”对话框，选择双曲线中心点后。系统弹出“双曲线”对话框，如图 2-33 所示。输入参数后，单击“确定”按钮，创建的双曲线如图 2-34 所示。

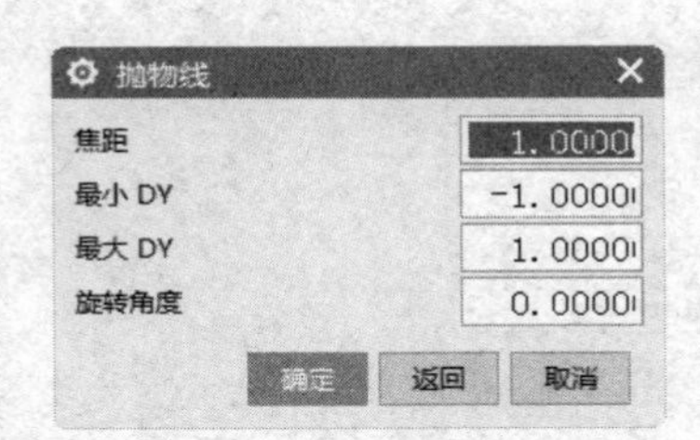

图 2-31　“抛物线”对话框

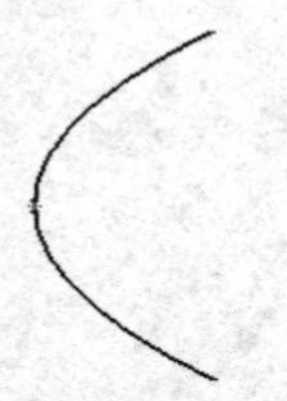

图 2-32　抛物线

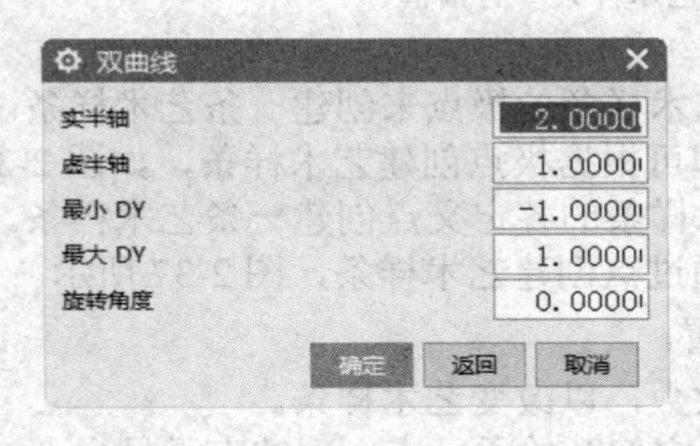

图 2-33　“双曲线”对话框

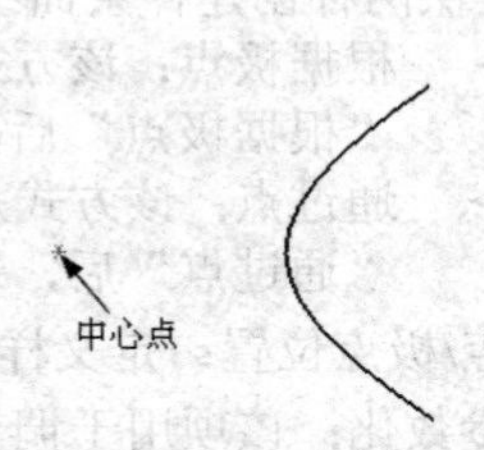

图 2-34　双曲线

2.2 复杂曲线

2.2.1 艺术样条

单击“曲线”选项卡，选择“曲线”组中的“艺术样条”图标，弹出“艺术样条”对话框，如图 2-35 所示。

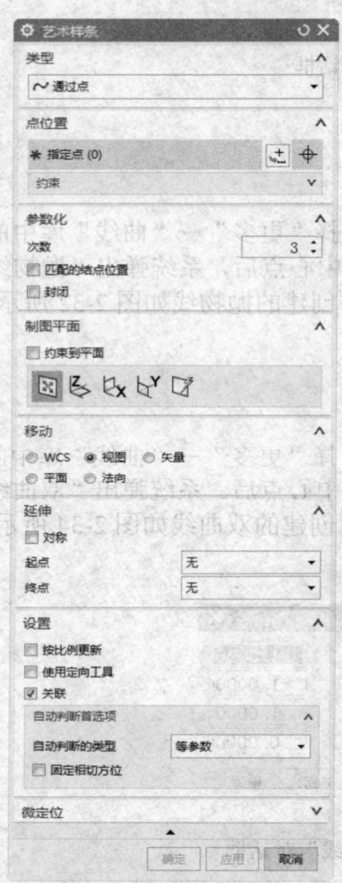

图 2-35　“艺术样条”对话框

UG 提供两种创建样条曲线的方式：

➢ 根据极点：该方式是通过设定艺术样条的极点来创建一条艺术样条。类型选择“根据极点”后，选择极点，即可根据极点创建艺术样条，如图 2-36 所示。

➢ 通过点：该方式是通过设置艺术样条的各定义点创建一条艺术样条。类型选择“通过点”后，选择点，即可通过点创建艺术样条，图 2-37 所示。

■ 点/极点位置：定义样条点或极点位置。

■ 参数化：该项用于调节曲线类型和次数，以改变艺术样条。

➢ 封闭：通常，样条是非闭合的，它们开始于一点，而结束于另一点。通过选择“封闭”选项可以创建开始和结束于同一点的封闭样条。该选项仅用于多段样条。当创建封闭样条时，不必将第一个点指定为最后一个点，样条会自动封闭。

➢ 次数：一个代表定义曲线的多项式次数的数学概念。次数通常比样条线段中的点数小 1。因此，样条的点数不得少于次数。UG 样条的次数必须介于 1 和 24 之间，但是建议用户在创建艺术样条时使用三次曲线（次数为 3）。

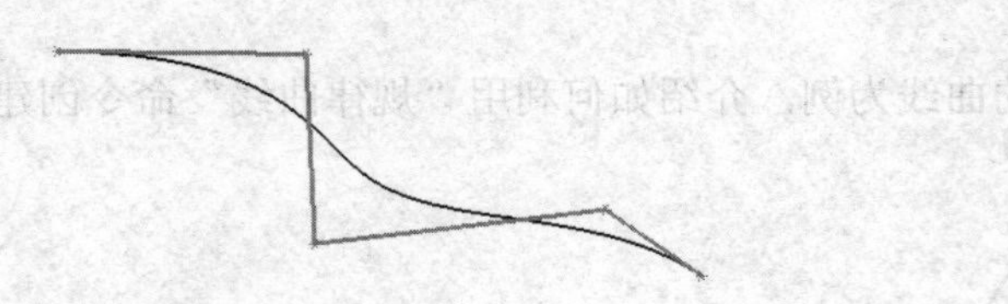

图 2-36 根据极点创建艺术样条

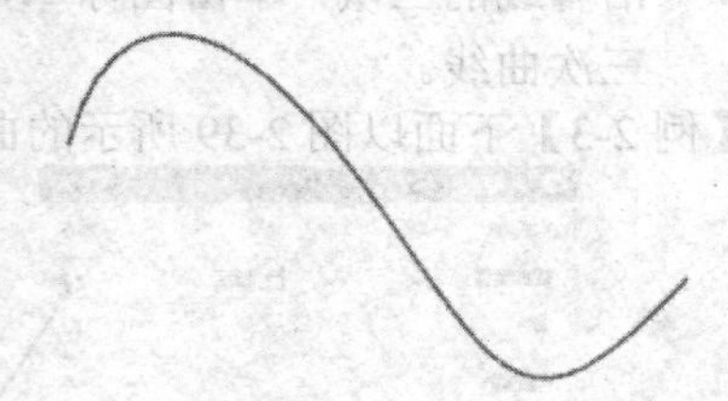

图 2-37 通过点创建艺术样条

■ 制图平面：该项用于选择和创建艺术样条所在平面，可以绘制指定平面的艺术样条。

■ 移动：在指定的方向上或沿指定的平面移动艺术样条点和极点。

➢ WCS：在工作坐标系指定的 X、Y 或 Z 方向上，或沿 WCS 的一个主平面移动点或极点。

➢ 视图：相对于视图平面移动极点或点。

➢ 矢量：用于定义所选极点或多段线的移动方向。

➢ 平面：选择一个基准平面、基准坐标系或使用指定平面来定义一个平面，以在其中移动选定的极点或多段线。

➢ 法向：沿曲线的法向移动点或极点。

■ 延伸

➢ 对称：选择此复选框，在所选样条的指定开始和结束位置上展开对称延伸。

➢ 起点/终点：①无，不创建延伸；②按值，用于指定延伸的值；③根据点，用于定义延伸的延展位置。

■ 设置

➢ 自动判断的类型：①等参数，将约束限制为曲面的 U 和 V 向；②截面，允许约束与任何方向对齐；③正常，根据曲线或曲面的正常法向自动判断约束；④垂直于曲线或边，从点附着对象的父级自动判断 G1、G2 或 G3 约束。

➢ 固定相切方位：选择此复选框，与邻近点相对的约束点的移动就不会影响方位，并且方向保留为静态。

2.2.2 规律曲线

规律曲线就是 X、Y、Z 坐标值按设定规律变化的样条曲线。利用规律曲线可以控制建模过程中某些参数的变化规律，特别是对一些已有数学方程的曲线。

单击“曲线”选项卡，选择“曲线”组“曲线”库中的“规律曲线”图标。系统弹出“规律曲线”对话框，如图 2-38 所示。用户需要按照 X、Y、Z 规律类型依次定义每个坐标值的变化情况。由于篇幅的原因，本文将着重讲解前五种方式。

■ 恒定：单击图标，输入一个常数值即可。

■ 线性：单击图标，输入起点值和终点值。

■ 三次：单击图标，输入起点值和终点值。

■ 沿脊线的线性：单击图标，选择一条脊线后，利用“点构造器”设置脊线上的点，输入规律值即可。

■ 沿脊线的三次：单击图标，方法和沿脊线的线性所述一样，区别是创建的曲线是三次曲线。

【例 2-3】下面以图 2-39 所示的曲线为例，介绍如何利用“规律曲线”命令创建曲线。

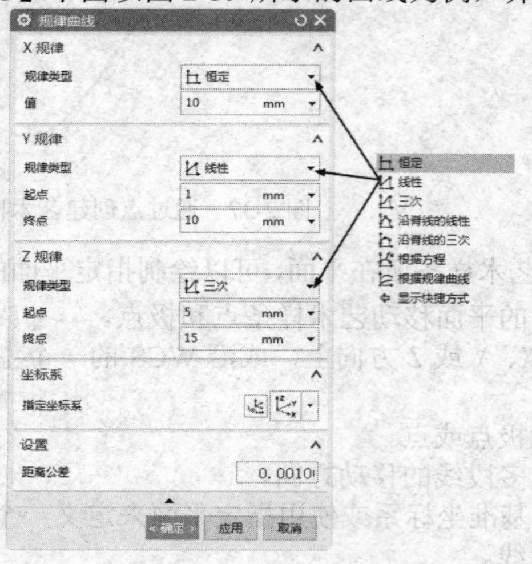

图 2-38 “规律曲线”对话框

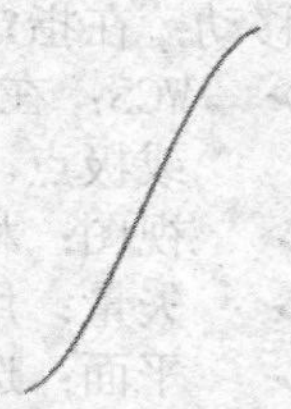

图 2-39 规律曲线

（1）新建文件。选择“菜单”→“文件”→“新建”命令，弹出“新建”对话框。在“模板”列表框中选择“模型”选项，在“名称”文本框中输入“2-3”，单击“确定”按钮，进入 UG 主界面。

（2）创建规律曲线。

1）选择“菜单”→“插入”→“曲线”→“规律曲线”选项，弹出 “规律曲线”对话框。

2）在“规律曲线”对话框中选择 X“规律类型”为“恒定”，在“值”文本框中输入 10，确定 X 分量的变化方式。

3）在“规律曲线”对话框中选择 Y“规律类型”为“线性”，在“起点”和“终点”文本框中分别输入 1 和 10，确定 Y 分量的变化方式。

4）在“规律曲线”对话框中选择 Y“规律类型”为“三次”，在“起点”和“终点”文本框中分别输入 5 和 15，确定 Z 分量的变化方式。

5）默认系统给定曲线坐标系方向，单击“确定”按钮，创建如图 2-39 所示的规律曲线。

2.2.3 螺旋线

单击“曲线”选项卡，选择“曲线”组“曲线”库中的螺旋图标，系统弹出“螺旋”对话框，如图 2-40 所示。

■ 类型：包括沿矢量和沿脊线两种。

■ 方位：用于设置螺旋线指定方向的偏转角度。

■ 螺距：用于设置螺旋线每圈之间的导程。
■ 大小：用于设置螺旋线旋转半径的方式及大小。
➢ 规律类型：螺旋曲线每圈半径或直径按照指定的规律变化。
➢ 值：螺旋曲线每圈半径/直径的大小。
■ 方法：用于指定长度方法为限制或圈数。
➢ 圈数：用于设置螺旋线旋转的圈数。
■ 旋转方向：用于设置螺旋线的旋转方向，分为“左手”和“右手”两种。

创建螺旋线如图 2-41 所示。

图 2-40 “螺旋”对话框

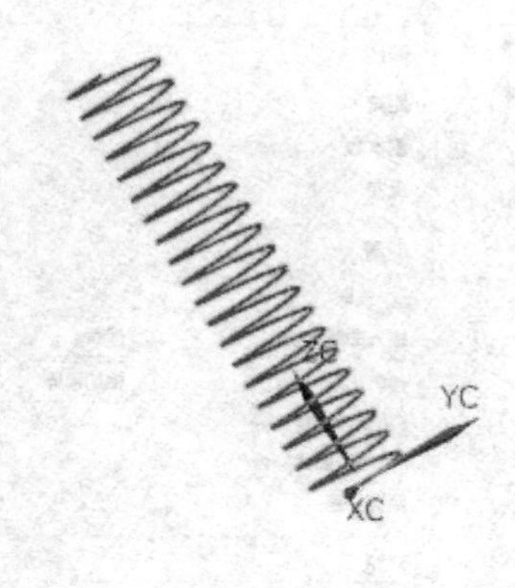

图 2-41 螺旋线

2.3 曲线操作

2.3.1 偏置曲线

单击“曲线”选项卡，选择“派生曲线”组中的“偏置曲线”图标，弹出“偏置曲线”对话框，如图 2-42 所示。

选择曲线后，在所选择的曲线上出现一个箭头，该箭头的方向为偏置的方向，如果要取相反的偏置方向，可单击对话框中“反向”按钮。

“偏置类型”下拉列表中有四种方式：

- ■ 距离：在选择的原曲线所在平面内建立新曲线，通过输入距离值指定偏置距离参数。图 2-43 所示为利用“距离”方式创建的偏置曲线。
- ■ 拔模：在与选择的原曲线所在平面向平行的平面内建立新曲线，通过拔模高度指定新曲线所在平面与原曲线所在平面之间的距离，通过拔模角来指定新曲线在建立平面内的偏置角度。
- ■ 规律控制：用规律子功能指定偏置距离的偏移复制。
- ■ 3D 轴向：该方式按照三维空间内指定的矢量方向和偏置距离来偏置曲线。

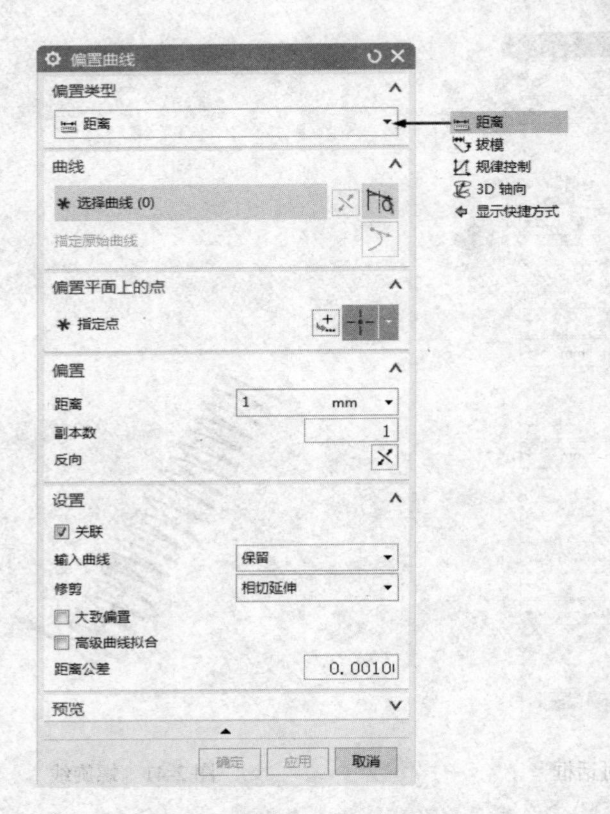

图 2-42 “偏置曲线”对话框

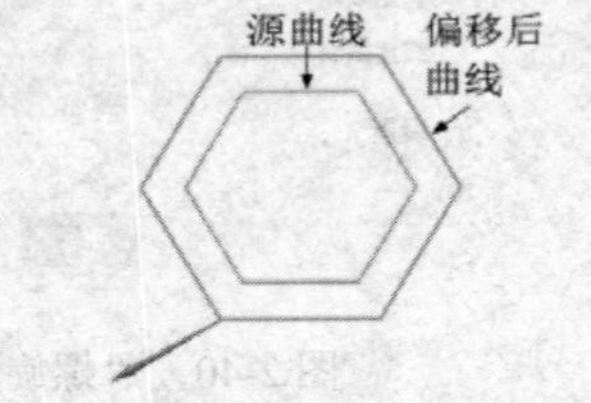

图 2-43 “距离”方式偏置曲线

2.3.2 抽取曲线

选择“菜单”→“插入”→“派生曲线”→“抽取（原有）”选项，系统弹出“抽取曲线”对话框，如图 2-44 所示。其主要作用是将一个或多个已存实体的边缘线或表面特征曲线抽取出来，建立新的曲线几何对象。一般情况下，抽取的曲线对象与被抽取的实体之间不相关。

- ■ 边曲线：抽取边曲线，将选择的实体边缘线抽取出来，如图 2-45 所示。可逐个选择边缘线、表面或实体，也可一次选择首尾相接的一组边缘线。

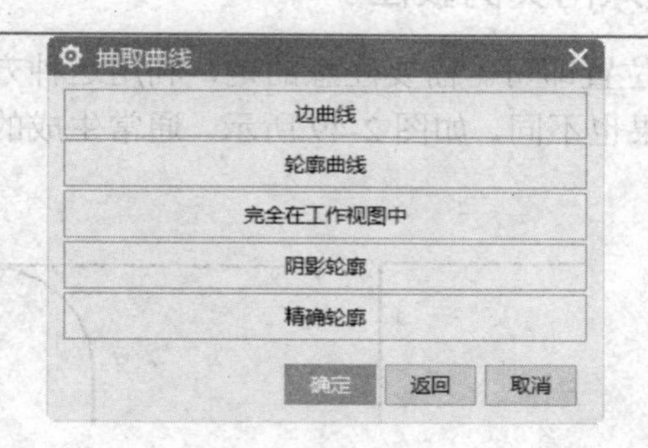

图 2-44 “抽取曲线”对话框

图 2-45 选择实体边缘曲线

2.3.3 连结

选择“菜单”→“插入”→“派生曲线”→“连结（即将失效）”选项，系统弹出“连结曲线”对话框，如图 2-46 所示，主要作用是将一串曲线或实体边缘线连接起来，建立一个单段的 B 样条。

选择要进行连接的曲线段，曲线段必须首尾相接，可直接逐段选择。通过对话框设置输入曲线、输出曲线类型的相关参数等，单击“确定”按钮即可完成操作。

2.3.4 倒圆

选择“菜单”→“插入”→“曲线”→“基本曲线（原有）”选项，系统弹出“基本曲线”对话框。单击“圆角”图标，弹出“曲线倒圆”对话框，如图 2-47 所示。其主要作用是在两条平面曲线之间建立圆角。

图 2-46 “连结曲线”对话框

图 2-47 “曲线倒圆”对话框

- 简单圆角：在两条直线之间建立圆角，用户可以定义圆角的半径，然后将光标移至需倒圆的两条直线交点处单击即可。选择的点的位置不同，生成的圆角也不同。图 2-48 所示为各种简单倒圆的效果。
- 两条曲线圆角：在“半径”文本框中输入圆角半径，先选择第一条曲线，然后选择

第二条曲线，再给定一个大致的圆心位置即可。需要注意的是，利用这种方式倒圆时，选择曲线的顺序不同，倒圆的效果也不同，如图 2-49 所示。通常生成的倒圆方向为逆时针方向。

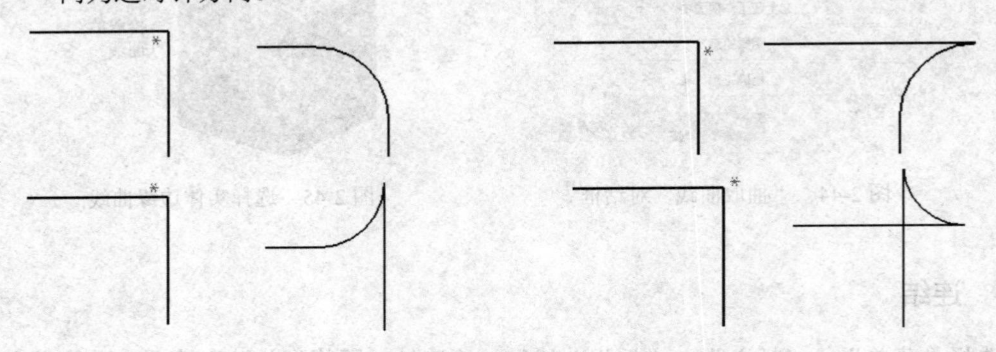

图 2-48　各种简单倒圆的效果

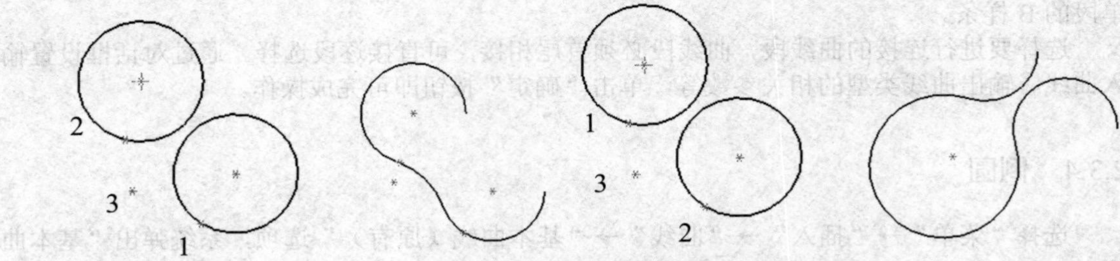

图 2-49　两条曲线圆角效果

■　三条曲线圆角：依次选择三条曲线，然后再确定一个倒圆圆心的大致位置，三条曲线倒圆的效果如图 2-50 所示。系统会自动进行倒圆的生成操作。

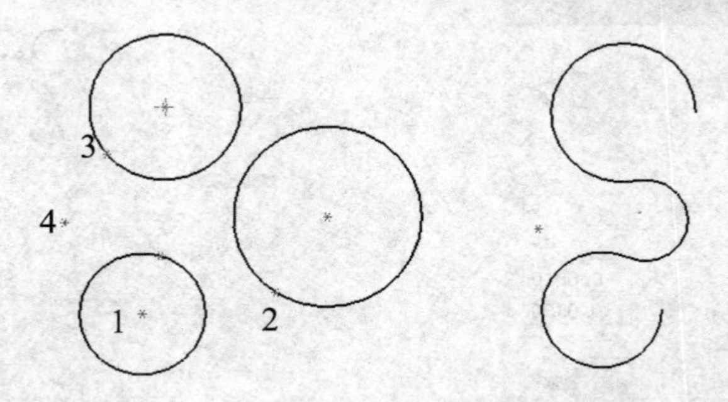

图 2-50　三条曲线圆角效果

2.3.5　相交曲线

相交曲线是用于创建两组对象的交线，各组对象可分别为一个表面、一个参考面、一个片体或者一个实体。选择“菜单”→“插入”→“派生曲线”→“相交”选项，弹出如图 2-51 所示“相交曲线”对话框。

相交曲线的操作相对比较简单，打开“相交曲线”对话框后，用户根据系统的提示按照第 1 组和第 2 组的操作步骤确定好两组操作的对象，并且设置好“相交曲线”对话框中的其他的参数，单击“确定”按钮，系统就自动完成相交曲线的创建。

2.3.6 截面曲线

截面曲线用于设定曲线的截面与选定的表面或者平面等对象的相交，创建相交的几何对象。如果一个平面与曲线相交，可以得到一个点；一个平面与一个平面或者是一个表面相交，会得到一条截面曲线。如果选择的表面有边界或孔，则截面线会被修剪。

选择“菜单”→“插入”→“派生曲线”→“截面”选项，弹出如图 2-52 所示“截面曲线”对话框，用户可以设置其中的参数。

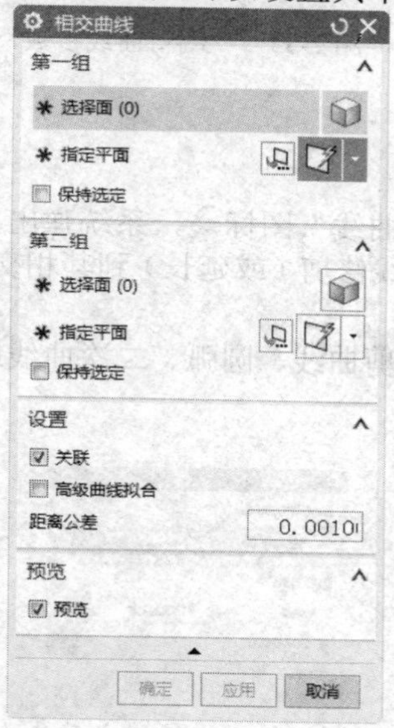

图 2-51 “相交曲线”对话框

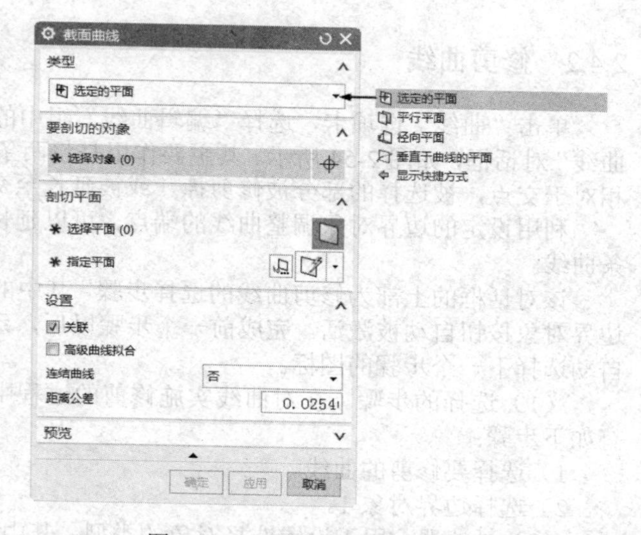

图 2-52 “截面曲线”对话框

- 选定的平面：选择该方式，系统会提示用户在绘图区中直接选择某平面作为截面。这种方式有两个步骤，即现在截面对象和剖切平面。
- 平行平面：选择该方式，系统会提示用户选择一组等距离的平行平面作为截面。在这种方式下，其操作的步骤与选定的平面方式相同，也是有两个步骤。
- 径向平面：选择该方式，系统会提示用户设置一组等角度的扇形展开的放射平面作为截面。这种方式有三个步骤，即选择要剖切的对象、径向轴和参考平面上的点。
- 垂直于曲线的平面：选择该方式，系统会提示用户设置一个或一组与选定曲线垂直的平面作为截面。这种方式有两个步骤，即选择要剖切的对象，选择曲面或边。

2.4 编辑曲线功能

当曲线创建之后，经常还需要对曲线进行修改和编辑，需要调整曲线的很多细节。本节主要介绍曲线编辑的操作，主要包括编辑曲线参数、修剪曲线、分割曲线和光顺样条等。

2.4.1 编辑曲线参数

编辑曲线的功能是允许用户修改曲线的定义数据，使其达到用户所需的形状。对于相互关联的曲线，由于它的定义数据是来自其他的几何特征，所以不能直接修改曲线，而必须编辑与它相关的几何特征，通过刷新来修改相关的曲线。选择“菜单”→“编辑”→“曲线”→“参数”选项，系统弹出如图 2-53 所示“编辑曲线参数”对话框。

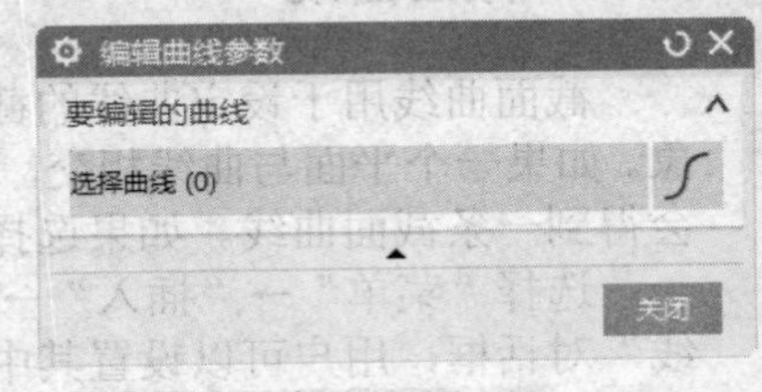

图 2-53　“编辑曲线参数”对话框

该对话框可用于编辑大多数类型的曲线，当选择了不同的对象类型后，系统会给出相应的对话框。

2.4.2 修剪曲线

单击“曲线”选项卡，选择“编辑曲线”组中的“修剪曲线”图标，系统弹出“修剪曲线”对话框，如图 2-54 所示。其主要作用是将两条相交曲线修剪（或延长）到其相交点处。相对于交点，被选择的部分被修剪掉（或被延长至交点处）。

利用设定的边界对象调整曲线的端点，可以延长或者修剪曲线、圆弧、二次曲线或者样条曲线。

该对话框的上部为修剪曲线的选择步骤，其中的第一边界对象按钮自动被激活。完成前一个步骤以后，系统会自动选择下一个步骤的图标。

（1）选择的步骤。在对曲线实施修剪的过程中至少有如下步骤：

1）选择要修剪的曲线。

2）选择边界对象 1。

（2）过滤器。用于设置选择对象的类型。其中包括：所有、点、曲线、边、自由曲面、草图、面、基准面和基准轴。

（3）方向。指定查找对象交点时使用的方向。

➢ 最短的 3D 距离：选择该选项，系统按边界对象与待修剪曲线之间的三维最短距离判断两者的交点，再根据该交点来修剪曲线。

➢ 沿方向-将曲线修剪、分割或延伸至与边界对象的相交处，这些边界对象沿指定矢量的方向投影。

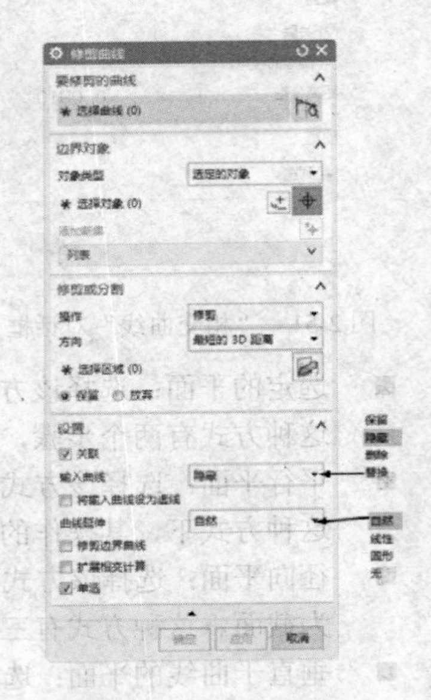

图 2-54　“修剪曲线”对话框

（4）关联。选择“关联”选项后，修剪后的曲线与原曲线具有相关性，即若改变原来的曲线参数，则修剪后的曲线的边界之间的关系能够更正。

（5）输入曲线。让用户指定想让输入曲线的被修剪的部分处于何种状态。

➢ 隐藏：表示输入曲线被渲染成不可见。

➢ 保留：表示输入曲线不受修剪曲线操作的影响，被保留在它们的初始状态。
➢ 删除：表示通过修剪曲线操作把输入曲线从模型中删除。
➢ 替换：表示输入曲线被已修剪的曲线替换或交换。当使用“替换”时，原始曲线的子特征成为已修剪曲线的子特征。

（6）曲线延伸。如果欲修剪的曲线为样条曲线需要延伸至边界时，设置其延伸方式。单击“曲线延伸”的下三角按钮后，弹出下拉列表，其中列出了样条曲线的四种延伸方式。

➢ 自然：从样条的端点沿它的自然路径延伸它。
➢ 线性：把样条从它的任一端点延伸到边界对象，样条的延伸部分是直线的。
➢ 圆形：把样条从它的端点延伸到边界对象，样条的延伸部分是圆弧形的。
➢ 无：对任何类型的曲线都不执行延伸。

修剪曲线示意图如图 2-55 所示。

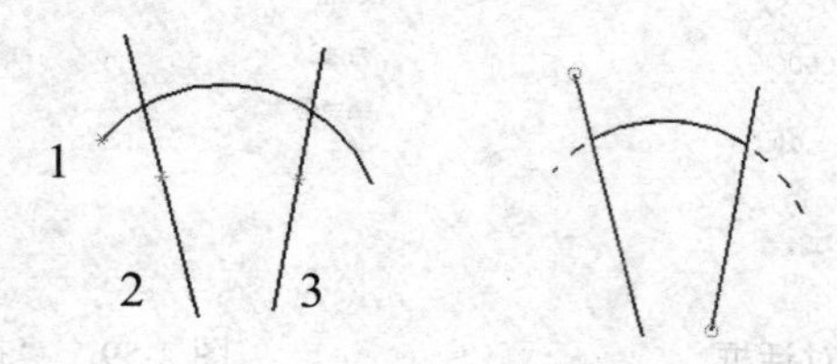

图 2-55　修剪曲线示意图

2.4.3　分割曲线

单击“曲线”选项卡，选择“更多”“编辑曲线”库中的“分割曲线”图标，系统弹出如图 2-56 所示的“分割曲线”对话框。

■ 等分段：该方式是以等长或等参数的形式将曲线分割成相同的节段。选择要分割的曲线，其中的“段长度”包括“等参数”和“等弧长”两种方式。“段数”文本框用于设置曲线均匀分割的节段数。
■ 按边界对象：该方式是利用边界对象来分割曲线。选择该类型的对话框如图 2-57 所示。利用对话框可以分别定义点、直线和平面作为边界对象来分割曲线。

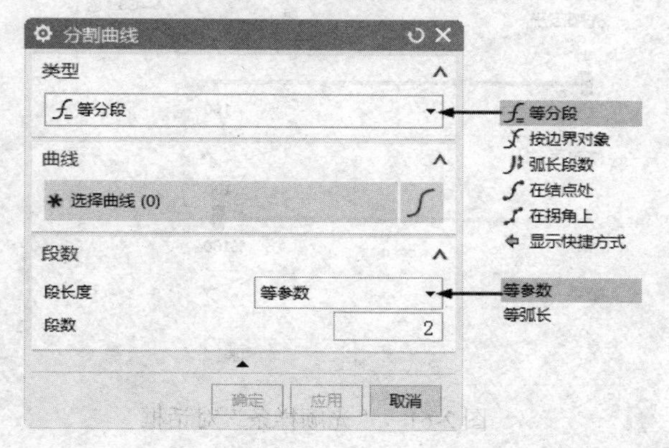

图 2-56　“分割曲线”对话框

图 2-57　“按边界对象”类型对话框

■ 弧长段数：该方式通过分别定义各节段的弧长和段数来分割曲线。选择该类型的对话框如图 2-58 所示。

■ 在结点处：该方式用于分割样条曲线，它将曲线的定义点处的曲线分割成多节段。选择该类型的对话框如图 2-59 所示。

图 2-58 “弧长段数”类型对话框

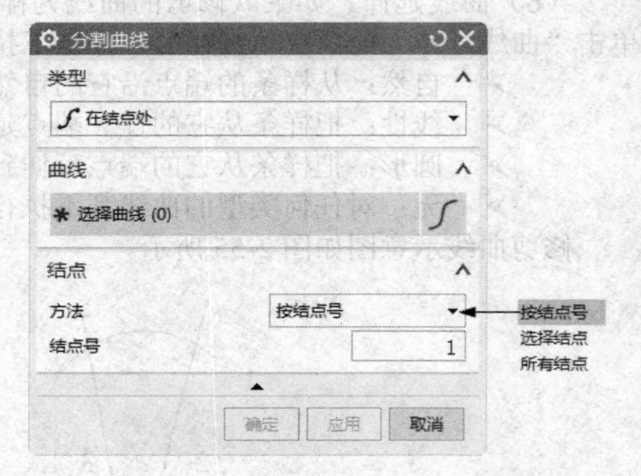

图 2-59 “在结点处”类型对话框

■ 在拐角上：该方式是在拐角处分割样条曲线。选择该类型的对话框如图 2-60 所示。

图 2-60 “在拐角上”类型对话框

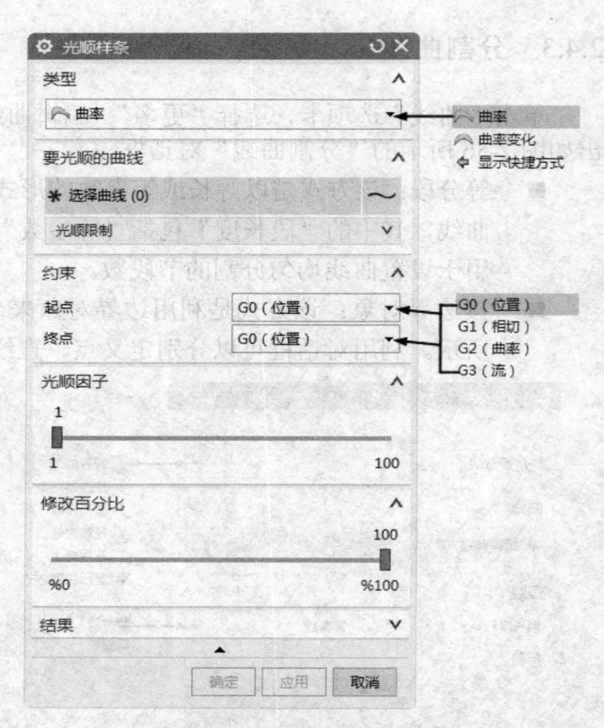

图 2-61 “光顺样条”对话框

2.4.4 光顺曲线

单击“曲线”选项卡，选择“编辑曲线”组“编辑曲线”库中的“光顺样条”图标，系统弹出如图 2-61 所示的“光顺样条”对话框。该对话框是用来光顺曲线的曲率，使得曲线更光滑。

■ 曲率：通过最小曲率值的大小来光顺曲线。

■ 曲率变化：通过最小整条曲线的曲率变化来光顺曲线。

2.5 实例操作——碗曲线

本例创建碗的曲线，如图 2-62 所示。

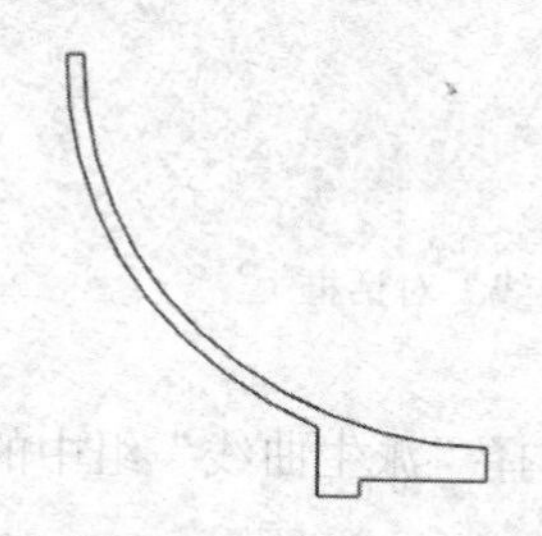

图 2-62 碗曲线

【思路分析】

先绘制圆和直线，然后利用曲线修剪功能修剪，再绘制碗底草图，创建的流程如图 2-63 所示。

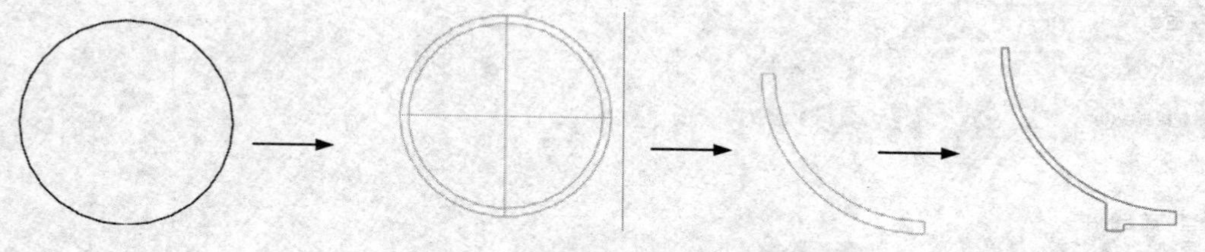

图 2-63 创建碗曲线的流程

【知识要点】

基本曲线　　偏置曲线　　修剪曲线

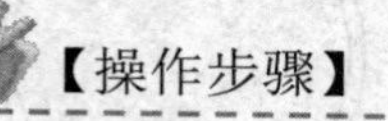

【操作步骤】

（1）新建文件。选择“菜单”→“文件”→“新建”，或者单击“主页”选项卡，选择“标准”组中的图标，弹出“新建”对话框。在“模板”列表框中选择“模型”选项，在“名称”文本框中输入“wan”，单击“确定”按钮，进入 UG 主界面。

（2）绘制圆。

1）选择“菜单”→“插入”→“曲线”→“基本曲线（原有）”选项，系统弹出“基本曲线”对话框。单击“圆”图标○，如图 2-64 所示。

2）在“点方法”下拉列表中选择“点构造器”，弹出“点”对话框，输入圆心坐标为（0，50，0），绘制半径为 50 的圆，如图 2-65 所示。

图 2-64　“基本曲线”对话框　　　　图 2-65　绘制圆 1

（3）偏置曲线。

1）单击“曲线”选项卡，选择“派生曲线”组中的“偏置曲线”图标，弹出“偏置曲线”对话框，如图 2-66 所示。

2）在绘图区中选择上步绘制的圆，如图 2-67 所示。视图中显示的箭头为偏置方向，可以通过“反向”按钮来更改偏置方向。

3）单击“确定”按钮，完成曲线的偏置，如图 2-68 所示。

图 2-66　“偏置曲线”对话框

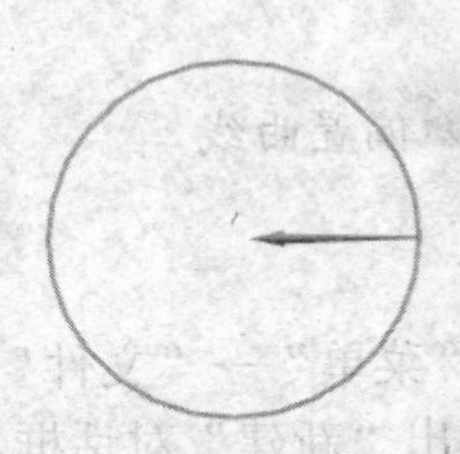

图 2-67　选择圆

图 2-68　偏置曲线

（4）绘制直线。

1）选择“菜单”→“插入”→“曲线”→“基本曲线（原有）”选项，系统弹出“基本曲线”对话框。

2）在“点方法”下拉列表中选择“象限点”。

3）在视图中捕捉半径为 50 的圆的象限点，绘制两条相交直线，如图 2-69 所示。

（5）修剪曲线。

1）单击“曲线”选项卡，选择“编辑曲线”组中的“修剪曲线”图标，弹出“修剪曲线”对话框，各选项设置如图 2-70 所示。

2）选择上步绘制的两条直线为两边界对象，如图 2-71 所示。

3）选择两圆弧为要修剪的曲线，单击“确定”按钮，如图 2-72 所示。

4）以圆为边界，修剪两条直线，如图 2-73 所示。

（6）绘制直线。

1）执行“直线”命令，定义 A 点为直线起点。单击“平行于”中的 YC 按钮，此时绘制的直线沿 Y 轴方向，在“跟踪条”的 YC 坐标中输入-2，单击“确定”按钮，完成直线 1 的创建。

2）依照上述方法定义图 2-74 所示的线段 C、D、E，长度分别为-15、-2、-5。在定义线段 F 时，长度刚好到圆弧 1 即可。

图 2-69　绘制直线

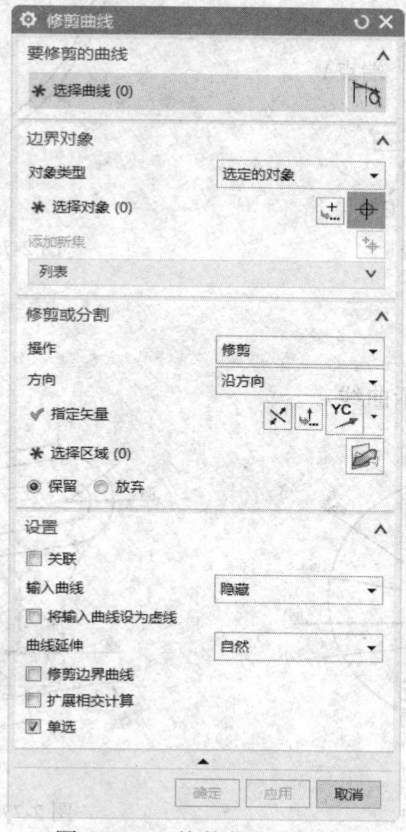

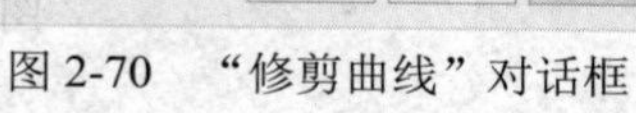

图 2-70　“修剪曲线”对话框

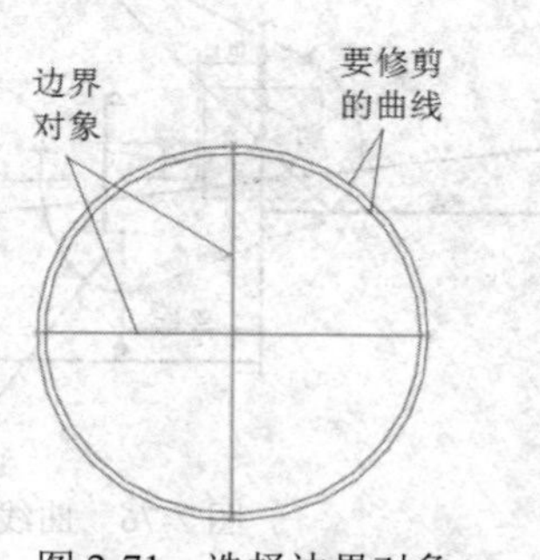

图 2-71　选择边界对象

（7）修剪曲线。

1）单击“曲线”选项卡，选择“编辑曲线”组中的“修剪曲线“图标 ⇁，弹出“修剪曲线”对话框。

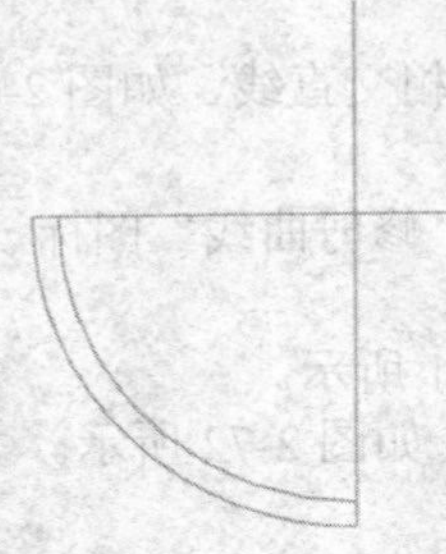

图 2-72 修剪曲线

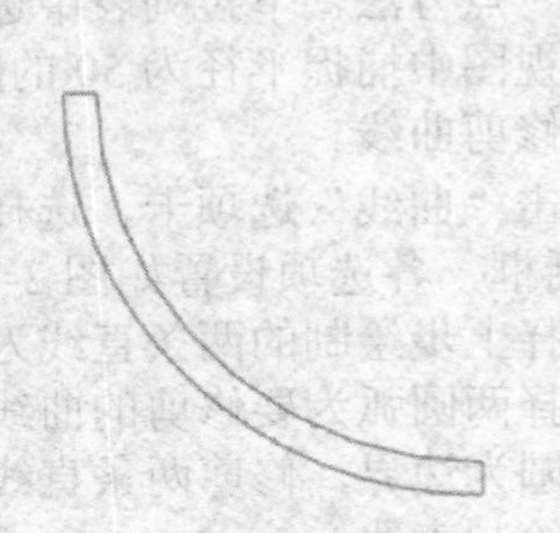

图 2-73 修剪两条直线

2）选择线段 F 为边界对象，圆弧 1 为修剪对象，单击“确定”按钮，完成修剪操作，如图 2-75 所示。

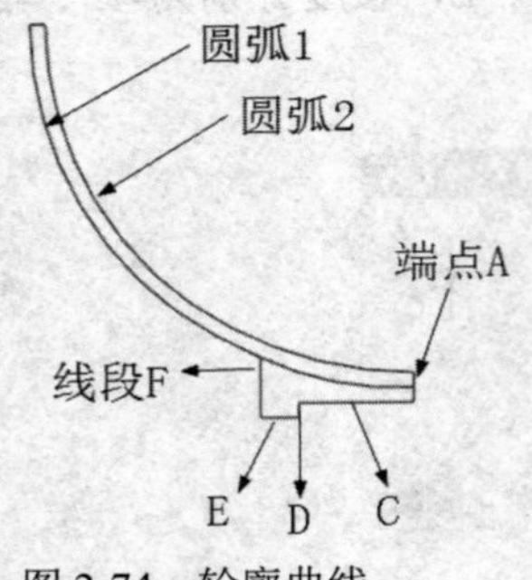

图 2-74 轮廓曲线

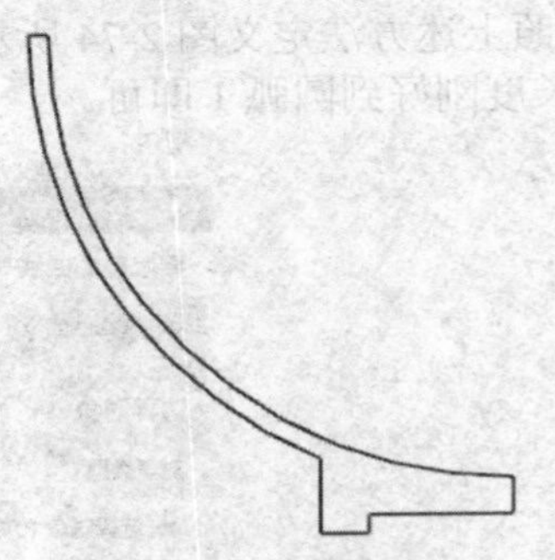

图 2-75 创建的碗曲线

2.6 练习题

绘制如图 2-76～图 2-78 所示曲线。

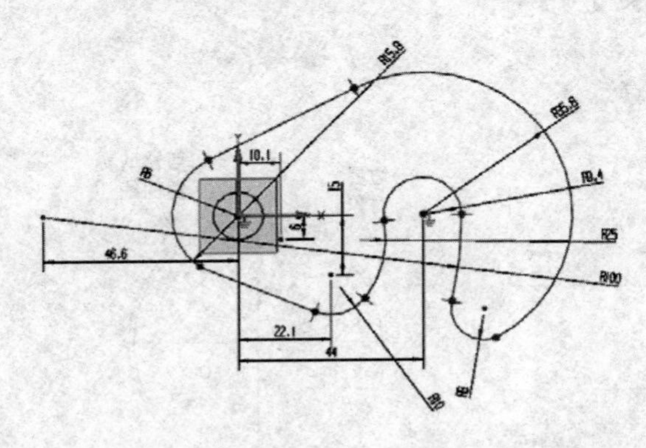

图 2-76 曲线练习 1

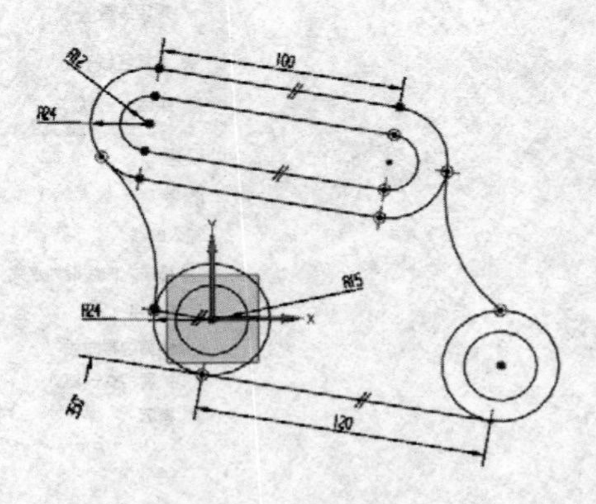

图 2-77 曲线练习 2

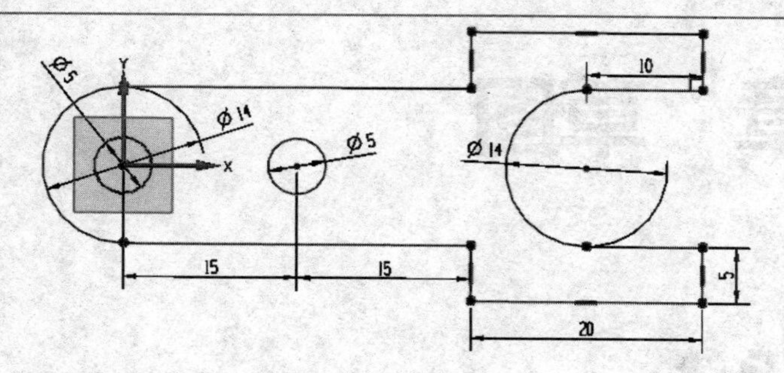

图 2-78　曲线练习 3

第 3 章　草图

导读

草图是位于平面的点、线的集合，是与实体模型相关联的二维图形，一般被用作三维建模的基础。用户可以应用草图工具先完成特征近似轮廓图形绘制，再添加精确的约束定义，形成完整表达设计意图的图形。用草图工具创建的草图可以通过实体造型工具进行拉伸、旋转等操作，创建与实体有关的实体模型。

同一部件文件只允许一个草图是激活状态。在草图列表框中激活选择的草图，使其成为当前工作草图。

学 习 要 点

- 草图工作平面
- 草图曲线创建
- 草图约束
- 草图操作
- 草图设置

3.1 草图工作平面

选择“菜单”→“插入”→“在任务环境中绘制草图”选项，进入草图绘图环境（简称草绘环境），弹出如图 3-1 所示的“创建草图”对话框。

图 3-1 “创建草图”对话框

- 自动判断：选择该选项，然后选择实体表面或者曲面片体表面作为草图工作平面，这时会在实体表面上或片体表面上出现方向指示，如图 3-2 所示。光标指向表面高亮度显示，单击点为坐标原点。
- 新平面：选择该选项，然后单击图标，弹出如图 3-3 所示的“平面”对话框。用户可以创建工作平面，还可以通过 自动判断 下拉列表来选择平面。

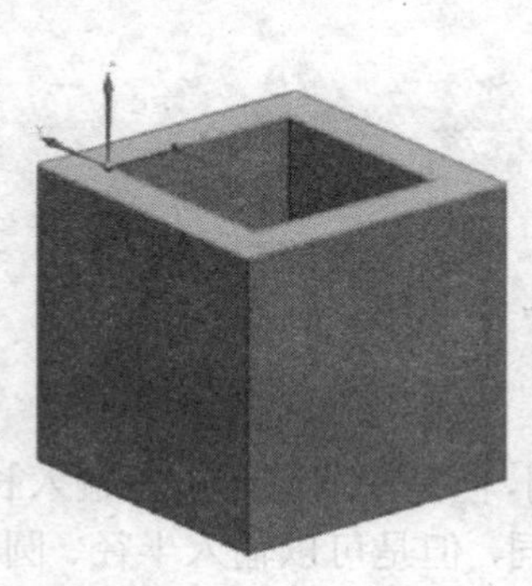

图 3-2 由草图平面选项创建工作平面

图 3-3 “平面”对话框

- 指定坐标系：单击图标，系统将弹出图 3-4 所示的“坐标系”对话框，可以创建坐标系。

选择相应的草图工作平面以后，单击“确定”按钮，可以直接确定该草图；单击“取消”按钮，将退出选择。在选择草图工作平面的同时，“草图”组出现在绘图区的上方，如图 3-5

所示。

当完成草图的创建以后，可以单击“完成”按钮，退出草绘环境直接进入建模环境。

图 3-4 “坐标系”对话框

图 3-5 “草图”组

3.2 草图曲线创建

进入草绘环境以后，系统会弹出“主页”选项卡，如图 3-6 所示。在创建草图时，用户不必在意尺寸是否精确，只要绘制出大致轮廓即可。草图的准确尺寸、形状、位置通过尺寸约束、几何约束来确定。

“主页”选项卡的“曲线”组中部分选项的功能如下：

- 轮廓：用于可以连续绘制直线和圆弧，按住鼠标不放，可以在直线和圆弧之间切换。

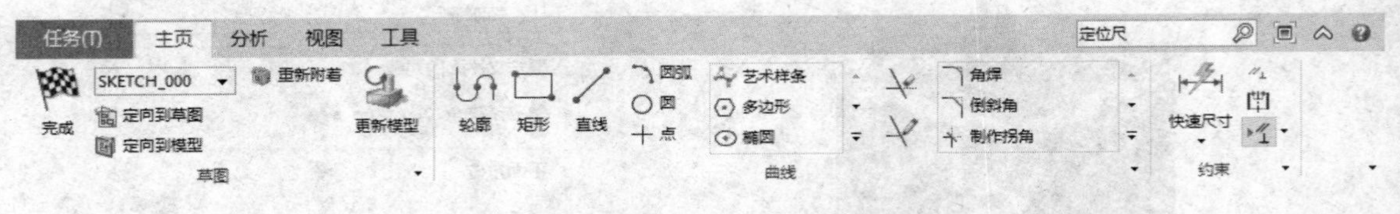

图 3-6 草绘环境中的“主页”选项卡

- 直线：与在基本曲线中的操作方法基本相同，但是在草图中可以输入长度和角度。
- 圆弧：与在基本曲线中的操作方法基本相同，但是可以输入半径、圆心坐标和扫描角度等值。
- 圆：与基本曲线中的操作方法基本相同，但是可以直接输入直径、圆心等值。
- 派生直线：用于创建一条与源对象平行的直线、两条直线构成的角平分线，或是两条平行直线的中线。
- 快速修剪：用于擦除选定的对象。单击图标提示选择或拖动要擦除的分段并将其添加边界。在选定的对象上单击，或是拖动经过要擦除的对象，松开鼠标后，选定对象即消失。

■ 快速延伸：用于延长选定的对象至边界。

■ 角焊：用于创建两相交线圆弧连接。弹出时则仅在两相交的直线间添加圆弧。

■ 矩形：用于创建矩形。单击“矩形“图标，在绘图区将出现矩形工具栏的三种创建方法。

■ 艺术样条：与样条建立的操作基本相同，可以绘制不同次数的曲线。

【例 3-1】以图 3-7 所示的草图为例，讲述草图曲线的创建步骤。

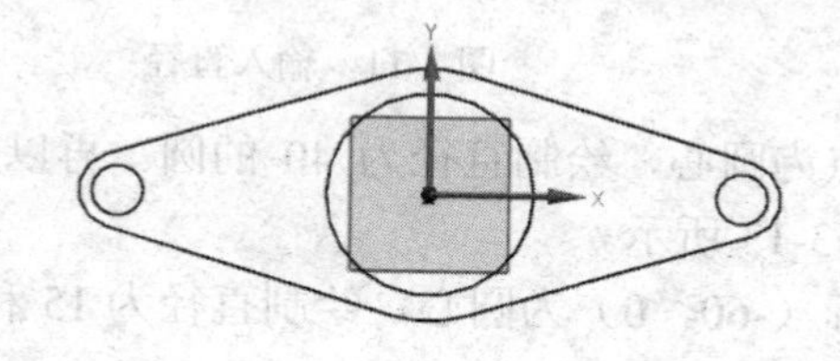

图 3-7 草图

1）选择“菜单”→“文件”→“新建”选项，在弹出的“新建”对话框中，选择存盘文件的位置，输入文件的名称为“3-1”，选择“模型”模板。完成后单击“确定”按钮，进入建模环境。

2）选择“菜单”→“插入”→“在任务环境中绘制草图”选项，弹出如图 3-8 所示的“创建草图”对话框。系统默认 XC-YC 平面为基准平面，单击“确定”按钮，进入到草绘环境。

3）单击“主页”选项卡，选择“曲线”组中的“圆“图标，系统弹出“圆”对话框，如图 3-9 所示，选择其中的图标，指定坐标原点为圆心，如图 3-10 所示。在“直径”文本框中输入 50，如图 3-11 所示。按 Enter 键完成圆的绘制，如图 3-12 所示。

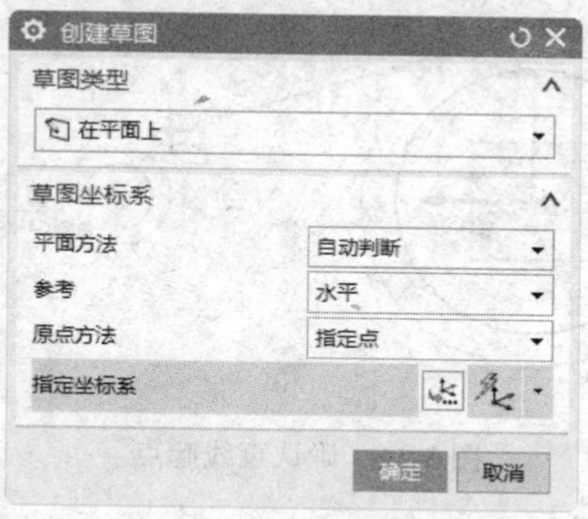

图 3-8 “创建草图”对话框

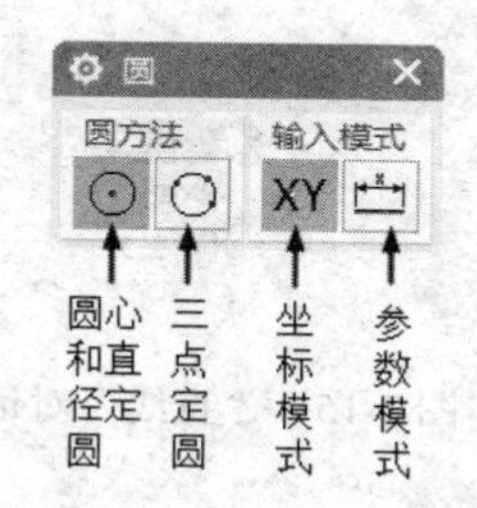

图 3-9 “圆”对话框

注意：

本例采用的是坐标模式，确认坐标可以通过移动鼠标或在文本框中输入值，但是在文本框中输入值后按 Enter 键确定，按 Esc 键取消值的输入或退出绘制。

参数模式和坐标模式的区别是：在数值输入文本框中输入数值后，坐标模式是确定的，而参数模式是浮动的。

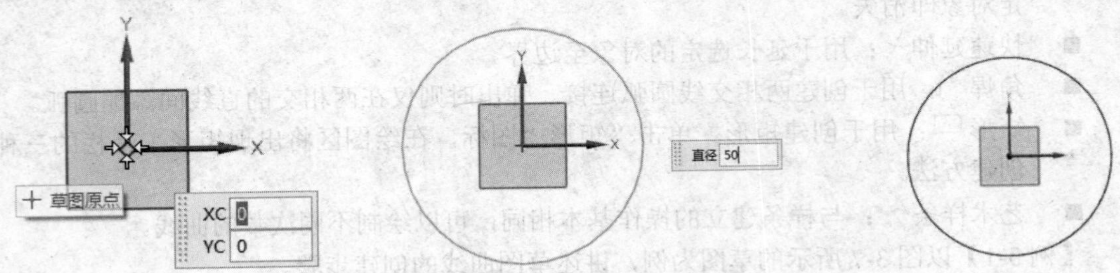

图 3-10　输入圆心坐标　　图 3-11　输入直径　　图 3-12　绘制圆

4）同上步骤，以原点为圆心，绘制直径为 40 的圆。再以坐标（60，0）为圆心，绘制直径 15 和 10 的圆，如图 3-13 所示。

5）同上步骤，以坐标（-60，0）为圆心，绘制直径为 15 和 10 的圆，如图 3-14 所示。

图 3-13　绘制圆　　图 3-14　绘制直径为 15 和 10 的圆

6）单击“主页”选项卡，选择“曲线”组的“直线”图标，系统弹出如图 3-15 所示“直线”对话框。在视图中拾取中间大圆，确认直线的起点，如图 3-16 所示。在视图中拾取右边大圆确认直线的终点，如图 3-17 所示。创建一条与两个外圆相切的直线，如图 3-18 所示。

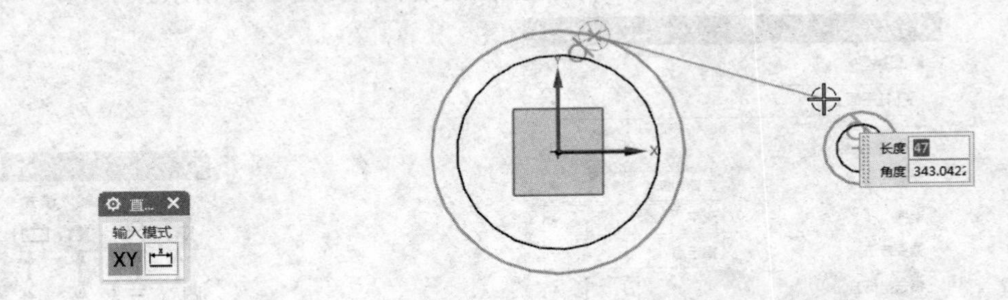

图 3-15　“直线”对话框　　图 3-16　确认直线起点

图 3-17　确认直线终点　　图 3-18　创建切线

7）同上步骤，绘制其余三条切线，如图 3-19 所示。

8）单击“主页”选项卡，选择“曲线”组中的“快速修剪”图标，系统弹出如图 3-20 所示“快速修剪”对话框。在视图中拾取要修剪的线段，创建的草图如图 3-7 所示。

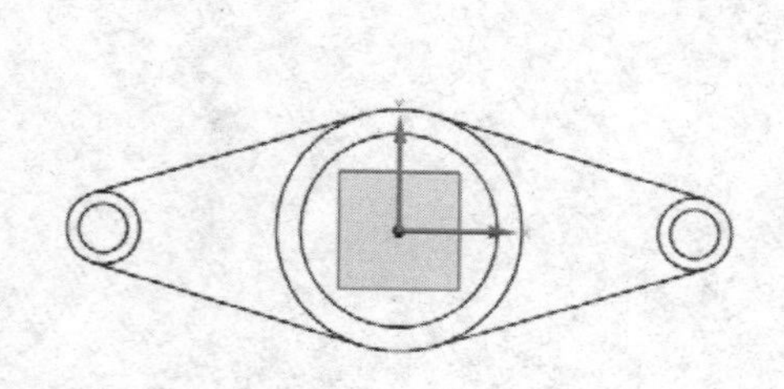

图 3-19　绘制其余三条切线

图 3-20　“快速修剪”对话框

3.3　草图约束

NX UG12.0 的草图约束分为尺寸约束和几何约束。在进行大致的绘图、曲线的提取和添加后，接下来就要对这些几何对象进行尺寸和几何约束，从而实现精确绘图。

3.3.1　尺寸约束

尺寸约束限制草图的大小和形状，单击“主页”选项卡，选择“约束”组中“快速尺寸”图标，弹出“快速尺寸”对话框，如图 3-21 所示，或单击“约束”组的“快速尺寸”下拉图标 快速尺寸，如图 3-22 所示。

草图的标注方式位于“快速尺寸”对话框“测量”选项组“方法”下拉列表中，其中包括了水平、垂直、径向等 9 种标注选项，每一个选项都有其固定的使用方法。此外，利用可变显示区域中的其他选项也可以修改尺寸。在草绘环境中进行尺寸标注，即将约束限制条件附在草图上。

■ 快速尺寸：可用单个选项和一组基本选择项，从一组常规、好用的尺寸类型快速创建不同的尺寸。以下为“快速尺寸”对话框中的各种测量方法：

➢ 自动判断：根据所选择的草图对象的类型和光标与所选对象的相对位置，采用相应的标注方法。当选用水平线时，采用水平尺寸标注方式；当采用垂直线时，采用垂直尺寸标注方式；当采用斜线时，则根据光标位置可按水平、垂直或平行等方式标注，当采用弧线时，采用半径的标注方式。

➢ 水平：对于所选对象进行平行于草图工作平面 XC 轴的尺寸约束。标注该类尺寸时，在绘图区中选择同一对象或不同的对象的两个控制点，用这两点的连线在水平方向的投影长度标注尺寸。

➢ 竖直：对于所选对象进行平行于草图工作平面 YC 轴的尺寸标注。标注该类尺寸时，在绘图区中选择同一对象或是不同对象的两个控制点，用这两点的连线在垂直方向的投影长度标注尺寸。

图 3-21 “快速尺寸”对话框

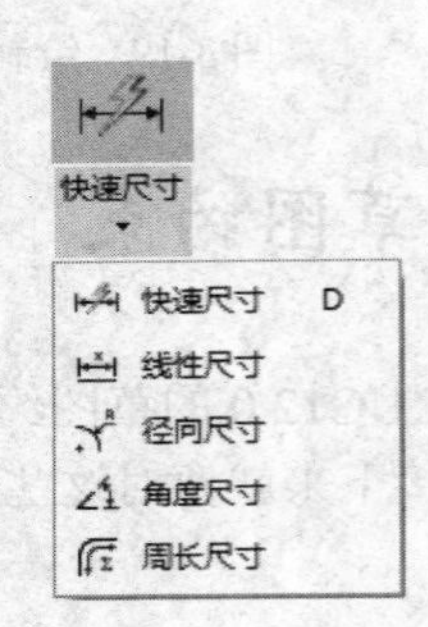

图 3-22 “快速尺寸”下拉菜单

- 点到点：对所选对象进行平行于对象尺寸约束。标注该类尺寸时，在绘图区中选择同一对象或是不同对象的两个控制点，用这两个点的连线长度标注尺寸，尺寸线将平行于这两点的连线方向。
- 垂直：用于点到直线的距离进行约束。标注该类尺寸时，在绘图区中选择一条直线，再选择一点，系统用点到直线垂直距离的长度标注尺寸，尺寸线将垂直于所选择的直线。
- 直径：对于所选的圆弧对象进行直径曲线约束。标注该类尺寸时，首先在绘图工作区中选择一条曲线，则系统直接标注圆的直径尺寸。
- 径向：对所选的圆弧对象进行半径尺寸约束。标注该类尺寸时，首先在绘图区选择一条圆弧曲线，则系统直接标注圆弧的半径尺寸。

■ 线性尺寸和径向尺寸中的测量方法都包含在“快速尺寸”中。

■ 角度尺寸：对于所选的两条直线进行角度尺寸约束。标注该类尺寸时，一般在绘图区中远离直线交点的位置选择两条直线，系统会弹出两直线之间的夹角。在标注尺寸时所选的两条直线必须是在草图中创建的

■ 周长尺寸：对于所选的多个对象进行周长尺寸约束。标注该类尺寸时，用户可以在绘图区中选择一段或是多段曲线，则系统会弹出这些曲线的周长。

【例 3-2】 以图 3-23 所示的草图为例，讲述草图尺寸约束的创建步骤。

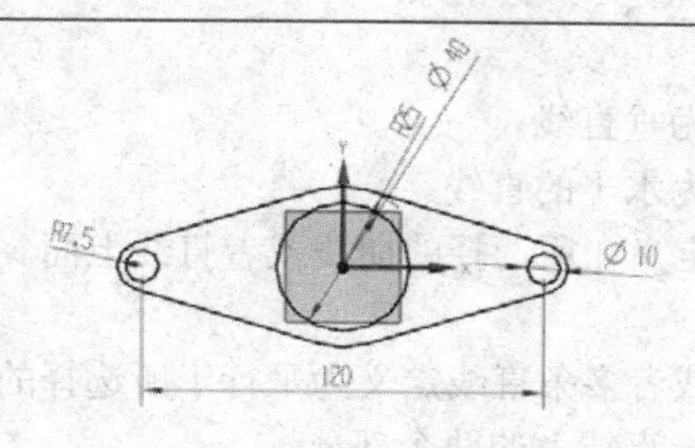

图 3-23　草图

1）打开文件。选择“菜单”→“文件”→“打开”选项，或者单击“主页”选项卡，选择“标准”组中的图标，弹出“打开”对话框，输入“3-1”，单击“OK”按钮，进入 UG 主界面，编辑草图进入草绘环境。

2）标注水平尺寸。选择“约束”组中“快速尺寸”下拉菜单中的“线性尺寸”图标，在系统弹出的“线性尺寸”对话框中选择“水平”测量方法。在视图中分别拾取左右两边小圆的圆心，出现的尺寸随着鼠标移动，将其放置在适当位置，如图 3-24 所示。单击鼠标中键，完成水平尺寸的标注。

3）标注直径尺寸。选择“约束”组中“快速尺寸”下拉菜单中的“径向尺寸”图标，在系统弹出的“径向尺寸”对话框中选择测量方法为“直径”。在视图中拾取中间直径为 40 的圆，出现的尺寸随着光标移动，将其放置在适当位置；再拾取直径为 10 的小圆，标注尺寸。单击鼠标中键，完成直径尺寸的标注，如图 3-25 所示。

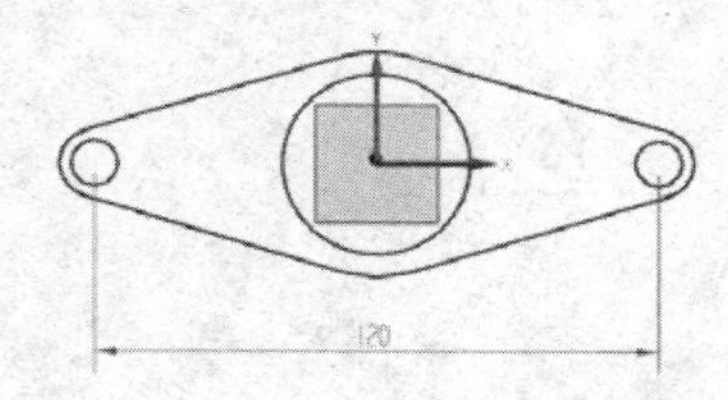

图 3-24　标注水平尺寸

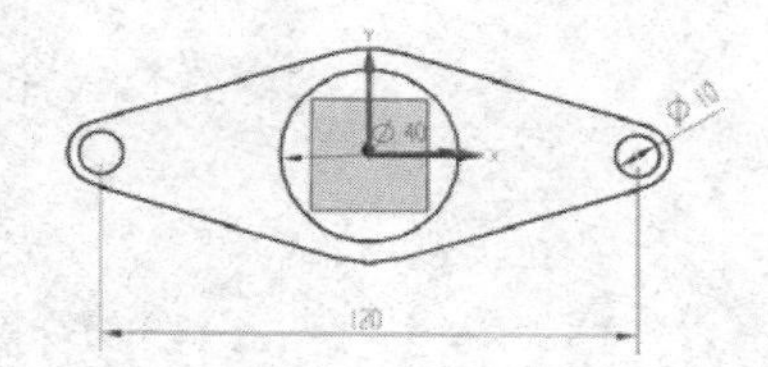

图 3-25　标注直径尺寸

4）标注半径尺寸。选择“约束”组中“快速尺寸”下拉菜单中的“径向尺寸”图标，系统弹出“径向尺寸”对话框。标注视图中的圆弧尺寸，单击鼠标中键，完成尺寸的标注，如图 3-23 所示。

可以先拾取要标注的图元，再选择标注类型的图标。

3.3.2　几何约束

几何约束是建立草图对象的几何特征，或是建立两个或多个对象之间的关系。用户绘制完草图的点、线以后，可以根据需要对于约束进行选择。约束的条件类型常用的有 11 种。

- 固定：将所选的对象固定住，不同对象的固定的方式也不同。点固定在它所在的位置；线段需要固定它的角度或者端点位置；圆或椭圆需要固定其圆心；圆弧需要固定圆心和端点位置。

- 垂直：将直线定义为垂直线。
- 水平：将直线定义为水平的直线。
- 点在曲线上：将点定义在所选择的曲线或者直线上面。该点向该曲线投影并在其上获得点的位置。
- 平行：将两条直线或者多条直线定义为平行于所选择的一条直线。对于相交的两条直线，将变为在同一直线上的两个部分。
- 相切：定义两个对象相切。当选择的对象和在对象上选择的点不同，则结果也不同。
- 共线：将两条或多条直线定义为共线。对于两条相交直线而言，此时定义的效果和定义平行的效果是一致的。
- 中点：将点定义在直线的中心或圆弧的中点上。点向直线作垂直投影，如果此时其上的投影点不在直线上，则根据该点在直线上的位置来决定直线是延长还是缩短。
- 等长：定义两条或是多条直线等长。
- 重合：将两个点或多个点定义在一个位置。
- 同心：将圆、椭圆、圆弧定义为同一个圆心。

【例 3-3】 以图 3-26 所示的端盖草图为例，讲述草图约束的创建步骤。

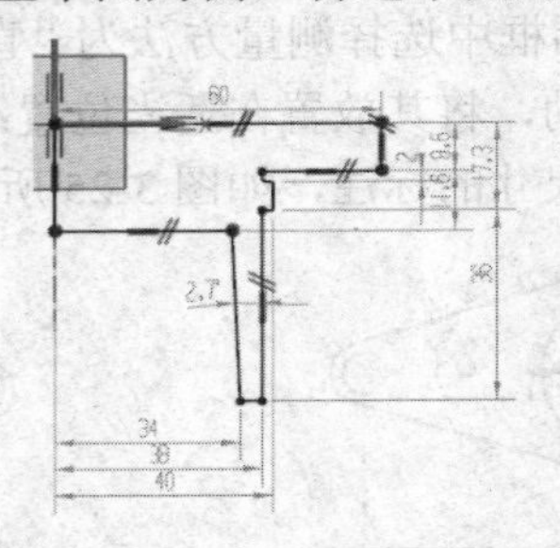

图 3-26 端盖草图

1）选择“菜单”→“文件”→“新建”选项，在弹出的“新建”对话框中，选择存盘文件的位置，输入文件的名称“3-3”，选择“模型”模板，完成后单击“确定”按钮。

2）选择“菜单”→“插入”→“在任务环境中绘制草图”选项，进入草绘环境。并弹出“创建草图”对话框。选择 YC-XC 平面为草图绘制面。

3）单击“主页”选项卡，选择“曲线”组中的“轮廓”图标，弹出如图 3-27 所示的“轮廓”对话框，绘制草图轮廓，如图 3-28 所示。

4）单击“主页”选项卡，选择“约束”组中的“几何约束”图标，在系统弹出的“几何约束”对话框中（见图 3-29）单击“共线”图标，选择图 3-28 中的水平线 3，然后选择图中 X 轴，使它们具有共线约束。

5）同样在系统弹出的“几何约束”对话框中单击“共线”图标，选择图 3-28 中垂直线 2，然后选择图中 YC 轴，使它们具有共线约束。

6）在弹出的“几何约束”对话框中单击“共线”图标，同样选择图 3-28 中直线 6 和直线 10，使它们具有共线约束。

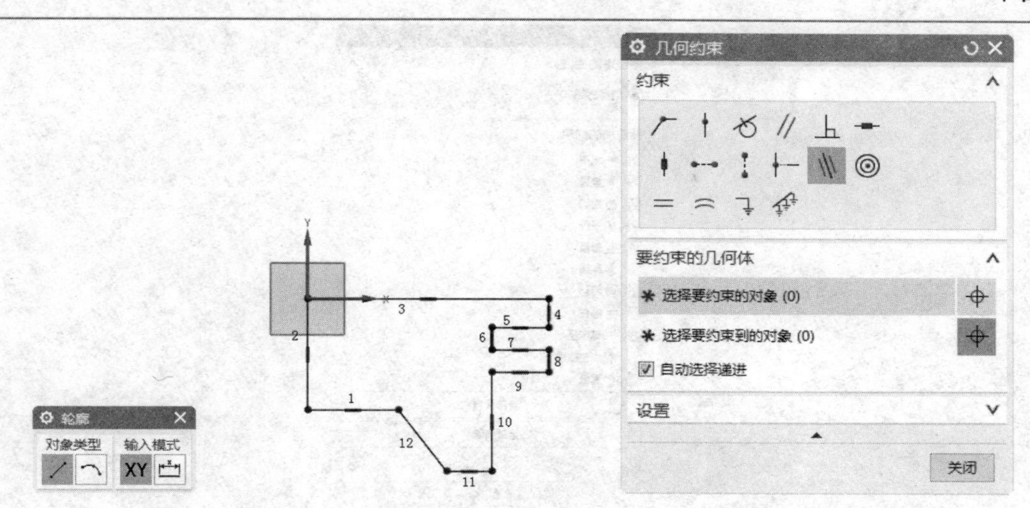

图 3-27 “轮廓”对话框 图 3-28 绘制草图轮廓图 图 3-29 “几何约束”对话框

7）单击“主页”选项卡，选择“约束”组中“快速尺寸”下拉菜单中的“线性尺寸”图标，在弹出的“线性尺寸”对话框中选择“水平”测量方法，选择图 3-28 中直线 2 和直线 8，系统自动标注尺寸；单击左键确定尺寸的位置后，在文本框中输入 40 后按 Enter 键，标注水平尺寸，如图 3-30 所示。

8）以同样方法设置图 3-28 中直线 2 和直线 10 之间距离为 38，直线 2 和直线 4 之间距离为 60。其他尺寸标注效果如图 3-26 所示。

9）单击“主页”选项卡，选择“草图”组的“完成”图标，退出草绘环境。

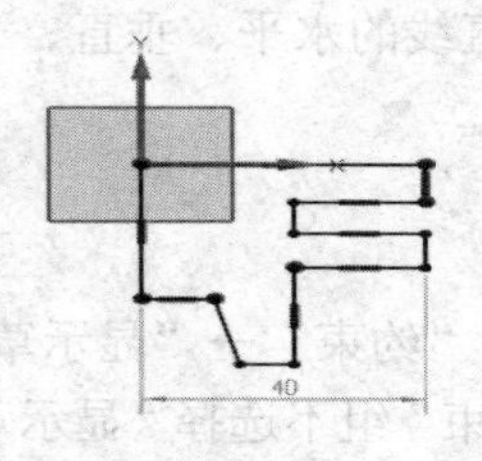

图 3-30 标注水平尺寸

3.3.3 自动创建约束

如果用户不想自己建立约束，可以单击“主页”选项卡，选择“约束”组中“约束”工具下拉菜单中的自动约束选项，系统将自动根据对象间的几何关系创建几何约束，并弹出如图 3-31 所示“自动约束”对话框。

该对话框显示当前草图对象可添加的几何约束类型。在该对话框中选择自动添加到草图对象的某些约束类型，然后单击“确定”按钮。系统分析草图对象的几何关系，根据选择的约束类型，自动添加相应的几何约束到草图对象上。

■ 要施加的约束：该选项包含了 11 种约束类型，可供用户进行设置。

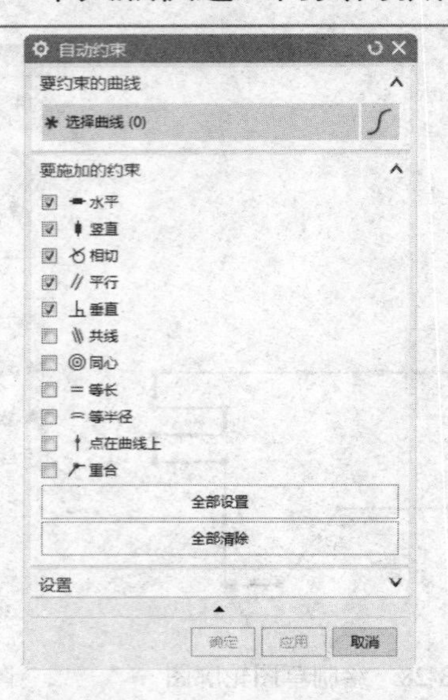

图 3-31　“自动约束”对话框

- ■　全部约束的选择：选择“全部设置”和“全部清除”按钮，可以选择全部约束或清除全部约束。
- ■　设置：用户可以决定公差限制条件，只有在公差范围以内的对象才可以受到约束条件的限制。分为两种公差的形式：
  - ➢　距离公差：当选择的两个草图对象为共点重合约束时，它将限制选择点之间相距的最大距离。
  - ➢　角度公差：它将限制直线的水平、垂直、平行和正交的相差角度公差。

3.3.4　显示草图约束

用户选择“菜单”→“工具”→“约束”→“显示草图约束”选项，系统显示草图约束，否则不显示最先创建的约束。在“约束”组不选择“显示草图约束”图标，则不显示草图约束。

3.3.5　草图的动画

本节将介绍一个尺寸范围，使所选择的尺寸的草图动态显示。动态显示之前，必须先在草图上标注尺寸，然后单击“动画演示尺寸”图标，弹出如图 3-32 所示的“动画演示尺寸”对话框。

在表达式列表框中选择尺寸，便可以开始进行动态显示，在对话框中还可以设置动态显示范围。下面对于对话框中的一些参数进行说明。

- ■　表达式列表框：标注过的尺寸将会全部显示在此列表框中。
- ■　下限：此文本框用于定义尺寸在动态显示时改变的下限。
- ■　上限：此文本框用于定义尺寸在动态显示时改变的下限。

■ 显示尺寸：此复选框用于设置动态显示时，所有的标注尺寸是隐藏的还是显示的。如果选择此复选框，则在动态显示中，尺寸的显示将会保持不变。

图 3-32 “动画演示尺寸”对话框

3.4 草图的操作

3.4.1 镜像操作

镜像操作是将草图几何对象以一条直线为对称中心，将所选择的对象以这样的直线为轴进行镜像，复制成新的草图对象。镜像的对象与原对象形成一个整体，并且保持相关性。

单击“主页”选项卡，选择“曲线”组中“曲线”库中的“镜像曲线”图标，弹出如图 3-33 所示的“镜像曲线”对话框。

在进行镜像操作时，首先在对话框中选择镜像中心线按钮，并在绘制区中选择一条镜像中心线，然后在对话框中选择“要镜像的曲线”，并在绘图区中选择要镜像的几何对象，单击“确定”按钮，即可完成镜像操作，如图 3-34 所示。

图 3-33 “镜像曲线”对话框

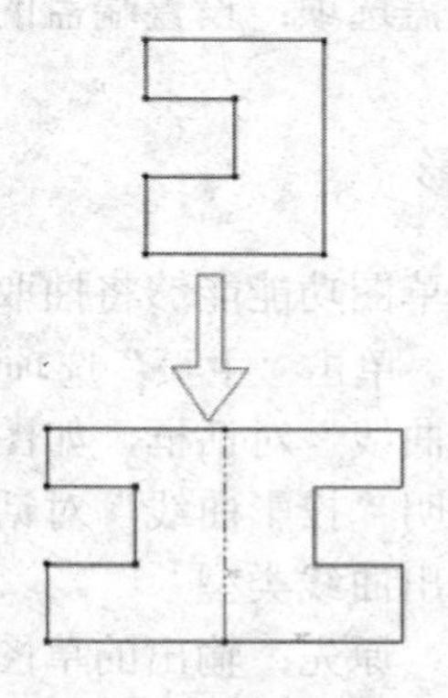

图 3-34 镜像操作

3.4.2 偏置曲线

单击“主页”选项卡，选择“曲线”组中“曲线”库中的“偏置曲线”图标，系统弹出如图 3-35 所示“偏置曲线”对话框。在“距离”文本框中输入偏置距离，选择图中的曲线，然后单击“应用”按钮，即可完成曲线偏置，如图 3-36 所示。

图 3-35 “偏置曲线”对话框

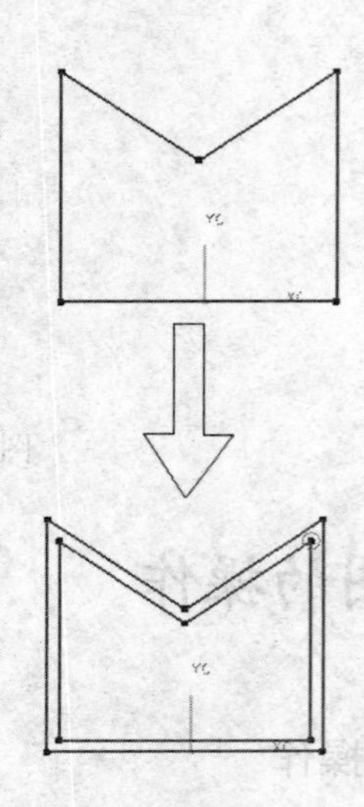

图 3-36 偏置曲线

偏置曲线可以在相关的在草图中进行偏置，并建立一偏置约束，修改原几何对象，抽取的曲线与偏置曲线都被更新。

“偏置曲线”对话框中主要选项的含义如下：

- 距离：指定偏置距离。
- 对称偏置：在基本链的两端各创建一个偏置链。
- 副本数：控制偏置曲线的条数。
- 端盖选项：设置端盖的显示类型。

3.4.3 投影

投影到草图功能能够将抽取的对象按垂直于草图工作平面的方向投影到草图中，使之成为草图对象。单击“主页”选项卡，选择“曲线”组中“曲线”库中的“投影曲线”图标，弹出“投影曲线”对话框，如图 3-37 所示。

下面说明“投影曲线”对话框中各选项的用法。

- 输出曲线类型
  - 原先：输出的草图曲线与原来的曲线完全保持一致。
  - 样条段：将原曲线作为独立的样条段加入草图。
  - 单个样条：将原曲线被作为单个样条加入草图。

■ 关联：选择此复选框，则使原来的曲线和投影到草图的曲线相关联。

■ 公差：该选项决定抽取的多段曲线投影到草图工作平面后是否彼此邻接。如果它们之间的距离小于设置的公差值，则将彼此邻接。

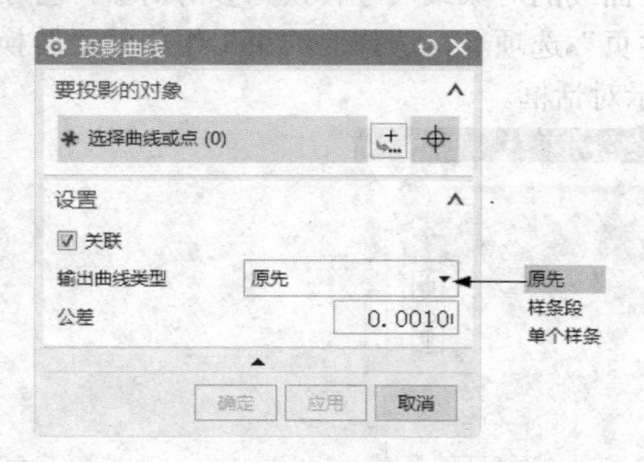

图 3-37 “投影曲线”对话框

投影曲线是通过选择草图外部的对象建立投影的曲线或线串，对投影有效的对象包括曲线，边缘，表面和其他草图。这些从相关曲线投影的线串之间都可以维持对原来几何体的相关性。用户在进行该功能的操作时应注意以下几点：

■ 草图不能同时包含定位尺寸和投影对象。因此，在投影操作之前不能对草图进行定位操作，如果已经将草图进行了定位操作，必须将其删除。同样，对于已定位的草图不能再进行投影操作。

■ 投影对象必须比草图先创建。如果要在草图生成以后对建立的实体或片体进行投影操作，可用模型导航器工具调整特征生成的顺序。

■ 采用关联的方式进行操作时，仍采用原来的关联性。如果原对象被修改，则投影曲线也会被更新，但是如果原对象进行了抑制操作，在草图工作平面中的投影曲线仍是可见的。

■ 如果选择实体或者片体上的表面作为投影对象，那么实际投影的是该表面的边。如果该表面的边的拓扑关系发生了改变，增加或者减少了边数，则投影后的曲线串也会做相应的改变。

■ 约束草图时，投影的曲线上串内能作为草图的约束的参考对象，但是仅有“点在曲线串上”这一约束方法对于投影的曲线串能起到约束作用。

3.4.4 添加现有曲线

添加现有曲线功能用于那些已存在的曲线或是点，但是这些点或者曲线不属于草图，而是添加到当前的草图中。

选择“菜单”→“插入”→“来自曲线集的曲线”→“现有曲线”选项，弹出如图 3-38 所示“添加曲线”对话框。用户从绘图区中直接选择要添加的点或曲线即可。用户可以利用对话框中的某些对象限制功能来快速选择某些对象。

3.4.5 转换至/自参考对象

可以将草图中的一些曲线的对象或尺寸转换为参考对象，也可以直接将一些参考对象转换为草图对象。单击“主页”选项卡，选择“约束”组中的“转换至/自参考对象”图标，系统将弹出如图 3-39 所示对话框。

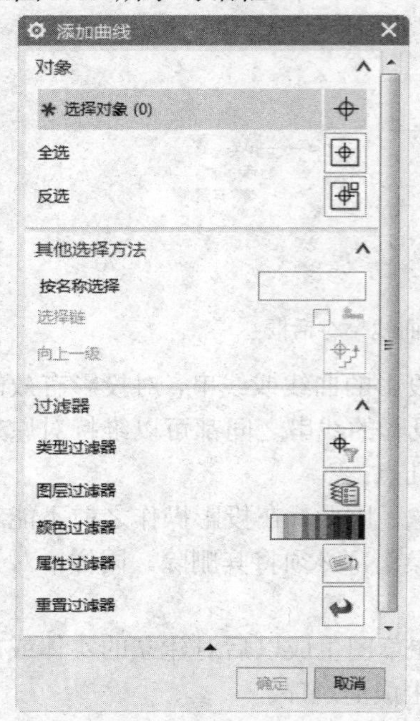

图 3-38 “添加曲线”对话框

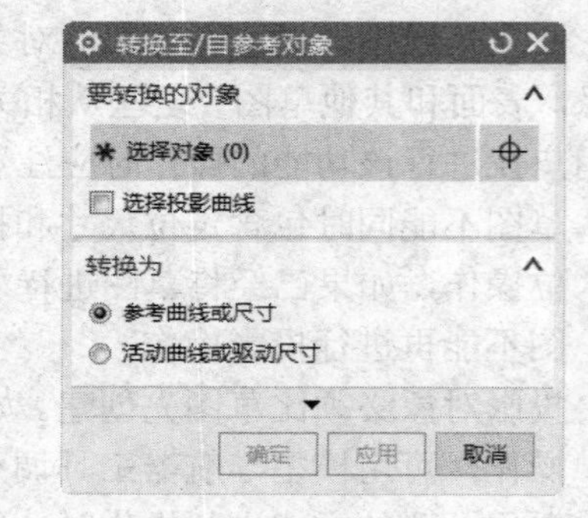

图 3-39 “转换至/自参考对象”对话框

当将参考的对象转换为草图对象后，对于尺寸约束来说，它不在表达式列表框中出现了，也就是不能再对几何对象进行约束，同时它们不能再进行拉伸或是旋转草图的转换模式。

3.5 草图设置

在建立草图对象以后，用户可以使用草图功能对草图进行修改，以便更好地体现设计者的意图。本节主要说明如何改变数值和参数，以及如何控制草图中的图元，并且改变其他的显示条件。选择“菜单”→“首选项”→“草图”选项，系统弹出如图 3-40 所示的对话框。草图的全部预设置都可以在此对话框中完成。

■ “草图设置”选项卡

➢ 尺寸标签：用于设置在草图工具中尺寸的显示形式，包括表达式、名称、值等 3 个选项，如图 3-41 所示。只需选择下拉列表中的一个选项，然后按 Enter 键，所有的尺寸将立刻改变。

➢ 屏幕上固定文本高度：选择此复选框，可以在“文本高度”文本框中输入文本高度。

➢ 创建自动判断约束：选择此复选框，在创建草图时自动在草图上创建约束。
➢ 显示对象颜色：选择此复选框，在创建草图时显示草图的颜色。
➢ 连续自动标注尺寸：选择此复选框，在创建草图时将自动生成草图尺寸。

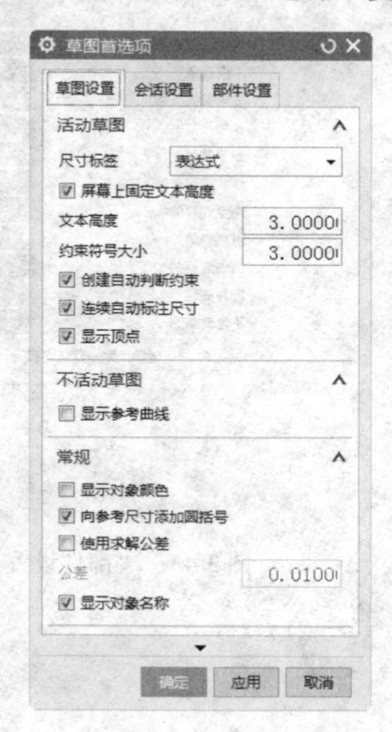

图 3-40 “草图首选项”对话框

图 3-41 “尺寸标签”下拉列表

■ “会话设置”选项卡（见图 3-42）

➢ 对齐角：用于说明如何指定角度数值，而此数值将决定所绘制的直线是否要改变为水平或是垂直。
➢ 显示自由度箭头：用于设置是否显示自由度箭头。选择此复选框，将会显示自由度箭头，反之则不会显示。
➢ 更改视图方向：选择此复选框，在退出草绘环境后，其视角的方向能够维持不变，或者是改变为原来的状态。此选项必须在配合草图工具的改变方向时用。如果取消选择此复选框，则其视角方向将随着当前的草图的关闭而回到原来的状态。
➢ 保持图层状态：用于设置工作图层的变化。切换到某一草图时，工作图层将自动切换到草图所在的图层，如果选择此复选框，在退出此草图时，工作图层将回到原来的图层；反之，如果取消选择的此复选框，则工作图层将不因为退出此草图而改变。

■ “部件设置”选项卡（见图 3-43）

此选项卡可以设置草图中的曲线、尺寸等对象的颜色。

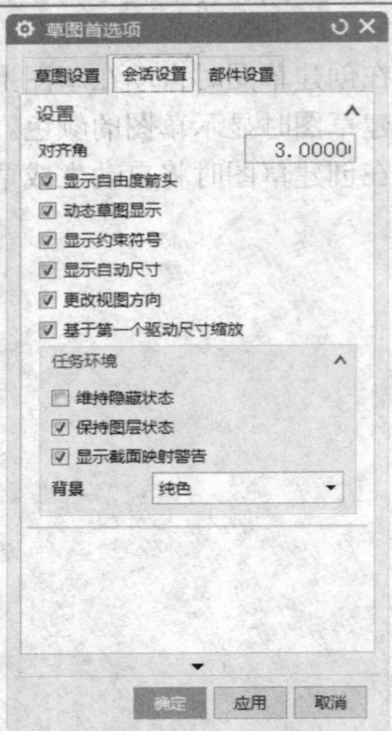

图 3-42 “会话设置”对话框

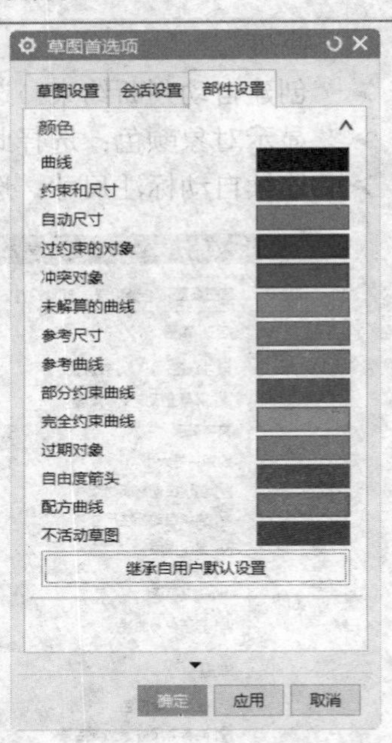

图 3-43 “部件设置”选项卡

3.6 实例操作——曲柄

本例创建曲柄，如图 3-44 所示。

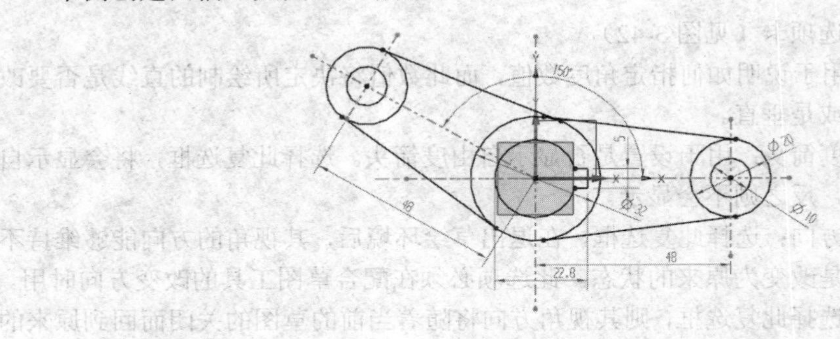

图 3-44 曲柄草图

【思路分析】

首先绘制中心线，然后进行尺寸约束，完成其他草图的绘制，并做几何约束和标注尺寸，创建曲柄的流程如图 3-45 所示。

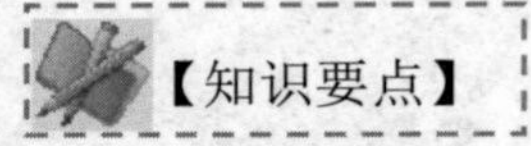
【知识要点】

- 直线
- 圆
- 几何约束
- 尺寸约束

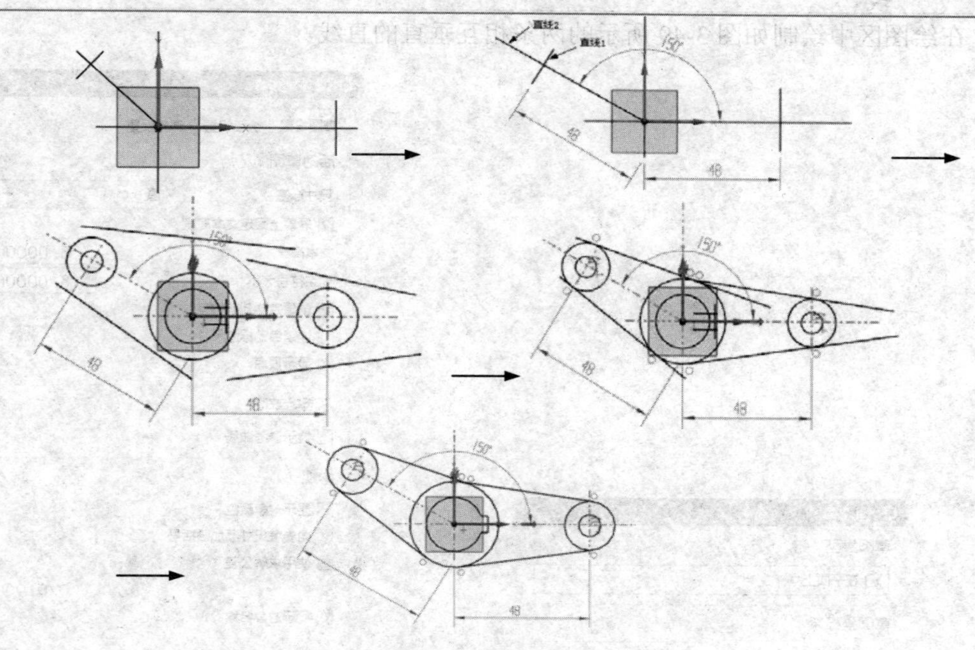

图 3-45　创建曲柄的流程

【操作步骤】

1）选择“菜单”→“文件”→“新建”选项，在弹出的“新建”对话框中选择存盘文件的位置，输入文件的名称“qubing”，选择“模型”模板。完成后单击“确定”按钮，进入实体建模环境。

2）选择“菜单”→“插入”→“在任务环境中绘制草图”选项，弹出如图 3-46 所示的“创建草图”对话框，系统默认 XC-YC 平面为基准平面，单击“确定”按钮，进入到草绘环境。

3）单击“文件”选项卡，选择“菜单”→“首选项”→“草图”选项，系统弹出如图 3-47 所示的“草图首选项”对话框。在“尺寸标签”下拉列表中选择“值”，单击“确定”按钮，完成草图设置。

4）单击“主页”选项卡，选择“曲线”组的“直线”图标，系统弹出“直线”对话框。在绘图区中绘制如图 3-48 所示的直线。

5）单击“主页”选项卡，选择“约束”组中的“几何约束”图标，系统弹出的“几何约束”对话框。单击“共线”图标，对草图添加几何约束。选择图 3-48 中水平线，然后选择图中 XC 轴。使它们具有共线约束。

同样在系统弹出的“几何约束”对话框中单击“共线”图标，选择图 3-48 中垂直线，然后选择图中 YC 轴，使它们具有共线约束。

同样在弹出的“几何约束”对话框中单击“平行”图标，选择图 3-48 中两条垂直线，使它们具有平行约束。

6）单击“主页”选项卡，选择“曲线”组的“直线”图标，系统弹出“直线”对话框框，在绘图区中绘制如图 3-49 所示的两条相互垂直的直线。

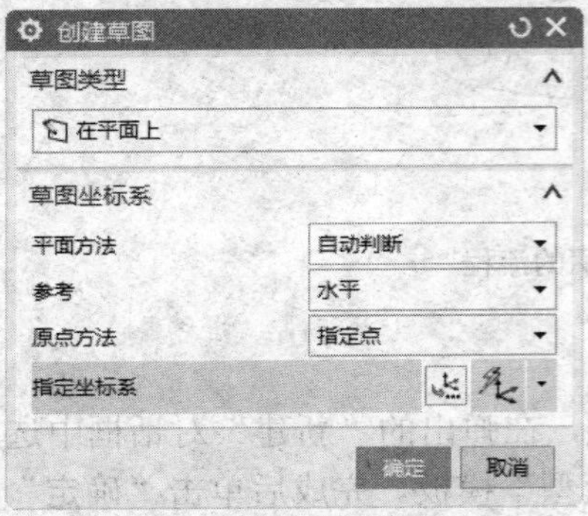

图 3-46 “创建草图”对话框

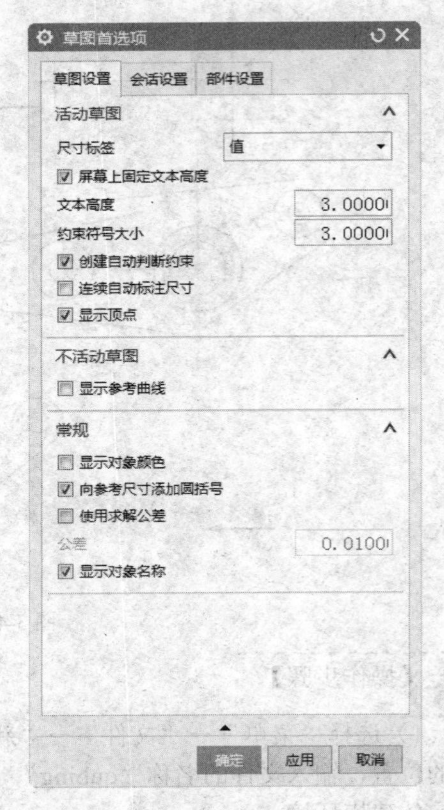

图 3-47 “草图首选项”对话框

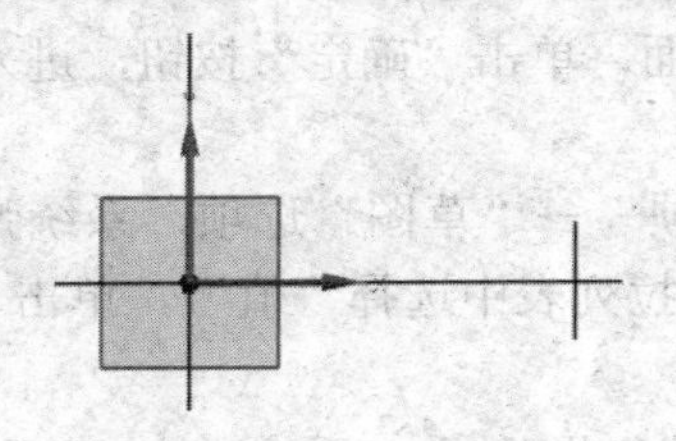

图 3-48 绘制直线

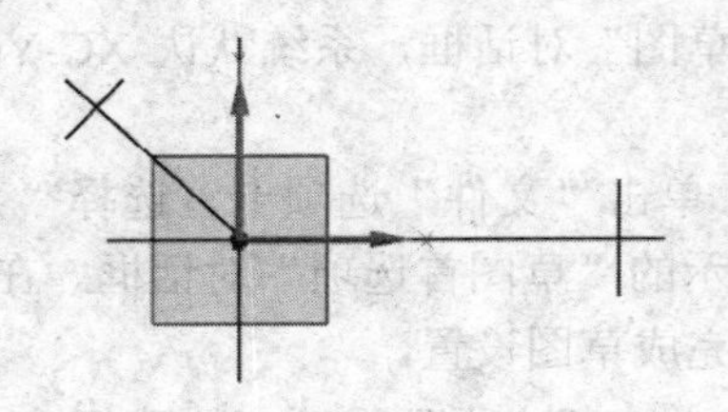

图 3-49 绘制直线

7）单击“主页”选项卡，选择“约束”组中“快速尺寸”下拉菜单中的“线性尺寸”图标，测量方法选择“水平”，选择两条竖直线，系统自动标注尺寸，单击，确定尺寸的位置后，在文本框中输入 48 后按 Enter 键，标注水平尺寸，如图 3-50 所示。

8）单击“主页”选项卡，选择“约束”组中“快速尺寸”下拉菜单中的“角度尺寸”图标，选择斜直线和水平直线，系统自动标注角度尺寸；单击，确定尺寸的位置后，在文本框中输入 150 后按 Enter 键，标注角度尺寸，如图 3-51 所示。

9）单击“主页”选项卡，选择“约束”组中“快速尺寸”下拉菜单中的“线性尺寸”图标，在弹出的“线性尺寸”对话框中的测量方法中选择“垂直”图标，选择斜直线和水平直线，系统自动标注垂直尺寸；单击，确定尺寸的位置后，在文本框中输入 48 后按 Enter 键，如图 3-52 所示。

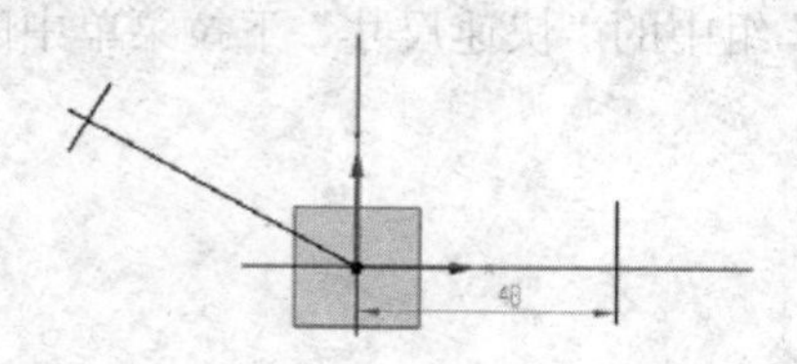

图 3-50　标注水平尺寸

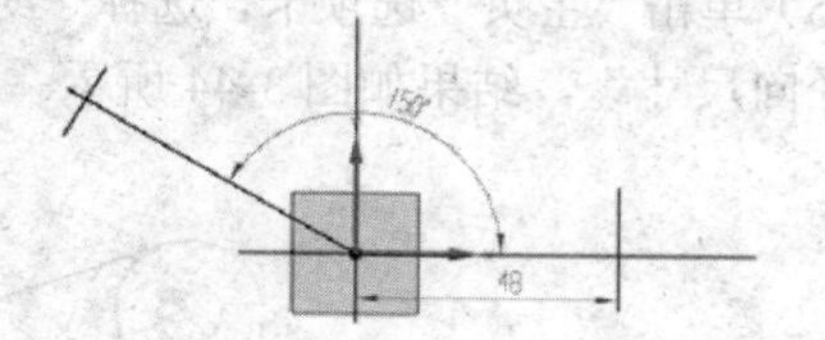

图 3-51　标注角度尺寸

10）单击“主页”选项卡，选择“约束”组中的“转换至/自参考对象”图标，弹出“转换至/自参考对象”对话框。在视图中拾取所有的图元，单击“确定”按钮，所有的图元都转换为中心线，如图 3-53 所示。

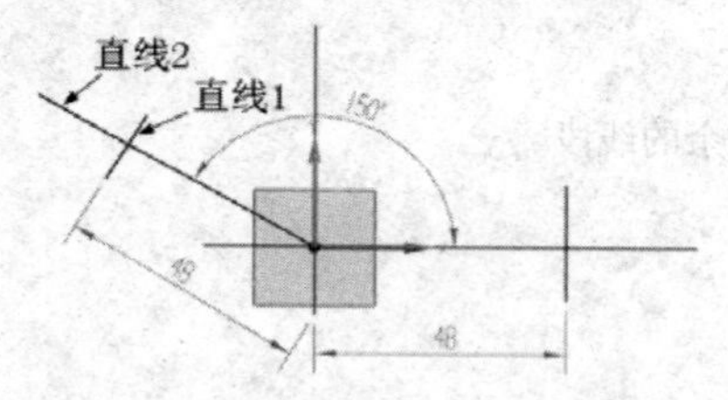

图 3-52　标注垂直尺寸

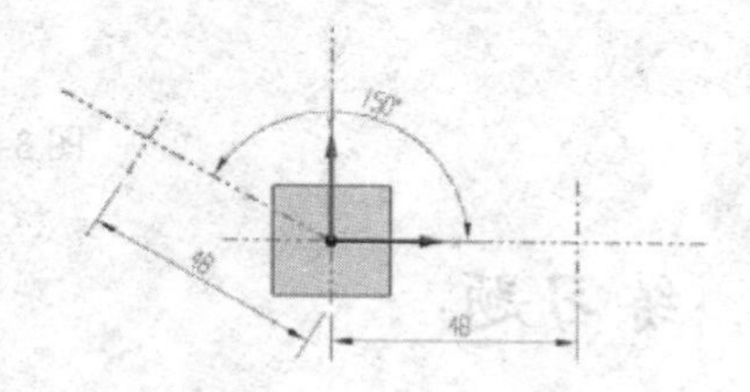

图 3-53　转换对象

11）单击“主页”选项卡，选择“曲线”组中的“直线”图标和“圆”图标，在绘图区中绘制如图 3-54 所示的图形。

12）单击“主页”选项卡，选择“约束”组中的“几何约束”图标，系统弹出的“几何约束”对话框。单击“等半径”图标，对草图添加几何约束。分别选择图 3-54 中左右两边的圆，使它们具有等半径约束。

13）单击“主页”选项卡，选择“约束”组中的“几何约束”图标，系统弹出的“几何约束”对话框。单击“相切”图标，对草图添加几何约束。分别选择图 3-54 中的圆和直线，使它们具有相切约束，如图 3-55 所示。

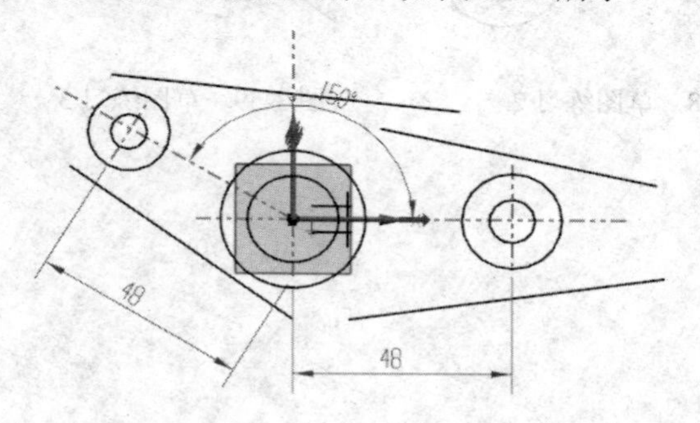

图 3-54　绘制圆和直线

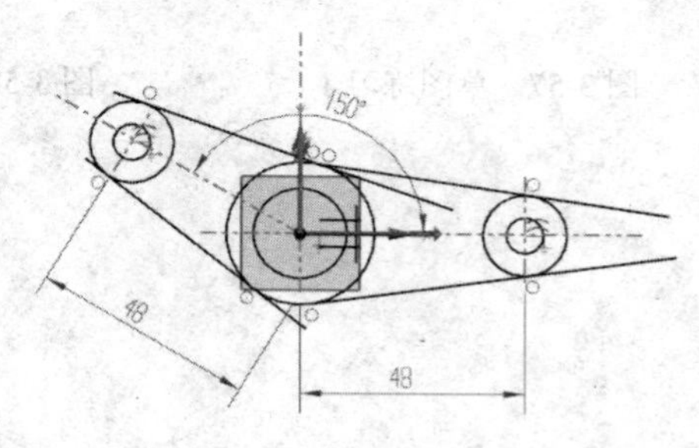

图 3-55　添加相切约束

14）单击“主页”选项卡，选择“曲线”组中的“快速修剪”图标，弹出“快速修剪”对话框。修剪图 3-54 中多余的线段，如图 3-56 所示。

15）单击“主页”选项卡，选择“约束”组中的“快速尺寸”下拉菜单中的“线性尺寸”和“径向尺寸”，结果如图 3-44 所示。

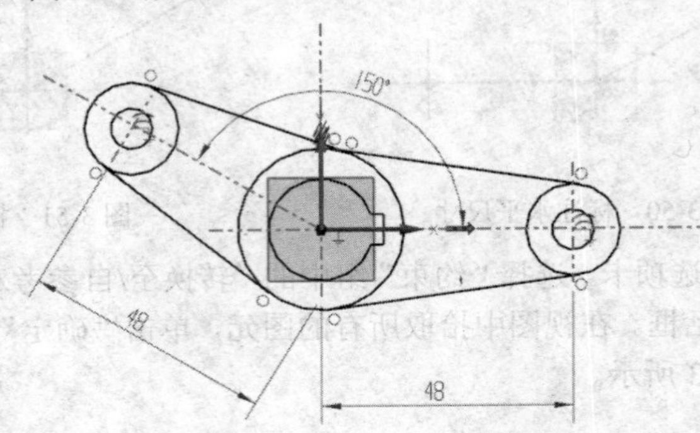

图 3-56　修剪多余的线段

3.7　练习题

绘制如图 3-57~图 3-59 所示的草图。

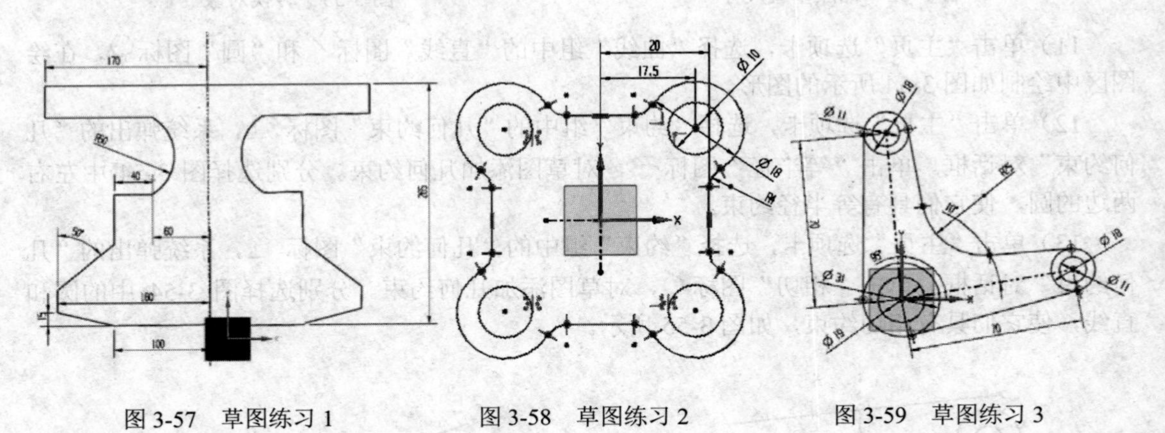

图 3-57　草图练习 1　　图 3-58　草图练习 2　　图 3-59　草图练习 3

第 4 章　实体建模

实体建模提供用于快速有效地进行概念设计的变量化草图工具、尺寸驱动编辑和用于一般建模和编辑的工具，使用户既可以进行参数化建模又可以方便地用非参数方法生成二维、三维线框模型，方便地生成复杂机械零件的实体模型。

学 习 要 点

- 构建基准特征
- 基本特征建模
- 特征的扩展
- 高级特征建模

4.1 构建基准特征

在 UG 的使用过程中，经常会遇到需要指定基准特征的情况。基准特征是实体造型的辅助工具，利用基准特征，可以在所需的方向和位置上绘制草图并创建实体或者直接创建实体。基准特征的位置可以固定，也可以随其关联对象的变化而改变，使实体造型更灵活方便。单击“主页”选项卡，选择“特征”组中的图标右边的下三角按钮，系统弹出“基准平面”下拉菜单，如图 4-1 所示。在 UG 中经常使用的是基准平面、基准轴和基准坐标系，灵活使用这些功能可以对建模带来很大方便。

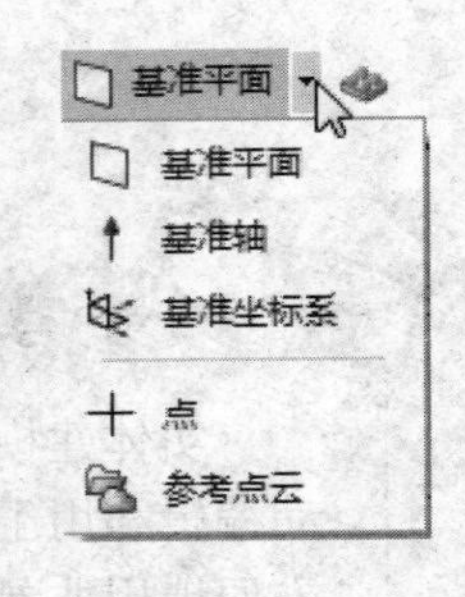

图 4-1 “基准平面”下拉菜单

4.1.1 基准平面

基准平面是实体造型中经常使用的辅助平面，通过使用基准平面可以在非平面上方便地创建特征，或为草图提供草图工作平面位置。单击“主页”选项卡，选择“特征”组→“基准平面”下拉菜单中的图标，弹出“基准平面”对话框，如图 4-2 所示。

通过选择类型、固定方法等可以很方便地创建所需的基准平面。下面介绍几个常用的创建基准平面的方法。

- 自动判断：UG 系统可以通过自动判断约束方式来创建基准平面，常用约束方式有：
  - 偏置：选择一个平面或基准面，系统会要求输入偏置距离，然后创建一个偏置的基准平面，如图 4-3 所示。

图 4-2 “基准平面”对话框

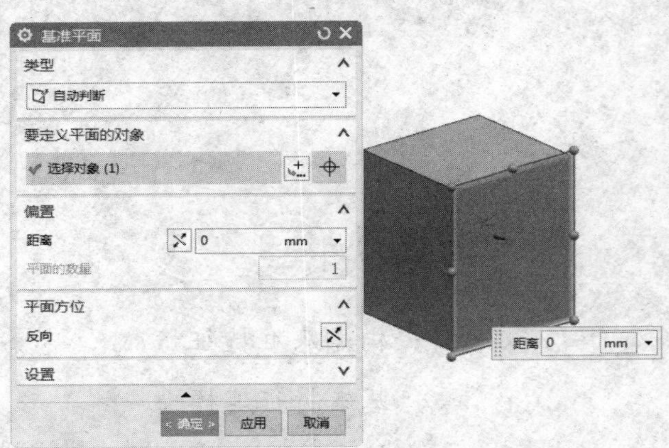

图 4-3 偏置距离创建基准平面

  - 角度：选择两个平面，系统会自动创建这两个平面的角平分面，如图 4-4 所示。
  - 相切：选择一个平面，系统会自动创建这个平面的相切平面，如图 4-5 所示。

■ 点和方向：通过选择一个参考点和一个参考矢量，创建通过该点且垂直于所选矢量的基准平面。

图 4-4　角度创建基准平面

通过点和方向方式创建基准平面的具体步骤如下：

1）在视图中拾取一个点，还可以通过使用“点”对话框或图标下拉列表来帮助进行选择。

2）在视图中选择一个矢量，还可以通过使用“矢量”对话框或下拉列表来进行选择。

3）单击“确定”按钮，即可创建所需的基准平面，如图 4-6 所示。

图 4-5　创建相切平面　　　　图 4-6　点和方向创建基准平面

■ 曲线上：曲线上方式是通过选择一条参考曲线，创建垂直于该曲线某点处的矢量或法向矢量的基准平面。

通过曲线上的方式创建基准平面的具体步骤如下：

1）选择参考曲线或边界。

2）在文本框中输入参数，设置曲线上点的位置。

3）单击“确定”按钮，即可创建所需的基准平面，如图 4-7 所示。

图 4-7　曲线上方式创建基准平面

4.1.2　基准轴

基准轴一般用在拉伸实体与旋转实体中，单击“主页”选项卡，选择“特征”组中“基准平面”下拉菜单中的“基准轴”图标，弹出“基准轴”对话框，如图 4-8 所示。下面介绍几个常用的创建基准轴的方法。

- 自动判断：自动判断约束方式包括三种：重合、平行和垂直。在自动判断方式下系统根据所选对象选择可用的约束。
- 点和方向：通过选择一个参考点和一个参考矢量，创建通过该点且平行于所选矢量的基准轴。

通过点和方向方式创建基准轴的具体步骤如下：

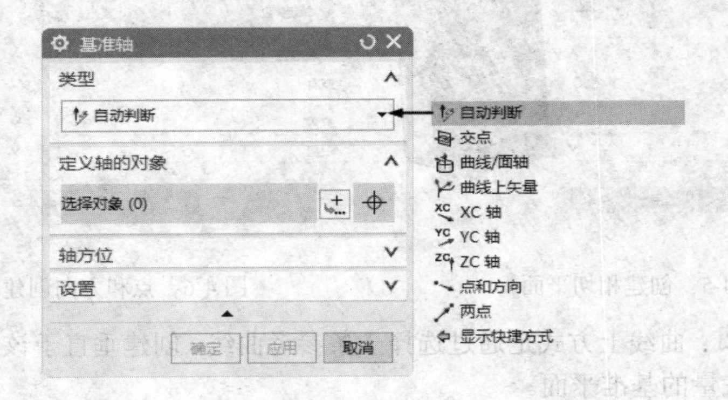

图 4-8　“基准轴”对话框

1）在视图中选择一个点，还可以通过使用“点”对话框或图标下拉列表来帮助进行选择。

2）在视图中选择一个矢量，还可以通过使用“矢量”对话框或图标下拉列表来帮助进行选择。

3）单击“确定”按钮，即可创建所需的基准轴，如图 4-9 所示。

- 两点：通过选用两个参考点，创建通过选择的两个参考点的基准轴。如图 4-10 所示，是选择圆柱体两表面上两象限点创建的基准轴。

图 4-9　点和方向确定基准轴　　　图 4-10　两点确定基准轴

4.1.3　基准坐标系

单击“主页”选项卡，选择“特征”组→“基准平面”下拉菜单中的“基准坐标系”图标，弹出“基准坐标系”对话框，如图 4-11 所示。创建方法同基准轴和基准 平面。基准坐标系一次创建三个基准平面 XY、YZ、ZX 和三个基准轴 X、Y、Z，创建的基准坐标系如图 4-12 所示。

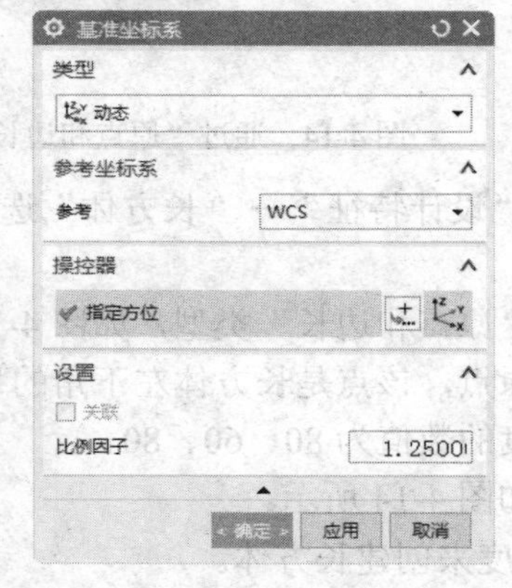

图 4-11　“基准坐标系”对话框

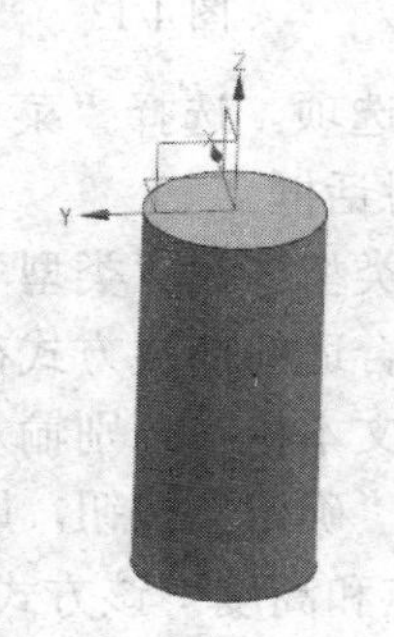

图 4-12　基准坐标系

4.2 基本特征建模

特征建模用于创建简单的实体模型，包括长方体、圆柱、圆锥、球和管，还有孔、凸台、腔、垫块、键槽及槽等。实际的实体造型都可以分解为这些简单的特征建模。

4.2.1 长方体

选择“菜单”→“插入”→“设计特征”→“长方体”选项，系统弹出“长方体”对话框，如图 4-13 所示。

下面简单介绍长方体的三种基本创建方式。

■ 原点和边长：该方式是通过一个顶点位置和三边边长来创建长方体。

【例 4-1】以图 4-14 为例，介绍通过原点和边长方式创建长方体的步骤。

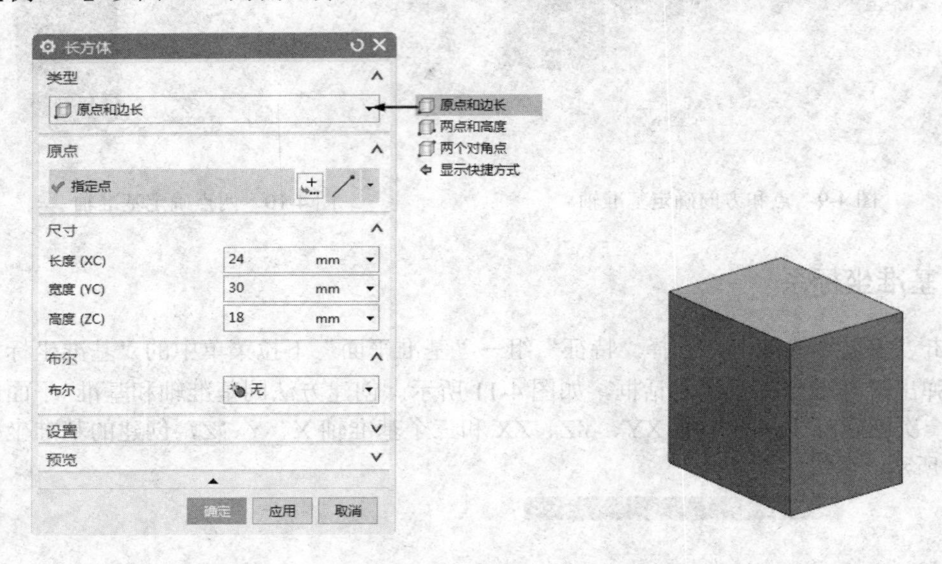

图 4-13 “长方体”对话框　　图 4-14 通过“原点和边长”创建长方体

1）执行选项。选择“菜单”→“插入”→“设计特征”→“长方体”选项，系统弹出“长方体”对话框。

2）选择类型。在“类型”下拉列表中选择“原点和边长”类型，如图 4-13 所示。

3）采用合适的捕捉方式在视图中选择坐标原点，该点是长方体左下角的顶点。

4）在各文本框中分别输入长度、宽度和高度的数值为 80、60、80。

5）单击“确定”按钮，即可创建长方体，如图 4-14 所示。

■ 两点和高度：该方式是通过两个点和高度来创建长方体。

【例 4-2】以图 4-15 为例，介绍通过两点和高度方式创建长方体的步骤。

1）执行选项。选择“菜单”→“插入”→“设计特征”→“长方体”选项，系统弹出“长方体”对话框。

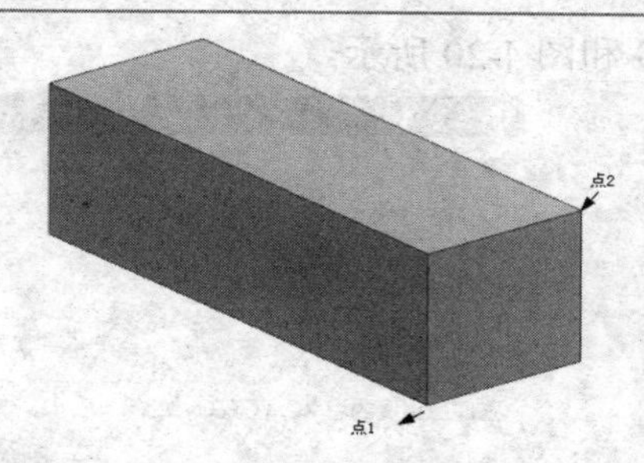

图 4-15　通过两点和高度创建长方体

2）选择类型。在“类型”下拉列表中选择“两点和高度”类型，如图 4-16 所示。

3）在视图上选择点 1 和点 2。

4）在“高度”文本框中输入 80。

5）单击“确定”按钮，即可创建长方体，如图 4-15 所示。

点 1 和点 2 为长方体底面上的矩形对角线上的端点。

■　两个对角点：该方式是通过选择两个对角点来创建长方体。

【例 4-3】以图 4-17 为例，介绍通过两个对角点方式创建长方体。

图 4-16　“两点和高度”类型对话框

图 4-17　通过“两个对角点”长创建方体

1）执行选项。选择“菜单”→“插入”→“设计特征”→“长方体”选项，系统弹出“长方体”对话框。

2）选择类型。在“类型”下拉列表中选择“两个对角点”类型，如图 4-18 所示。

3）在视图中选择点 1 和点 2。

4）单击“确定”按钮，即可创建长方体，如图 4-17 所示。

点 1 和点 2 为长方体对角线上的端点。

下面简单说明布尔运算，它主要包括合并、减去和相交三种。

■　合并：使两个或两个以上不同实体相结合的方法，它可以把不同实体合并成一个新

的实体，如图 4-19 和图 4-20 所示。

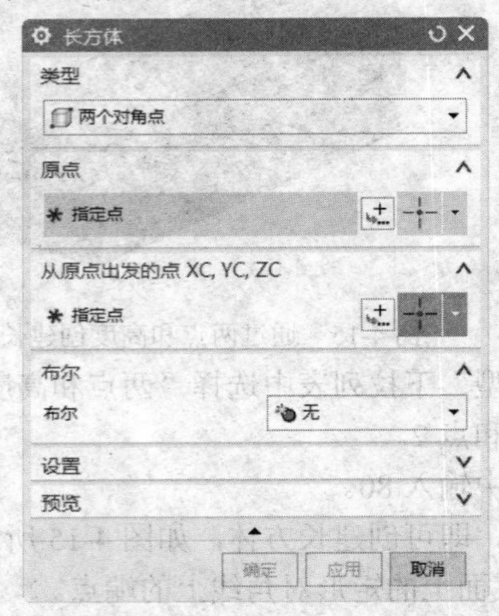

图 4-18　“两个对角点创建”类型对话框

图 4-19　合并前

图 4-20　合并后

■　减去：将目标实体减除一个或一个以上工具实体形成新的实体，如图 4-21 所示。

■　相交：使目标实体与工具实体相交部分成为一个新的实体，如图 4-22 所示。

减去前

减去后

图 4-21　减去

相交前

相交后

图 4-22　相交

4.2.2 圆柱

选择“菜单”→“插入”→“设计特征”→“圆柱”选项，弹出“圆柱”对话框，如图4-23所示。

在对话框中选择一种圆柱创建方式，所选的方式不一样，系统弹出的对话框也有所差别，下面简单介绍圆柱的两种创建方式。

■ 轴、直径和高度：该选项是通过输入直径和高度来创建圆柱体，如图4-23所示。

【例4-4】 以图4-24为例，介绍通过轴、直径和高度方式创建圆柱体。

图4-23 “圆柱”对话框

图4-24 圆柱

1）执行选项。选择“菜单”→“插入”→“设计特征”→“圆柱”选项，系统弹出“圆柱”对话框。

2）选择类型。在“类型”下拉列表中选择“轴、直径和高度”类型，如图4-23所示。

3）在视图中选择一个轴，还可以通过使用“矢量”对话框或图标下拉列表来指定圆柱的轴线方向。

4）在视图中选择一个点，还可以通过使用“点”对话框或图标下拉列表来指定创建圆柱底面圆的中心位置。

5）在直径和高度文本框中输入50，100。

6）单击“确定”按钮，即可创建圆柱体，如图4-25所示。

■ 高度和圆弧：该选项是通过输入高度和圆弧来创建圆柱体。

【例4-5】以图4-25为例，介绍通过圆弧和高度方式创建圆柱体。

1）绘制草图。进入草绘环境，利用圆弧选项，绘制如图4-26所示的圆弧。

2）执行选项。选择“菜单”→“插入”→“设计特征”→“圆柱”选项，系统弹出“圆柱”对话框，如图 4-27 所示。

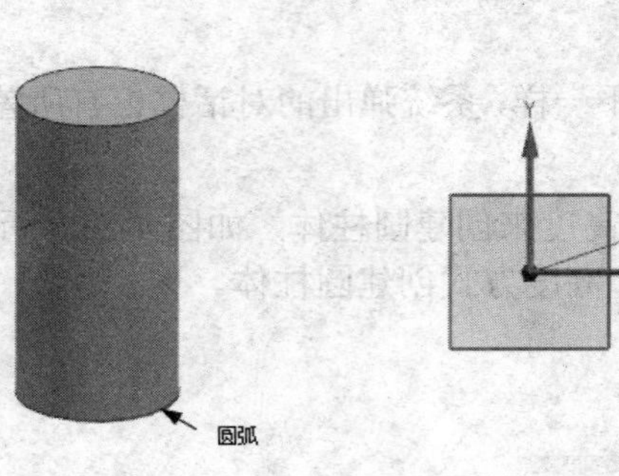

图 4-25　圆柱体

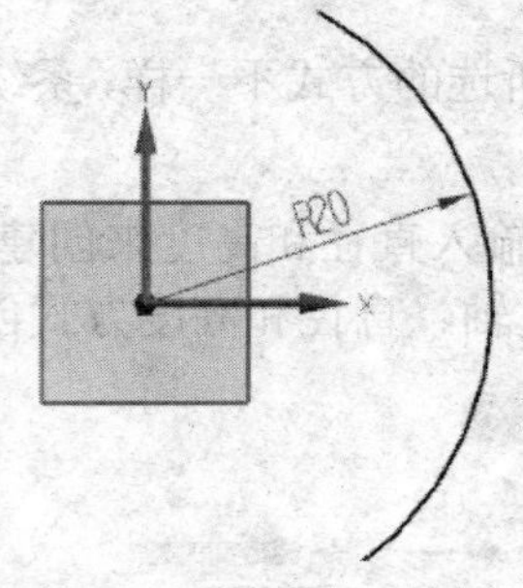

图 4-26　圆弧

图 4-27　“圆柱”对话框

3）选择类型。在“类型”下拉列表中选择“圆弧和高度”类型。

4）在视图中选择前面绘制的圆弧。

5）在高度文本框中输入 80。

6）单击“确定”按钮，即可创建圆柱体，如图 4-25 所示。

4.2.3　圆锥

选择“菜单”→“插入”→“设计特征”→“圆锥”选项，弹出“圆锥”对话框，如图 4-28 所示。下面介绍对话框中五种圆锥创建方式的用法。

■　直径和高度：此方式是按指定的底部直径、顶部直径、高度及创建方向创建圆锥。

■　【例 4-6】以图 4-29 为例，介绍通过直径和高度方式创建锥体的步骤。

■　1）执行选项。选择“菜单”→“插入”→“设计特征”→“圆锥”选项，系统弹出“圆锥”对话框。

■　2）选择类型。在“类型”下拉列表中选择“直径和高度”类型，如图 4-28 所示。

■　3）指定圆锥的轴线方向。在视图中选择 Z 轴，还可以通过使用“矢量”对话框或图标下拉列表来进行选择。

■　4）确定锥体底部中心的位置。在视图中拾取坐标原点，还可以通过使用“点”对话框或图标下拉列表来帮助进行选择。

■　5）设置参数。在底部直径、顶部直径和高度文本框中分别输入数值为 50，20，25。

■　6）单击“确定”按钮，即可创建锥体，如图 4-29 所示。

■　直径和半角：该方式是按指定的底部直径、顶部直径、半角及创建方向创建锥体。

【例 4-7】 以图 4-30 为例，介绍通过直径和半角方式创建锥体的步骤。

1）执行选项。选择“菜单”→“插入”→“设计特征”→“圆锥”选项，系统弹出“圆锥”对话框。

2）选择类型。在“类型”下拉列表中选择“直径和半角”类型，如图 4-31 所示。

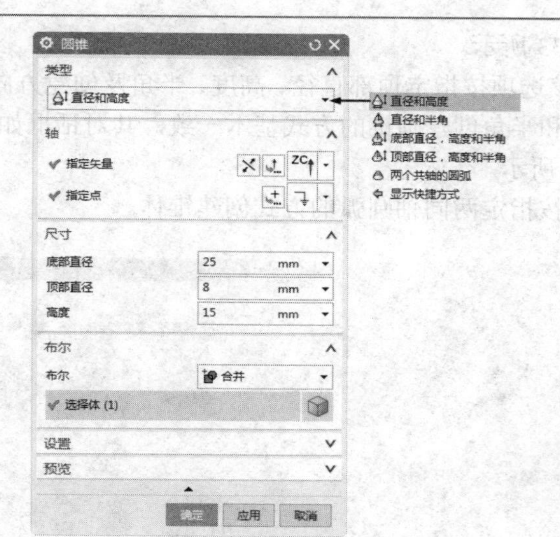

图 4-28 “圆锥”对话框

图 4-29 锥体

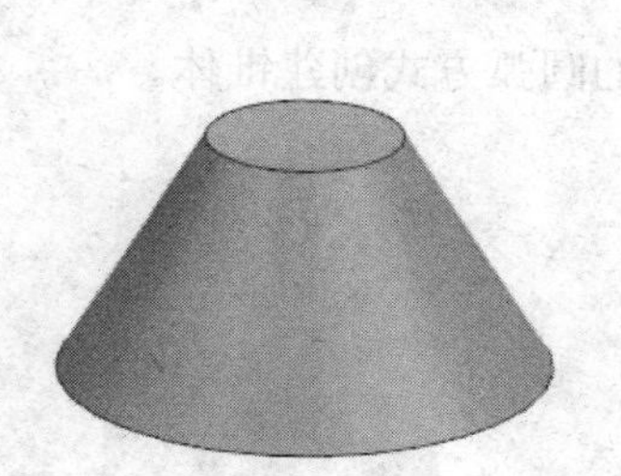

图 4-30 锥体

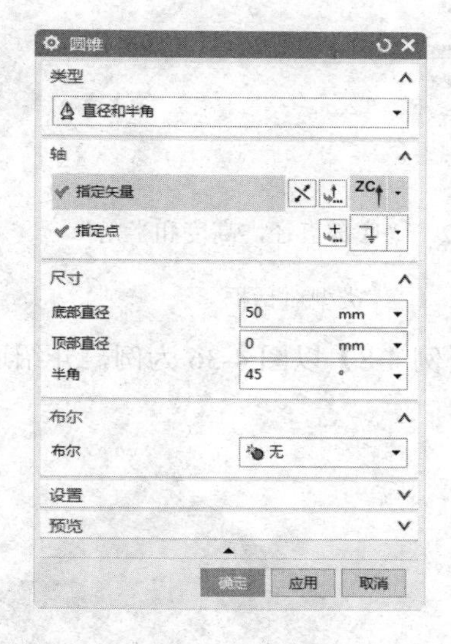

图 4-31 “直径和半角”类型

3）指定圆锥的轴线方向。在视图中选择 Z 轴，还可以通过使用“矢量”对话框或图标下拉列表来进行选择。

4）在锥体底部中心的位置。在视图中拾取坐标原点，还可以通过使用“点”对话框或图标下拉列表来帮助进行选择。

5）设置参数。在底部直径、顶部直径和半角文本框中分别输入数值为 50、20、30。

6）单击“确定”按钮，即可创建锥体，如图 4-30 所示。

■ 底部直径，高度和半角：此方式是按指定底部直径、高度、半角及创建方式创建圆锥。操作方法与前面利用直径和半角创建圆锥的方式基本一致，其对话框如图 4-32

所示，创建的圆锥如图 4-33 所示。

- 顶部直径，高度和半角：该选项按指定顶部直径、高度、半角及创建方向创建锥体。操作方法与前面利用直径和半角创建圆锥的方式基本一致，其对话框如图 4-34 所示，创建圆锥的如图 4-35 所示。
- 两个共轴的圆弧：该方式按指定两同轴圆弧的方式创建锥体。

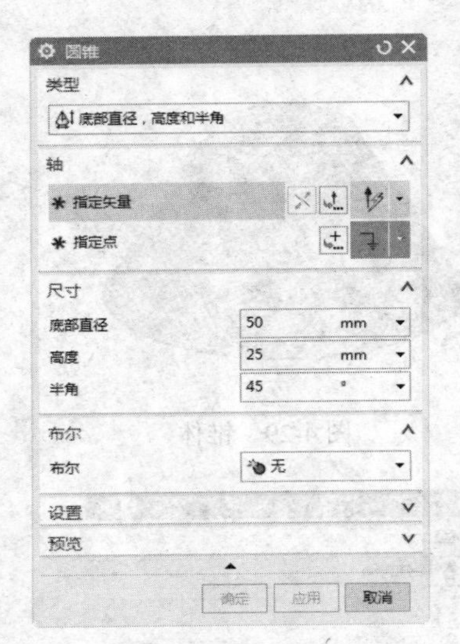

图 4-32 “底部直径，高度和半角”类型对话框

图 4-33 锥体

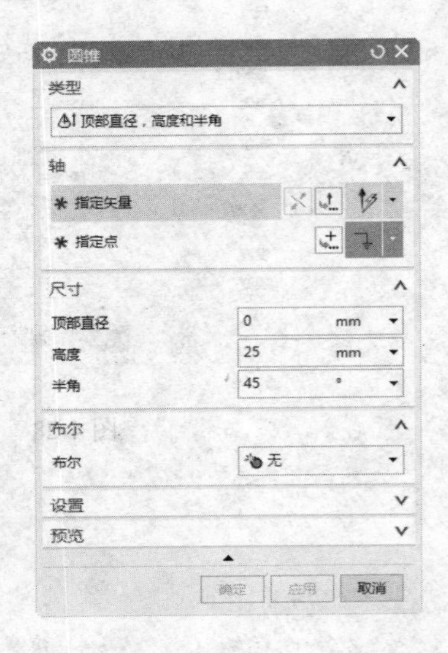

图 4-34 “顶部直径，高度和半角”类型对话框

【例 4-8】以图 4-36 为例，介绍通过两个共轴的圆弧方式创建锥体。

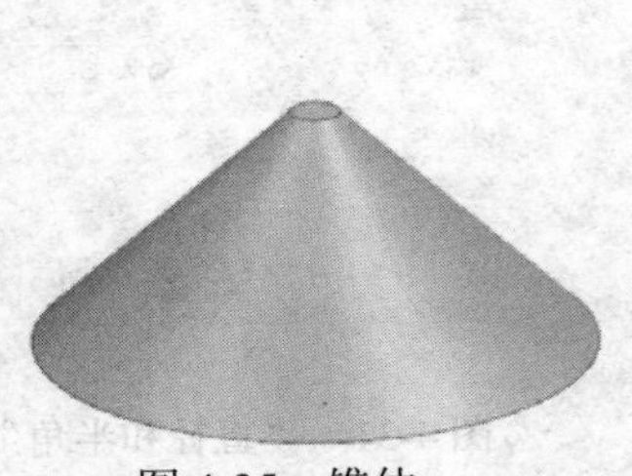

图 4-35 锥体

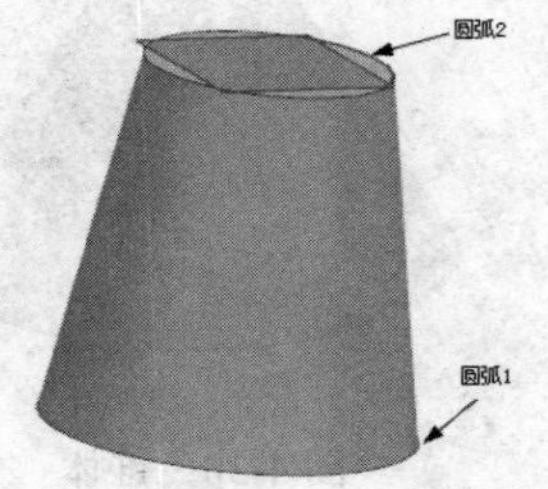

图 4-36 创建锥体

1）绘制草图。在草绘环境中绘制草图，如图 4-37 所示。

2）执行选项。选择“菜单”→“插入”→“设计特征”→“圆锥”选项，系统弹出“圆锥”对话框。

3）选择类型。在“类型”下拉列表中选择“两个共轴的圆弧”类型，如图 4-38 所示。

4）选择圆弧。在视图中选择顶部圆弧和底部圆弧。

5）单击“确定”按钮，即可创建锥体，如图 4-36 所示。

如果两个圆弧不同轴，系统会以投影的方式将顶端圆弧投影到基准圆弧轴上。

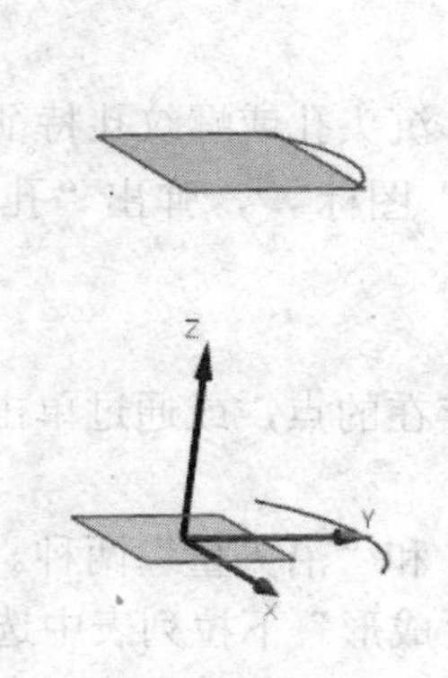

图 4-37　圆弧

图 4-38　“两个共轴的圆弧”类型对话框

4.2.4　球

选择“菜单”→“插入”→“设计特征”→“球”选项，弹出“球”对话框，如图 4-39 所示。下面介绍两种创建球的方式，创建的球如图 4-40 所示。

- 中心点和直径：该选项是采用指定直径和圆心点位置的方式创建球。选择该类型，在视图中指定创建球的中心点位置，在直径文本框中输入球的直径后，单击“确定”按钮，完成创建球的操作。
- 圆弧：该选项是采用指定圆弧的方式创建球。选择该类型，选择一条圆弧，该圆弧的半径和中心点分别作为创建球的半径和球心。单击“确定”按钮，即完成创建球的操作。

图 4-39　“球”对话框

图 4-40　球

4.2.5 孔

孔特征是用于为一个或多个零件或组件添加钻孔、沉头孔或螺纹孔特征。

单击“主页”选项卡，选择“特征”组中的“孔”图标，弹出“孔”对话框，如图4-41所示。

- 常规孔：创建常规孔。
  - 位置：指定孔的位置。可以直接选择已存在的点，或通过单击“草图”按钮，在草图中创建点。
  - 方向：指定孔的方向。包括“垂直于面”和“沿矢量”两种。
  - 形状和尺寸：确定孔的外形和尺寸。在“成形”下拉列表中选择孔的外形，包括简单孔、沉头、埋头和锥孔四种类型。根据选择的外形，在“尺寸”选项组中输入孔的尺寸。
- 螺钉间隙孔：选择此类型，对话框如图4-42所示。

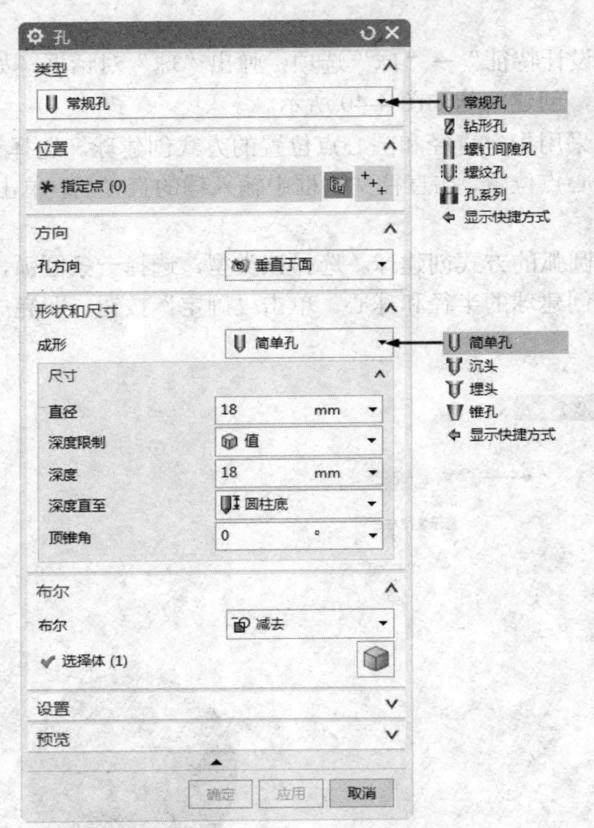

图 4-41 “常规孔”类型对话框

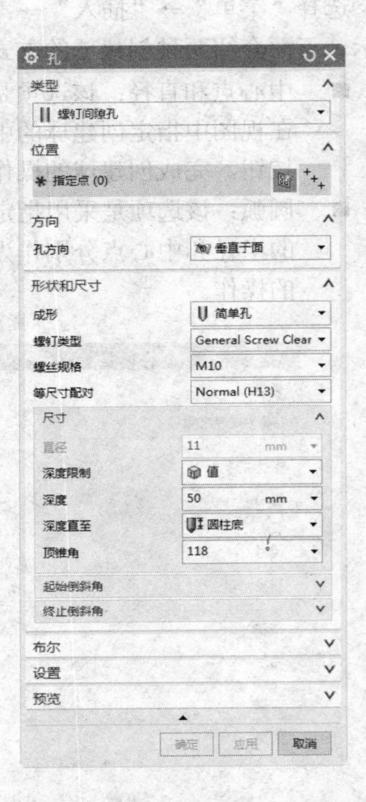

图 4-42 “螺钉间隙孔”类型对话框

形状和尺寸：确定孔的外形和尺寸。在“螺钉类型”下拉列表中选择螺纹形状，系统仅提供了 General Screw Clearance 一种；在“螺钉规格”下拉列表中选择螺纹尺寸，系统提供了从 M1.6~M100 不同尺寸的螺纹尺寸；在“等尺寸配对”下拉列表中选择配合，系统提供了 Close(H12)、Normal(H13)、Loose(H13)和 Custom 四种类型。根据选择的外形，在“尺寸”中输入孔的尺寸。

- 螺纹孔：创建螺纹孔。选择该类型，对话框如图 4-43 所示。
  - 螺纹尺寸：确定螺纹尺寸。在“大小”下拉列表中选择尺寸型号，系统提供了 M1.0~M100 的螺纹尺寸；在“径向进刀”下拉列表中选择啮合半径，系统提供了 0.75、Custom 和 0.5 三种。
  - 尺寸：根据螺纹尺寸，在“深度”和“顶锥角”文本框中输入尺寸。
- 孔系列：创建系列孔。选择该类型，对话框如图 4-44 所示。

包括起始、中间和端点三种规格，其选项与前三种类型相同，在这儿就不一一详述了。

【例 4-9】以如图 4-45 所示的长方体为例，讲述孔的创建步骤。

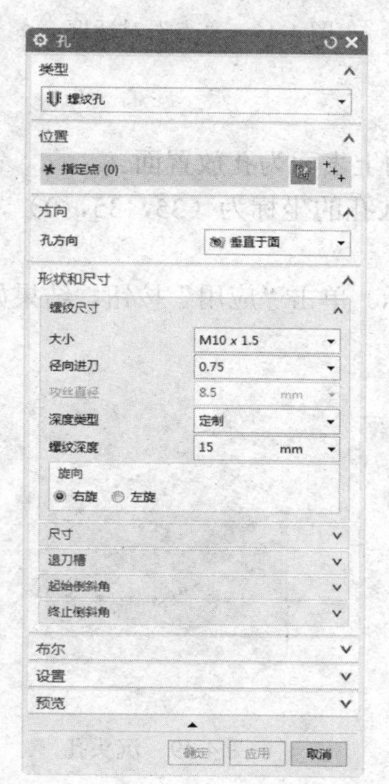

图 4-43 “螺纹孔”类型对话框

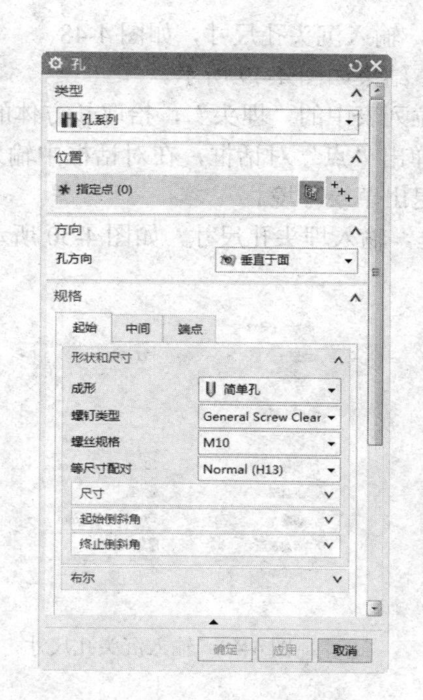

图 4-44 “孔系列”类型对话框

图 4-45 长方体

1）选择“菜单”→“插入”→“设计特征”→“长方体”选项，系统弹出“长方体”对话框。在坐标原点创建长、宽和高分别为 50。

2）单击“主页”选项卡，选择“特征”组中的“孔”图标，弹出“孔”对话框，选择“常规孔”类型，在“成形”下拉列表中选择“简单孔”。

3）在视图中拾取长方体的上表面为孔放置面，进入草图绘制环境。

4）弹出“草图点”对话框，单击“点对话框”按钮，弹出如图 4-46 所示的“点”对话框。输入孔的坐标（25，25，0），单击“确定”按钮。单击“完成草图”按钮，退出草绘环境。

5）弹出“草图点”对话框，单击“点对话框”按钮，弹出如图 4-46 所示的“点”对话框。输入孔的坐标（25，25，0），单击“确定”按钮。单击“完成草图”按钮，退出草绘环境。

图 4-46 “点”对话框

6）返回到“孔”对话框，输入孔的直径和深度为 10，10，单击“应用”按钮，结果如图 4-47 所示。

7）选择“成形”下拉列表中的“沉头”，拾取长方体的上表面为孔放置面。

8）进入草绘环境，弹出“点”对话框，在对话框中输入孔的坐标为（15，15，0），单击“完成草图”按钮，退出草绘环境。

9）返回“孔”对话框，输入沉头孔尺寸，如图 4-48 所示。单击“应用”按钮，结果如图 4-49 所示。

10）选择“成形”下拉列表中的“埋头”，拾取长方体的上表面为孔放置面。

11）进入草绘环境，弹出“点”对话框，在对话框中输入孔的坐标为（35，35，0），单击“完成草图”按钮，退出草绘环境。

12）返回“孔”对话框，输入埋头孔尺寸，如图 4-50 所示。单击“应用”按钮，结果如图 4-51 所示。

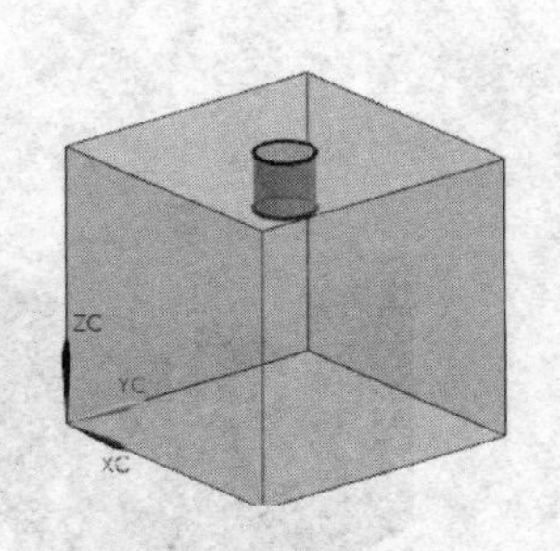

图 4-47 简单孔

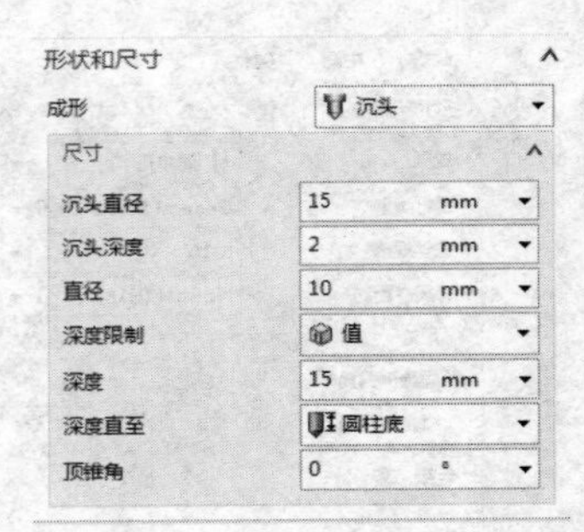

图 4-48 输入沉头孔尺寸

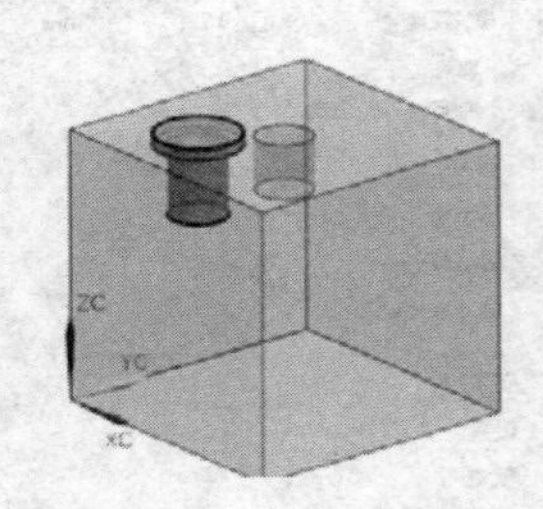

图 4-49 沉头孔

4.2.6 凸台

选择“菜单”→“插入”→“设计特征”→“凸台（原有)”选项，系统弹出“支管”对话框，如图 4-52 所示。

■ 选择步骤

放置面：放置面指从实体上开始创建凸台的平面形表面或者基准平面。

■ 凸台的形状参数

➢ 直径：凸台在放置面上的直径。

➢ 高度：凸台沿轴线的高度。

➢ 锥角：若指定为0值，则为锥形凸台。正的角度值为向上收缩（即在放置面上的直径最大），负的角度为向上扩大（即在放置面上的直径最小）。

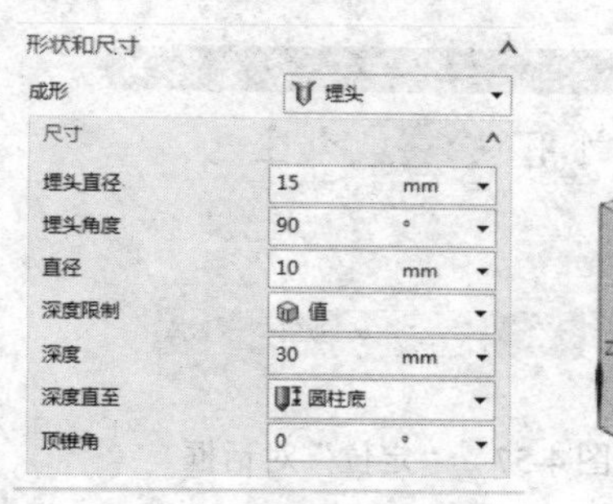

图 4-50 “埋头孔”尺寸

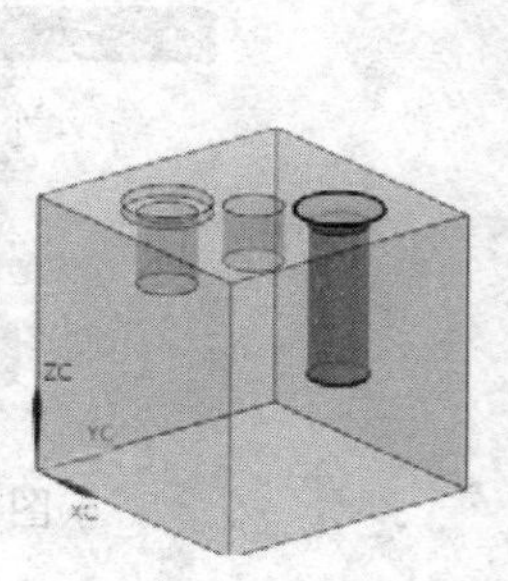

图 4-51 埋头孔

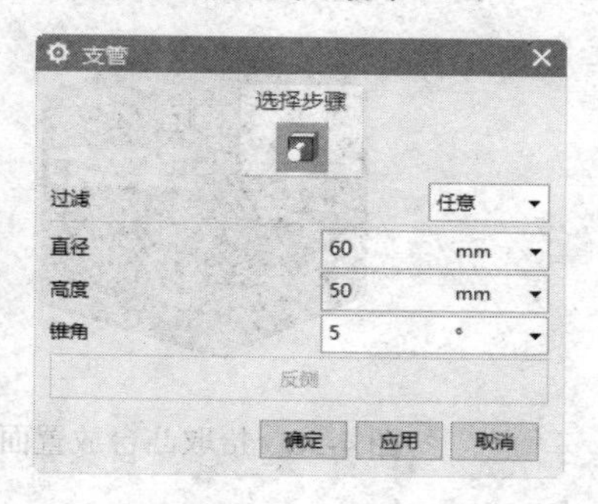

图 4-52 “支管”对话框

■ 反侧：若选择的放置面为基准平面，则可按此按钮改变凸台的凸起方向。

【例 4-10】以图 4-53 所示的图形为例，讲述凸台的创建步骤。

（1）创建长方体。

1）选择“菜单”→“插入”→“设计特征”→“长方体”选项，系统弹出“长方体”对话框，如图 4-54 所示。

图 4-53 创建凸台

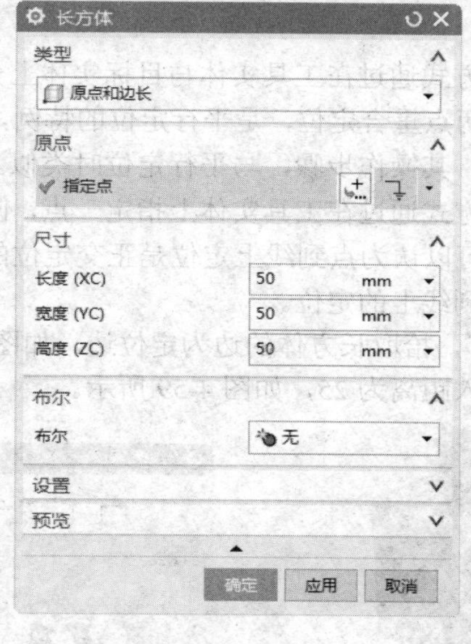

图 4-54 “长方体”对话框

图 4-55 长方体

2）在对话框中分别输入长度、宽度和高度为 50、50 和 50，单击“确定”按钮，创建的长方体如图 4-55 所示。

（2）创建凸台 1。

1）选择“菜单”→“插入”→“设计特征”→“凸台（原有）”选项，系统弹出如图 4-52

所示的“支管”对话框，在对话框中输入凸台的直径、高度为 30，20。

2）在视图中拾取长方体上表面为凸台放置面，如图 4-56 所示。

3）单击“确定”按钮，弹出“定位”对话框，如图 4-57 所示。

图 4-56　拾取凸台放置面

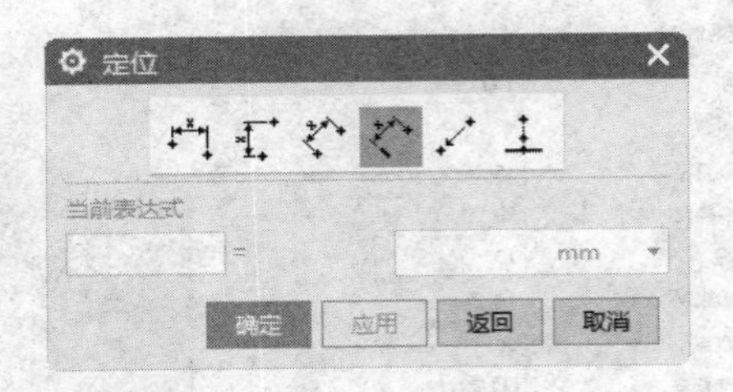

图 4-57　“定位”对话框

- 水平：该方式通过在目标实体与工具实体上分别指定一点，再以这两点沿水平参考方向的距离进行定位。
- 竖直：该方式通过在目标实体与工具实体上分别指定一点，以这两点沿垂直参考方向的距离进行定位。
- 平行：该方式指在与工作平面平行的平面中测量在目标实体与工具实体上分别指定点的距离。
- 垂直：该方式通过在工具实体上指定一点，以该点至目标实体上指定边缘的垂直距离进行定位。
- 点落在点上：该方式通过在工具实体与目标实体上分别指定一点，使两点重合进行定位。可以认为两点重合定位，是平行定位的特例，即在平行定位中的距离为零时，就是两点重合，其操作步骤，与平行定位时类似。
- 点落在线上：该方式通过在工具实体上指定一点，使该点位于目标实体的一指定边缘上进行定位。可以认为点到线上定位是正交定位的特例，即在正交定位中的距离为零时，就是点到线上的定位。

4）单击“垂直”图标，拾取长方体的边为定位边，如图 4-58 所示。在“定位”对话框中的“当前表达式”中输入距离为 25，如图 4-59 所示。

图 4-58　拾取定位边

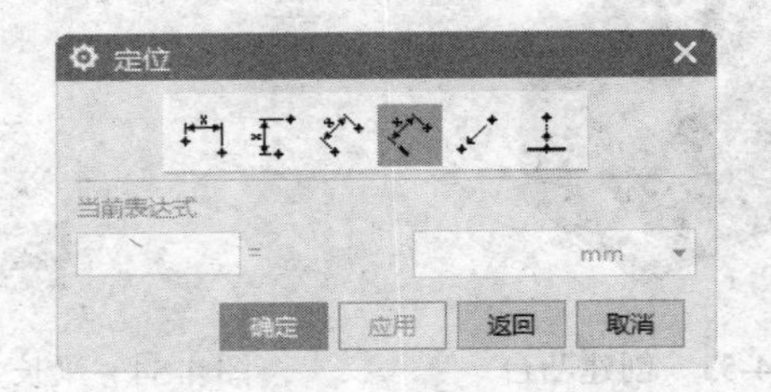

图 4-59　输入距离

5）单击“应用”按钮，再次单击“垂直”图标，拾取长方体的另一边为定位边，距离为 25。单击“确定”按钮，完成凸台 1 的创建，如图 4-60 所示。

（3）创建凸台 2。

1）选择“菜单”→“插入”→“设计特征”→“凸台（原有）”选项，系统弹出“支管”对话框。在对话框中输入凸台的直径、高度和锥角为20、20、5。

注：允许锥角为负值。

2）在视图中拾取凸台1的上表面为凸台2放置面，如图4-61所示。

3）单击“确定”按钮，弹出“定位”对话框。单击“点落在点上”图标，弹出“点落在点上”对话框，如图4-62所示。

图4-60　凸台1

图4-61　拾取凸台放置面

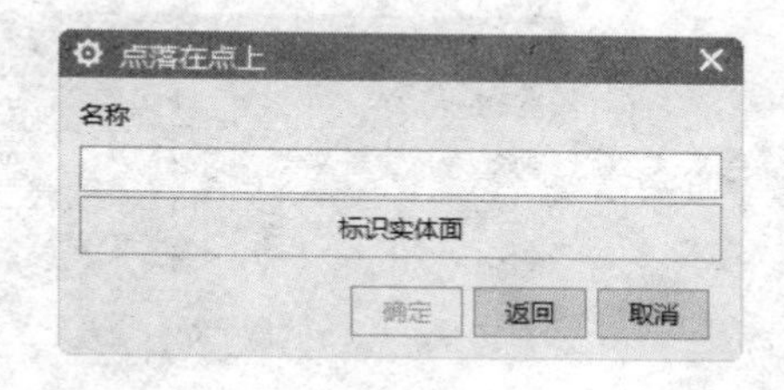

图4-62　“点落在点上”对话框

4）在视图中拾取圆弧为定位边，如图4-63所示，弹出“设置圆弧的位置”对话框，如图4-64所示。单击“圆弧中心”按钮。完成凸台2的创建，结果如图4-53所示。

图4-63　拾取圆弧

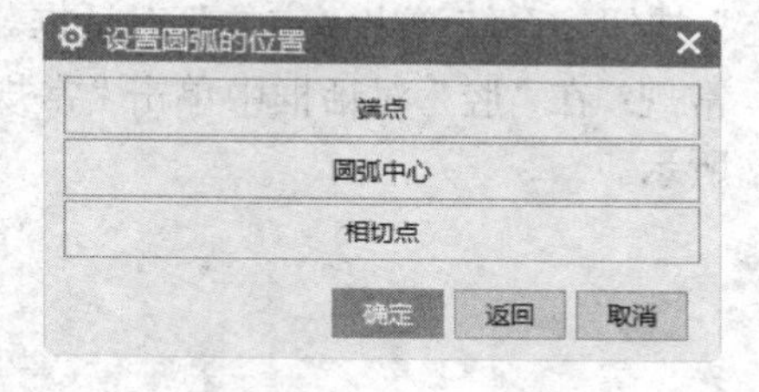

图4-64　“设置圆弧的位置”对话框

4.2.7　腔体

选择“菜单”→“插入”→“设计特征”→“腔（原有）”选项，系统弹出“腔”对话框，如图4-65所示。腔的类型主要包括圆柱形、矩形和常规三类。前两种创建方法相对简单，常规腔体则比较复杂。

■　圆柱腔的具体创建步骤如下：

1）在“腔”对话框中单击“圆柱形”按钮，弹出“圆柱腔”对话框，如图4-66所示。

2）在绘图区选择实体面或者基准平面，单击“确定”按钮。

3）弹出“圆柱腔”参数输入对话框，如图4-67所示，在文本框中输入基本参数后，单击“确定”按钮。

4）系统弹出“定位”对话框，确定圆柱腔的位置后，单击“确定”即可。

■　矩形：在“腔”对话框中单击“矩形”，弹出“矩形腔”对话框，如图4-68所示。

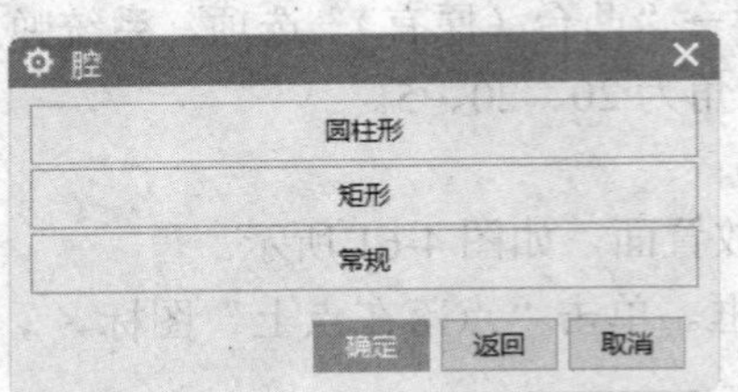

图 4-65 “腔”对话框

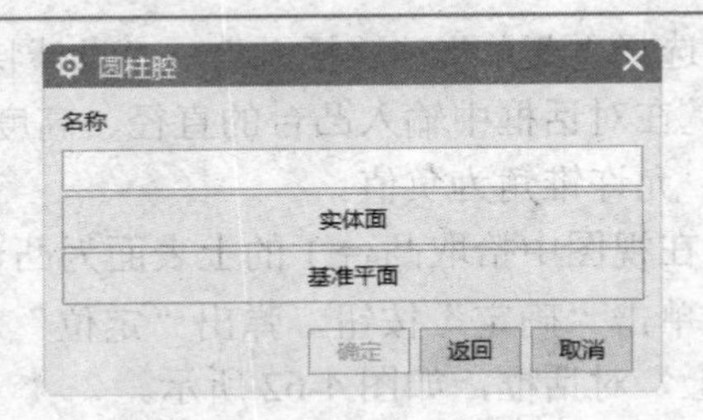

图 4-66 “圆柱腔”对话框

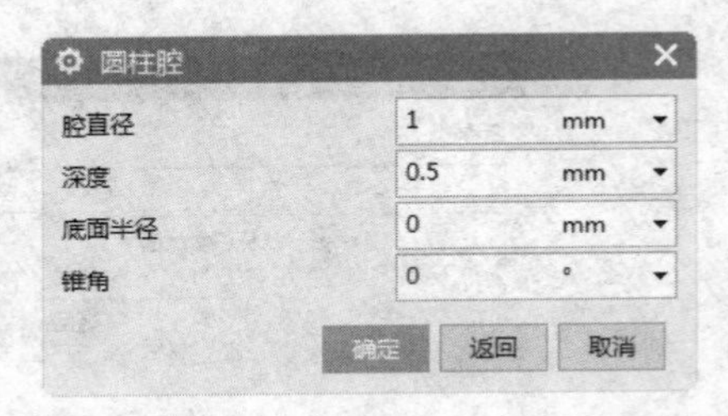

图 4-67 “圆柱腔”参数输入对话框

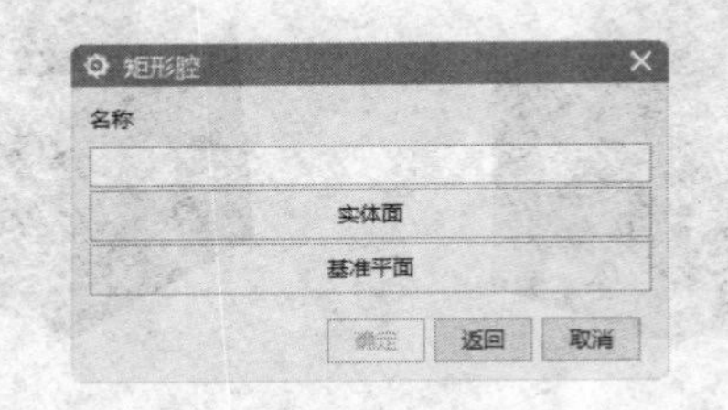

图 4-68 “矩形腔”对话框

在绘图区选择实体面或者基准平面，单击“确定”后弹出“水平参考”对话框，如图 4-69 所示；接着弹出“矩形腔”参数输入对话框，如图 4-70 所示。在文本框中输入基本参数后单击“确定”按钮，系统弹出“定位”对话框。确定矩形腔的位置后，单击“确定”按钮即可。

■ 常规：在“腔”对话框中单击“常规”按钮，系统弹出“常规腔”对话框，如图 4-71 所示。

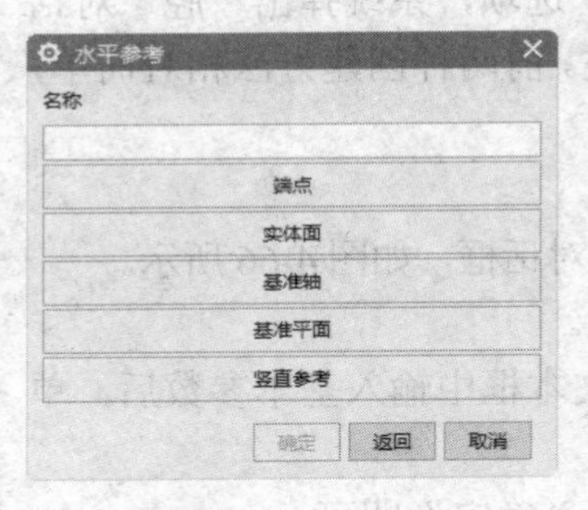

图 4-69 “水平参考”对话框

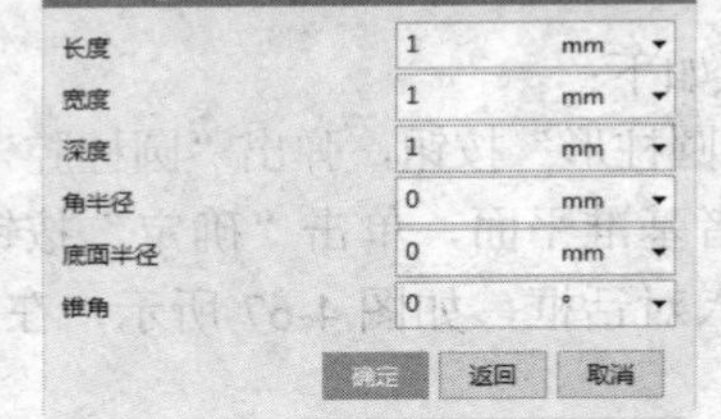

图 4-70 “矩形腔”参数输入对话框

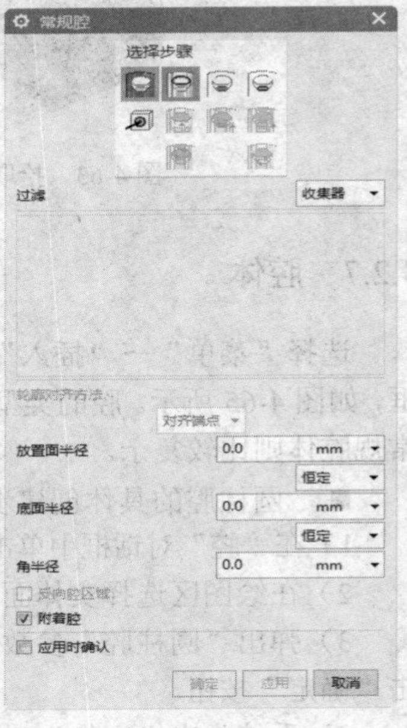

图 4-71 “常规腔”对话框

【例 4-11】以图 4-72 所示的图形为例，讲述常规腔体的创建步骤。

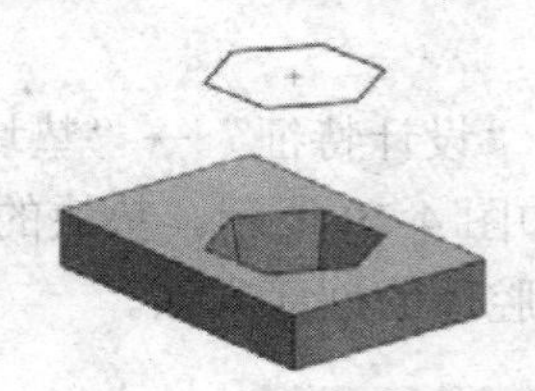

图 4-72　创建常规腔体特征

（1）打开文件。选择“菜单”→“文件”→“打开”选项，或者单击“主页”选项卡，选择“标准”组中的图标，弹出“打开”对话框，选择“4-11”，如图 4-73 所示，单击“OK”按钮，进入建模环境。

（2）创建常规腔。

1）选择“菜单”→“插入”→“设计特征”→“腔（原有）”选项，弹出“腔”对话框。

2）在“腔”类型对话框中，单击“常规”按钮，弹出“常规腔”对话框（见图 4-71）。

3）在绘图区选择长方体上表面为腔放置面，如图 4-74 所示。

4）在“常规腔”对话框中单击图标，或者按鼠标中键。

5）在绘图区选择六边形曲线作为放置面轮廓线，如图 4-75 所示。

6）在“常规腔”对话框中单击图标，或者鼠标中键。

7）在绘图中选择长方体下表面为底面。

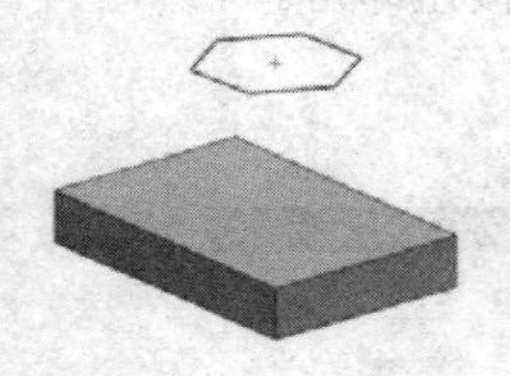

图 4-73　打开的文件

图 4-74　选择放置面

图 4-75　选择放置面轮廓线

8）在“常规腔”对话框中的由放置面转换得到底面部分被激活，如图 4-76 所示。

9）在“常规腔”对话框中单击图标，或者按鼠标中键。

10）在“常规腔”对话框中的由放置面轮廓线转换得到底面轮廓曲线部分被激活，如图 4-77 所示，输入锥角为 10。

11）在“常规腔”对话框中单击“确定”按钮，创建常规腔体特征，如图 4-72 所示。

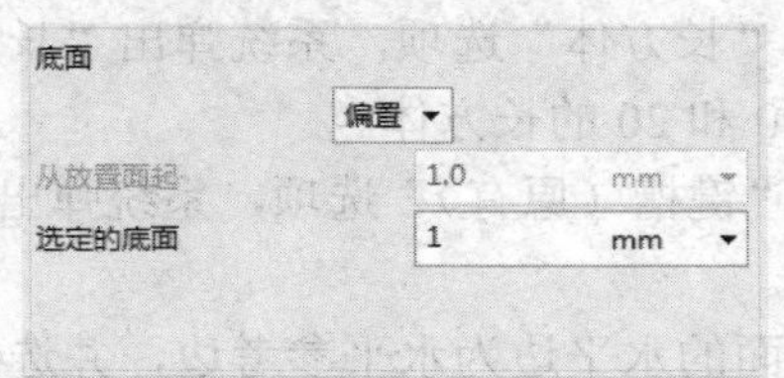

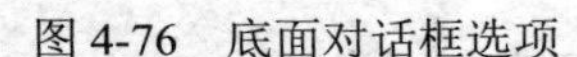

图 4-76　底面对话框选项

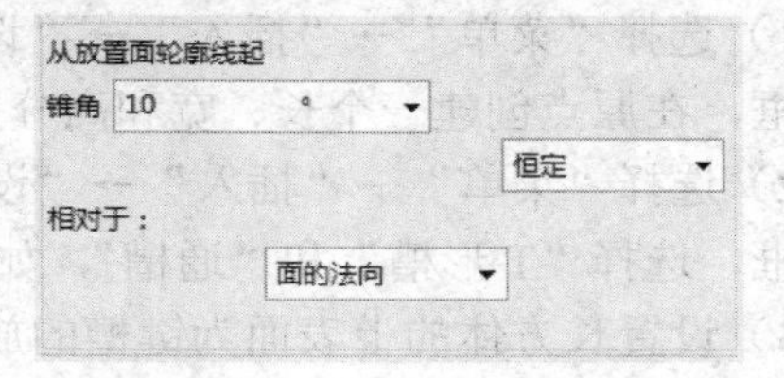

图 4-77　底面轮廓曲线对话框选项

4.2.8 垫块

选择“菜单”→“插入”→“设计特征”→“垫块（原有）”选项，弹出“垫块”对话框，如图 4-78 所示，创建垫块如图 4-79 所示。垫块的类型主要包括矩形和常规两类。矩形垫块创建方式的操作步骤同矩形腔体的创建方法。

图 4-78 “垫块”对话框

图 4-79 垫块

4.2.9 键槽

选择“菜单”→“插入”→“设计特征”→“键槽（原有）”选项，弹出“槽”对话框，如图 4-80 所示。键槽的类型主要包括矩形槽、球形端槽、U 形槽、T 形槽和燕尾槽 5 类。

在“槽”对话框中选择“矩形槽”，弹出“矩形槽”对话框，如图 4-81 所示。在绘图区选择实体面或者基准平面，单击“确定”，弹出“水平参考”对话框，如图 4-82 所示；接着弹出“矩形槽”参数输入对话框，如图 4-83 所示。在文本框中输入基本参数后单击“确定”按钮。系统弹出“定位”对话框，确定矩形槽的位置后，单击“确定”按钮即可。

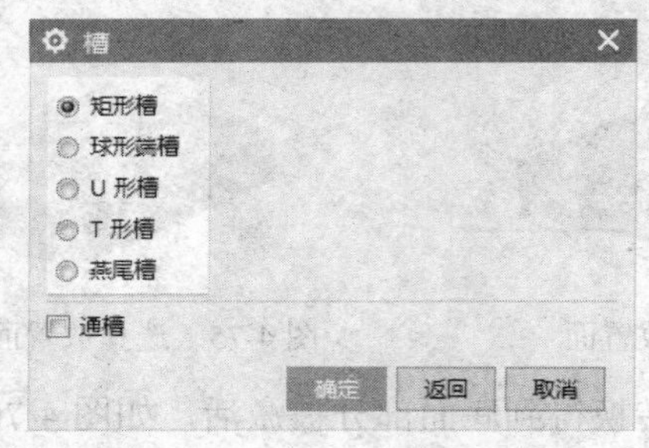

图 4-80 “槽”对话框

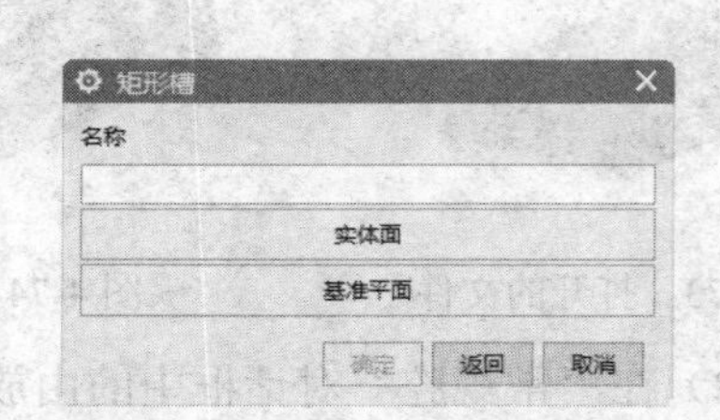

图 4-81 “矩形槽”对话框

其他类型键槽的创建方法和矩形的差别不多，只是参数输入上有微小的差别，这里就不多加说明了。

【例 4-12】以图 4-84 所示的图形为例，讲述 T 形键槽的创建步骤。

1）选择“菜单”→“插入”→“设计特征”→“长方体”选项，系统弹出“长方体”对话框，在原点创建一个长、宽和高分别为 100、100 和 20 的长方体。

2）选择“菜单”→“插入”→“设计特征”→“键槽（原有）”选项，系统弹出“槽”对话框，选择“T 形槽”和“通槽”，如图 4-85 所示。

3）设置长方体的上表面为键槽的放置面，上表面的水平边为水平参考边，并选择长方体的背端面和前端面为键槽的起始面和终止面。

4）设置键槽顶部宽度、顶部深度、底部宽度和底部深度分别为 20、5、40 和 10，如图

4-86 所示。

图 4-82　“水平参考”对话框

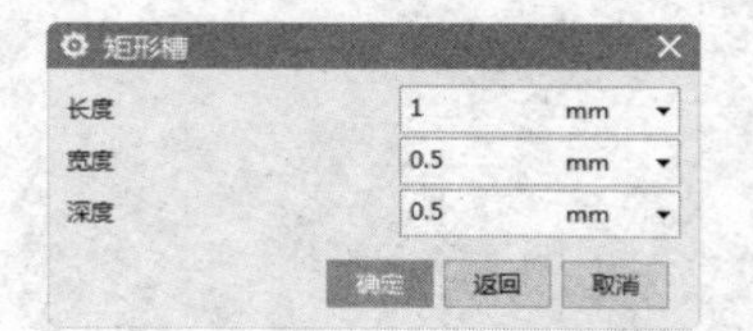

图 4-83　“矩形槽”参数输入对话框

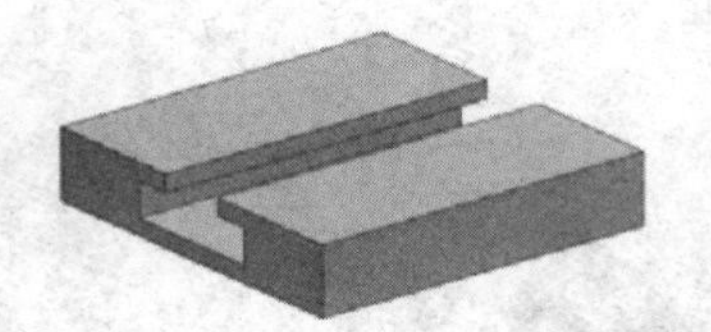

图 4-84　T 形槽

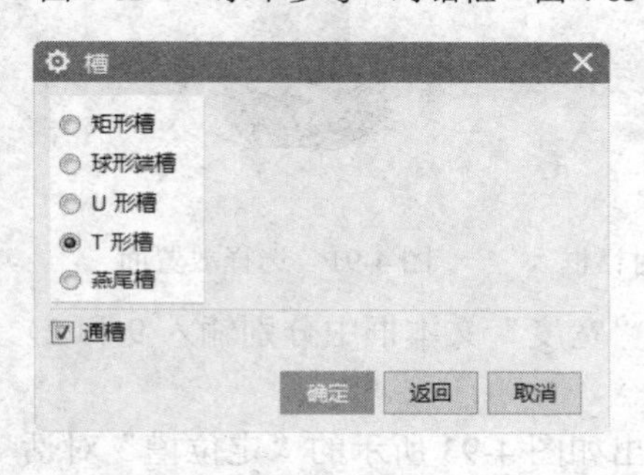

图 4-85　“槽”对话框

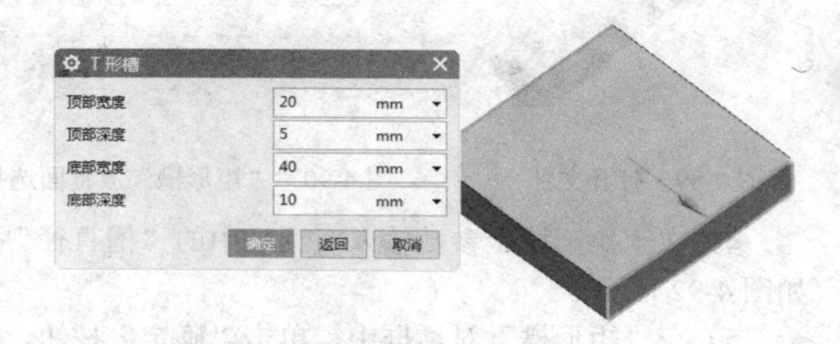

图 4-86　“T 形槽”参数输入对话框

5）利用“定位”对话框定义垂直定位距离参数为 50，然后单击“确定”按钮即可创建所需键槽，如图 4-84 所示。

4.2.10　槽

单击“主页”选项卡，选择“特征”组→“更多”→“设计特征”库中的“槽”图标，弹出“槽”对话框，如图 4-87 所示。槽的类型主要包括矩形、球形端槽和 U 形槽三类。

【例 4-13】以图 4-88 所示的图形为例，讲述槽的创建步骤。

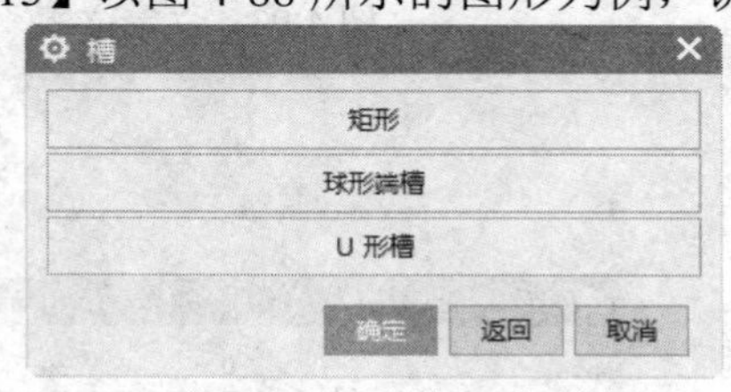

图 4-87　“槽”对话框

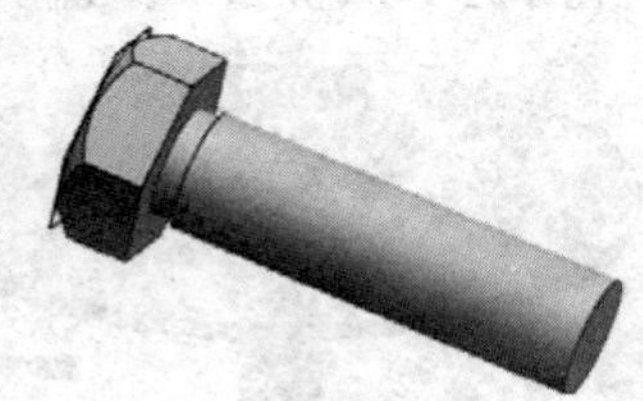

图 4-88　创建槽

（1）打开文件。选择“菜单”→“文件”→“打开”选项，或者单击“主页”选项卡，选择“标准”组中的图标，弹出“打开”对话框，选择“4-13”，如图 4-89 所示，单击“OK”按钮，进入建模环境。

（2）创建矩形沟槽。

1）单击“主页”选项卡，选择“特征”组→“更多”→“设计特征”库中的槽图标，

弹出“槽”对话框如图 4-87 所示。

2）在“槽”对话框中单击“矩形”按钮，弹出如图 4-90 所示的“矩形槽”放置面选择对话框。

3）在绘图区选择沟槽的放置面，如图 4-91 所示。同时，弹出“矩形槽”参数输入对话框。

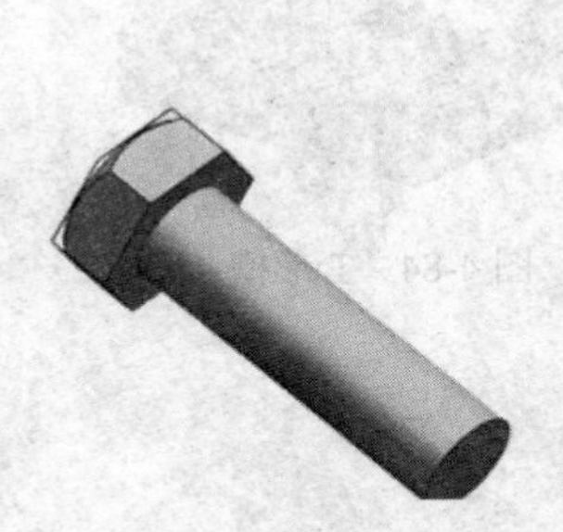

图 4-89　打开文件

图 4-90　“矩形槽”放置面选择对话框

图 4-91　选择放置面

4）在“矩形槽”参数输入对话框中的“槽直径”和“宽度”文本框中分别输入 9 和 2，如图 4-92 所示。

5）在“矩形槽”对话框中，单击“确定”按钮，弹出如图 4-93 所示的“定位槽”对话框。

6）在绘图区依次选择圆弧 1 和圆弧 2 为定位边缘，如图 4-94 所示。弹出如图 4-95 所示的“创建表达式”对话框。

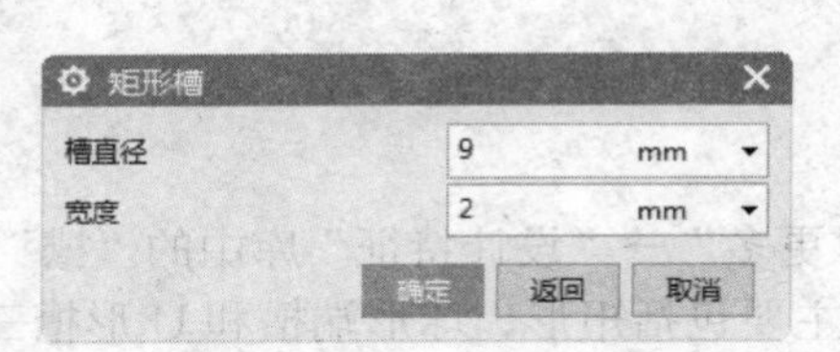

图 4-92　“矩形槽”参数输入对话框

图 4-93　“定位槽”对话框

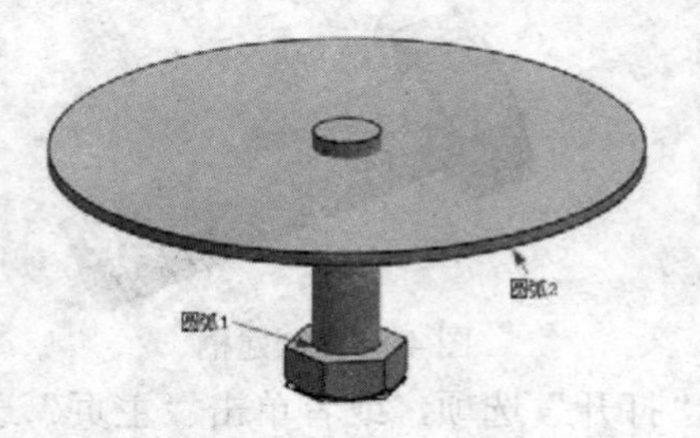

图 4-94　选择圆弧

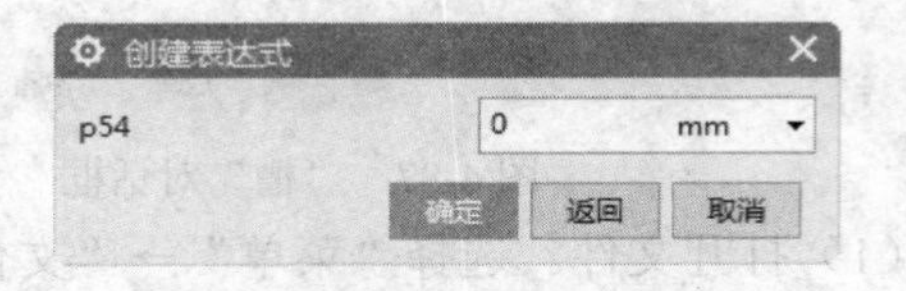

图 4-95　“创建表达式”对话框

7）在“创建表达式”对话框中的文本框中输入 0，单击“确定”按钮，创建矩形槽，如图 4-88 所示。

4.3 特征的扩展

特征的扩展包括特征的拉伸、特征旋转、特征的阵列和布尔运算。这些特征的扩展是对实体造型的扩展，适用于处理复杂形体的造型，使实体造型简单化。

4.3.1 拉伸

特征拉伸是将实体表面、实体边缘、曲线、链接曲线或者片体通过拉伸创建为实体或者片体。单击“主页”选项卡，选择“特征”组中“设计特征”下拉菜单中的“拉伸”图标，系统弹出“拉伸”对话框，如图 4-96 所示。

选择曲线：用来指定使用已有草图来创建拉伸特征，在如图 4-96 所示对话框中默认选择图标。

- 绘制截面：在如图 4-96 所示对话框中单击 图标按钮，可以在工作平面上绘制草图来创建拉伸特征。
- 拉伸方向：用于设置所选对象的拉伸方向。在图 4-96 所示对话框中单击“指定矢量”右边的下三角按钮，弹出如图 4-97 所示的“指定矢量”下拉列表。单击图标，弹出如图 4-98 所示的“矢量”对话框，在该对话框中选择所需的拉伸方向。

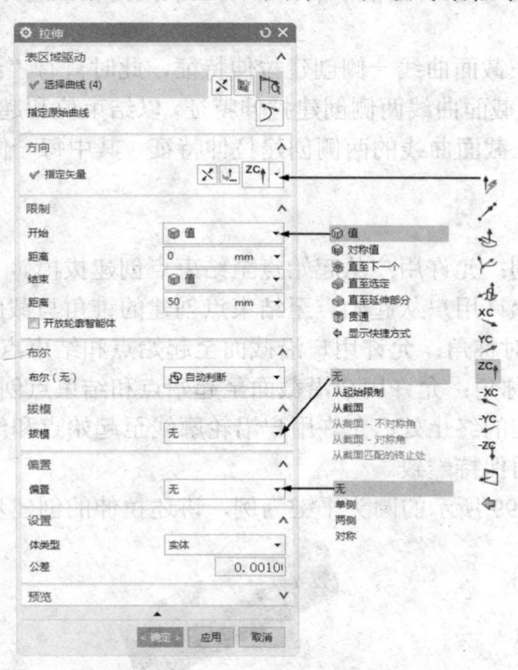

图 4-96 “拉伸”对话框

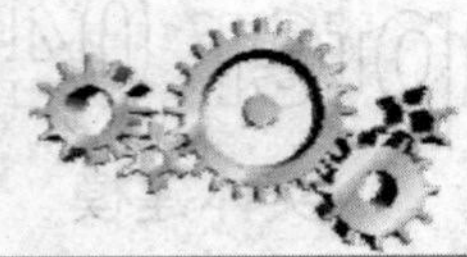

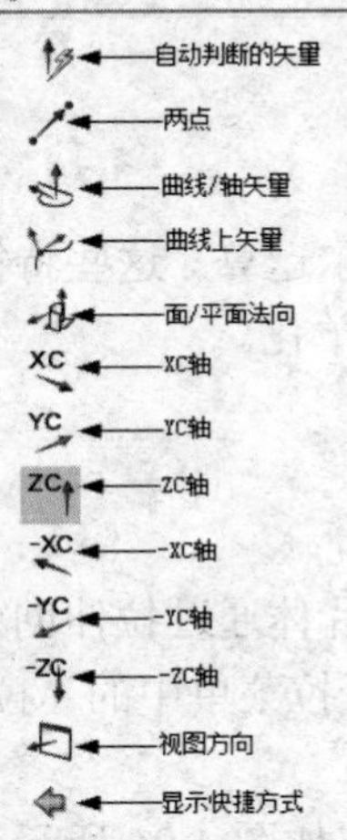

图 4-97 “指定矢量矢量”下拉列表

图 4-98 “矢量”对话框

- 反向：在图 4-98 所示对话框中单击图标，使拉伸方向反向。
- 限制：
  - 开始：用于限制拉伸的起始位置。
  - 结束：用于限制拉伸的终止位置。
- 布尔：在图 4-96 所示对话框中的“布尔”下拉列表中选择布尔操作选项。
- 偏置：
  - 单侧：指在截面曲线一侧创建拉伸特征，此时只有“结束”文本框被激活。
  - 两侧：指在截面曲线两侧创建拉伸特征，以结束值和起始值之差为实体的厚度。
  - 对称：指在截面曲线的两侧创建拉伸特征，其中每一侧的拉伸长度为总长度的一半。
- 拔模：
  - 从起始限制：允许用户从起始点至结束点创建拔模。
  - 从截面：允许用户从起始点至结束点创建的锥角与截面对齐。
  - 从截面-不对称角：允许用户沿截面至起始点和结束点创建不对称锥角。
  - 从截面-对称角：允许用户沿截面至起始点和结束点创建对称锥角。
  - 从截面匹配的终止处：允许用户沿轮廓线至起始点和结束点创建锥角，在梁端面处的锥面保持一致。

【例 4-14】 以图 4-99 所示的圆头平键为例，讲述拉伸的创建步骤。

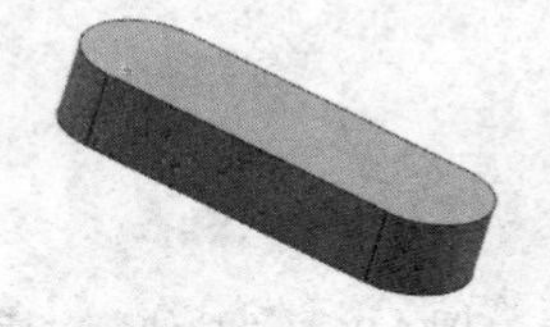

图 4-99 圆头平键

（1）打开文件。选择“菜单”→“文件”→“打开”选项，或者单击“主页”选项卡，选择“标准”组中的图标，弹出“打开”对话框，输入“2-1”，如图 4-100 所示，单击“OK”按钮，进入建模环境。

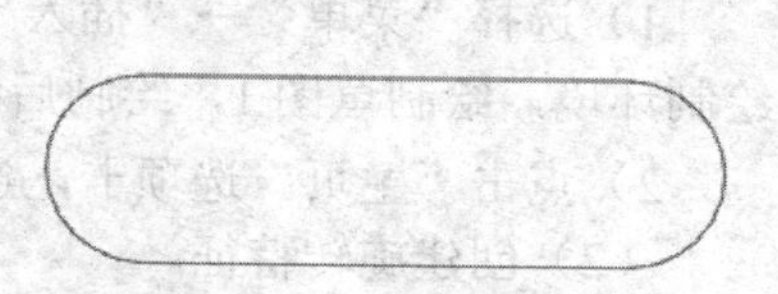

图 4-100 圆头平键曲线

（2）创建拉伸特征。

1）单击“主页”选项卡，选择“特征”组中的“设计特征”下拉菜单中的“拉伸”图标，弹出如图 4-96 所示的“拉伸”对话框，选择图 4-100 所示曲线为拉伸曲线。

2）在“限制”选项组中的“开始”和“结束”的“距离”文本框中分别输入 0、15，其他默认。

3）在图 4-96 所示的对话框中单击“确定”按钮，创建拉伸特征，如图 4-99 所示。

4.3.2 旋转

特征旋转是将实体表面、实体边缘、曲线、链接曲线或者片体通过旋转创建为实体或者片体。创建步骤与特征的拉伸相类似。

单击“主页”选项卡，选择“特征”组中的“设计特征”下拉菜单中的“旋转”图标，系统弹出“旋转”对话框，如图 4-101 所示。首先选择旋转曲线，然后选择旋转轴，输入旋转角度，单击“确定”按钮即可。旋转体遵循右手定则，大拇指指向旋转方向，四指弯曲方向代表正旋转方向。

【例 4-15】 以图 4-102 所示的垫片为例，讲述旋转的创建步骤。

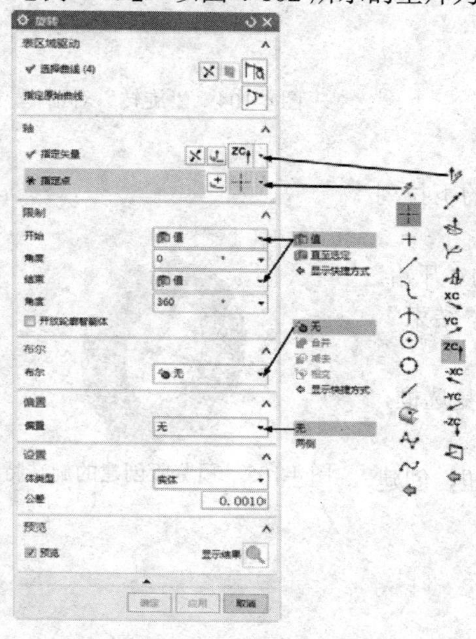

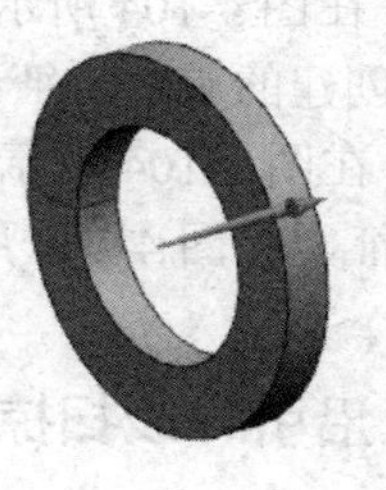

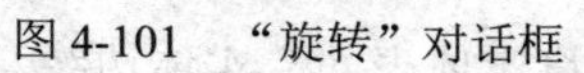

图 4-101 “旋转”对话框

图 4-102 垫片

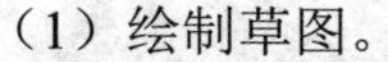

（1）绘制草图。

1）选择“菜单”→“插入”→“在任务环境中绘制草图”选项，进入 UG NX12.0 草图绘制环境，绘制草图 1，绘制后的草图如图 4-103 所示。

2）点击“主页”选项卡，选择“草图”组中的图标，草图绘制完毕。

（2）创建旋转特征。

1）单击“主页”选项卡，选择“特征”组中“设计特征”下拉菜单中的“旋转”图标，弹出如图 4-104 所示的“旋转”对话框。

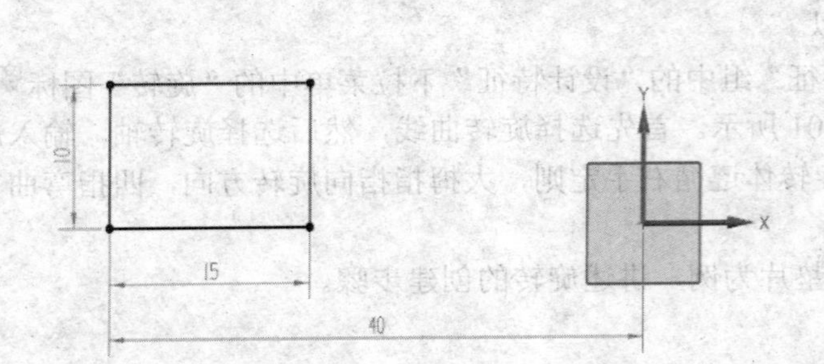

图 4-103　绘制草图

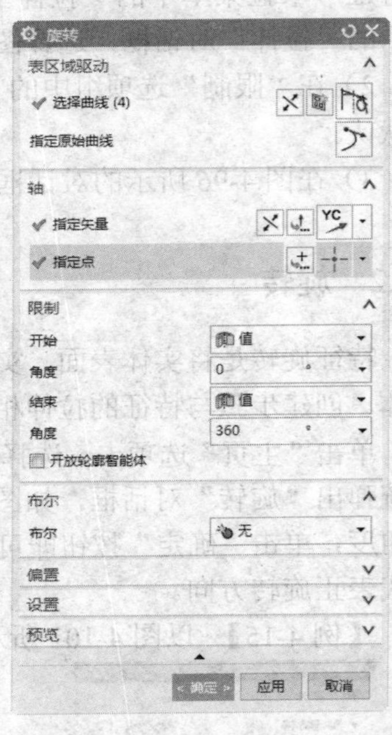

图 4-104　“旋转”对话框

2）选择图 4-103 绘制的曲线为旋转曲线。

3）在图 4-104 所示对话框中的“指定矢量”的下拉列表框中单击图标，在绘图区选择原点为基准点。

4）在图 4-104 所示对话框中，设置“限制”的“开始”选项为“值”，在其文本框中输入 0；同样设置“结束”选项为“值”，在其文本框中输入 360。

5）在图 4-104 所示对话框中，勾选“预览”复选框，预览所创建的旋转特征，如图 4-105 所示。

6）在图 4-104 所示对话框中单击“确定”按钮，创建旋转特征，如图 4-102 所示。

图 4-105　预览所创建的旋转特征

4.3.3　沿引导线扫掠

沿引导线扫掠是沿着一定的轨道进行扫描拉伸，将实体表面、实体边缘、曲线或者链接曲线创建为实体或者片体。

选择“菜单”→“插入”→“扫掠”→“沿引导线扫掠”选项，系统弹出“沿引导线扫掠”对话框，如图 4-106 所示。

用户需要注意的是：引导线可以是光滑的，也可以是有尖锐拐角的。

在引导线中的直线部分，系统采用拉伸的方法创建，在引导线中弧线的部分采用旋转的方法创建。

在引导线中，两条相邻的直线不能以锐角相遇，否则会引起自相交的情况。

在引导线中的弧半径尺寸相对截面曲线尺寸不能太小。

【例 4-16】 以图 4-107 所示为例，讲述沿引导线扫掠的创建步骤。

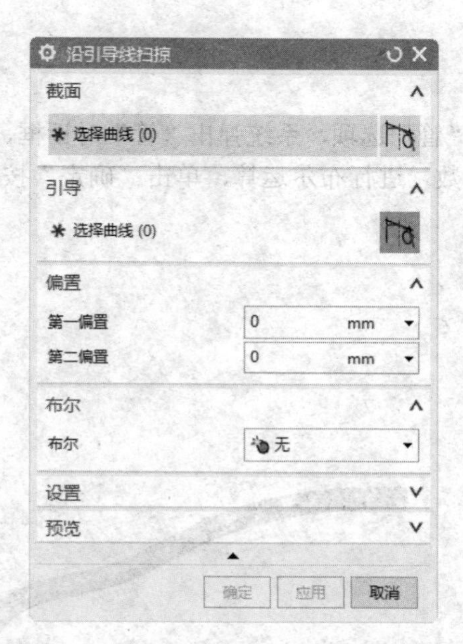

图 4-106 “沿引导线扫掠”对话框

图 4-107 沿引导线扫掠

（1）绘制曲线。

1）选择“菜单”→“插入”→“曲线”→“基本曲线（原有）”选项，弹出“基本曲线”对话框。单击对话框中的“圆”图标○，在坐标原点上创建半径为 1 的圆。

2）选择“菜单”→“格式”→“WCS”→“旋转”，弹出“旋转 WCS”对话框。将坐标系统绕 XC 轴逆时针旋转 90º。

3）按步骤 1）创建一圆心在点（8，0，0）且经过原点（0，0，0）的圆。

（2）沿引导线扫掠。

1）选择“菜单”→“插入”→“扫掠”→“沿引导线扫掠”选项，弹出“沿引导线扫掠”对话框。

2）在视图中选择小圆为截面曲线，如图 4-108 所示。

3）在视图中选择大圆为引导线，如图 4-109 所示。

4）在“沿引导线扫掠”对话框中单击“确定”按钮，创建引导线扫掠，如图 4-107 所示。

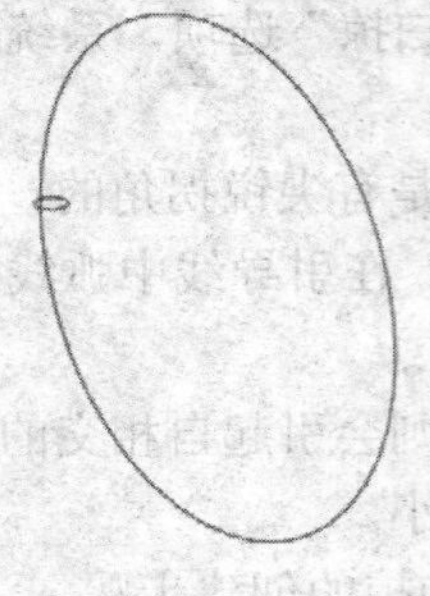

图 4-108　扫掠截面

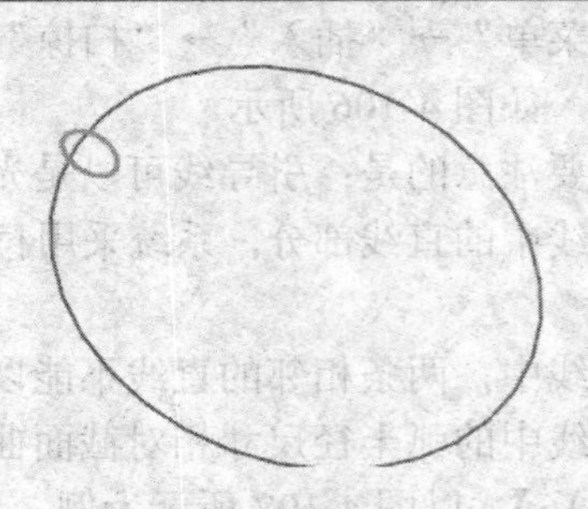

图 4-109　选择引导线

4.3.4　管

选择“菜单”→“插入”→“扫掠”→“管”选项，系统弹出“管”对话框，如图 4-110 所示。选择管曲线，在文本框中输入所需参数，进行布尔运算，单击“确定”按钮。即可创建如图 4-111 所示的管。

图 4-110　“管”对话框

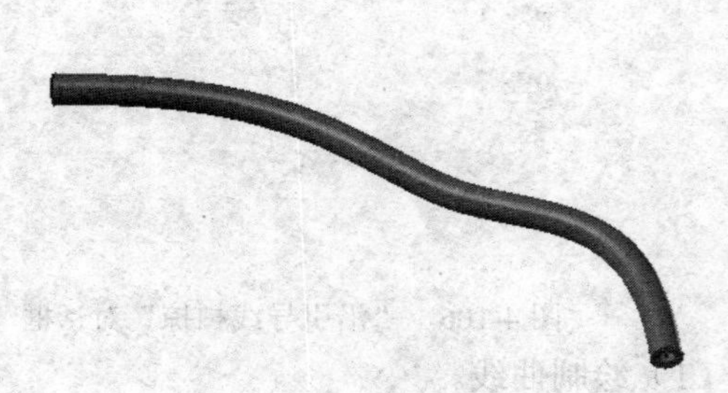

图 4-111　管

4.4　高级特征建模

本节将介绍 UG 的高级特征建模，它主要是在基本建模的基础上增加一些细节。下面介绍几个常用的高级建模选项。

4.4.1　边倒圆

单击“主页”选项卡，选择“特征”组中的“边倒圆”图标，弹出“边倒圆”对话框，如图 4-112 所示。下面介绍常用的两种边倒圆选项。

■ 边：用来设置固定半径的倒圆，可以多条边一起倒圆，如图 4-113 所示。

■ 变半径：用来在一条边上选择不同的点，然后在不同的点的位置设置不同的圆角半径，如图 4-114 所示。

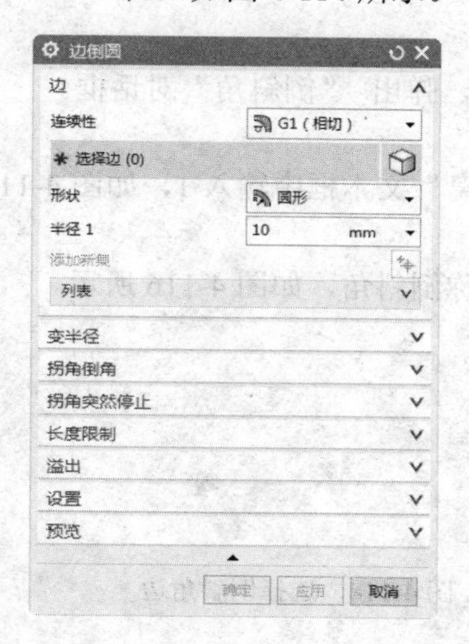

图 4-112 “边倒圆”对话框

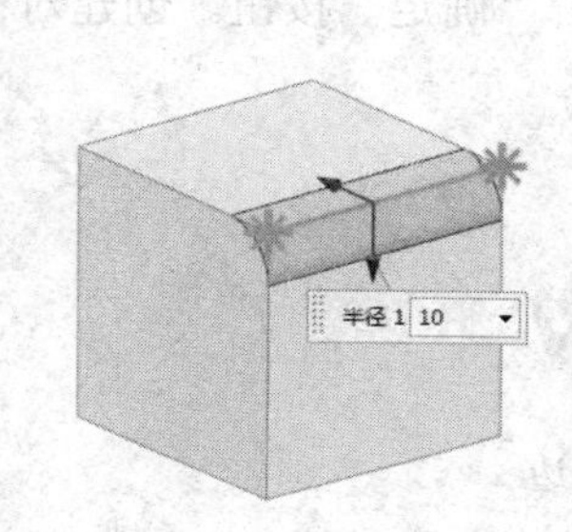

图 4-113 固定边倒圆半径

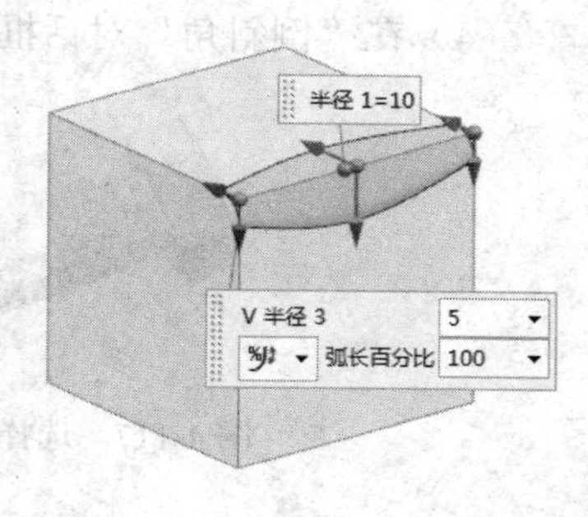

图 4-114 变半径边倒圆

4.4.2 倒斜角

单击“主页”选项卡，选择“特征”组中的“倒斜角”图标，弹出如图 4-115 所示的“倒斜角”对话框。该对话框用于在已存在的实体上沿指定的边缘做倒角操作。

■ 对称：用于与倒角边邻接的两个面采用同一个偏置方式来创建简单的倒角。

■ 非对称：用于与倒角边邻接的两个面分别采用不同偏置值来创建倒角。

■ 偏置和角度：用于由一个偏置值和一个角度来创建倒角。

【例 4-17】 以图 4-116 所示的图形为例，创建对称倒斜角。

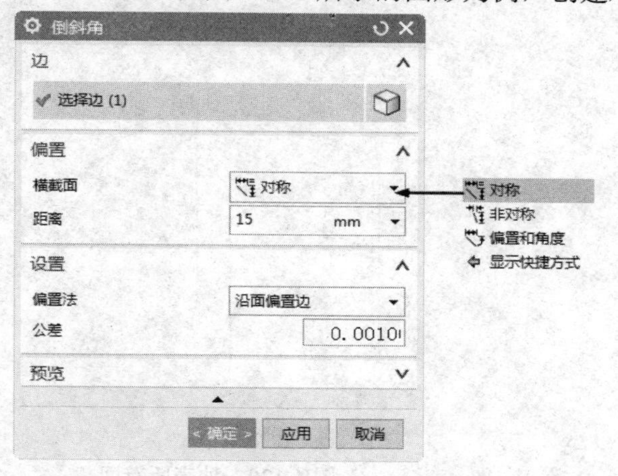

图 4-115 “倒斜角”对话框

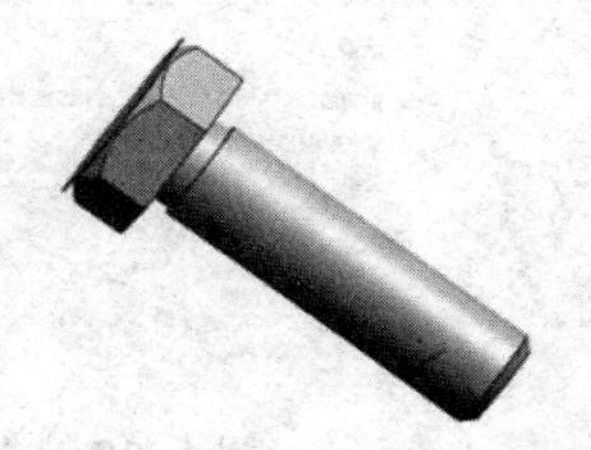

图 4-116 倒斜角

（1）打开文件。选择“菜单”→“文件”→“打开”选项，或者单击“主页”选项卡，选择“标准”组中的图标，弹出“打开”对话框，输入“4-13”，单击“OK”按钮，进入建模环境。

（2）创建倒斜角。

1）单击“主页”选项卡，选择“特征”组中的图标，弹出 “倒斜角”对话框。

2）在绘图区中选择凸台的边，如图 4-117 所示。

3）在“横截面”下拉列表中选择“对称”，并在“距离”文本框中输入 1，如图 4-118 所示。

4）在“倒斜角”对话框中单击“确定”按钮。创建对称倒斜角，如图 4-116 所示。

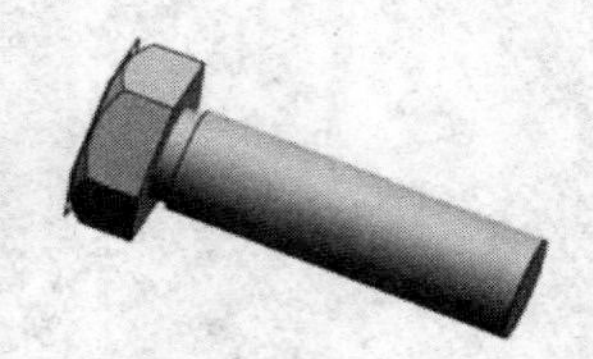

图 4-117　选择凸台的边

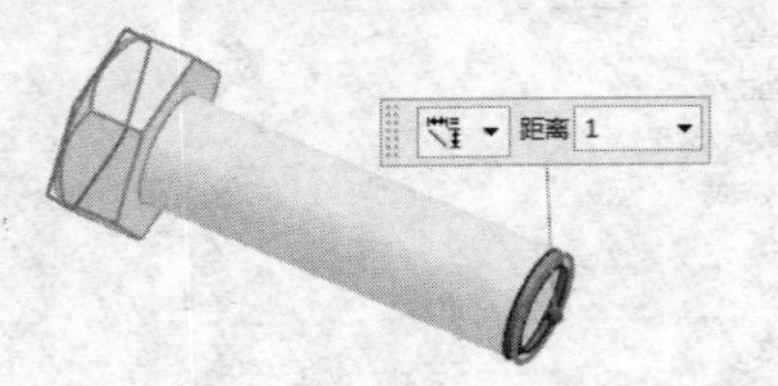

图 4-118　选择倒斜角边

4.4.3　抽壳

单击“主页”选项卡，选择“特征”组中的“抽壳”图标，弹出如图 4-119 所示的“抽壳”对话框。

- 对所有面抽壳：选择此类型，在绘图区选择要抽空操作的实体，如图 4-120 所示。
- 移除面，然后抽壳：选择此类型，用于选择要抽壳的实体表面。所选的表面在抽壳后会形成一个缺口。

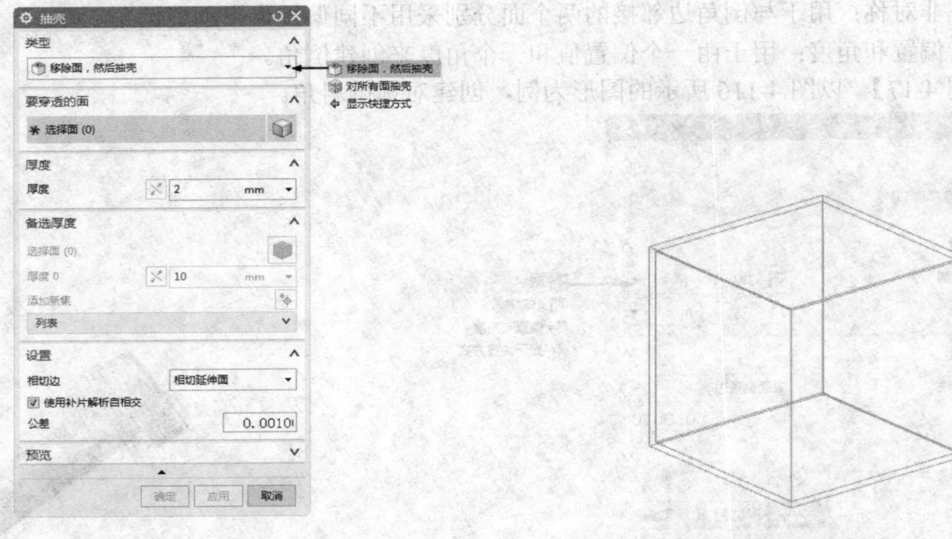

图 4-119　“抽壳”对话框

图 4-120　抽壳所有面

【例 4-18】以图 4-121 所示的图形为例，讲述抽壳的创建步骤。

图 4-121　创建的抽壳模型

（1）创建长方体。

1）选择“菜单”→“插入”→“设计特征”→“长方体”选项，弹出“长方体”对话框。

2）在“长方体”对话框中的“长度”“宽度”和“高度”文本框中分别输入 50、50、50。

3）在“长方体”对话框中单击“确定”按钮，在原点创建长方体特征，如图 4-122 所示。

（2）创建抽壳。

1）单击“主页”选项卡，选择“特征”组中的“抽壳”图标，弹出“抽壳”对话框，如图 4-123 所示。

2）在“抽壳”对话框“类型”下拉选项中选择“移除面，然后抽壳”类型。

3）在“抽壳”对话框中的“厚度”文本框中输入 3。

4）在绘图区分别选择如图 4-124 所示的面为移除面，单击对话框中的“确定”按钮，创建模型如图 4-121 所示。

图 4-122　创建长方体

图 4-123　“抽壳”对话框

图 4-124　选择面

4.4.4　螺纹

螺纹就是在旋转体表面上加工螺纹特征。

单击“主页”选项卡，选择“特征”组→“更多”→“设计特征”库中的“螺纹刀”图标，弹出“螺纹切削”对话框，如图 4-125 所示。螺纹的类型主要是“符号”和“详细”两种，选择“符号”，则螺纹用虚线表示，并不弹出螺纹实体，这样做可以节省内存；选择“详细”，则把螺纹的细节都弹出来，这样很消耗硬件速度和内存。选择“详细”单选按钮，如图 4-126 所示。

螺纹切削
螺纹类型
符号 详细
大径 0 mm
小径 0 mm
螺距 0 mm
角度 0 °
标注
螺纹钻尺寸 0 mm
方法 切削
成形 Unified
螺纹头数 1
锥孔
完整螺纹
长度 mm
手工输入
从表中选择
旋转
右旋
左旋
选择起始
确定 应用 取消

图 4-125 “螺纹切削”对话框

图 4-126 “详细”类型对话框

【例 4-19】以图 4-127 所示的图形为例，讲述螺纹的创建步骤。

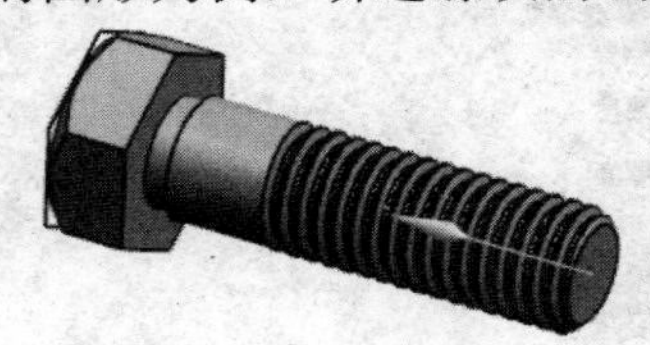

图 4-127 详细螺纹

（1）打开文件。选择“菜单”→“文件”→“打开”选项，或者单击“主页”选项卡，选择“标准”组中的图标，弹出“打开”对话框，输入“4-17”，单击“OK”按钮，进入环境建模。

（2）创建螺纹。

1）单击“主页”选项卡，选择“特征”组中的“设计特征”库中的“螺纹刀”图标，弹出如图 4-125 所示的“螺纹切削”对话框。

2）在“螺纹切削”对话框中选择螺纹类型为“符号”类型。

3）选择图 4-128 所示的圆柱面作为螺纹的创建面。

4）系统弹出如图 4-129 所示的对话框。选择刚刚经过倒斜角的圆柱体的上表面作为螺纹的开始面。

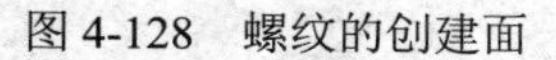

图 4-128　螺纹的创建面

图 4-129　选择螺纹开始面

5）系统弹出如图 4-130 所示的对话框，单击“螺纹轴反向”按钮。

6）返回到“螺纹切削”对话框，将螺纹“长度”改为 26，其他参数不变，单击“确定”按钮，创建符号螺纹如图 4-131 所示。

若选择“详细”类型，创建的螺纹如图 4-127 所示。

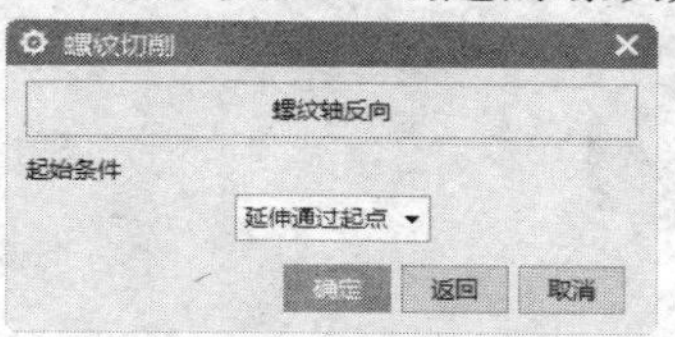

图 4-130　螺纹反向

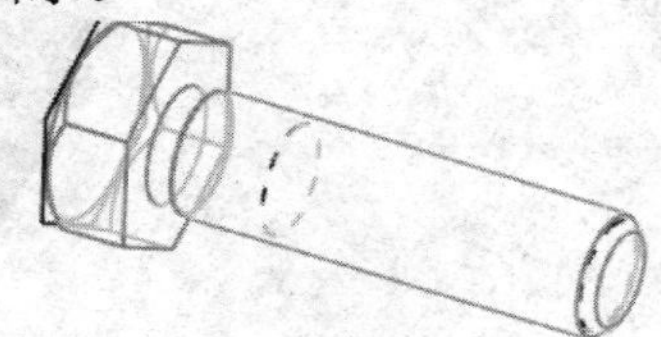

图 4-131　符号螺纹

4.4.5　阵列特征

选择“菜单”→“插入”→“关联复制”→“阵列特征”选项，弹出“阵列特征”对话框，如图 4-132 所示。下面介绍常用的两种阵列方式：

线性：以矩阵阵列的形式来复制所选的实体特征，该阵列方式使阵列后的特征成矩形排列。选择该选项，对话框如图 4-132 所示，选择要阵列的特征，单击“确定”按钮，线性阵列特征如图 4-133 所示。

■　方向 1：用于设置阵列第一方向的参数。

■　指定矢量：用于设置第一方向的矢量方向。

■　间距：用于指定间距方式。包括数量和节距、数量和跨距、节距和跨距三种。

■　方向 2：用于设置阵列第二方向的参数。其他参数同上。

圆形：以圆形阵列的形式来复制所选的实体特征，该阵列方式使阵列后的特征呈圆周排列。选择该选项，对话框如图 4-134 所示，选择要阵列的特征，单击“确定”按钮。 圆形阵列特征如图 4-135 所示。

■　数量：用于输入阵列中成员特征的总数目。

■　节距角：用于输入相邻两成员特征之间的环绕间隔角度。

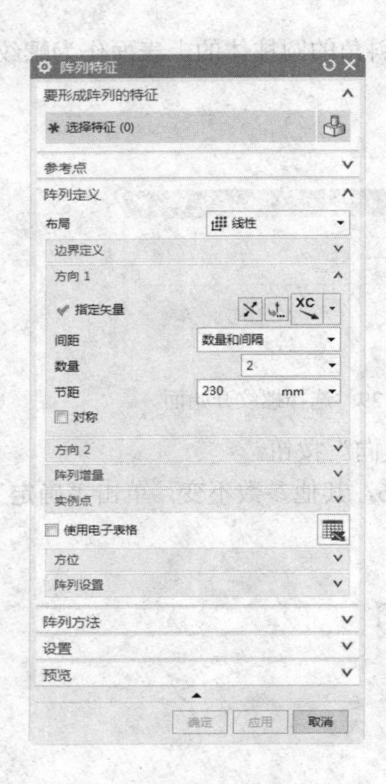

图 4-132　“阵列特征”对话框

图 4-133　线性阵列特征

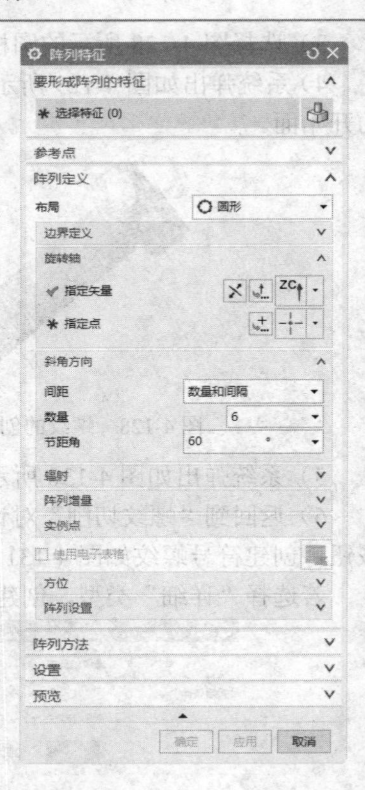

图 4-134　“圆形”布局对话框

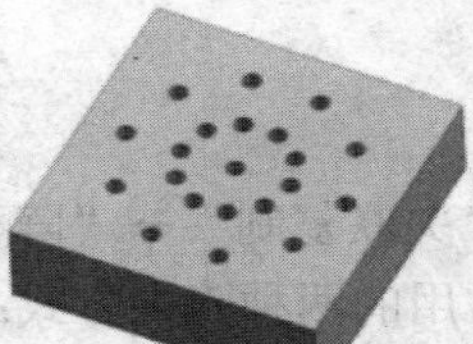

图 4-135　圆形阵列特征

4.4.6　镜像特征

选择“菜单”→“插入”→“关联复制”→“镜像特征”选项，弹出如图 4-136 所示的“镜像特征”对话框。用于以基准平面来镜像所选实体中的某些特征。

【例 4-20】 以图 4-137 所示的图形为例，讲述镜像特征的创建步骤。

（1）打开文件。选择“菜单”→“文件”→“打开”选项，或者单击“主页”选项卡，选择“标准”组中的图标，弹出“打开”对话框，选择“4-20”，单击“OK”按钮，进入 UG 主界面。

（2）镜像埋头孔。

1）选择“菜单”→“插入”→“关联复制” →“镜像特征”选项，弹出如图 4-136 所示的“镜像特征”对话框。

2）在部件导航器或绘图区中选择埋头孔特征为要镜像的特征。

（3）在“平面”下拉列表中选择“新平面”，在“指定平面”下拉列表中选择 YC-ZC 平面，单击“确定”按钮，如图 4-137 所示。

图 4-136 “镜像特征”对话框

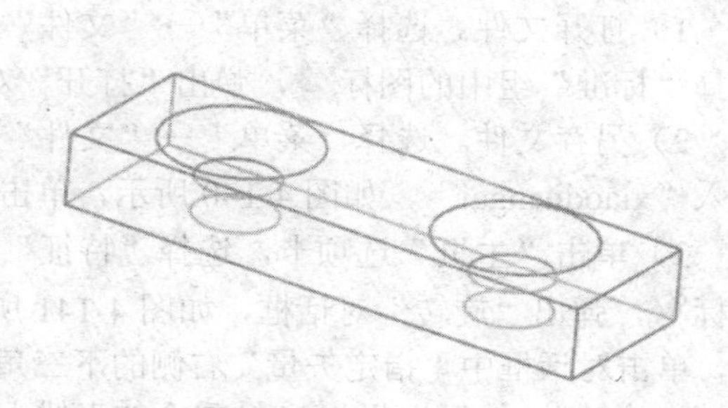

图 4-137 镜像埋头孔后的实体

4.5 实例操作

4.5.1 小端盖

本例创建小端盖，如图 4-138 所示。

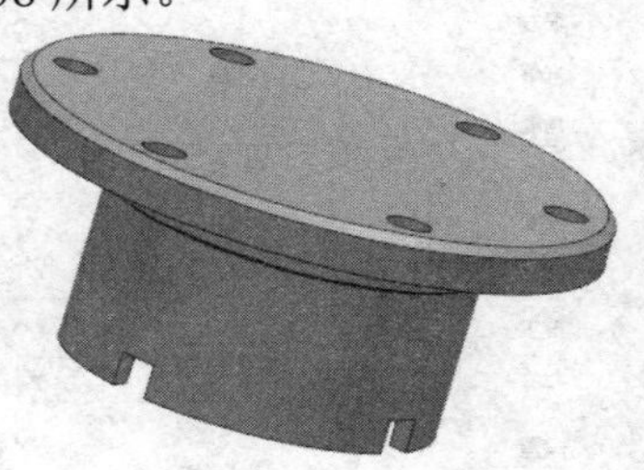

图 4-138 小端盖

【思路分析】

首先绘制草图进行旋转，然后绘制矩形，通过拉伸和阵列创建凹槽，再通过孔特征创建孔，最后进行边倒圆，绘制的流程如图 4-139 所示。

【知识要点】

旋转　阵列　拉伸　边倒圆

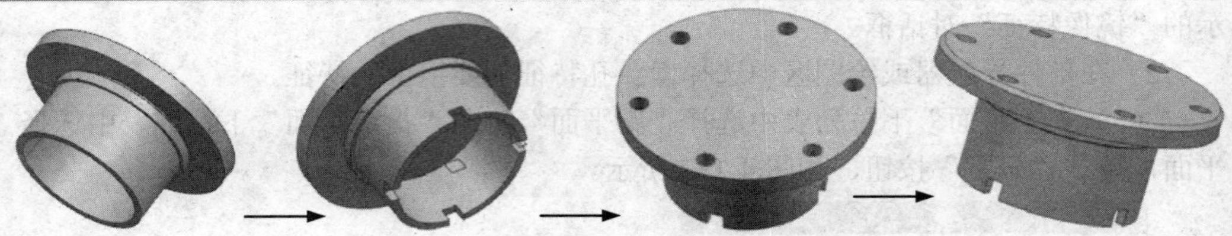

图 4-139　绘制的小端盖流程

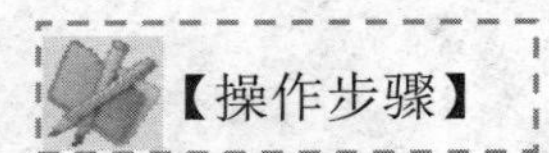

【操作步骤】

1）打开文件。选择“菜单”→“文件”→“打开”选项，或者单击“主页”选项卡，选择“标准”组中的图标，弹出“打开”对话框，选择“3-3”，进入建模环境。

2）另存文件。选择“菜单”→“文件”→“另存为”选项，打开“另存为”对话框，输入“xiaoduangai”，如图 4-140 所示，单击“OK”按钮，进入建模环境。

3）单击“主页”选项卡，选择“特征”组中的→“设计特征”下拉菜单中的“旋转”图标，弹出“旋转”对话框，如图 4-141 所示。选择如图 4-140 所示的草图曲线为旋转曲线，单击对话框中“指定矢量”右侧的下三角按钮，在弹出的下拉列表中选择图标，选择 Y 轴为旋转轴。然后选择与 Y 轴重合的直线上一点。在对话框的文本框中将截面串旋转的“开始”值设为 0，“结束”值设为 360。单击“确定”按钮即可创建旋转体，如图 4-142 所示。

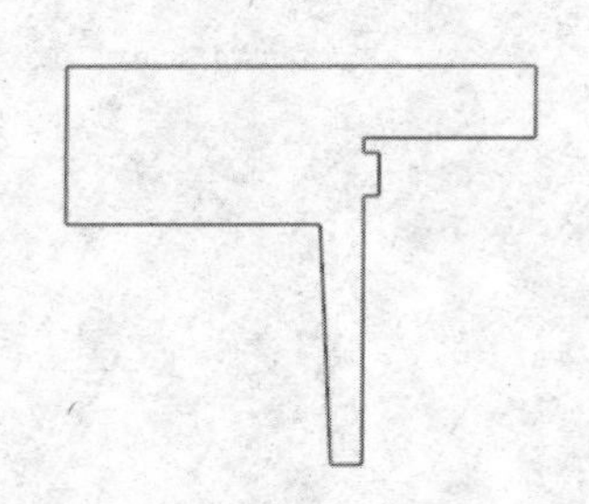

图 4-140　草图曲线

图 4-141　“旋转”对话框

图 4-142　旋转体

4）选择“菜单”→“插入”→“在任务环境中绘制草图”选项，弹出“创建草图”对话框，选择 XC－YC 平面为草图工作平面，完成草图工作平面的设置。

5）单击“主页”选项卡，选择“曲线”组中的“矩形”图标，系统弹出“矩形”对话框，如图 4-143 所示。单击图标，在绘图区中合适位置处单击，作为矩形的左上顶点位置，拖动光标至合适大小，单击“确定”按钮，如图 4-144 所示。

6）单击“主页”选项卡，选择“约束”组中的“快速尺寸”图标，在草图中添加尺寸标注。将矩形宽度设置为 8，高度设置为 7.2，右面到中线的距离设置为 4，底边到水平基准平面的距离设置为 53.3，如图 4-145 所示。单击“主页”选项卡，选择“草图”组中的“完成”图标，退出草绘环境。

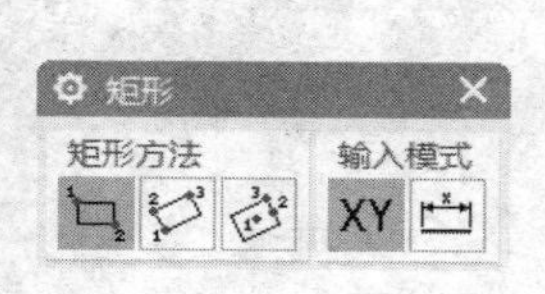

图 4-143 “矩形”对话框

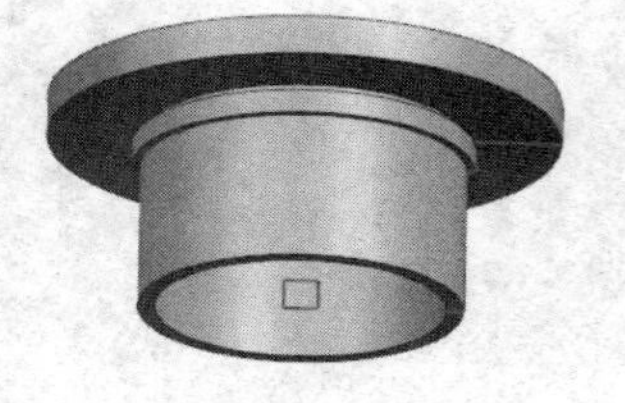

图 4-144 绘制矩形

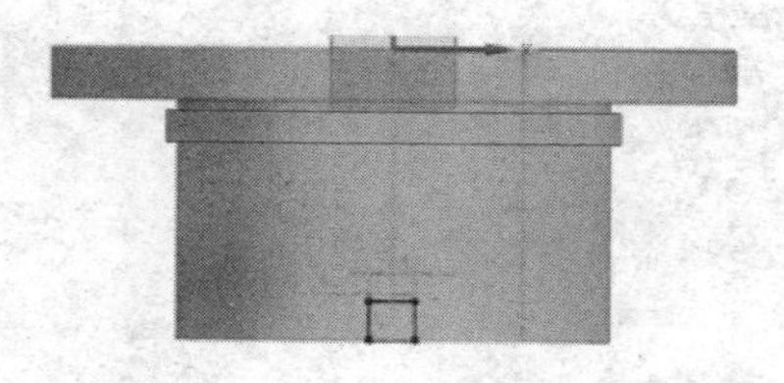

图 4-145 标注草绘的矩形

7）单击“主页”选项卡，选择“特征”组中“拉伸”图标，系统弹出“拉伸”对话框，如图 4-146 所示。选择上一步创建的长方形草图作为拉伸曲线。在文本框中输入 60，选择“布尔”运算为“减去”，如图 4-147 所示。单击“确定”按钮，即可创建凹槽特征，如图 4-148 所示。

图 4-146 “拉伸”对话框

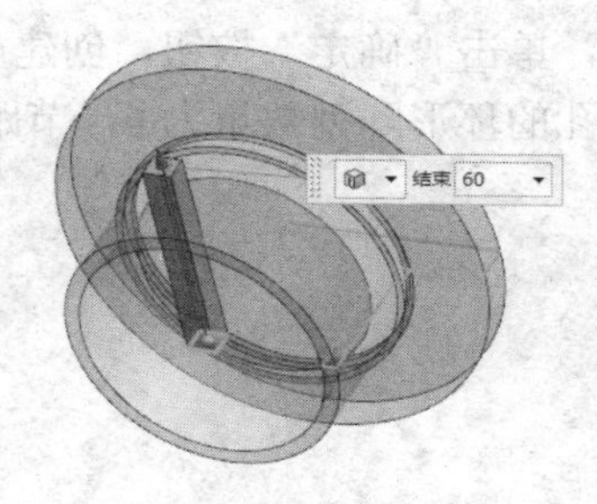

图 4-147 拉伸预览

图 4-148 创建凹槽特征

8）阵列凹槽特征，使其沿圆周方向均匀分布。选择“菜单”→“插入”→“关联复制”→“阵列特征”选项，系统弹出“阵列特征”对话框，如图 4-149 所示。选择上步创建的拉伸特征为阵列特征，选择“圆形”布局，设置“指定矢量”为“YC”，指定“点”为原点，设置“间距”为“数量和间隔”，“数量”为 4，“节距角”为 90，即阵列凸槽特征，如图 4-150 所示。

9）单击“主页”选项卡，选择“特征”组中的“孔”图标，系统弹出“孔”对话框，如图 4-151 所示。选择顶部平面，进入草绘环境，弹出“草图点”对话框。单击“点对话框”

按钮，弹出“点”对话框。在对话框中输入孔坐标为（50，0，0），如图 4-152 所示。单击“确定”按钮，在顶面创建点。

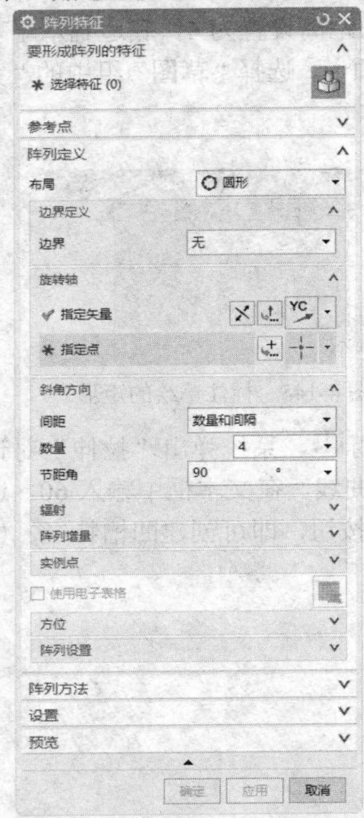

图 4-149 “阵列特征”对话框

图 4-150 阵列凸槽特征

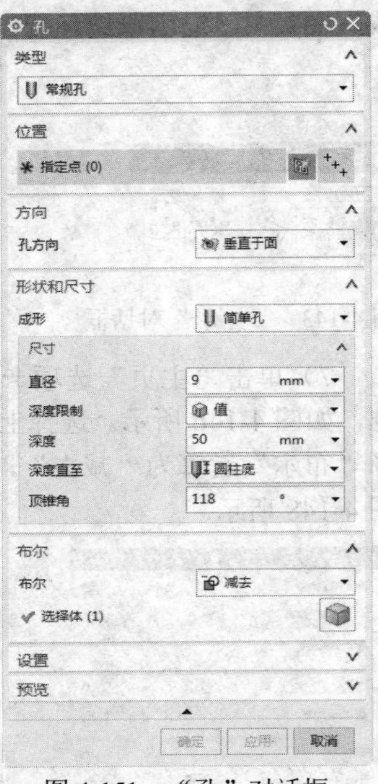

图 4-151 “孔”对话框

10）单击“完成”按钮，回到“孔”对话框。在对话框的“直径”文本框中输入 9，在“布尔”下拉列表中选择“减去”，单击“确定”按钮，创建如图 4-153 所示的孔。

11）按步骤 8 的方法，设置通孔的环形阵列数量为 6，节距角为 60，如图 4-154 所示。

图 4-152 “点”对话框

图 4-153 创建的孔

图 4-154 阵列孔

12）单击“主页”选项卡，选择“特征”组中的边倒圆图标，系统弹出“边倒圆”对话框，如图 4-155 所示。在对话框中设置圆角的半径为 1，选择图 4-156 所示的边，单击“应用”按钮，为旋转体创建一个圆角特征，如图 4-157 所示。

图 4-155 “边倒圆”对话框

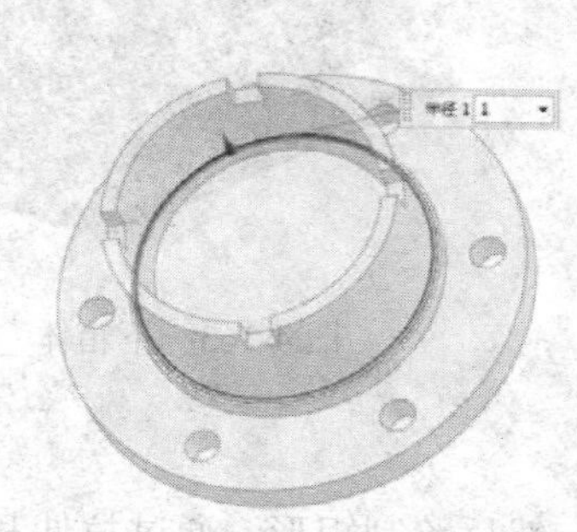

图 4-156 选择圆角边

图 4-157 创建圆角特征

13）将“边倒圆”对话框中的圆角半径改为 6，选择图 4-158 所示的边，单击“确定”按钮，在旋转体内侧创建一个圆角特征，如图 4-159 所示。

14）单击“主页”选项卡，选择“特征”组中的“倒斜角”图标，弹出如图 4-160 所示“倒斜角”对话框。选择图 4-161 所示的边，在对话框中设置“距离”为 2，单击“确定”按钮，创建倒角特征，如图 4-162 所示。

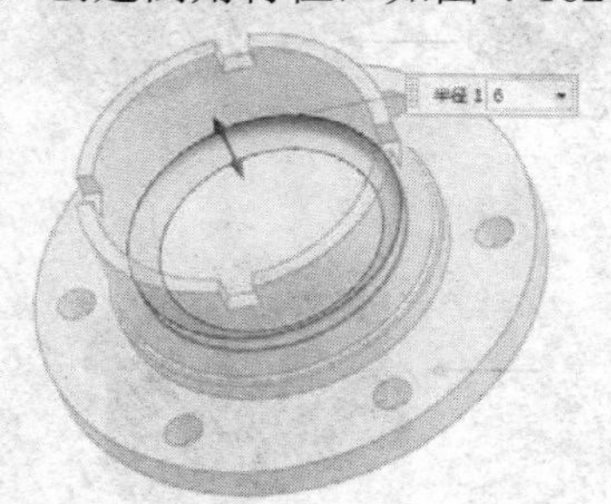

图 4-158 选择圆角边

图 4-159 创建圆角

图 4-160 “倒斜角”对话框

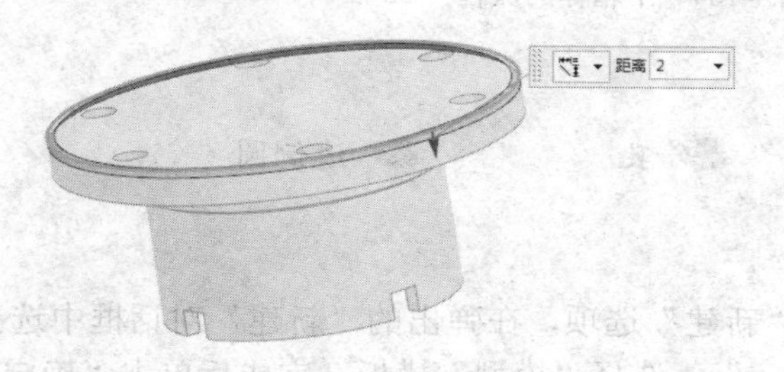

图 4-161 选择倒角边

图 4-162 创建倒角特征

4.5.2 下箱体

本例创建下箱体，如图 4-163 所示。

图 4-163 下箱体

【思路分析】

首先绘制草图进行旋转，然后绘制矩形，通过拉伸和阵列创建凹槽，再通过孔特征创建孔，最后进行边倒圆。绘制的流程如图 4-164 所示。

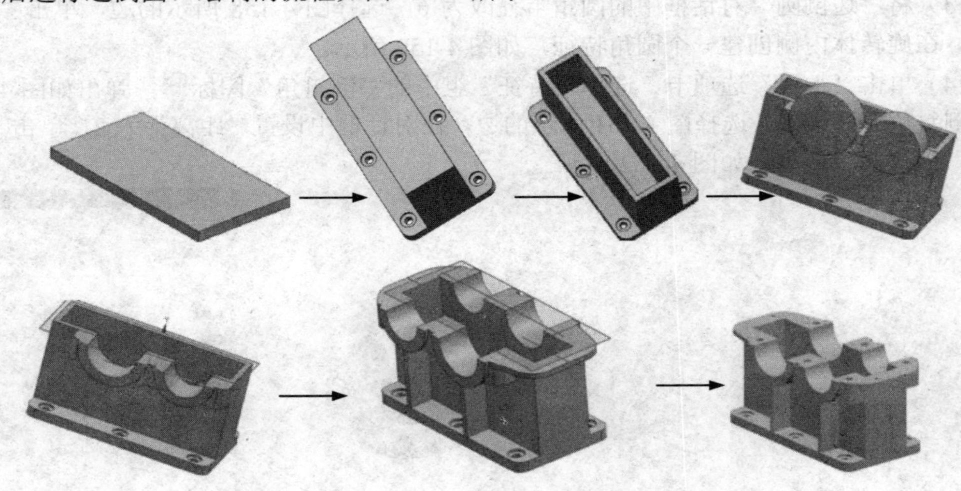

图 4-164 下箱体的流程

【知识要点】

- 长方体
- 阵列
- 孔
- 边倒圆

【操作步骤】

1）选择“菜单”→“文件”→“新建”选项，在弹出的“新建”对话框中选择存盘文件的位置，输入文件的名称“xiaxiangti”，选择“模型”模板。完成后单击“确定”按钮。

2）单击“主页”选项卡，选择“特征”组→“更多”→“设计特征”库中的“长方体”

图标，系统弹出如图 4-165 所示的“长方体”对话框。选择“原点和边长”类型，输入长方体的长度为 368，宽度为 190，高度为 20，在绘图区绘制如图 4-166 所示的长方体。

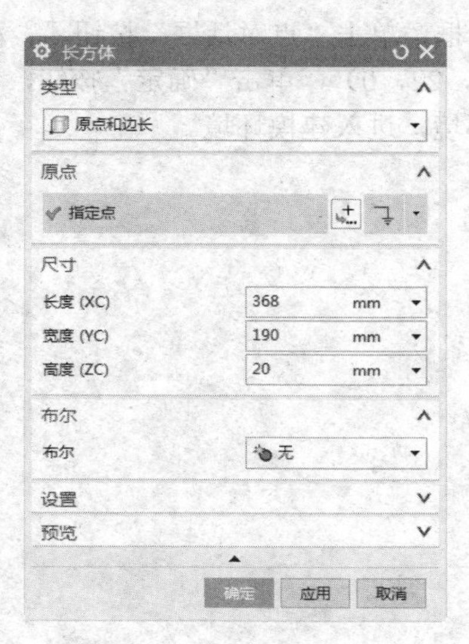

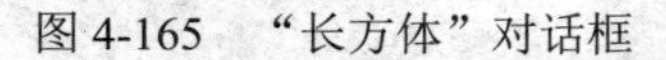

图 4-165 “长方体”对话框　　图 4-166 长方体

3）选择“菜单”→“插入”→“细节特征”→“边圆角”选项，系统弹出“边倒圆”对话框，如图 4-167 所示。在圆角“半径”的文本框中输入 20，然后选择长方体的四个角的棱边，如图 4-168 所示，单击“确定”按钮，完成对长方体圆角的操作，如图 4-169 所示。

4）单击“主页”选项卡，选择“特征”组→“更多”→“设计特征”库中的“长方体”图标，系统弹出“长方体”对话框，指定点位置（0,44,20）在对话框中输入长方体的长度为 368，宽度为 102，高度为 170，在“布尔”下拉列表中选择“合并”，单击“确定”按钮，将两个长方体合并为一个实体，如图 4-169 所示。

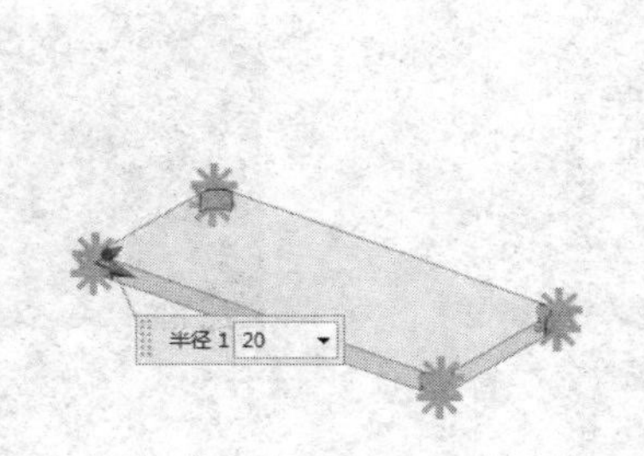

图 4-167 “边倒圆”对话框　　图 4-168 选择圆角边　　图 4-169 创建长方体

5）单击“主页”选项卡，选择“特征”组中的“孔”图标，系统弹出“孔”对话框，如图 4-170 所示。在对话框中选择“常规孔”类型，在绘图区中拾取表面为孔放置面，如图 4-171 所示，进入草绘环境。弹出“草图点”对话框，单击“点对话框”按钮，弹出如图 4-172 所示的“点”对话框。输入点的坐标为（34，22，0），单击“确定”按钮，创建的点如图 4-173 所示。单击“完成”按钮，退出草绘环境，进入建模环境。

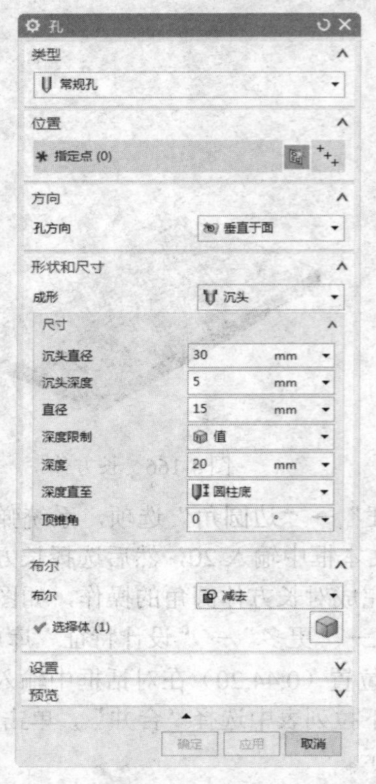

图 4-170 “孔”对话框

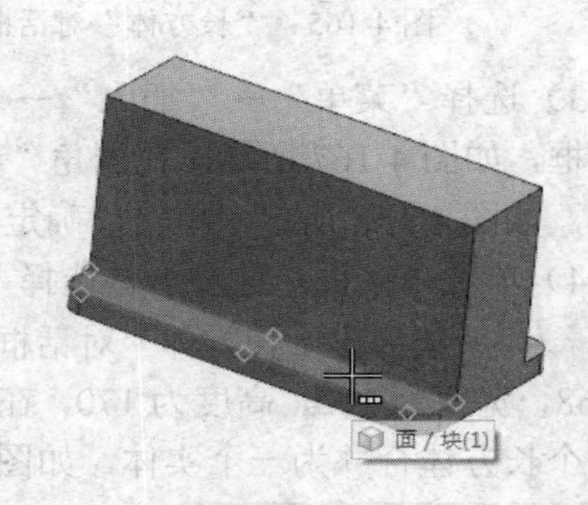

图 4-171 选择孔放置面

图 4-172 “点”对框框

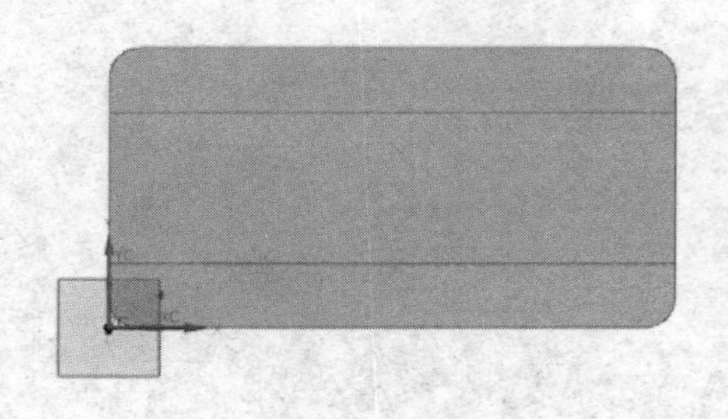

图 4-173 创建的点

6）在“孔”对话框“成形”下拉列表中选择“沉头”，在“沉头直径”文本框中输入30，“沉头深度”输入5，“直径”输入15，“深度”输入20。单击“确定”按钮，创建如图4-174所示的孔。

7）选择“菜单”→“插入”→“关联复制”→“阵列特征”选项，系统弹出“阵列特征”对话框。选择“线性”布局，选择沉头孔为要形成阵列的特征，对话框设置如图4-175所示,其中YC向“数量”为2，“节距”为146，XC向“数量”为3，“节距”为150，单击“确定”按钮，完成孔的阵列，如图4-176所示。

图4-174　创建的孔

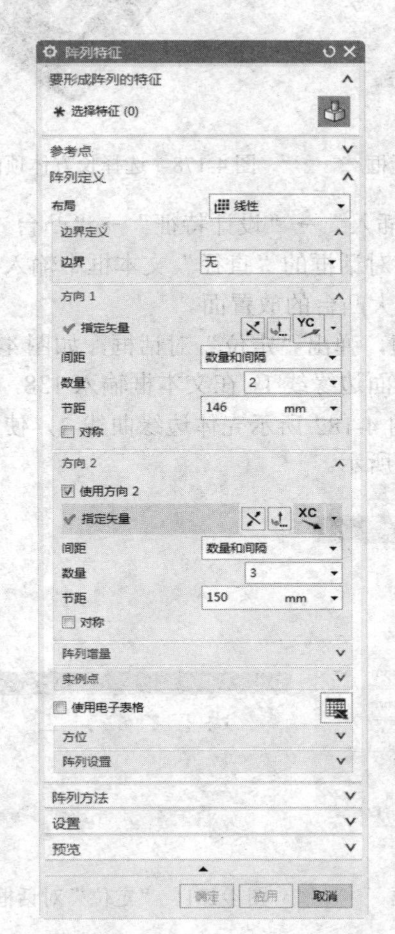

图4-175　“阵列特征”对话框

图4-176　阵列孔

8）选择“菜单”→“插入”→“偏置/缩放”→“抽壳”选项，系统弹出如图4-177所示的“抽壳”对话框。在“厚度”文本框中输入11.5，然后选择长方体顶面，如图4-178所示。单击“确定”按钮，完成对长方体的抽壳操作，如图4-179所示。

图 4-177 “抽壳”对话框

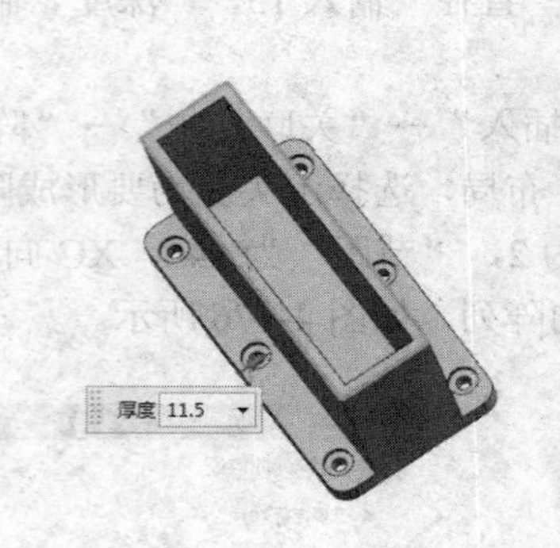

图 4-178 选择长方体顶面面

图 4-179 抽壳长方体

9）选择“菜单”→“插入”→“设计特征”→“凸台（原有）”选项，弹出“支管”对话框，如图 4-180 所示。在对话框的“直径”文本框中输入 140，“高度”为 47，“锥角”为 0，选择壳体的侧面作为大凸台的放置面。

10）单击“确定”按钮，弹出“定位”对话框，如图 4-181 所示.单击“垂直”按钮，选择图 4-182 所示壳体的侧面边缘线 1，在文本框输入 138，单击“应用”按钮。然后单击“点落在线上”按钮，选择图 4-182 所示壳体边缘曲线 3，使大凸台的中心在该直线上，完成大凸台的创建，如图 4-182 所示。

图 4-180 “支管”对话框

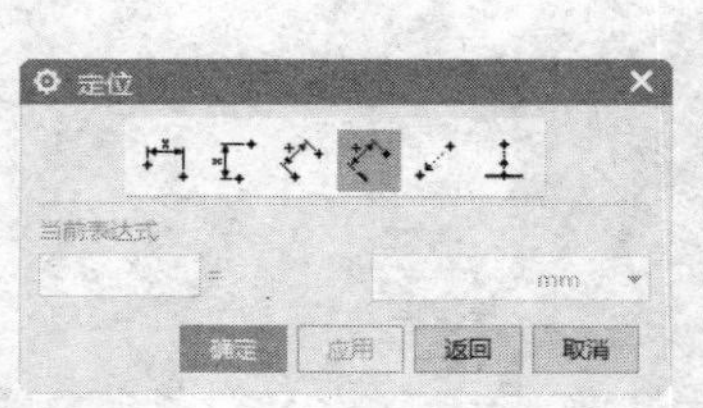

图 4-181 “定位”对话框

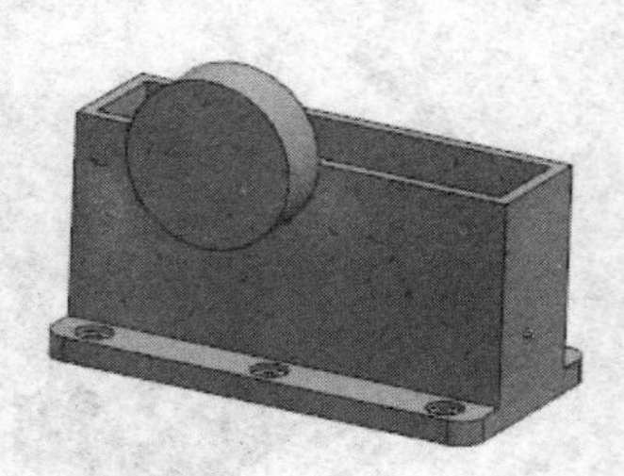

图 4-182 创建大凸台

11）选择“菜单”→“插入”→“设计特征”→“凸台（原有）”选项，弹出“支管”对话框，创建小凸台直径为 120，高度为 47，锥角为 0，在“定位”对话框，单击“垂直”按钮，选择壳体的侧面边缘线 2，在文本框输入 84，然后单击“点落在线上”按钮，选择壳体边缘曲线 3，使小凸台的中心在该直线上，完成小凸台的创建，如图 4-183 所示。

12）选择“菜单”→“插入”→“在任务环境中绘制草图”选项，进入到草绘环境。选择箱体的侧面为草图工作平面。单击“主页”选项卡，选择“曲线”组中的“矩形”图标，绘制长为 316、宽为 45 的矩形草图，如图 4-184 所示。

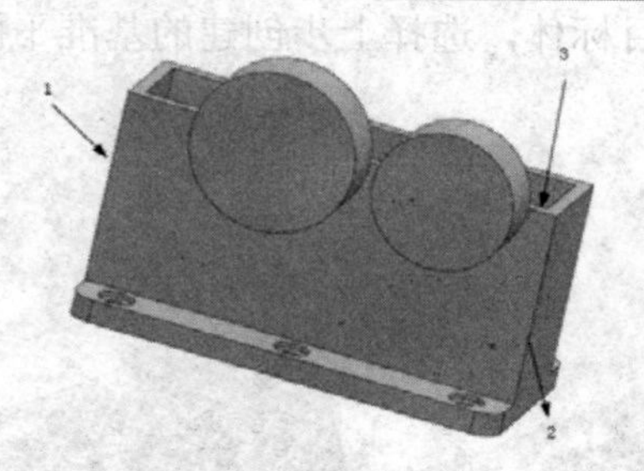

图 4-183　创建小凸台

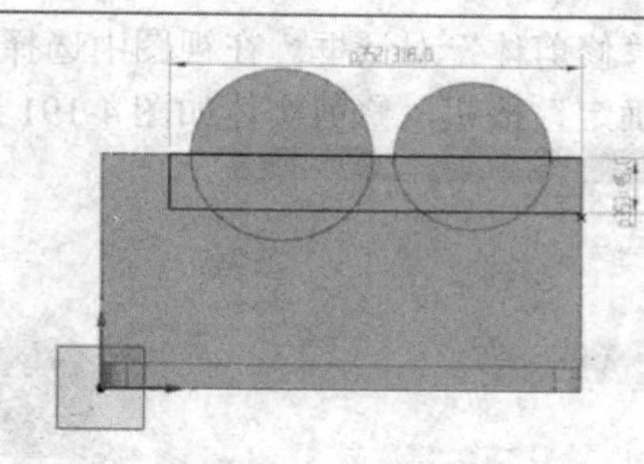

图 4-184　绘制矩形草图

13）单击“主页”选项卡，选择“特征”组→“设计特征”下拉菜单中的拉伸图标，系统弹出如图 4-185 所示的“拉伸”对话框。选择上一步绘制的矩形草图为拉伸的截面线串。在“距离”文本框中输入 40，在“布尔”下拉列表中选择“合并”，单击“确定”按钮。创建如图 4-186 所示的裁减圆台。

图 4-185　“拉伸”对话框

图 4-186　创建裁减圆台

14）单击“主页”选项卡，选择“特征”组中的“基准/点”下拉菜单中的“基准平面”图标，弹出如图 4-187 所示“基准平面”对话框。选择“按某一距离”类型，在视图中选择壳体的上表面，如图 4-188 所示。在对话框中的“距离”文本框中输入 0，单击“确定”按钮，完成基准平面的创建，如图 4-189 所示。

15）单击“主页”选项卡，选择“特征”组中的的“修剪体”图标，弹出如图 4-190

所示的“修剪体”对话框。在视图中选择实体为目标体，选择上步创建的基准平面为工具，单击“确定”按钮，修剪实体如图 4-191 所示。

图 4-187　“基准平面”对话框

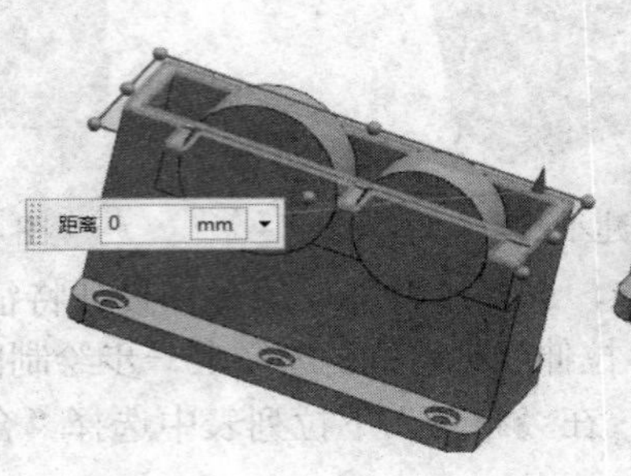

图 4-188　选择壳体上面

图 4-189　创建基准平面

图 4-190　“修剪体”对话框

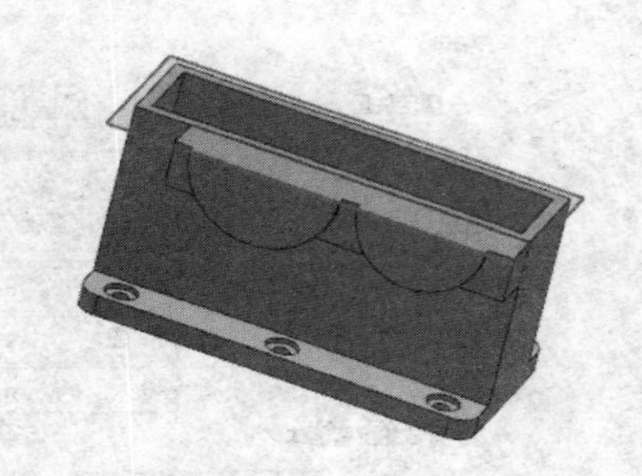

图 4-191　修剪实体

16）单击“主页”选项卡，选择“特征”组中的“孔”图标，系统弹出“孔”对话框。在视图中拾取大凸台圆心为孔位置。在“孔”对话框中的“孔方向”下拉列表中选择“沿矢量”，在“指定矢量”下拉列表中选择“YC 轴”。在对话框的“直径”文本框中输入 100，“深度”为 60，单击“确定”按钮。

同理，在小凸台上创建直径为 80 的孔，如图 4-192 所示。

17）选择“菜单”→“插入”→“细节特征”→“边倒圆”选项，系统弹出“边倒圆”对话框。选择图 4-192 所示的边缘线 1 和 2 进行边倒圆，圆角的半径为 18，如图 4-193 所示。

18）选择“菜单”→“插入”→“在任务环境中绘制草图”选项，进入草绘环境。选择箱体上表面为草图工作平面。单击“主页”选项卡，选择“曲线”组中的“轮廓”图标，绘制如图 4-194 所示草图。单击“完成”后，退出草绘环境，进入建模环境。

19）单击“主页”选项卡，选择“特征”组中的“设计特征”下拉菜单中的“拉伸”图标，系统弹出“拉伸”对话框，选择上步绘制的草图，在“指定矢量”下拉列表中选择“-ZC 轴”，在“布尔”下拉列表中选择“合并”，在“距离”文本框中输入 10，单击“确定”按钮，创建拉伸实体 1 如图 4-195 所示。

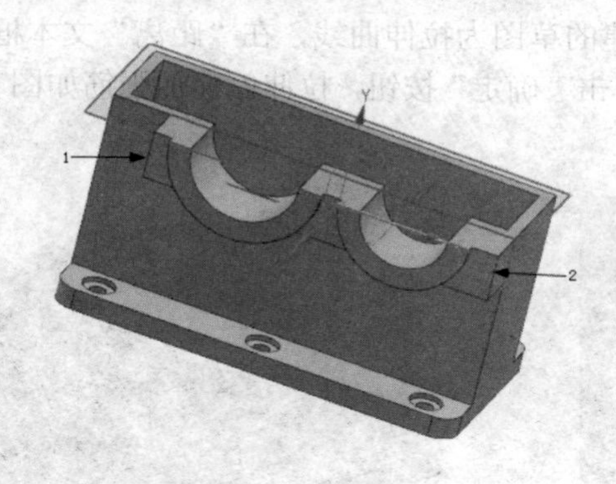

图 4-192　创建孔

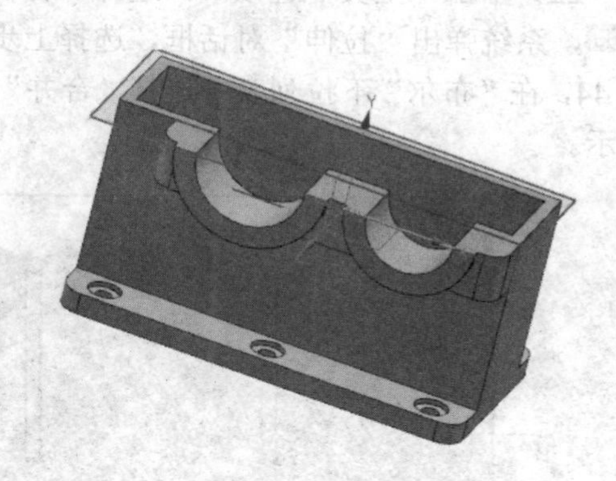

图 4-193　创建边倒圆

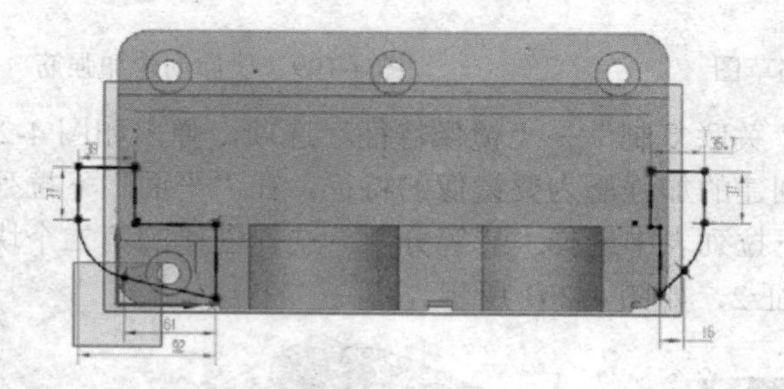

图 4-194　绘制草图

图 4-195　创建拉伸实体 1

20）选择“菜单”→“插入”→“关联复制”→“镜像特征”选项，弹出如图 4-196 所示的“镜像特征”对话框。选择前面创建的实体为要镜像的特征，选择拉伸体的侧面为镜像平面，单击“确定”按钮，创建镜像特征 1，如图 4-197 所示。

图 4-196　“镜像特征”对话框

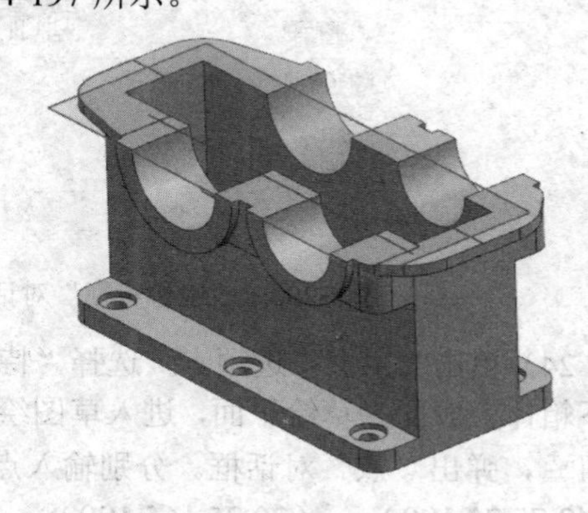

图 4-197　创建镜像特征 1

21）选择“菜单”→“插入”→“在任务环境中绘制草图”选项，进入草绘环境。选择箱体的侧面为草图工作平面。单击“主页”选项卡，选择“曲线”组中的“矩形”图标□，绘制如图 4-198 所示草图，单击“完成”后退出草绘环境，进入建模环境。

22）单击“主页”选项卡，选择“特征”组中的“设计特征”下拉菜单中的“拉伸”图标，系统弹出“拉伸”对话框，选择上步创建的草图为拉伸曲线，在“距离”文本框中输入 44，在“布尔”下拉列表中选择“合并”，单击“确定”按钮，拉伸创建加强筋如图 4-199 所示。

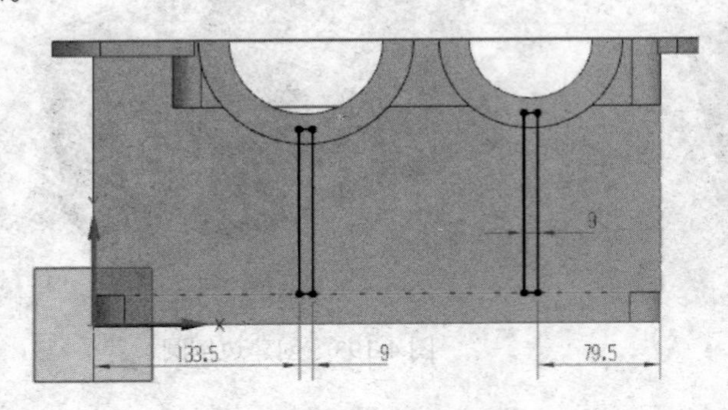

图 4-198　绘制加强筋草图

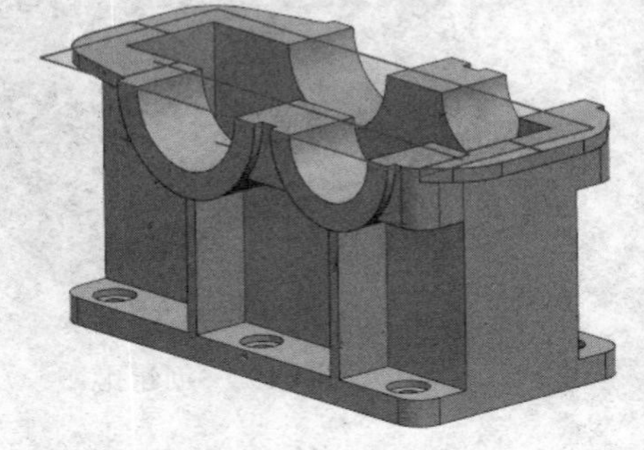

图 4-199　拉伸创建加强筋

23）选择“菜单”→“插入”→“关联复制”→“镜像特征”选项，弹出如图 4-200 所示的“镜像特征”对话框。选择上步创建的加强筋为要镜像的特征，在“平面”下拉列表中选择“新平面”，并在“指定平面”下拉列表中选择“二等分”，选择创建的第二个块的两面，单击“确定”按钮，创建,镜像特征 2，如图 4-201 所示。

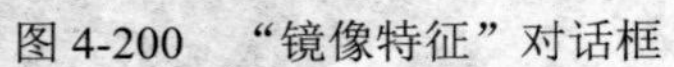

图 4-200　“镜像特征”对话框

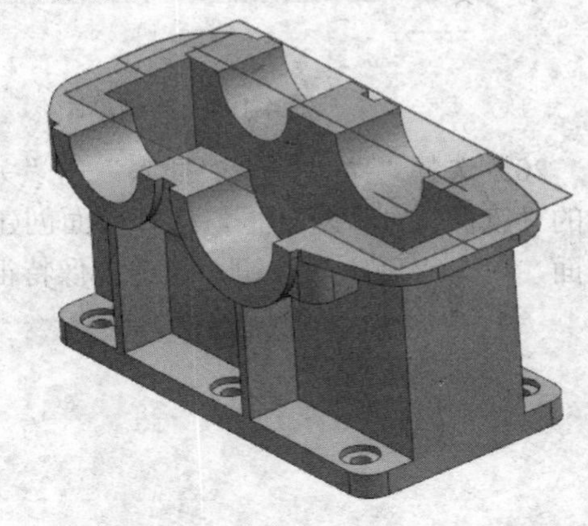

图 4-201　创建镜像特征 2

24）单击“主页”选项卡，选择“特征”组中的“孔”图标，弹出“孔”对话框。选择下箱体上表面为草绘平面，进入草图绘制环境，弹出“草图点”对话框，单击“点对话框”按钮，弹出“点”对话框。分别输入点位置坐标为（70.75,25,190）、（216.75,25,190）、（342.75,25,190）、（70.75,165,190）、（216.75,165,190）、（342.5,165,190），单击“完成”，退出草绘环境，进入建模环境。在对话框中输入孔的直径为 16，深度为 60，单击“确定”按钮。完成六个孔的创建，如图 4-202 所示。

25）单击“主页”选项卡，选择“特征”组中的“孔”图标，弹出“孔”对话框。选择下箱体上表面为草绘平面，进入草绘环境，弹出“草图点”对话框；单击“点对话框”按钮，弹出“点”对话框。分别输入点位置坐标为（-10，125,190）和（375.75,65,190），单击“完成”退出草绘环境，进入建模环境。在对话框中输入孔的直径为 10，深度为 60，单击“确定”按钮。完成两个孔的创建，如图 4-203 所示。

26）在部件导航器中选择基准平面、草图、基准坐标系，单击鼠标右键，在弹出的快捷菜单中选择“隐藏”选项，将视图中的基准平面、草图、基准坐标系隐藏，如图 4-204 所示。

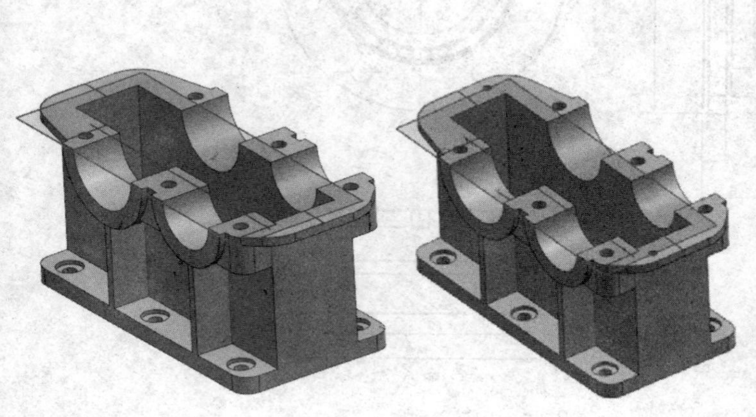

图 4-202　创建六个孔　　　图 4-203　创建两个孔

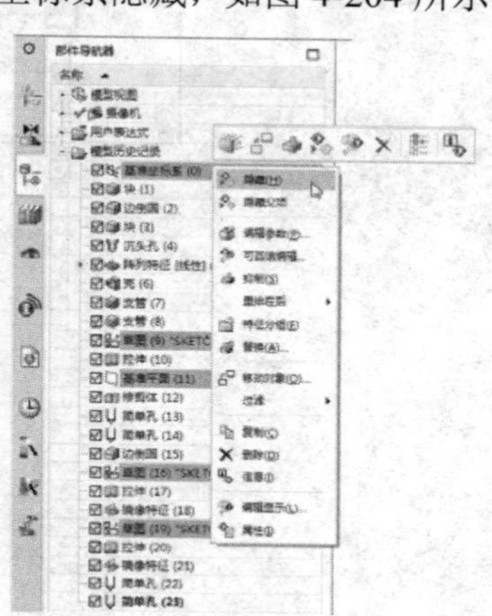

图 4-204　部件导航器

4.6　练习题

创建图 4-205～图 4-207 所示实体。

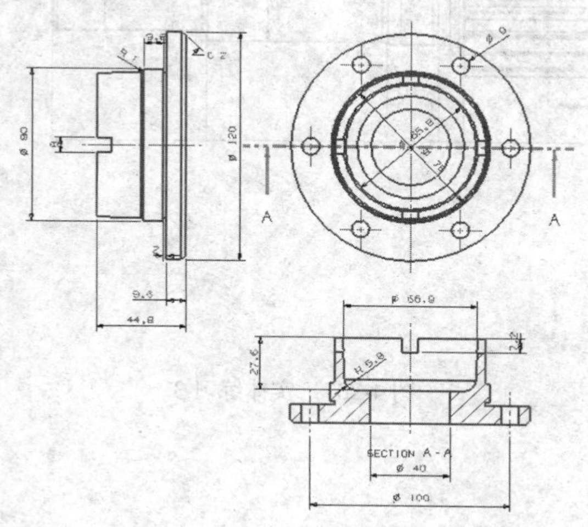

图 4-205　实体练习 1

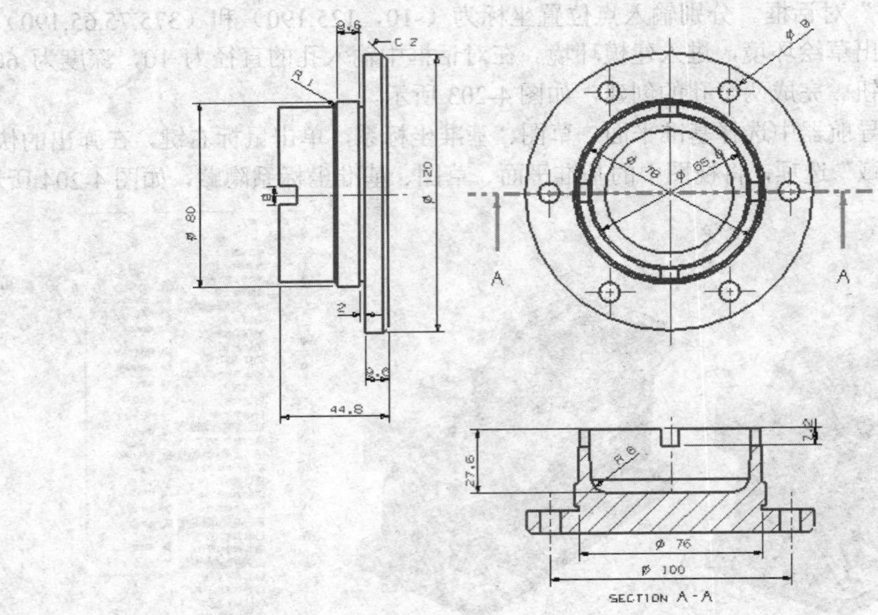

图 4-206　实体练习 2

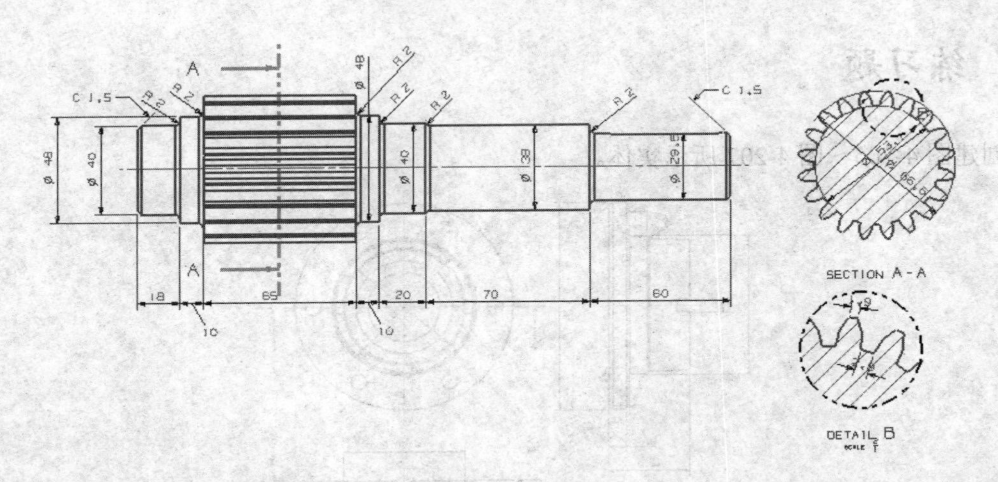

图 4-207　实体练习 3

第 5 章　曲面造型

UG 不仅提供了基本的特征建模模块，同时提供了自由曲面的特征建模模块和自由曲面编辑模块，以及自由曲面变换模块。通过自由曲面模块可以方便地创建曲面薄体或实体模型；通过自由曲面编辑模块和自由曲面变换模块可以实现对自由曲面的各种编辑修改操作。

学习要点

- 基于曲线的曲面造型
- 编辑曲面

5.1 基于曲线的曲面造型

本节将讲解利用曲线进行曲面造型的相关内容，以便读者更好、更快地去创建和处理三维实体模型。曲面的命令可以通过图 5-1 所示的“曲面”选项卡来实现。

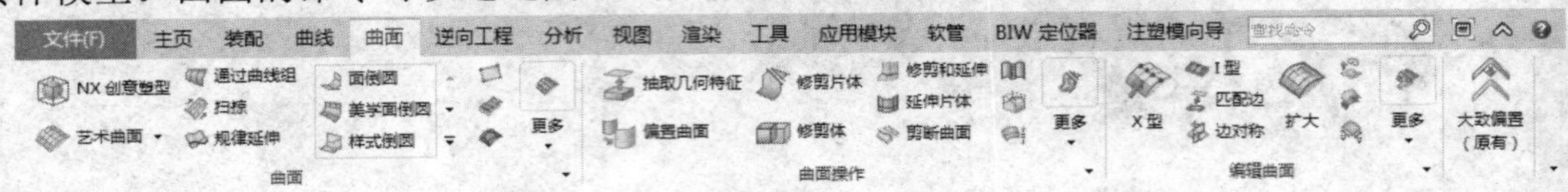

图 5-1 “曲面”选项卡

UG NX12.0 中“曲面”选项卡可以通过“定制”对话框定制，如图 5-2 所示。选择“曲面”，单击“确定”按钮即可。

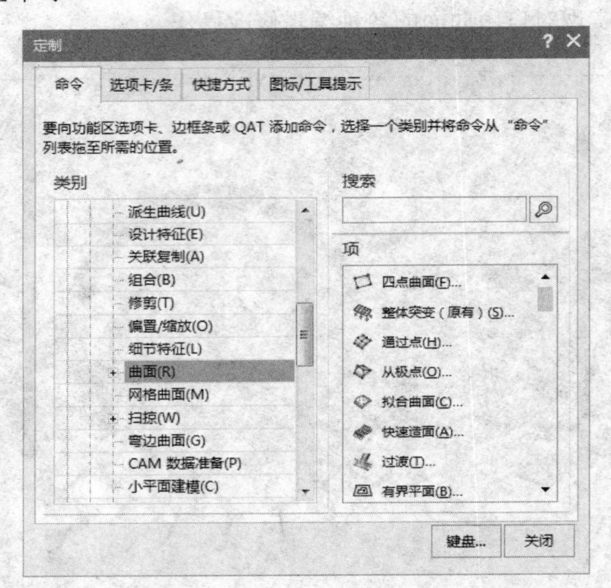

图 5-2 “定制”对话框

5.1.1 通过曲线组

复杂曲面很多是以截面线作为输入，每一个截面上的点先构成样条曲线，再构造曲面，这样保证构造的曲面通过每一条曲线。

单击“曲面”选项卡，选择“曲面”组中的“通过曲线组”图标，弹出“通过曲线组”对话框，如图 5-3 所示。

■ 补片类型：该选项用于设置所产生薄体的偏移面类型，建议选择多个。

■ 对齐：该下拉列表用于调整所创建的薄体。

- 参数：选择此选项，所选择的曲线将在相等参数区间等分，即所选择的曲线全长将完全被等分。
- 弧长：选择此选项，所选择的曲线将沿相等的弧长定义线段，即所选择的曲线全长将完全被等分。
- 根据点：选择此选项，可在所选择的曲线上，定义依序点的位置，当定义依序点后，薄体将据依序点的路径创建。其依序点在每个选择曲线上仅能定义一点。
- 距离：选择该选项，所创建的偏移面为一组均分的偏移面。
- 角度：选择此选项，薄体的构造面会沿其所设置的轴向向外等分，扩到最后一条选择的曲线。
- 脊线：选择此选项，则当定义完曲线后，系统会要求选择脊线；选择脊线后，所产生的薄体范围会以所选择的脊线长度为准。
- 根据段：若选择为样条定义点，则所产生的薄体会以所选择曲线的相等切点为穿越点，但其所选择的样条则限定为B-曲线。

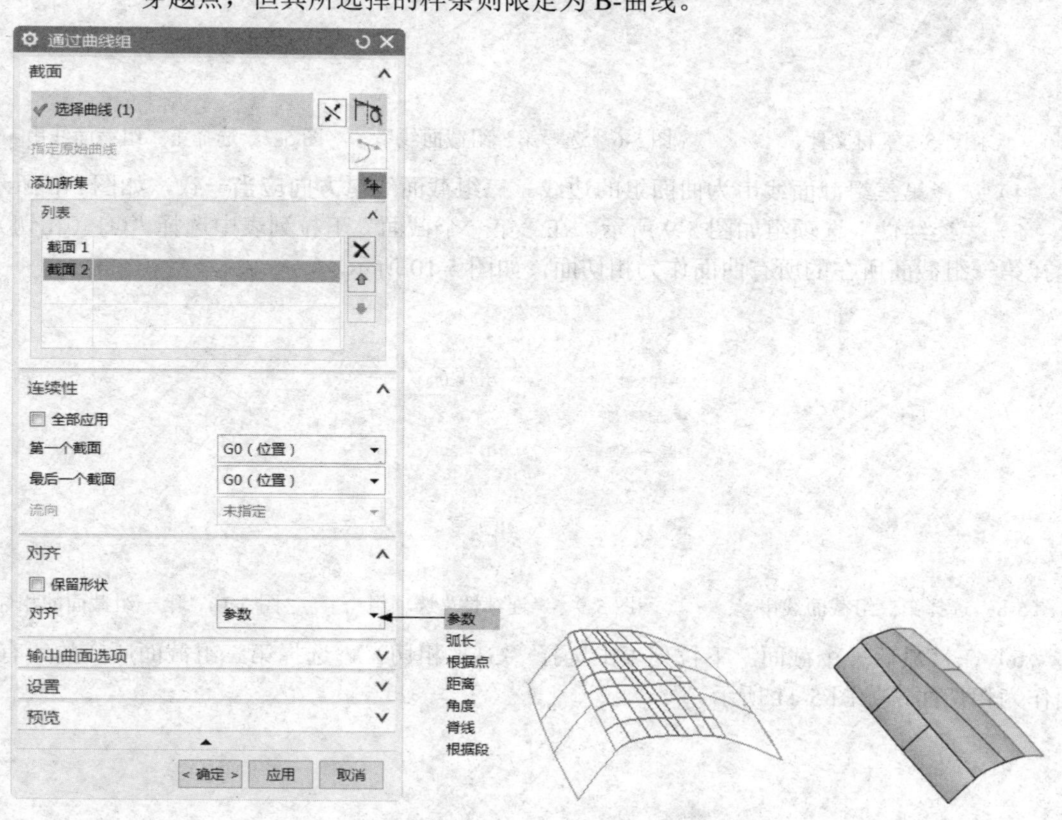

图 5-3 “通过曲线组”对话框

图 5-4 曲面

【例 5-1】以图 5-4 所示的曲面为例，讲述通过曲线组创建曲面的步骤。

（1）打开文件。选择“菜单”→“文件”→“打开”，或者单击“主页”选项卡，选择

“标准”组中的图标，弹出“打开”对话框，输入“5-1”，如图 5-5 所示。单击“OK”按钮，进入建模环境。

（2）创建通过面组曲面。

1）单击“曲面”选项卡，选择“曲面”组中的“通过曲线组”图标，系统弹出 “通过曲线组”对话框。

2）按顺序从左边开始依次选择截面，先选择第一组截面。记得每条选择结束要单击鼠标中键，或单击“添加新集”图标，将进行下一个对象的选择。选择第一组截面线串后如图 5-6 所示。

3）选择两组曲面中间的曲线作为第二组截面线串，已选择的两组截面线串方向应当一致，如图 5-7 所示。

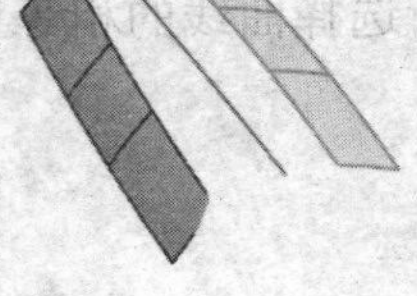

图 5-5　素材文件

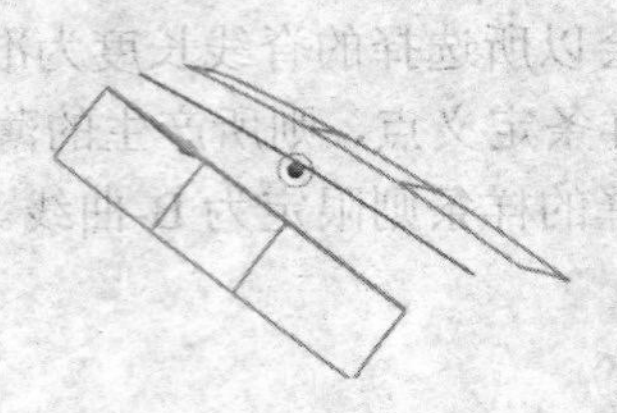

图 5-6　选择第一组截面线串

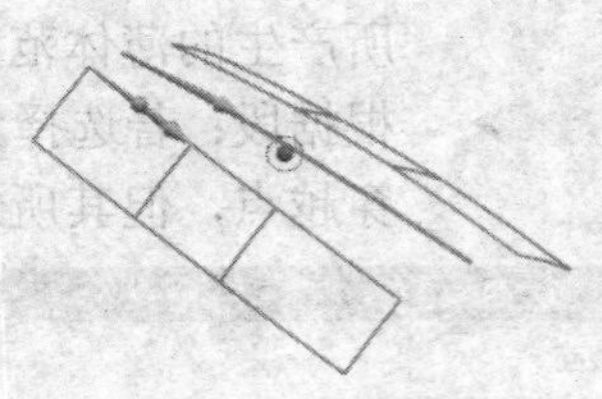

图 5-7　选择第二组截面线串

4）选择第三组截面线串为曲面组的边线。三组截面线串方向应当一致，如图 5-8 所示。

5）“连续性”选项组如图 5-9 所示。在“第一个截面”下拉列表中选择“G1（相切）”，选择第一组截面所在的所有曲面作为相切面，如图 5-10 所示。

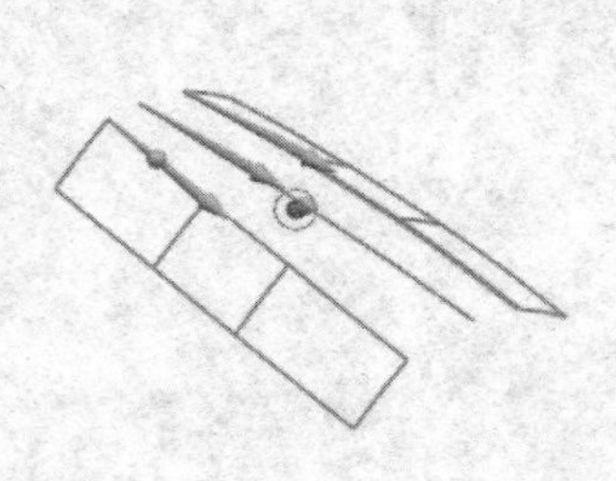

图 5-8　选择第三组截面线串

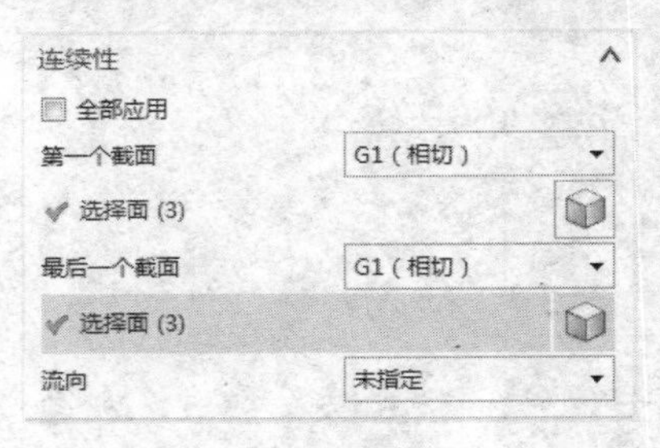

图 5-9　“连续性”选项组

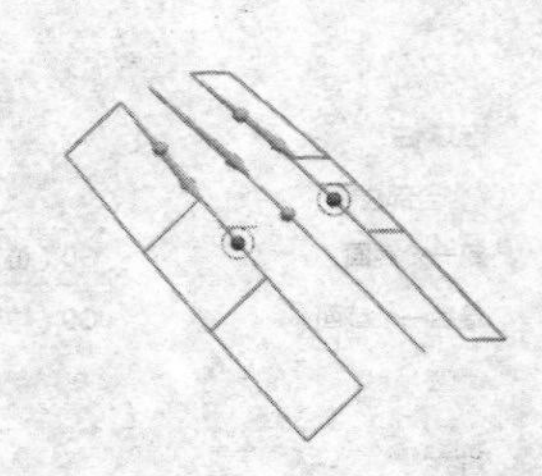

图 5-10　第一组截面的相邻面

6）在“最后一个截面”下拉列表中选择“G1（相切）”，选择第三组截面所在的所有曲面作为相切面，如图 5-11 所示。

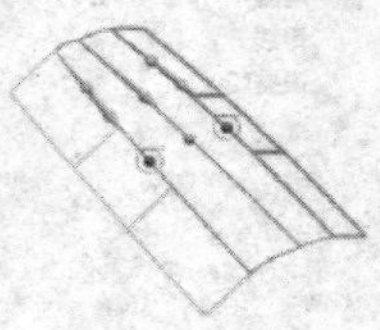

图 5-11　选择最后一组截面的相邻面

7）在“通过曲线组”对话框中选择“对齐”为“参数”方式，“补片类型”为多个，“次数”为3，其余默认。

8）在“通过曲线组”对话框中单击“确定”按钮，创建的曲面如图5-4所示。

5.1.2 通过曲线网格

通过曲线网格输入两个方向的曲线创建曲面。一个方向的曲线称为主线串，另一个方向曲线称为交叉线串，这些曲线不相交，但大致是垂直的。过曲线网格的曲面是双三次，即U、V方向都是三次，不需要用户指定。由于是两个方向的曲线，构造的曲面不能保证完全过两个方向的曲线，因此用户可以强调以哪个方向为主。如果以一个方向为主，则保证曲线过这个方向的曲线，另一个方向的曲线不一定落在曲面上，可能存在一定的误差；如果强调两个方向，则曲面可能都不通过曲线。单击“曲面”选项卡，选择“曲面”组中的“网格曲面”下拉菜单中的“通过曲线网格”图标，系统弹出“通过曲线网格”对话框，如图5-12所示。依次选择主曲线，每次选择后都应该按中键确定出现箭头，如图5-13所示。如果不再需要主曲线，可在“交叉曲线”中单击“选择曲线”按钮，依次选择交叉曲线，方法同选择主曲线，此时不出现箭头；然后选择着重方法等参数，单击“确定”，即可创建所需曲面。

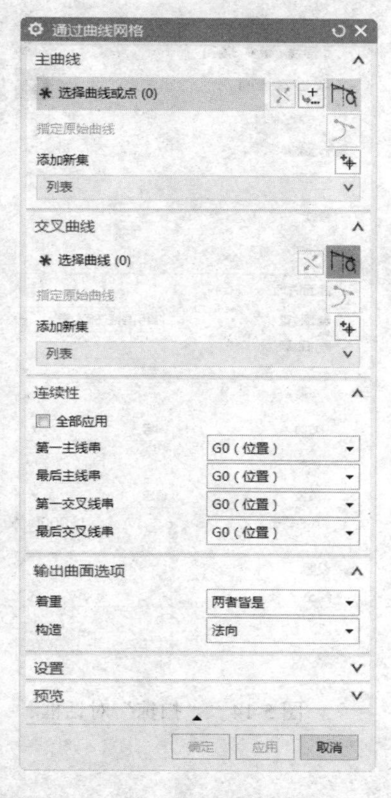

图5-12 “通过曲线网格”对话框

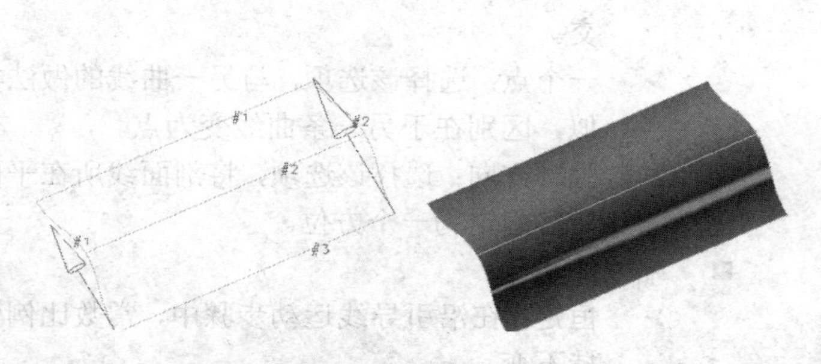

图5-13 通过曲线网格创建曲面

5.1.3 扫掠

扫掠特征是将剖面线沿引导线串运动扫掠创建实体，它具有较大的灵活性，可以控制比例、方位的变化。

单击“曲面”选项卡，选择“曲面”组中的“扫掠”图标，系统弹出“扫掠”对话框，如图 5-14 所示。

- 截面：剖面线不必是光滑的，但必须是位置连续的。剖面线和引导线不必相交。一条剖面线可以由不同的对象创建，如直线、曲线等组成的一个剖面。
- 引导线（最多 3 条）：引导线在扫掠方向上用于控制扫掠体的方位和比例，每个引导线可以是多段曲线合成的，但必须是光滑连续的。引导线的条数最多可有三条。
- 脊线：控制截面线方位，在扫掠步骤中，剖面线所在的平面保持与脊线垂直。
- 截面选项：
  - 引导线末端：剖面线组成的平面只在引导线末端与导引线垂直。
  - 沿引导线任何位置：剖面线组成的平面与引导线处处垂直。
- 定向方法：
  - 固定：选择该选项，则不需重新定义方向，剖面线将按照其所在的平面的法线方向创建薄体，并将沿着导引线保持这个方向。
  - 面的法向：选择该选项，则系统会要求选择一个曲面，以所选择的曲面矢量方向和沿着导引线的方向创建薄体。
  - 矢量方向：选择该选项，则系统是将坐标系的第二个轴与一个矢量对齐，这个矢量是由引导线上的长度指定的。
  - 另一曲线：选择该选项，则坐标系的第二个轴是通过连接引导线和另一条曲线上对应的点得到的，另一条曲线不能与引导线相交。
  - 一个点：选择该选项，与另一曲线的做法类似，区别在于另一条曲线变为点。
  - 强制方向：选择该选项，将剖面线所在平面始终固定为一个方位。

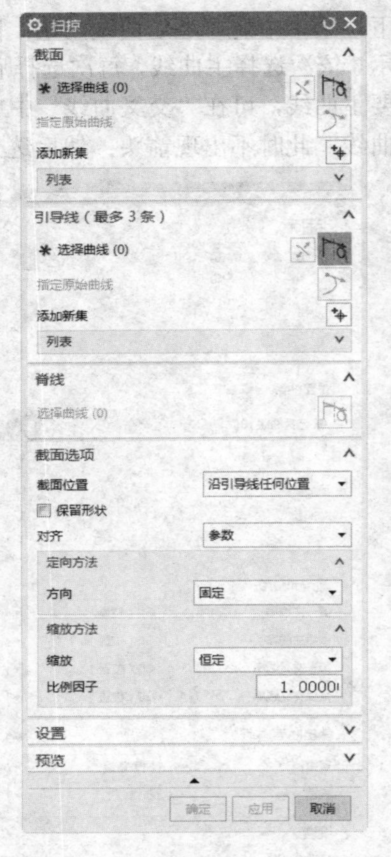

图 5-14 “扫掠”对话框

- 缩放方法
  - 恒定：在沿引导线运动步骤中，常数比例保持不变。
  - 倒圆功能：圆角过渡比例，在扫掠的起点和终点施加一个比例，介于两者之间的部分可以采用线性或三次插值进行比例控制。

- 另一曲线：类似方向选择中的另一曲线。
- 一个点：与上述方法类似。
- 面积规律：剖面线形成的面积在沿引导线运动步骤中用规律曲线控制大小。
- 周长规律：剖面线形成的周长在沿引导线运动步骤中用规律曲线控制长短。

【例 5-2】 以图 5-15 所示的曲面为例，讲述扫掠曲面的创建步骤。

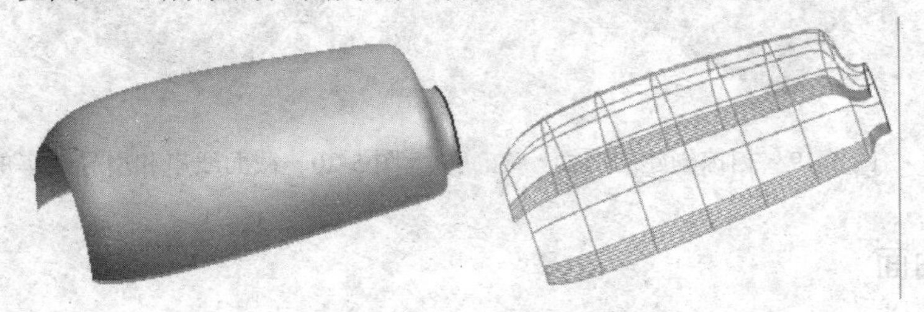

图 5-15　创建的扫掠曲面

（1）打开文件。选择“菜单”→“文件”→“打开”命令，或者单击“主页”选项卡，选择“标准”组中的图标，弹出“打开”对话框。选择“5-2”，如图 5-16 所示，单击“OK”按钮，进入建模环境。

（2）创建扫掠曲面。

扫掠可以采用 1 个截面线串和两个引导线串来创建曲面，也可以采用两个截面线串和 1 个引导线串来创建曲面。

1）选择“扫掠”方式创建曲面。选择“菜单”→“插入”→“扫掠”→“扫掠”命令，或者单击“曲面”选项卡，选择“曲面”组中的“扫掠”图标，系统弹出“扫掠”对话框。

2）先采用一个截面线串和两个引导线串来创建曲面。选择截面线串如图 5-17 所示，单击鼠标中键两次。

3）按照顺序开始依次进行引导线串的选择，同样每条引导线串选择结束要单击鼠标中键，或单击“添加新集”图标，将进行下一条引导线串的选择。选择引导线串后如图 5-18 所示。

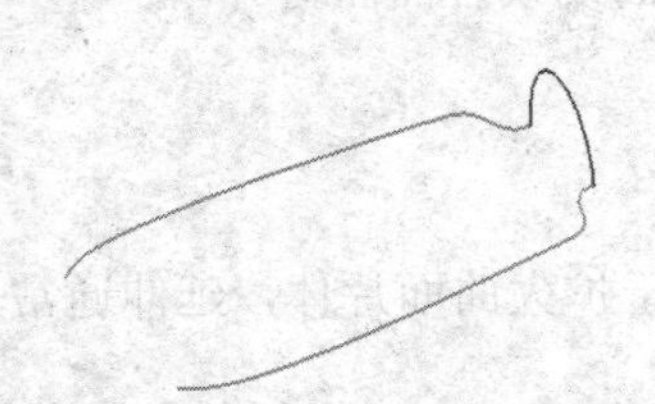

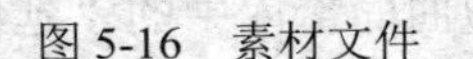

图 5-16　素材文件

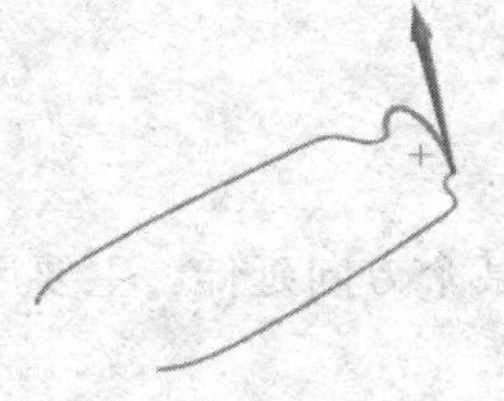

图 5-17　截面线串的选择

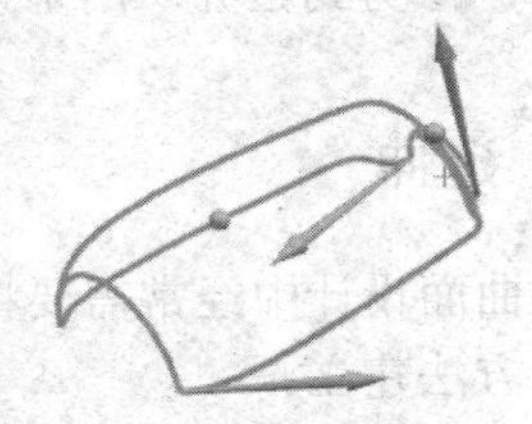

图 5-18　引导线串的选择

4）其余设置保留默认状态，单击“确定”按钮或按鼠标中键，创建扫掠曲面，如图 5-19 所示。

5）还可以采用两个截面线串和一个引导线串来创建曲面。将上面创建的曲面删除，调用扫掠曲面功能。

6）重新选择截面线串和引导线串如图 5-20 所示。

7）其余设置保留默认状态，单击“确定”按钮或按鼠标中键，创建的扫掠曲面如图 5-15 所示。

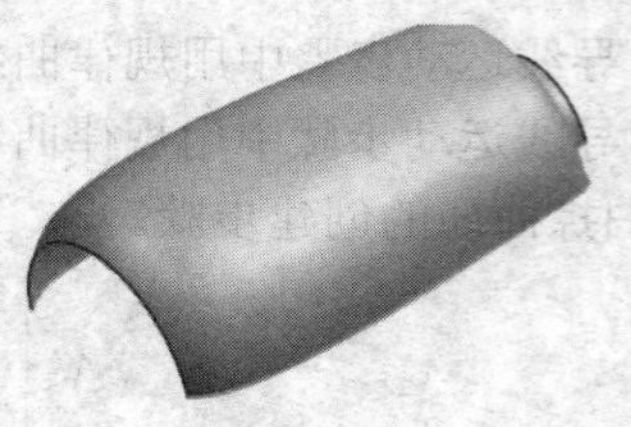

图 5-19　扫掠创建的曲面

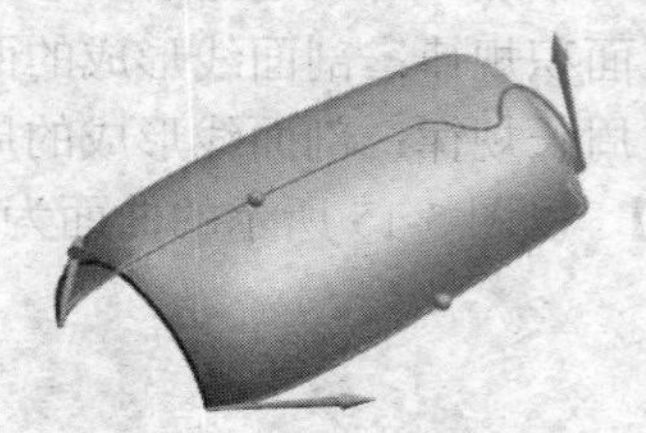

图 5-20　截面线串和引导线串的选择

5.1.4　N 边曲面

利用曲线或边构成一个简单的封闭环，该环构成一个新曲面；指定一个约束曲面，再将新曲面补到边界曲面上，形成一个光滑的曲面。

单击“曲面”选项卡，选择“曲面”组中的“N 边曲面”图标，系统弹出“N 边曲面”对话框，如图 5-21 所示。

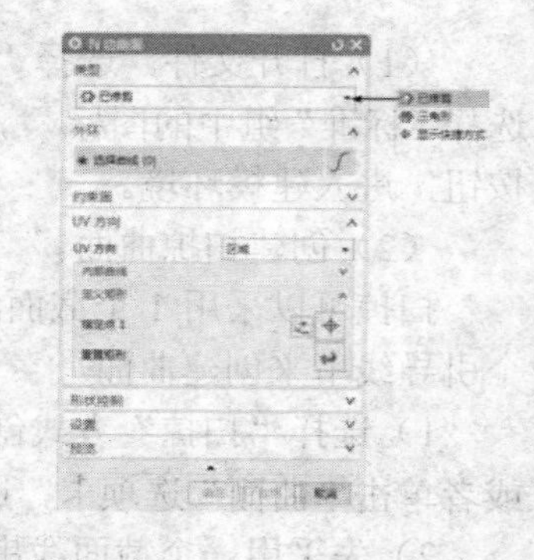

图 5-21　“N 边曲面”对话框

- 类型
  - ➢ 已修剪：通过所选择的封闭的边缘或者封闭的曲线创建一个单一的曲面。
  - ➢ 三角形：通过每个选择的边和中心点创建一个三角形的片体。
- 外环：选择一个封闭的曲线或者边缘。
- 约束面：选择一个曲面，用来限制创建的曲面在边缘上相切或者具有相同的曲率。
- UV 方向：包括脊线、矢量、区域三个选项。
- 修剪到边界：用来设置创建的曲面在边缘上是否与曲线或者曲面对齐。

5.1.5　延伸

在曲面设计中经常需要将曲面向某个方向延伸。主要用于扩大曲面片体，延伸通常采用近似的方法建立。

单击“曲面”选项卡，选择“曲面”组→“更多”→“弯边曲面”库中的“延伸曲面”图标，系统弹出“延伸曲面”对话框，如图 5-22 所示。

- 方法
  - ➢ 相切：延伸曲面与一个已有面在边界上具有相同的切平面。
  - ➢ 圆弧：沿着光滑曲面的边界，以所在边界的曲率半径构成的圆弧延伸，延伸长正。

图 5-22 “延伸曲面”对话框

■ 距离

➢ 按长度：延伸长度按照指定的长度值。

➢ 按百分比：按照原曲面的百分比进行延伸。

选择合适的延伸方法后，需要在绘图区选择基面，即要延伸的曲面，然后选择基面上的曲线，即要延伸的曲线；然后输入延伸长度或角度，单击“确定”按钮即可创建所需曲面。

【例 5-3】 以图 5-23 所示的曲面为例，讲述延伸曲面的创建步骤。

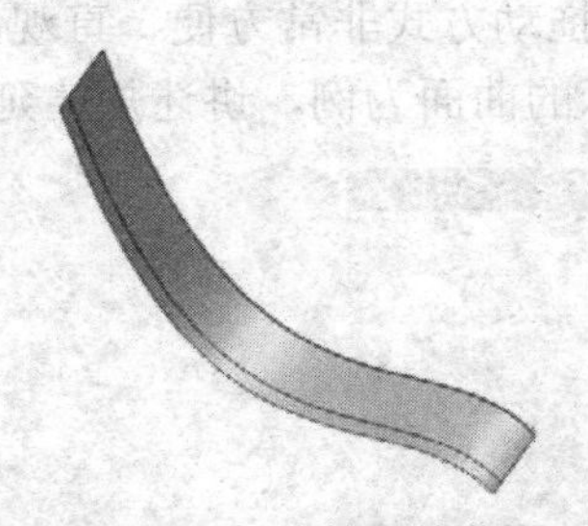

图 5-23 创建的延伸曲面

（1）打开文件。选择“菜单”→“文件”→“打开”命令，或者单击“主页”选项卡，选择“标准”组中的图标，弹出“打开”对话框，选择“5-3”，如图 5-24 所示，单击“OK”按钮，进入建模环境。

（2）延伸曲面。

1）单击“曲面”选项卡，选择“曲面”组→“更多”→“弯边曲面”库中的“延伸曲面”图标，系统弹出“延伸曲面”对话框。

2）延伸“方法”选择“相切”。

3）选择“按长度”延伸，在“长度”文本框内输入 10，如图 5-25 所示。

4）选择要延伸的边，如图 5-26 所示，单击“确定”按钮，结果如图 5-23 所示。

图 5-24　素材文件

图 5-25　设置延伸曲面参数

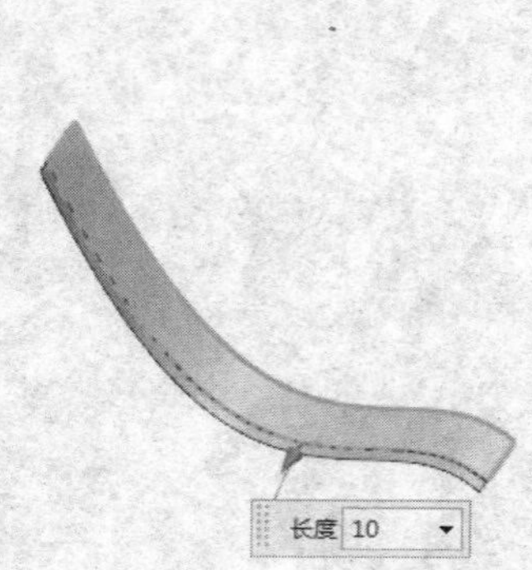

图 5-26　选择延伸边

5.1.6　规律延伸

规律延伸是利用规律曲线控制延伸曲面的长度和角度。单击“曲面”选项卡，选择“曲面”组中的“规律延伸”图标，系统弹出“规律延伸”对话框，如图 5-27 所示。

UG NX12.0 中，可通过动态拖动方式创建规律延伸曲面。系统显示用于控制长度和角度变化规律的拖动手柄，可以直接拖动创建规律延伸曲面。在所需要建立的曲面没有精确参数控制要求的条件下，使用动态拖动方式非常方便、直观，特别适于造型设计或初步设计。

【例 5-4】 以图 5-28 所示的曲面为例，讲述规律延伸的创建步骤。

图 5-27　“规律延伸”对话框

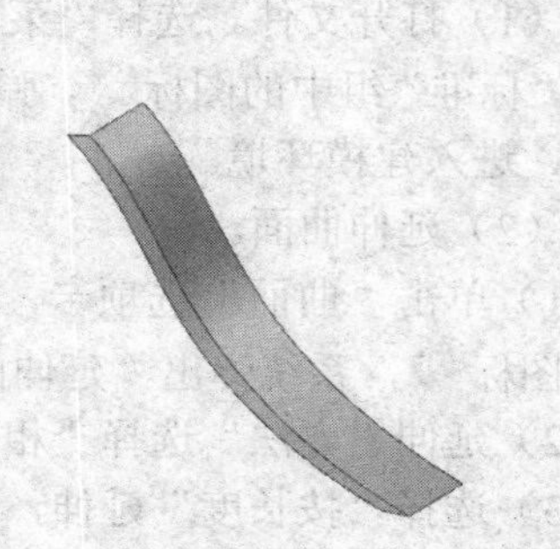
图 5-28　创建的规律延伸曲面

（1）打开文件。选择“菜单”→“文件”→“打开”命令，或者单击“主页”选项卡，选择“标准”组中的图标，弹出“打开”对话框，选择“5-3”，单击“OK”按钮，进入建模环境。

（2）规律延伸曲面。

1）单击“曲面”选项卡，选择“曲面”组中的“规律延伸”图标，系统弹出“规律延伸”对话框。

2）选择延伸“类型”为“面”。

3）选择基本轮廓曲线，延伸的曲面从该曲线开始。

4）选择需要延伸的平面。

5）按鼠标中键后，拖动原点即可改变延伸曲面的的方向，拖动箭头即可改变延伸曲面的长度，如图 5-29 所示，单击“确定”按钮，创建的规律延伸的曲面如图 5-28 所示。

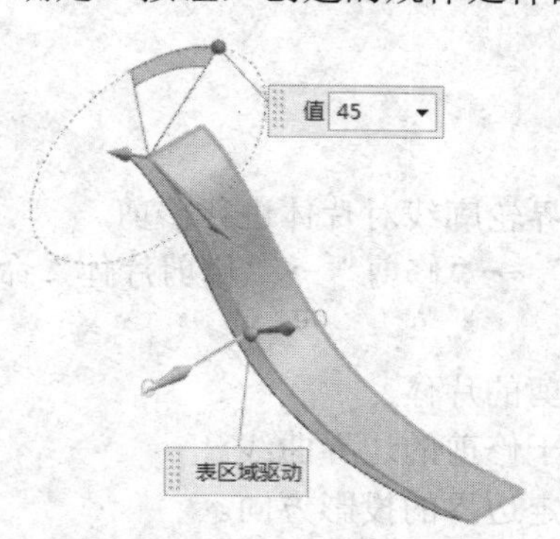

图 5-29　拖动创建规律延伸曲面

5.1.7　曲面偏置

曲面偏置用于在曲面上建立等矩面或变矩偏置面。系统通过法向投影的方式创建偏置面，输入的距离称为偏置距离，偏置所选择的曲面称为基面。

选择“菜单”→“插入”→“偏置/缩放”→“偏置曲面”命令，系统弹出“偏置曲面”对话框，如图 5-30 所示。该对话框用于将已存在的曲面沿法线方向偏移创建新的曲面，并且原曲面位置不变，即实现了曲面的偏移和复制。

【例 5-5】 以图 5-31 所示的曲面为例，讲述曲面偏置的创建步骤。

（1）打开文件。选择“菜单”→“文件”→“打开”命令，或者单击“主页”选项卡，选择“标准”组中的图标，弹出“打开”对话框，选择“5-3”，单击“OK”按钮，进入建模环境。

（2）偏置曲面。

1）选择“菜单”→“插入”→“偏置/缩放”→“偏置曲面”命令，系统弹出“偏置曲面”对话框

2）在视图中选择曲面为要偏置的曲面，如图 5-32 所示。

3）在“偏置 1”的文本框中输入 30，单击“确定”按钮，创建的偏置曲面如图 5-31 所示。

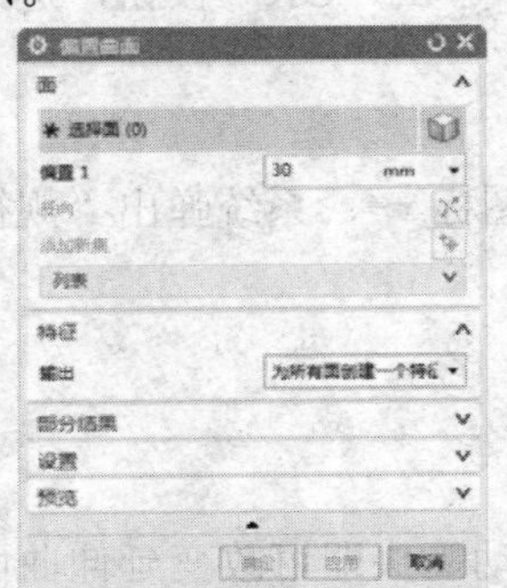

图 5-30 “偏置曲面”对话框

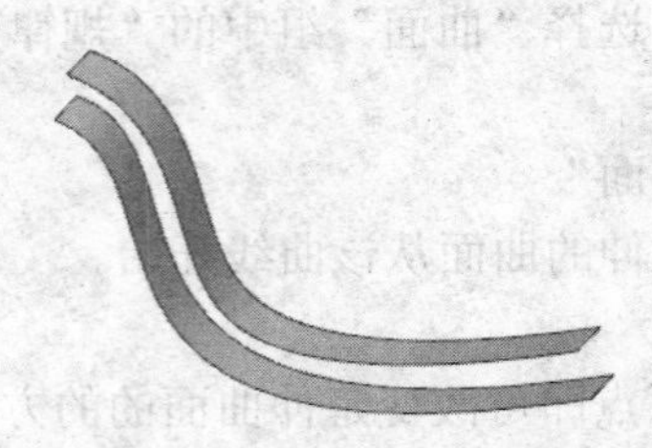

图 5-31 创建的偏置曲面

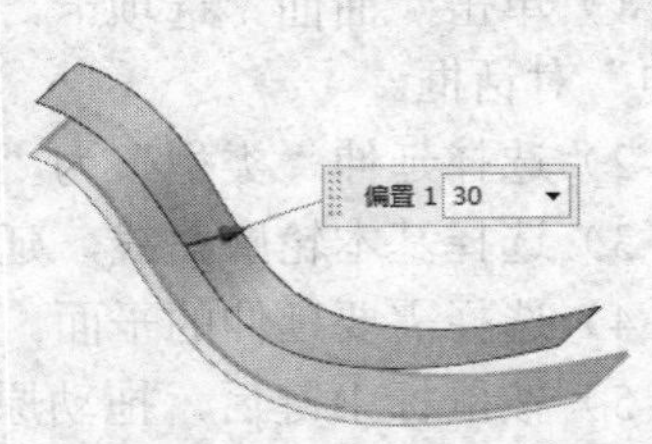

图 5-32 选择偏置曲面

5.1.8 修剪片体

修剪片体是通过投影边界轮廓线对片体进行修剪。

选择“菜单”→“插入”→“修剪”→“修剪片体”命令，系统弹出“修剪片体”对话框，如图 5-33 所示。

- 目标：选择需要修剪的片体。
- 选择对象：选择用于修剪的边界曲线。
- 投影方向：用于确定边界的投影方向。
- 区域：选择需要放弃的或保留的区域。

【例 5-6】以图 5-34 所示的图形为例，讲述修剪片体的创建步骤。

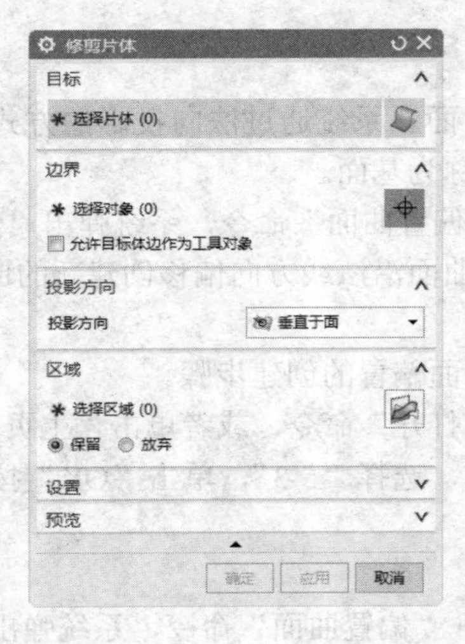

图 5-33 “修剪片体”对话框

图 5-34 创建修剪片体

（1）打开文件。选择“菜单”→“文件”→“打开”命令，或者单击“主页”选项卡，选择“标准”组中的图标，弹出“打开”对话框，选择“5-6”，如图 5-35 所示，单击“OK”按钮，进入建模环境。

（2）修剪曲面。

1）选择“菜单”→“插入”→“修剪”→“修剪片体”命令，系统弹出“修剪片体”对话框。

2）选择曲面为目标片体。

3）指定投影方向，选择“垂直于面”。

4）选择绘图区中的曲线作为边界对象，如图 5-36 所示。

5）单击“确定”按钮即可创建。

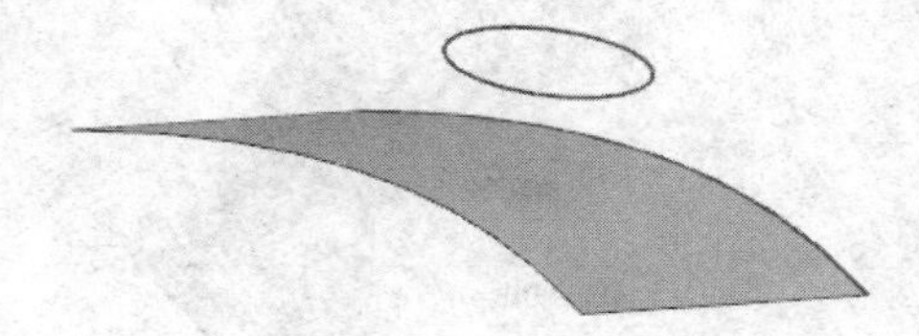

图 5-35 素材文件

图 5-36 选择边界对象

5.1.9 桥接

桥接是在两个主曲面之间构造一个新曲面，过渡曲面与两个曲面的连续条件可以采用切矢连续或曲率连续两种方法，同时，为了进一步精确控制桥接片体的形状，可选择另外两组曲面或两组曲线作为曲面的侧面边界。桥接曲面使用方便，曲面连接过渡光滑，边界条件自由灵活，形状便于控制，是曲面过渡的常用方法，图 5-37 所示为桥接的创建方式。

选择“菜单”→“插入”→“细节特征”→“桥接”命令，系统弹出“桥接曲面”对话框，如图 5-38 所示。

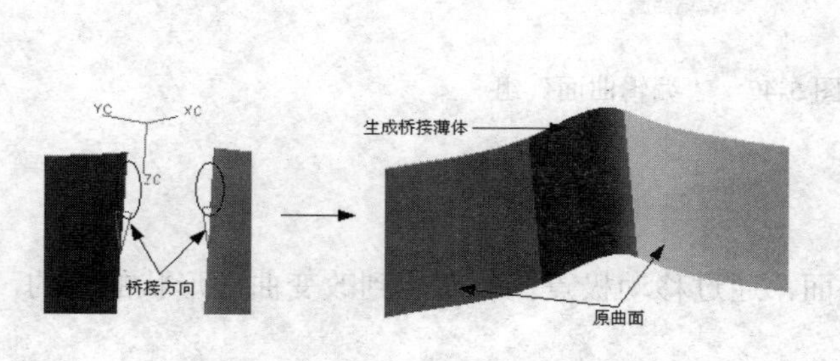

图 5-37 桥接的创建方式

图 5-38 “桥接曲面”对话框

【例 5-7】以图 5-39 所示的图形为例，讲述桥接曲面的创建步骤。

（1）打开文件。选择“菜单”→“文件”→“打开”命令，或者单击“主页”选项卡，选择“标准”组中的图标，弹出“打开”对话框，选择“5-7”，如图 5-40 所示，单击“OK”按钮，进入建模环境。

（2）桥接曲面。

1）选择“菜单”→“插入”→“细节特征”→“桥接”命令，系统弹出“桥接曲面”对话框。

2）选择需要桥接的两个主曲面或曲面的内侧边。注意，两个曲面的箭头方式应一致，如图 5-41 所示。

3）单击“确定”按钮，即可创建桥接曲面，如图 5-39 所示。

图 5-39 创建的桥接曲面

图 5-40 素材文件

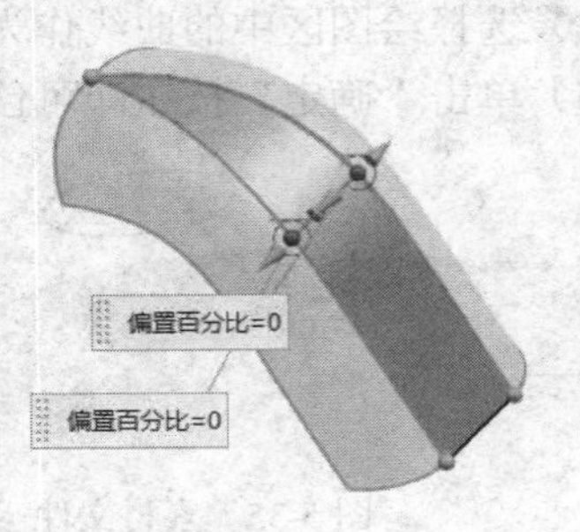

图 5-41 选择曲面

5.2 编辑曲面

利用自由曲面可以设计复杂的造型。自由曲面是可以修改的，UG 还提供编辑曲面的功能，常用的编辑曲面的命令在“编辑曲面”组中，如图 5-42 所示。

图 5-42 “编辑曲面”组

5.2.1 X 型

能够编辑以极点为数据构造的曲面，通过移动极点，从而达到改变曲面形状的目的，新的极点可以从绘图区中直接给出。

单击“曲面”选项卡，选择“编辑曲面”组中的“X 型”图标，系统弹出“X 型”对话框，如图 5-43 所示。

■ 曲线或曲面：用户可根据需要选择曲线编辑或曲面编辑。

  ➢ 极点选择：选择对象可以是任意点、极点和行。

■ 参数化：改变 U/V 向的次数和补片数从而调节曲面。

- ➢ U/V 向次数：调节曲面在 U 向或 V 向片体的阶次。
- ➢ U/V 向补片数：调节指定 U 向或 V 向的补片的数目。两个方向的阶次和补片数的结合控制着输入点和创建的片体之间的距离误差。

- ■ 方法：可根据需要选择移动、旋转、比例和平面化编辑曲面。
- ■ 边界约束：可以调节 U 最小值（或最大值）和 V 最小值（或最大值）来约束曲面的边界。
- ■ 设置：可以设置提取方法和提取公差值，恢复父面选项。
- ■ 微定位：指定使用微调选项时动作的速率。

【例 5-8】以图 5-44 所示的图形为例，讲述 X 型编辑曲面的创建步骤。

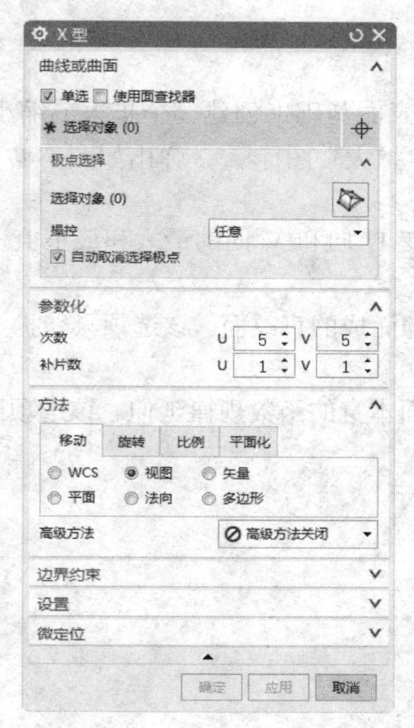

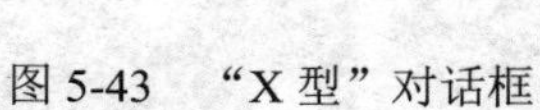
图 5-43 “X 型”对话框

图 5-44 X 型编辑曲面

（1）打开文件。选择“菜单”→“文件”→“打开”命令，或者单击“主页”选项卡，选择“标准”组中的图标，弹出“打开”对话框，选择“5-8”，如图 5-45 所示，单击“OK”按钮，进入建模环境。

（2）编辑曲面。

1）单击“曲面”选项卡，选择“编辑曲面”组中的“X 型”图标，系统弹出“X 型”对话框。

2）选择图中曲面，如图 5-46 所示。

3）拖动任意极点到所需位置，单击“确定”按钮完成曲面的创建。

图 5-45　素材文件

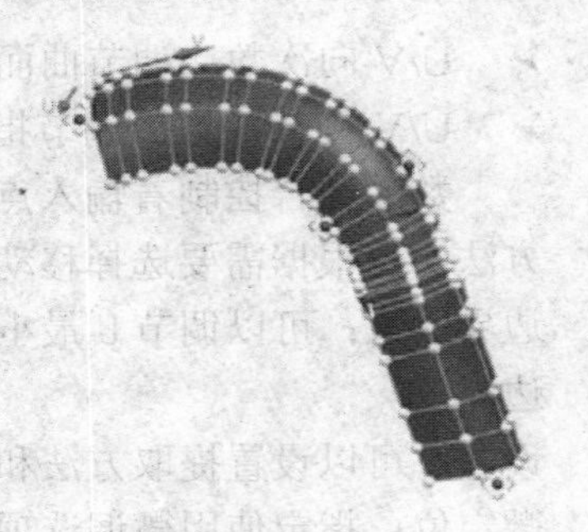

图 5-46　选择曲面

5.2.2　扩大

扩大是用于在选择的被修剪的或原始的表面基础上创建一个扩大或缩小的曲面。单击“曲面”选项卡，选择“编辑曲面”组中的“扩大”图标，弹出如图 5-47 所示的“扩大”对话框。

- 全部：选择该复选框，用于同时改变 U 向和 V 向的最大和最小值，只要移动其中一个滑块，就会改变其他的滑块。
- 线性：曲面上延伸部分是沿直线延伸而成的直纹面。该选项只能扩大曲面，不能缩小曲面。
- 自然：曲面上的延伸部分是按照曲面本身的函数规律延伸。该选项既可扩大曲面，也可缩小曲面。

通过“扩大”编辑曲面示例如图 5-48 所示。

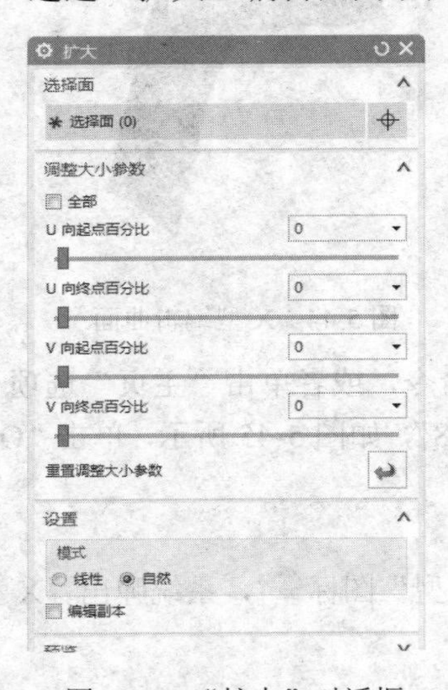

图 5-47　“扩大”对话框

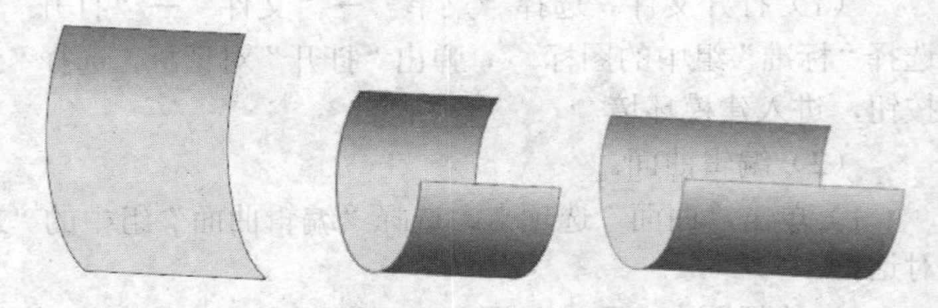

缩小曲面　　原曲面　　扩大曲面

图 5-48　通过“扩大”编辑曲面

5.3 实例操作——汽车曲面

本例创建汽车曲面，如图 5-49 所示。

图 5-49 汽车曲面

【思路分析】

首先打开绘制好的源文件，利用通过曲线组、桥接、截面曲面创建曲面，最后做颜色的修改，完成汽车曲面的创建。创建的汽车曲面流程如图 5-50 所示。

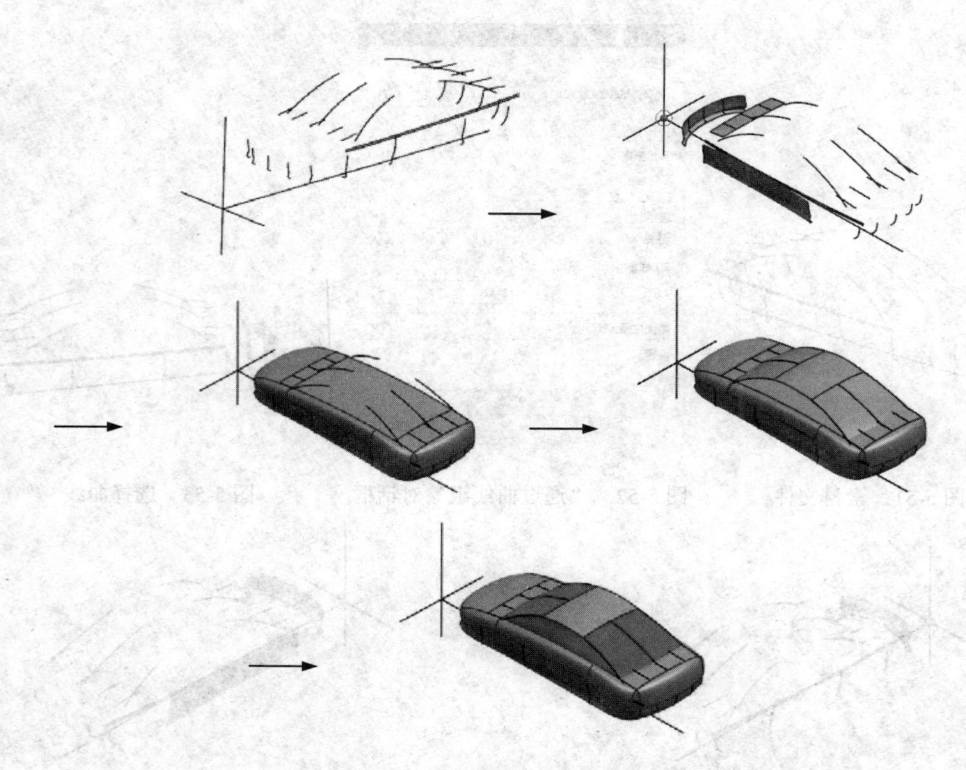

图 5-50 创建汽车曲面的流程

【知识要点】

通过曲线组　　桥接　　截面曲面

【操作步骤】

在 UG NX12.0 的草绘环境中，绘制二维草图轮廓，为下一步实体操作做好准备。

1）打开文件。选择“菜单”→“文件”→“打开”命令，或者单击“主页”选项卡，选择“标准”组中的图标，弹出“打开”对话框，选择“xiaoqichequxian”，如图 5-51 所示，单击“OK”按钮，进入建模环境。

2）另存文件。选择“菜单”→“文件”→“另存为”命令，弹出“另存为”对话框，输入“xiaoqiche”，单击“OK”按钮，进入建模环境。

3）选择“菜单”→“插入”→“网格曲面”→“通过曲线组”命令，系统弹出“通过曲线组”对话框，如图 5-52 所示。选择 5 条曲线作为截面，如图 5-53 所示。单击“确定”按钮，即可创建如图 5-54 所示的前保险杠曲面。

4）按照步骤 3）的操作过程，选择三条曲线作为操作的对象来创建车身侧面曲面，如图 5-55 所示。

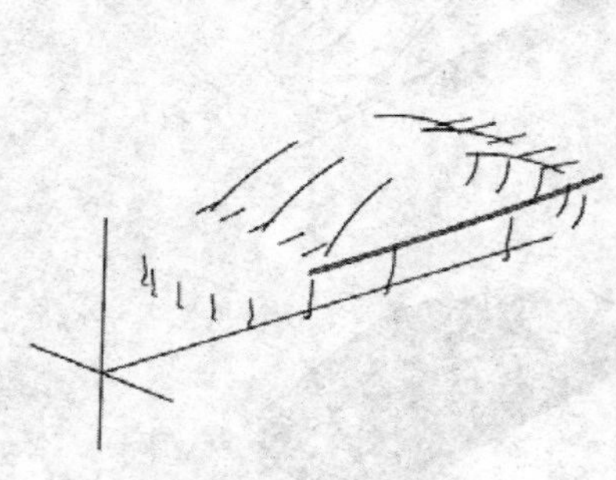

图 5-51　素材文件

图 5-52　“通过曲线组”对话框

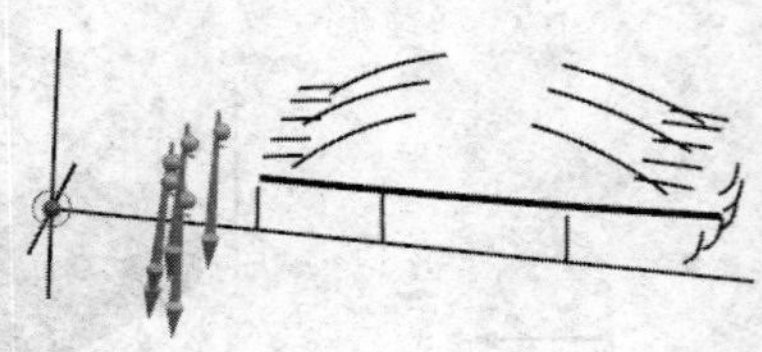

图 5-53　选择曲线

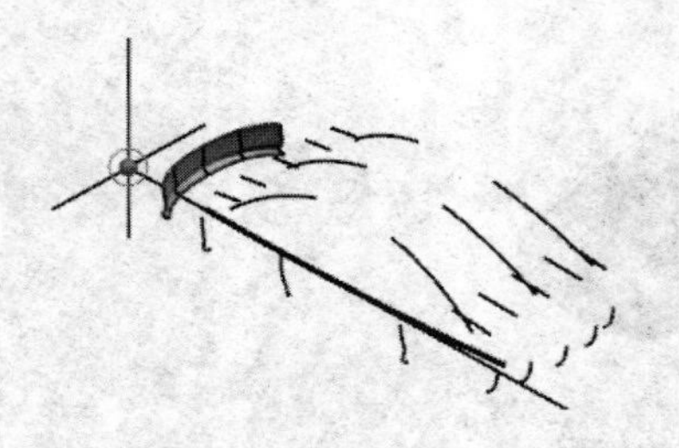

图 5-54　创建前保险杠曲面

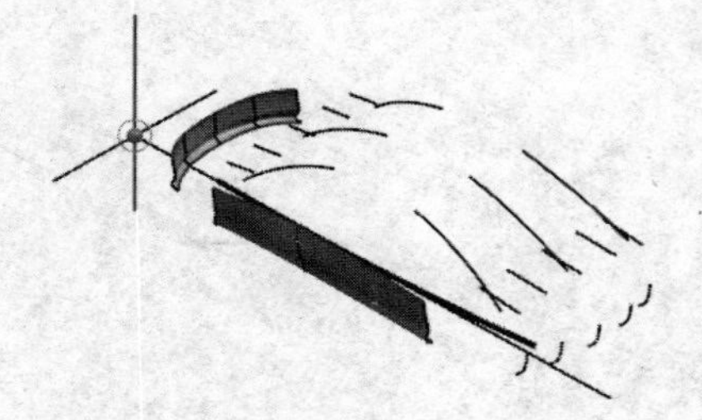

图 5-55　创建车身侧面曲面

5）按照步骤 3 的操作步骤，选择 5 条曲线作为操作的对象来创建车身前端曲面，如图

5-56 所示。

6）按照步骤 3 的操作步骤，选择 5 条曲线作为操作的对象来创建后保险杠曲面，如图 5-57 所示。

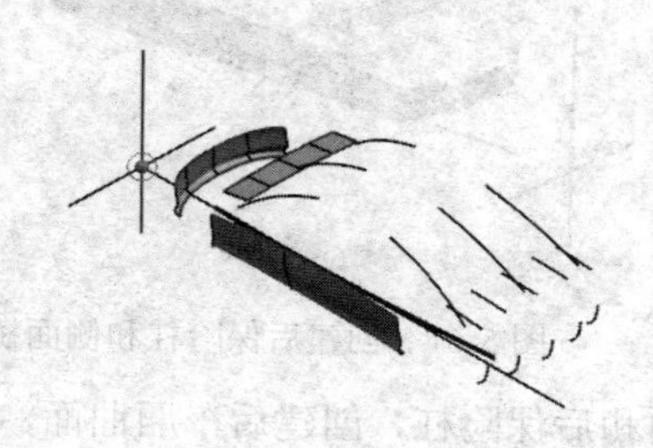

图 5-56　创建车身前端曲面

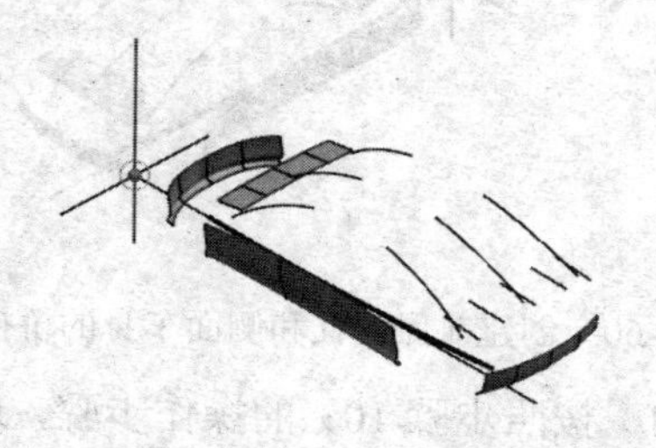

图 5-57　创建后保险杠曲面

7）按照步骤 3）的操作步骤，选择 5 条曲线作为操作的对象来创建车身后端曲面，如图 5-58 所示。

8）选择“菜单”→“插入”→“细节特征”→“桥接”命令，系统弹出“桥接曲面”对话框，如图 5-59 所示。在视图中选择前保险杠和车身侧面，单击“确定”按钮，即可创建如图 5-60 所示的曲面。

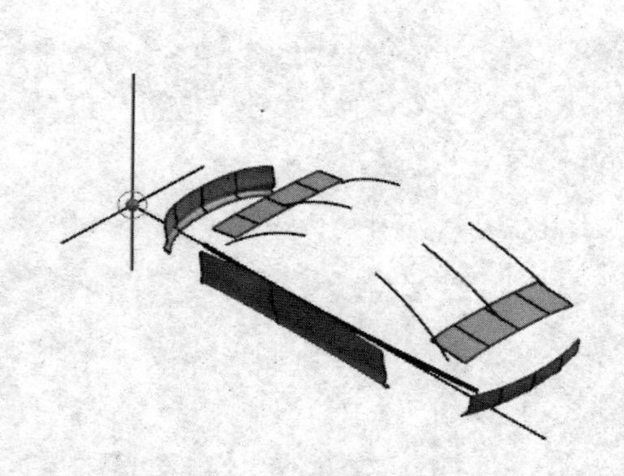

图 5-58　创建车后端曲面

图 5-59　“桥接曲面”对话框

9）选择“菜单”→“插入”→“细节特征”→“桥接”命令，系统弹出“桥接曲面”对话框。在视图中选择后保险杠和车身侧面，单击“确定”按钮，即可创建如图 5-61 所示的曲面。

10）单击“曲面”选项卡，选择“曲面”组→“更多”→“扫掠”库中的“截面曲面”图标，系统弹出“截面曲面”对话框，如图 5-62 所示。选择“二次”类型和“Rho”模式，在视图中选择前保险杠的上边缘和车身前端曲面的上边缘为起始和终止引导线，选择“按面”斜率控制，在视图中选择前保险杠曲面和车身前端曲面为起始和终止面，选择与 Y 轴重合的直线为脊线，单击“确定”按钮，即可创建如图 5-63 所示的发动机罩曲面。

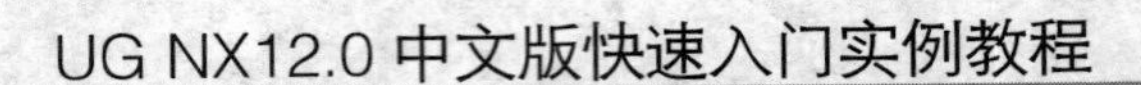

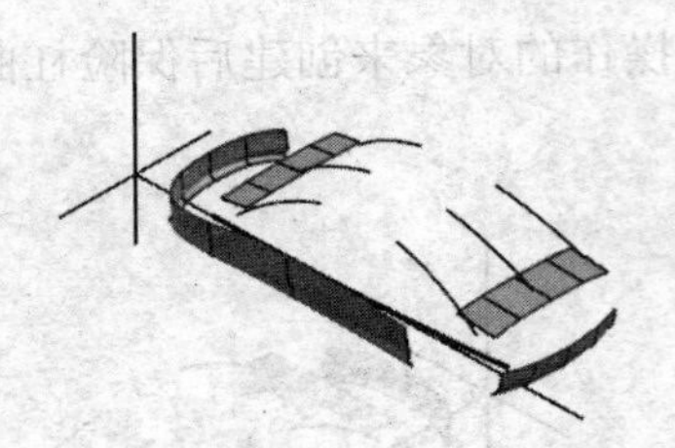

图 5-60　创建前保险杠和侧面车身的桥接曲面

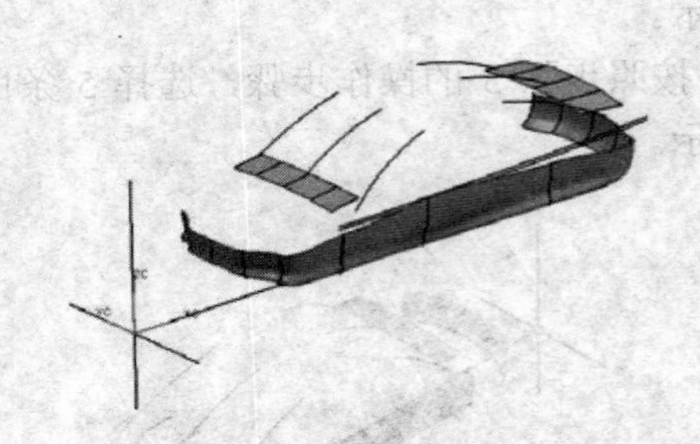

图 5-61　创建后保险杠和侧面桥接曲面

11）按照步骤 10）的操作步骤，选择后端曲面和后保险杠，创建后车厢曲面，如图 5-64 所示。

12）按照步骤 8）的操作步骤，选择车身前端曲面和车身后端曲面作为操作对象来创建车身的侧曲面，如图 5-65 所示。

13）按照步骤 10）的操作步骤，选择车身侧面的边缘和面作为引导线和斜率控制，选择与 X 轴重合的直线为脊线，创建后车身的侧面过渡曲面，如图 5-66 所示。

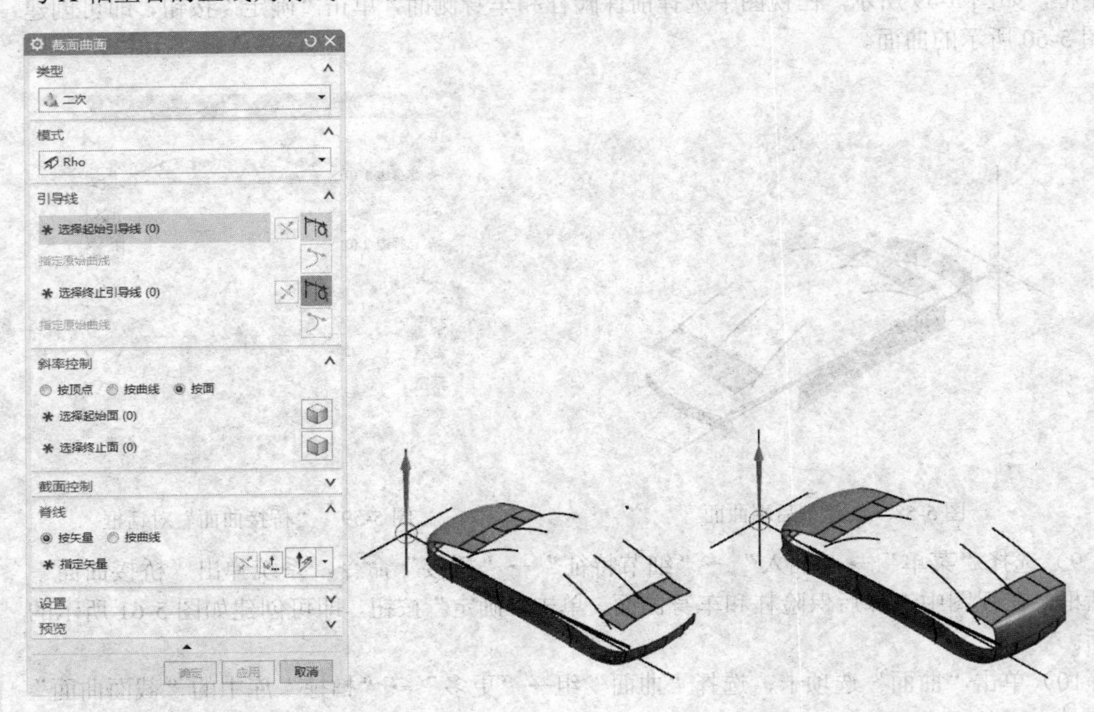

图 5-62　“截面曲面”对话框　　图 5-63　创建发动机罩曲面　　图 5-64　创建后车厢曲面

14）选择“菜单”→“插入”→“网格曲面”→“通过曲线组”选项，系统弹出“通过曲线组”对话框，如图 5-67 所示。选择一条曲线然后按中键，再选择另一条曲线，最后在弹出的“通过曲线组”对话框中接受系统的默认值，单击“确定”按钮，即可创建如图 5-68

所示的后车灯曲面。

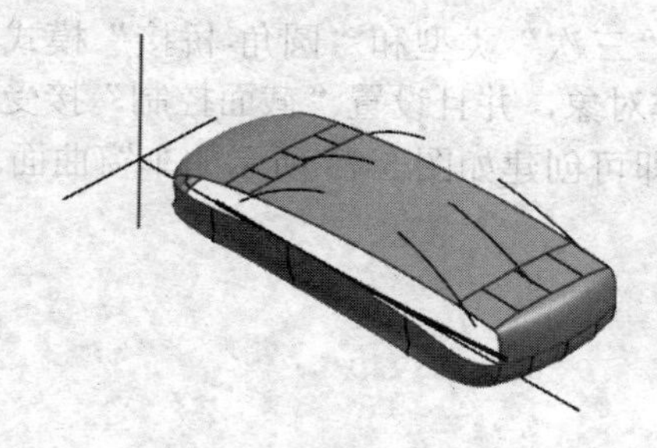

图 5-65　创建车身侧曲面

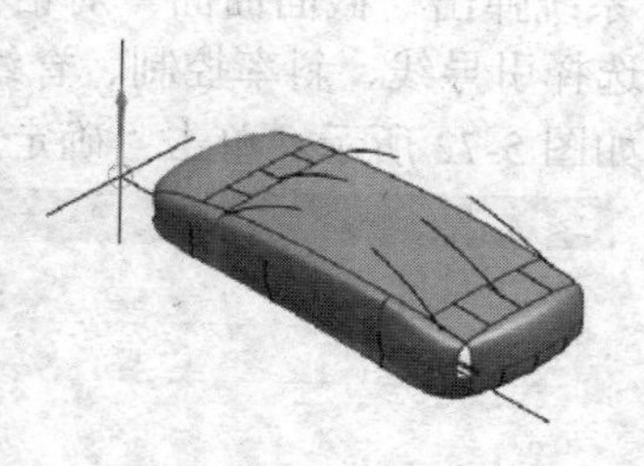

图 5-66　创建后车身侧面过渡曲面

15）选择“菜单”→“插入”→“网格曲线”→“通过曲线组”选项，系统弹出“通过曲线组”对话框。选择三条曲线作为操作对象，单击“确定”按钮，即可创建如图 5-69 所示的前风窗曲面。

16）选择“菜单”→“插入”→“网格曲线”→“通过曲线组”选项，系统弹出“通过曲线组”对话框。选择三条曲线作为操作对象，单击“确定”按钮，即可创建如图 5-70 所示的后风窗曲面。

17）选择“菜单”→“插入”→“细节特征”→“桥接”选项，系统弹出“桥接曲面”对话框。选择前风窗和后风窗曲面为操作对象，单击“确定”按钮，即可创建如图 5-71 所示的车顶曲面。

图 5-67　“通过曲线组”对话框

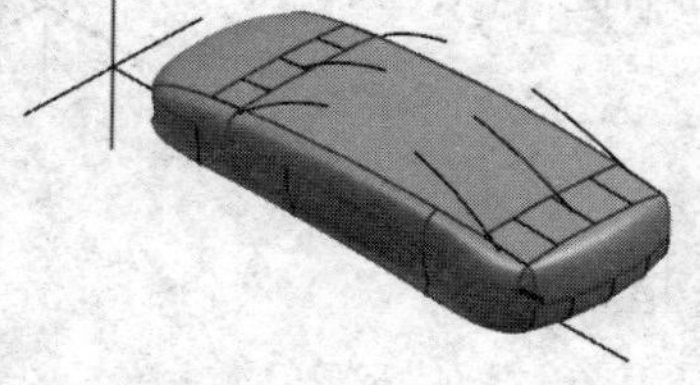

图 5-68　创建车后灯曲面

图 5-69　创建前风窗曲面

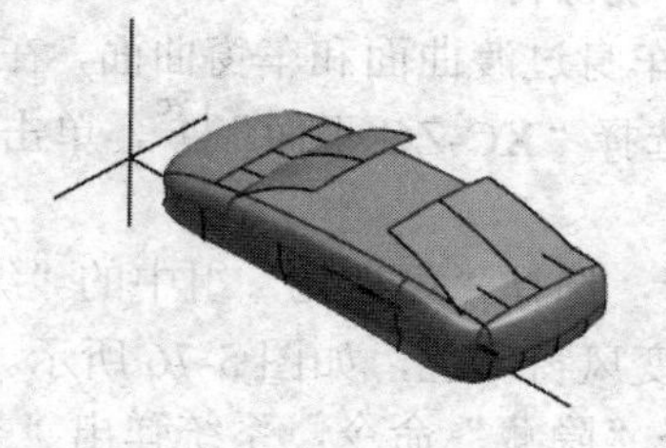

图 5-70　创建后风窗曲面

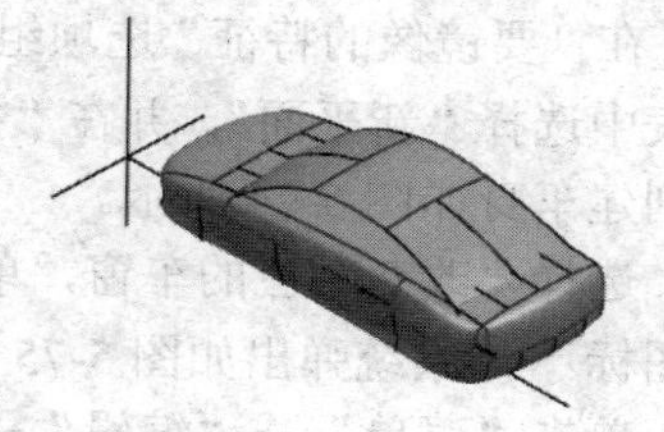

图 5-71　创建车顶曲面

18）单击“曲面”选项卡，选择“曲面”组→“更多”→“扫掠”库中的“截面曲面”图标，系统弹出“截面曲面”对话框。选择“三次”类型和“圆角-桥接”模式，在绘图区内依次选择引导线、斜率控制、脊线五个操作对象，并且设置“截面控制”接受系统的默认设置，如图 5-72 所示。单击“确定”按钮，即可创建如图 5-73 所示的车窗曲面。

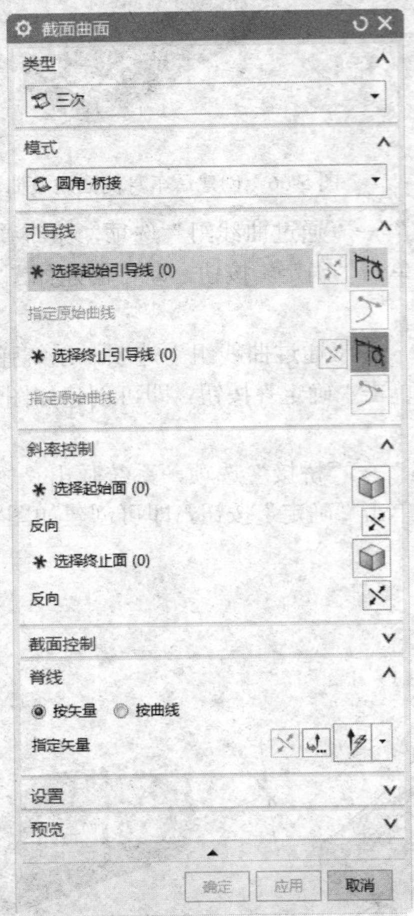

图 5-72　设置截面曲面参数

图 5-73　创建车窗曲面

19）选择“菜单”→“插入”→“关联复制”→“镜像特征”命令，弹出“镜像特征”对话框。在“要镜像的特征”选项组中选择车身侧面、车身过渡曲面和车窗曲面，在“平面”下拉列表中选择“新平面”，并在“指定”下拉列表中选择“XC-ZC 平面”，单击“确定”按钮。创建车身如图 5-74 所示。

20）选择要改变颜色的车窗，单击“视图”选项卡，选择“可视化”组中的“编辑对象显示”图标，系统弹出如图 5-75 所示的对话框。改变风窗颜色，如图 5-76 所示。

21）单击“菜单”→“编辑”→“显示和隐藏”→“隐藏”命令，系统弹出“类选择”对话框，如图 5-77 所示。选择其中要隐藏的特征，效果图如图 5-48 所示。

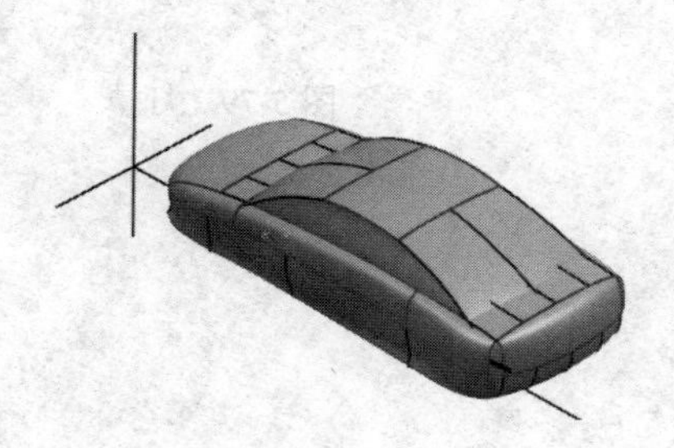

图 5-74　创建整个车身

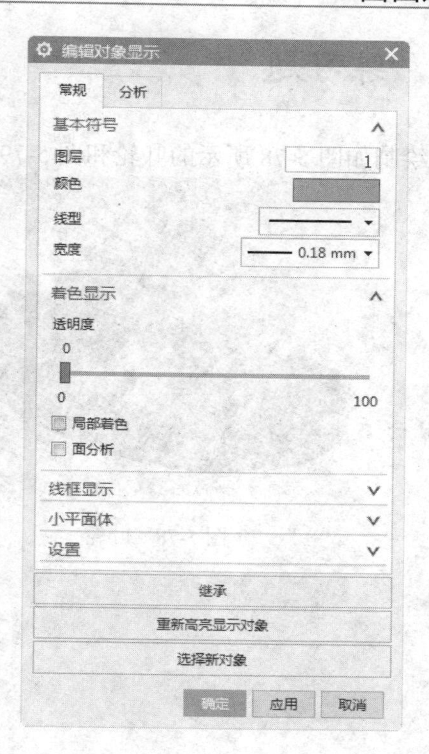

图 5-75　“编辑对象显示”对话框

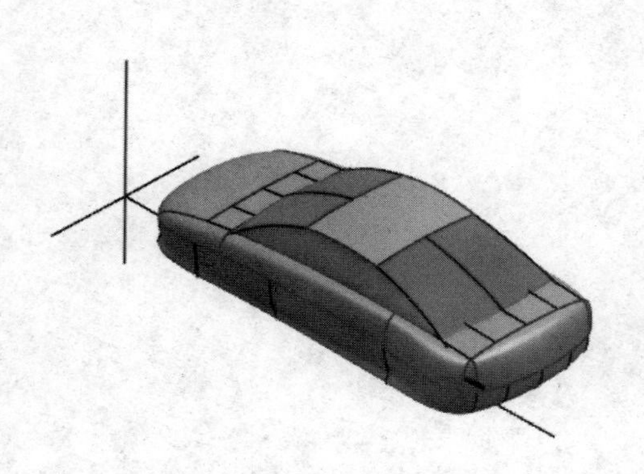

图 5-76　改变风窗颜色

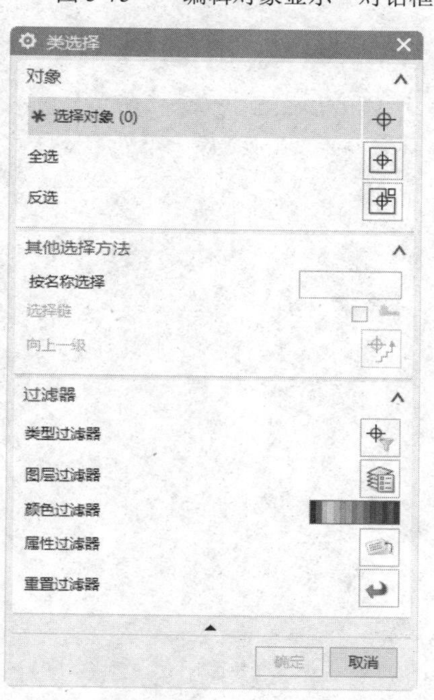

图 5-77　“类选择”对话框

5.4 练习题

绘制如图 5-78 所示的叶轮和图 5-79 所示的灯罩。

图 5-78 叶轮

图 5-79 灯罩

第 6 章　装配

装配模块是 UG 中集成的模块,用于实现将零件的模型装配成一个最终的产品模型。装配模块不仅可以快速将零件产品组合，而且在装配中可以参考其他的部件进行部件之间的关联设计，还可以对装配的模型进行间隙分析和重量管理等操作。

学习要点

- 自底向下装配
- 自顶向下装配
- 部件阵列
- 装配导航器
- 装配爆炸图

6.1　装配概述

装配的过程实际就是在部件之间建立起相互约束的关系。由于采用的是一个数据库，所以在装配过程中的部件与原来部件之间的关系是既可以被引用，也可以被复制。装配的模型主要有两种方式。

多组装配。将所需部件复制到装配文件中，原部件和复制部件间不存在关联性。它复制了大量已有数据，并占有大量的内存空间，因此速度将不可避免地降低。

虚拟装配。这种装配的方式通过使用指针来引用实体，部件之间存在关联性。当进行某个零部件的修改时，装配体也将发生相应的改变。由于采用指针管理，所需的内存占有量大大减小，而且在引用的过程中，对于不进行编辑加工的零部件，系统要进行统一的显示。

一般来说，一个大的装配体可以看成由多个相对较小的装配体构成，而这些小的装配体由零部件构成。在进行装配的过程中，往往先建立小的装配体，然后再对这些小的装配体进行关系约束，这些小的装配体称为子装配体。

6.1.1　装配概念

装配模型创建后，可建立爆炸图，并可将其引入到装配工程图中；同时，在装配工程图中，可自动产生装配明细表，并能对轴测图进行局部挖切。

1）装配部件：由零件和子装配构成的部件。在 UG 中，允许向任何一个 Part 文件中添加部件构成装配，因此任何一个 Part 文件都可以作为装配部件。在 UG 中，零件和部件不必严格区分。需要注意的是，当存储一个装配时，各部件的实际几何数据并不是存储在装配部件文件中，而是存储在相应零件文件中。

2）子装配：在高一级装配中被用作组件的装配，子装配也拥有自己的组件。子装配是一个相对的概念，任何一个装配部件可在更高级装配中用作子装配。

3）组件对象：从装配部件链接到部件主模型的指针实体。一个组件对象记录的信息有部件名称、层、颜色、线型、线宽、引用集和配对条件等。

4）组件：装配中由组件对象所指的部件文件。组件可以是单个部件（即零件），也可以是一个子装配。组件是由装配部件引用，而不是复制到装配部件中。

5）单个零件：指在装配外存在的零件几何模型，它可以添加到一个装配中去，但它不能含有下级组件。

6）主模型：供 UG 模块共同引用的部件模型。同一主模型可同时被工程图、装配、加工、机构分析和有限元分析等模块引用。当主模型修改时，相关应用自动更新，即当主模型修改时，有限元分析、工程图、装配和加工等应用都根据部件主模型的改变自动更新。

6.1.2 装配方法

1）自顶向下装配：指在装配的过程中创建与其他部件相关的部件模型，是在装配部件的顶部向下产生子装配和部件的装配的方法。

2）自底向上装配：先创建部件几何模型，再组合成子装配，最后创建装配部件的装配方法。

3）混合装配：指将自顶向下装配和自底向上装配结合在一起的装配方法。在实际设计中，可根据需要在两种模式下切换。

6.1.3 装配中部件的不同状态

1）显示部件：在图形窗口中显示的部件、组件和装配体都称为显示部件。在主界面中，显示部件的文件名称显示在图形窗口的标题栏处。

2）工作部件：可以在其中建立和编辑几何对象的部件。工作部件可以是显示部件，也可以是显示部件中的任何部件。当打开一个部件文件时，它既是显示部件又是工作部件。当然，显示部件和工作部件可以不同，在这种情况下，工作部件的颜色和其他部件的颜色有明显的区别。

6.2 引用集

装配的引用集是装配组件中的一个命名的对象集合。利用引用集，在装配中可以只显示某一组件中指定引用集的那部分对象，而其他的对象不显示在装配模型中。

在进行装配的过程中，每个部件所包含的信息都非常复杂。如果要在装配中显示所有部件的信息，毫无疑问，整个图形窗口将变得非常混乱，而且很多不必要的信息也会造成浪费，降低运行的速度。引用集是解决这个问题的工具，它可以将部分几何对象编制成组，以后只要调用它就可以。

建立的引用集属于当前的工作部件。选择“菜单”→“格式”→“引用集”选项，弹出如图 6-1 所示的“引用集”对话框。

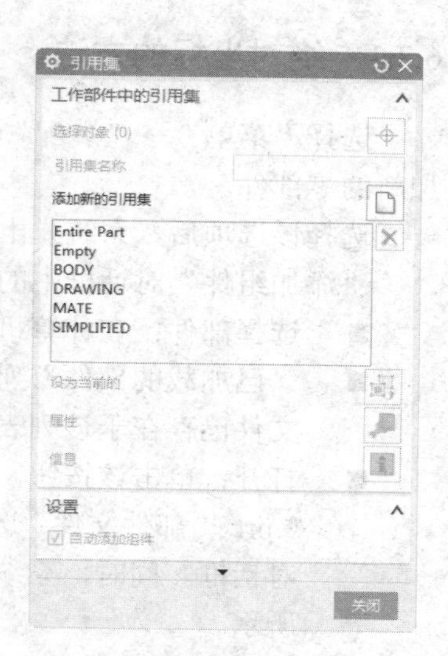

图 6-1 “引用集”对话框

在这个对话框中，可以对引用集进行创建、删除、重命名、编辑属性和信息查找等操作，还可以对引用集的内容进行添加和删除设置。

在“引用集”对话框中，系统提供了三个默认的引用集，

下面着重介绍空和整体部件引用集。

- Empty（空）：这个引用集不包括任何的几何对象，所以在进行装配时看不到它所定义的部件，这样可以提高速度。
- Entire Part（整体部件）：引用集的全部几何数据。在默认的情况下系统选用这个类型的引用集。

单击“引用集”对话框中的按钮，在“引用集名称”文本框中输入引用集名称，在图形窗口选择要添加的几何对象，单击“确定”按钮，创建引用集。此时引用集的坐标系方向和原点都是当前工作坐标系的方向和原点。

6.3 自底向上装配

自本节开始将讲述 UG NX12.0 的具体装配方法。一般情况下，装配组件有两种方法，一种方法是首先全部设计好装配的组件，然后将组件添加到装配中，在工程应用中这种方法称为自底向上的装配方法；另外一种方法就是需要根据实际情况才能判断要装配的组件的大小和形状，所以要先创建一个新的组件，然后在该组件中建立几何对象或是将原有的几何对象添加到新建的组件中，这样装配的方法称为自顶向下的装配方法。自底向上的装配方法是常用的装配的方法，即先选择装配中的部件，再将部件添加到装配中，由底向上逐渐地进行装配。

采用自底向上的装配方法，选择已经存在的组件的方法有两种：绝对坐标的方法和配对定位的方法。

6.3.1 绝对坐标的方法

选择“菜单”→“装配”→“组件”→“添加组件”选项，可以按照不同的定位方式添加新的零部件。

选择该选项后，系统弹出如图 6-2 所示“添加组件”对话框。

“添加组件”对话框中的各选项的含义如下：

- 选择部件：在计算机中选择要装配的部件文件。
- “已加载的部件”列表框：该列表框中显示了已打开的部件文件，若要添加的部件文件已存在于该列表框中，直接选择该部件文件即可。
- 打开：单击该按钮，打开“部件名”对话框，在该对话框中选择要添加的部件文件 *.prt。“部件文件”选择完后，单击“确定”按钮，返回到图 6-2 所示的“添加组件”对话框。同时，系统将出现一个零件预览窗口，用于预览所添加的组件，如图 6-3 所示。
- 位置：

  （1）装配位置：装配中组件的目标坐标系。该下拉列表中提供了“对齐”“绝对坐标系-工作部件”“绝对坐标系-显示部件”和“工作坐标系”四种装配位置。

1）对齐：通过选择位置来定义坐标系。

2）绝对坐标系-工作部件：将组件放置于当前工作部件的绝对原点。

3）绝对坐标系-显示部件：将组件放置于显示装配的绝对原点。

4）工作坐标系：将组件放置于工作坐标系。

（2）组件锚点：坐标系来自用于定位装配中组件的组件，可以通过在组件内创建产品接口来定义其他组件系统。

- 保持选定：选择此复选框，维护部件的选择，这样就可以在下一个添加操作中快速添加相同的部分。
- 引用集：用于改变引用集。默认引用集是模型，表示只包含整个实体的引用集。用户可以通过其下拉列表选择所需的引用集。
- 图层选项：用于设置添加组件加到装配组件中的哪一层，其下拉列表包括：
  - 工作的：表示添加组件放置在装配组件的工作层中。
  - 原始的：表示添加组件放置在该部件创建时所在的图层中。
  - 按指定的：表示添加组件放置在另行指定的图层中。

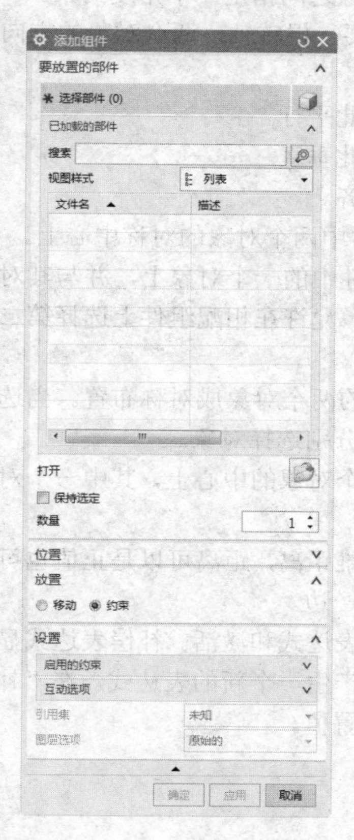

图 6-2 “添加组件”对话框

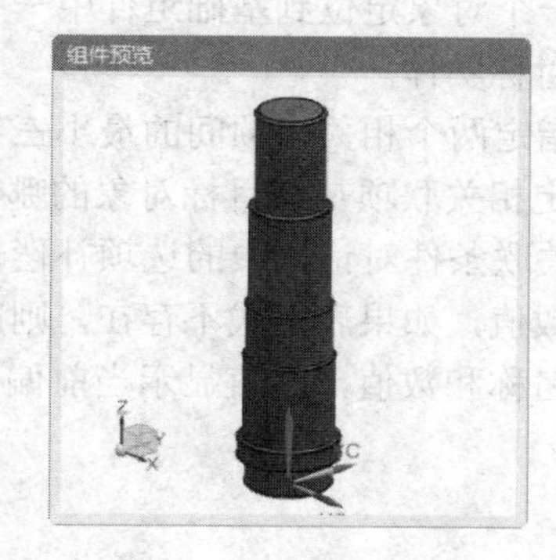

图 6-3 预览所添加的组件

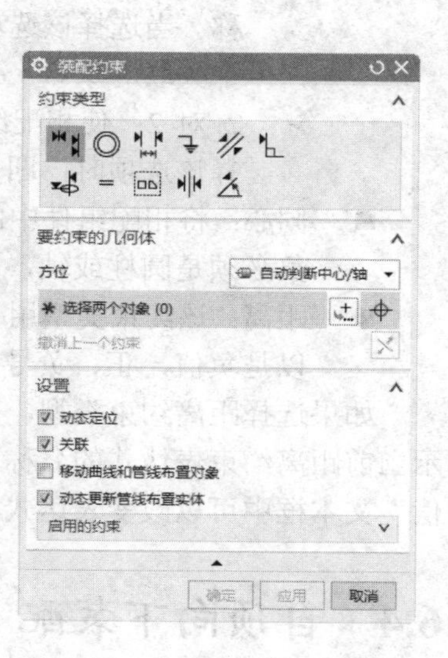

图 6-4 “装配约束”对话框

6.3.2 配对定位的方法

装配约束是指部件在相互配合中的装配关系，它主要通过限制部件之间的自由度来实现。

选择“菜单”→“装配”→“组件”→“装配约束”选项，系统将弹出如图 6-4 所示的“装配约束”对话框。

- 接触对齐：
  - 接触：贴合定位两个相一致的同类对象，使其位置重合。对于平面对象，用匹配约束时，它们共面且法线方向相反。
  - 对齐：该关联类型对齐相关联项。当对齐平面时，使两个表面共面且法线方向相同。
  - 自动判断中心/轴：当对齐圆柱、圆锥和圆环面等对称实体时，使其轴线相一致。
- 角度：该约束类型是在两个对象间定义角度尺寸，用于约束相配组件到正确的方位上。角度约束可以在两个具有方向矢量的对象间产生，角度是两个方向矢量的夹角。这种约束允许约束不同类型的对象，如可以在面和边缘之间指定一个角度约束。

角度约束有两种类型：3D 角和方向角度。平面角约束需要一根转轴，两个对象的方向矢量与其垂直。

- 平行：该约束类型约束两个对象的方向矢量，使其彼此平行。
- 垂直：该约束类型约束两个对象的方向矢量，使其彼此垂直。
- 中心：该约束类型约束两个对象的中心，使其中心对齐。
  - 1 对 2：将相配组件中的一个对象定位到基础组件中两个对象的对称中心上。
  - 2 对 1：将相配组件中的一个对象定位到基础组件中的一个对象上，并与其对称。当选择该选项时，选择步骤中的第二被激活，允许在相配组件上选择第二个关联对象。
  - 2 对 2：使相配组件中的两个对象与基础组件中的两个对象成对称布置。当选择该选项时，四个选择步骤图标全部被激活，需分别选择对象。
- 同心：将相配组件中的一个对象定位到基础组件中一个对象的中心上，其中一个对象必须是圆柱或轴，即对称实体。
- 距离：该约束类型用于指定两个相关联项间的最小三维距离，距离可以是正值也可以是负值，正、负号确定相关联项是在目标对象的哪一边。

如果选择距离约束类型，在关联条件对话框中的选项补偿表达式和激活。补偿表达式显示当前距离约束表达式的名称和数值，如果表达式不存在，则产生一个新的表达式。在“补偿”文本框中可以改变表达式的名称和数值，数值显示当前偏置值。

6.4 自顶向下装配

自顶向下的装配过程理解上比较直接，即首先创建一个装配体，然后下移一层，创建该装配体引用的子装配和组件，依次进行下一层子装配和组件，最后获得整体装配。当工作部件是未设计完的组件而显示部件是装配件时，采用自顶向下的装配设计方法非常有用。自顶向下装配的设计方法主要有以下两种。

6.4.1　装配方法 1

首先在装配体中创建几何模型，然后创建新的组件，并把几何模型添加到新的组件中。

当采用自底向上的装配设计方法添加组件时，可以选择在当前工作环境中现存的组件，但是处于该环境中现存的三维实体不会在列表框中显示，不能被当作组件进行添加，它只是一个几何模型，不含有其他的组件信息，若要使其也添加到当前装配中，就必须采用自顶向下的方法进行装配。

该方法的主要操作步骤如下：

1）打开一个含有几何模型的文件，或者先在该文件中建立几何模型。

2）创建一个新的装配体。选择“菜单”→“装配”→“组件”→“新建组件”选项，弹出“新建”对话框，如图 6-5 所示。设置新文件名的名称和路径，单击“确定”按钮，弹出“新建组件”对话框，如图 6-6 所示。

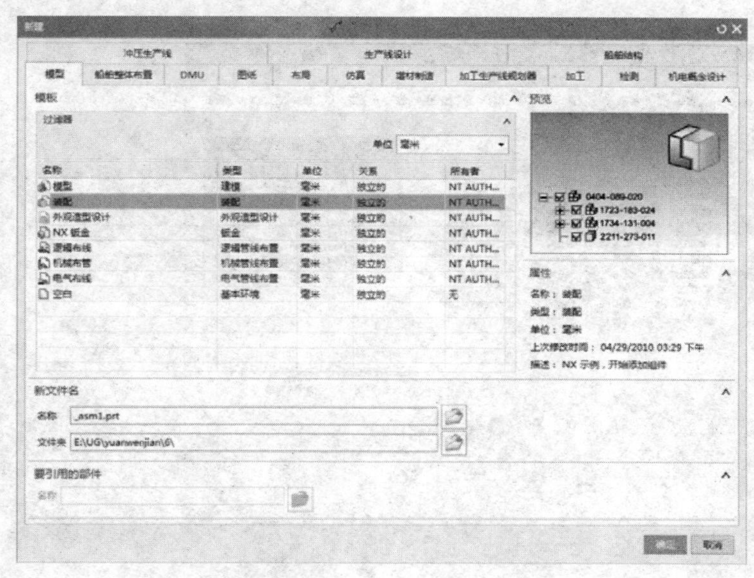

图 6-5　“新建”对话框

图 6-6　“新建组件”对话框

该对话框中各选项的含义说明如下：

组件名：该选项用于指定组件名称，默认为组件存盘文件名，该名称可以修改。

引用集：该选项用于指定引用集。

图层选项：该选项用于设置新建的组件添加到装配组件中的哪一层，其中包括三个选项：

➢ 工作的：指将新组件添加到装配组件的工作层。

➢ 原始的：表示新组件保持原来的层位置。

➢ 按指定的：指将新组件添加到装配组件的指定层。

3）单击“确定”按钮，新建的组件就被装配到组件中了。

用同样的方法新建另外一个组件，在装配导航器中选择两者之间的关系。在新建的组件中建立几何模型，并建立工作组。

6.4.2 装配方法 2

首先在装配体中创建一个新的组件，它不含有任何的几何对象，然后使其成为工作组件，再在其中建立几何模型。

建立不含有几何对象的新组件的操作步骤如下：

1）打开一个文件。该文件可以是一个不含有几何对象的新文件，也可以是含有几何对象的几何体，或是装配组件的文件。

2）创建新的组件。选择“菜单”→“装配”→“组件”→“新建组件”选项，弹出“新建”对话框，如图 6-7 所示。选择添加到该组件的几何实体。由于创建的是不含几何对象的新组件，因此该处不选择几何对象。单击“确定”按钮，弹出“输入组件名称”对话框，在该对话框中输入组件的名称。

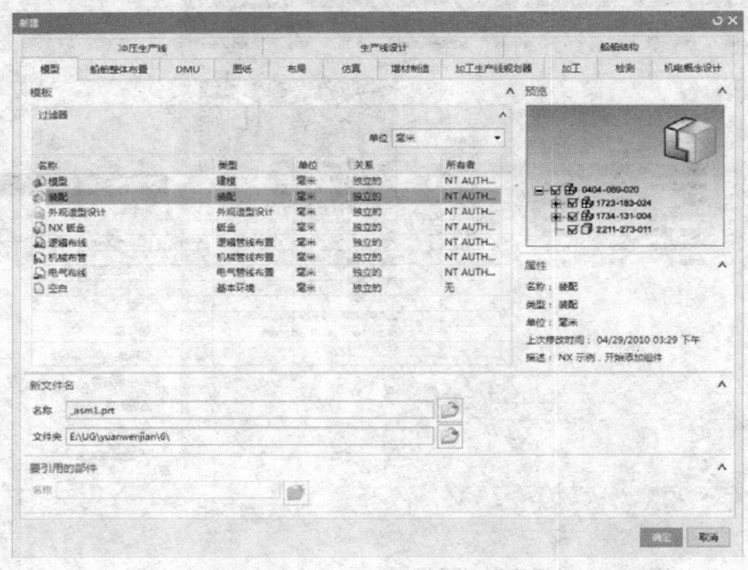

图 6-7 “新建”对话框

在新的组件产生后，由于其不含有任何的几何对象，因此装配图形没有什么变化，完成上面的步骤以后，“类”的对话框重新出现，再次提示选择对象到组件中，此时单击“取消”按钮，关闭对话框。

3）新组件几何对象的建立和编辑。

4）这时“类选择器”对话框出现，选择需要新加的几何模型，单击“确定”按钮。

5）在“创建新的组件”中输入名称。

6）选择“删除原来的”复选框。

7）单击“确定”按钮，新建的文件就被装配到配件中了。

8）单击，按上面的方法操作直到完成。

6.5 组件阵列

组件添加到装配体以后可以对部件进行删除、抑制、阵列、替换和重新定位等操作。选择“菜单”→“装配”→“组件”→“阵列组件”选项，弹出“阵列组件”对话框。

线性阵列：在图6-8所示的“阵列组件”对话框“布局”下拉列表中选择“线性”，它将创建线性阵列。在该对话框中可以进行如下设置：

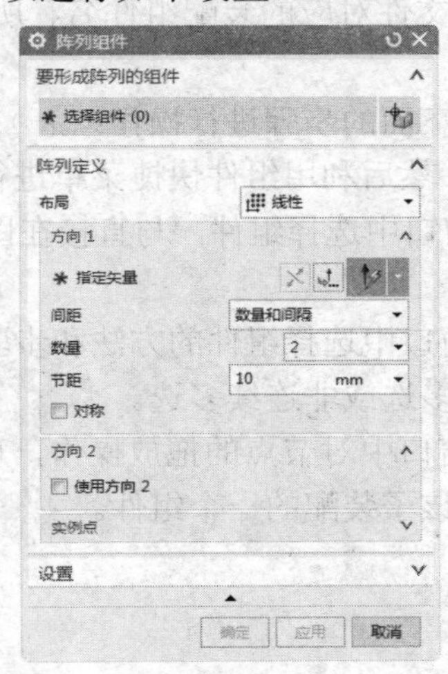

图6-8 “阵列组件”对话框

- 阵列定义：它可以定义方向和间距。
- 指定矢量：指定线性方向，按此方向进行阵列。
- 间距：间距的类型包括“数量和节距”“数量和跨距”“节距和跨距”。
- 数量：指定阵列组件的数量。
- 节距：每个阵列组件之间的距离。

圆形阵列：当“布局”选为“圆形”后，指定矢量和填写数量和节距角后，它将创建环形的阵列形式。

在这个对话框中可以分别定义圆形阵列的参数轴、阵列对象以及偏移的角度。

- 旋转轴：该选项用于定义阵列组件的矢量和指定点。
- 斜角方向：包括间距类型、数量和节距角。

6.6 装配导航器

6.6.1 概述

装配导航器是在另外一个独立的窗口中以树状方式显示装配结构，可对装配组件进行操作的一种工具。它可以通过单击图标，打开如图 6-9 所示“装配导航器”工作窗口。与其他的 CAD 类软件的特征树一样，装配导航器也有节点、分支等，可以方便地对组件进行操作。

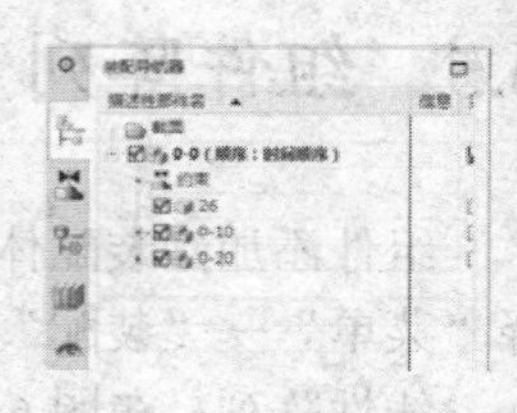

图 6-9 “装配导航器”工作窗口

在该工作窗口中，第一个节点表示顶层装配的组件，其下方的每一个节点均表示装配中的一个组件或部件，列出了组件名、该子装配所引用的组件数，以及组件文件对应的装配组件名、所引用的引用集名等。

对于装配导航器，可以按照下面的步骤进行操作：

1）一般是先选择某一节点，然后利用组件快捷菜单进行操作。

2）在“装配导航器”工作窗口中选择组件，与直接在图形显示的窗口中选择组件一样，被选择的组件将明显高亮度显示。

3）在“装配导航器”工作窗口中选择组件的方法和步骤，与在 Windows 资源管理器中选择文件夹一样，可单选、连续多选或非连续多选。

4）在“装配导航器”工作窗口中对节点的拖放操作，可以将一个组件移动到某一子装配中变成该子装配的一个组件。

6.6.2 装配导航器操作

如果将光标移动到装配树的一个节点，或选择若干个节点并单击右键，则弹出快捷菜单，其中提供了很多便捷选项，如图 6-10 所示。用户可以通过选择菜单中的选项来完成对导航器的操作。

图 6-10 节点快捷菜单

装配导航器具体操作选项如下：

- 设为工作部件：该选项是用于切换装配导航器中显示部件的方式。选择菜单中的“设为工作部件”选项，则在装配导航器中显示选择的部件，其余部件变为透明。
- 打包和解包：“打包”选项可以改变装配导航器显示群体的方式。在部件中多次添加同一个零件后，装配导航器中将出现多个零件图标，或者一个零件图标加上数量单位两种显示方式。如果此时快捷菜单中的选项为“打包”，选择后，装配导航器将改变为一个图标加上数量单位的形式。可再次单击右键，执行“解包”选项，就可以回到原来多个零件的图标。

- 隐藏：该选项可对零件进行隐藏操作。该选项的功能与“编辑”菜单中的“隐藏”选项的用法是相同的。当要隐藏绘图区内的零件时，可以单击装配导航器中的零件图标，此时系统将显示快捷菜单。如果选择的图标已经隐藏，快捷菜单中的选项将显示的是“显示”，选择后，隐藏的区域将显示在绘图区内；如果选择的图标未隐藏，则快捷菜单中显示的是“隐藏”选项。

装配导航器是对装配结构进行编辑的方便、有利的工具。装配导航器一旦建立，就可以利用装配导航器完成大部分的装配编辑工作，且操作简单、方便。

6.7 装配爆炸图

6.7.1 概述

“爆炸图”选项显示装配内部的零件，其中包括“新建爆炸”“恢复部件”“删除爆炸”和“显示爆炸”等选项，利用“新建爆炸”选项可构建一个用户所需的爆炸图，并且可以通过“编辑爆炸”“恢复部件”和“删除爆炸”等选项对爆炸图进行编辑，还可以通过“隐藏爆炸”和“显示爆炸”切换不同的爆炸图。

可以看到，原来组装在一起的零部件已经分为 单独的零件了，但是它们的装配关系保持不变。爆炸图和用户建立的视图一样，一旦建立，就可以作为单独的图形文件进行处理了。

爆炸图仍然遵循 UG 的单一数据库的规范，其操作仍然带有关联性，用户可以对爆炸图中的任意组件或者零件进行加工，它们都会直接反映到原来的装配图中并且发生相应变化，但是用户不能够爆炸装配部件中的实体，而且不能在当前模型中对爆炸图进行导入或是导出等操作。

“爆炸图”菜单可以通过选择“菜单”→“装配”→“爆炸图”选项打开，如图 6-11 所示。也可以使用“装配”菜单中的“爆炸图”组中的选项来创建和编辑爆炸图。对爆炸图的操作主要包括建立、编辑、不爆炸、删除、隐藏和显示操作。另外，用户还可以对组件等进行控制。

6.7.2 爆炸图的建立和编辑

1）建立爆炸图。选择“菜单”→“装配”→“爆炸图”→“新建爆炸”选项，系统将弹出如图 6-12 所示“新建爆炸”对话框，用户可以在对话框中输入爆炸图的名称，系统默认爆炸图的名称为 Explosion1。

爆炸图和非爆炸图之间的切换可以通过选择“菜单”→“装配”→“爆炸图”→“隐藏爆炸”选项来进行。如果选择“显示爆炸”选项，则返回爆炸图。

2）编辑爆炸图可以通过选择“菜单”→“装配”→“爆炸图”→“编辑爆炸”选项，

系统弹出如图 6-13 所示的”编辑爆炸“对话框，也可以通过装配导航器或者图形区直接选择要编辑的组件。选择爆炸图组件的方法主要有以下几种：

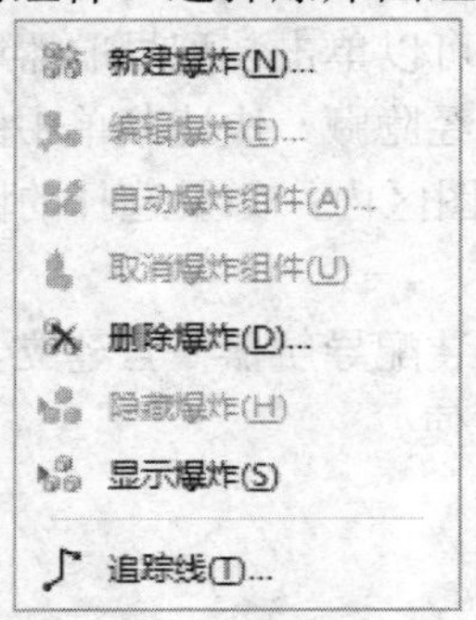

图 6-11 “爆炸图”菜单

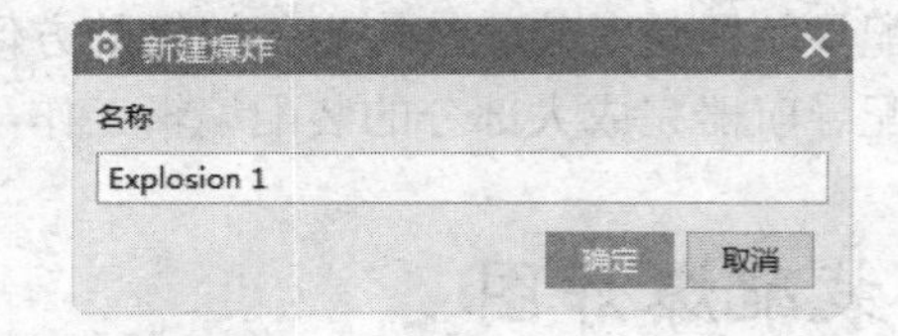

图 6-12 “新建爆炸”对话框

用鼠标的左键直接选择进行爆炸。

用 Shift＋左键选择多个连续的组件。

用 Ctrl＋左键选择多个不连续的组件进行爆炸。

选择完爆炸图组件以后，选择“移动对象”单选按钮，系统弹出如图 6-14 所示的对话框，用动态手柄可以拖动组件到合适的位置。完成编辑爆炸图参数设置后，单击“确定”按钮。如果对于编辑的结果不满意，可以单击“非爆炸”按钮使组件复原。

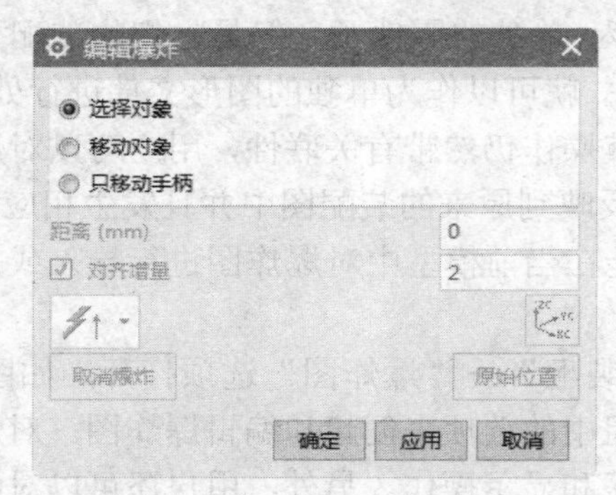

图 6-13 “编辑爆炸”对话框

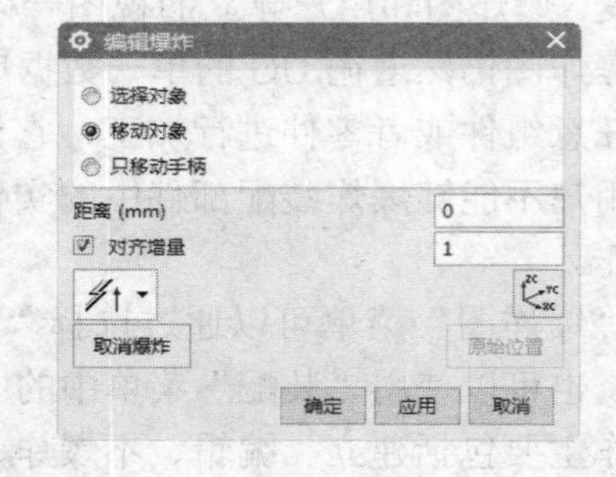

图 6-14 “编辑爆炸”对话框

6.8 装配检验

装配检验主要是检验装配体各个部件之间的干涉、距离、角度以及各相关的部件之间的主要的几何关系是不是满足要求的条件。

装配的干涉分析就是要分析装配中的各零部件之间的几何关系之间是否存在干涉现象，以确定装配是不是可行。

选择“菜单”→“分析”→“简单干涉”选项，系统弹出如图 6-15 所示“简单干涉”对话框。可以对已经装配好的对象检查它们之间的面，边缘等几何体之间的是否存在干涉现象。

6.9 实例操作

6.9.1 高速轴装配

本实例完成高速轴的装配，如图 6-16 所示。

图 6-15 “简单干涉”对话框

图 6-16 高速轴装配

【思路分析】

将已有的实体在 UG 装配环境下，通过一定的装配约束条件，将各个零件装配起来，其装配流程如图 6-17 所示。

图 6-17 高速轴的装配流程

【知识要点】

添加组件

【操作步骤】

1）选择“菜单”→“文件”→“新建”选项，弹出“新建”对话框，如图 6-18 所示。选择存盘文件的位置，输入文件的名称“0-10”，选择“装配”模板。完成后单击“确定”按钮。进入装配环境。

2）单击“主页”选项卡，选择“装配”组中的“组件”下拉菜单中的“添加”图标，弹出如图 6-19 所示的“添加组件”对话框。单击“打开”按钮，弹出“部件名”对话框，在存储器中选择文件名为“6”的轴部件，并且在对话框的右侧创建轴部件的预览，如图 6-20 所示。

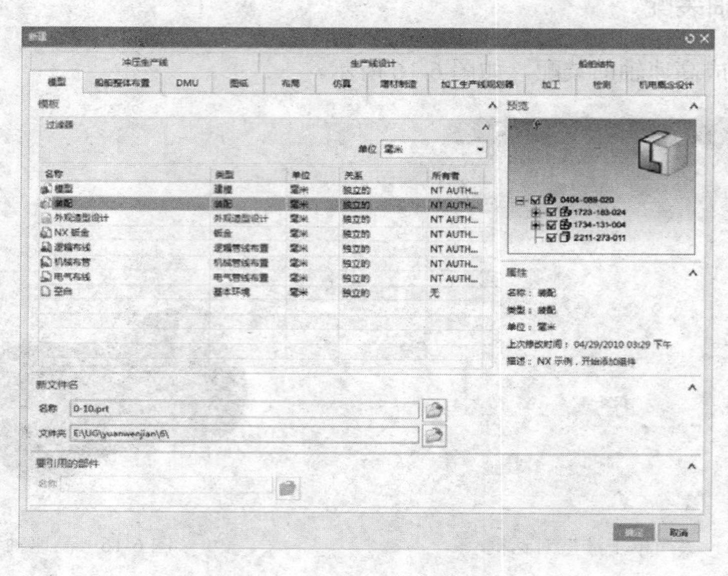

图 6-18 “新建”对话框

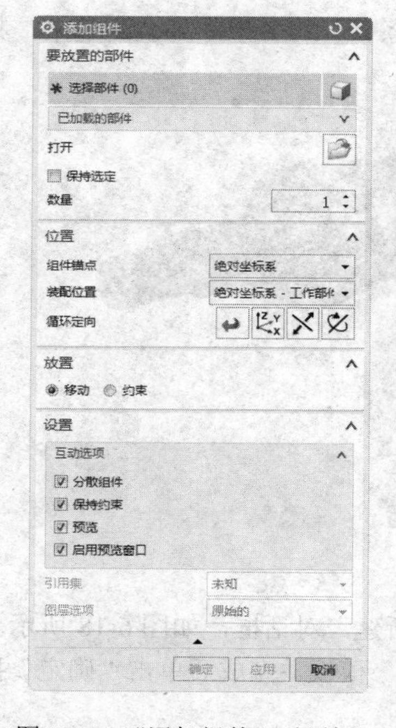

图 6-19 “添加组件”对话框

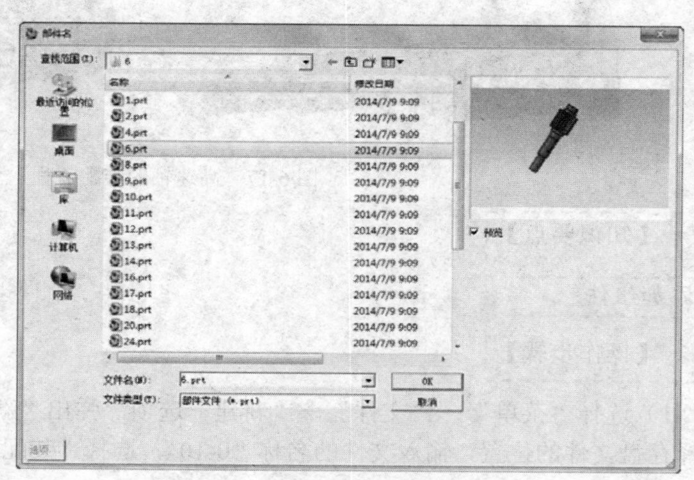

图 6-20 “部件名”对话框

3）单击“OK”按钮，返回“添加组件”对话框，在该对话框中保持默认的组件名“6”不变。在“装配位置”的下拉列表中选择“绝对坐标系-工作部件”选项，系统将按照绝对的定位方式确定部件在系统中的位置。在“图层选项”下拉列表中选择“原始的”选项，系统将保持部件原有的层的位置。完成轴组件设置后的“添加组件”对话框如图 6-21 所示，轴组件的预览如图 6-22 所示。单击“应用”按钮，部件被导入到装配体中。

4）单击“打开”按钮，弹出“部件名”对话框。在存储器中选择文件名为“24”的轴承部件，并且在对话框右侧创建预览。

5）单击“OK”按钮，返回“添加组件”对话框。轴承组件在预览区创建的预览如图 6-23 所示。在“放置”选项卡选择“约束”选项，在“约束类型”选项组中选择“接触对齐”，在“方位”下拉列表中选择“自动判断中心/轴”，完成轴承组件设置后的“添加组件”对话框如图 6-24 所示。在“组件预览”区中单击轴承的内孔作为相配组件的配对对象，如图 6-25 所示。

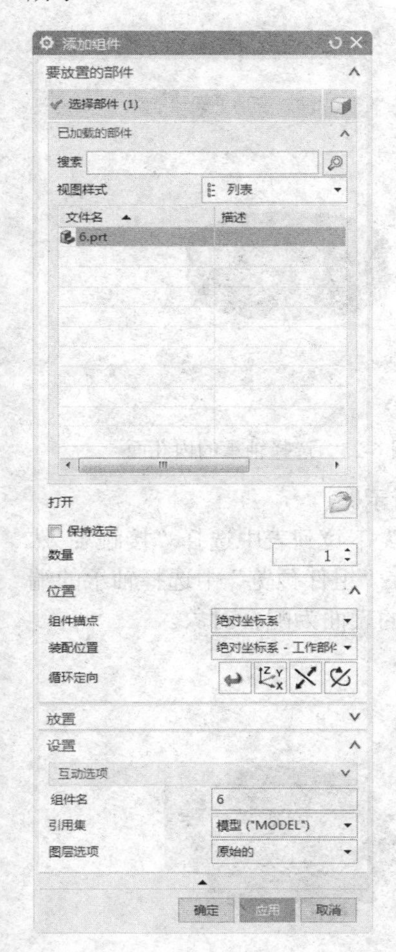

图 6-21 “添加组件”对话框 1

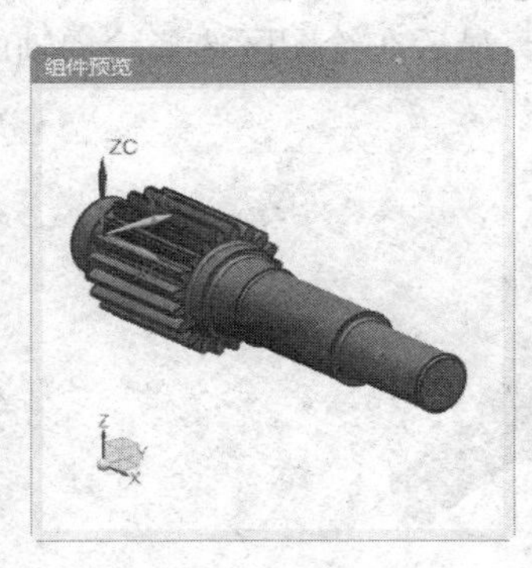

图 6-22 轴组件的预览

图 6-23 轴承组件预览

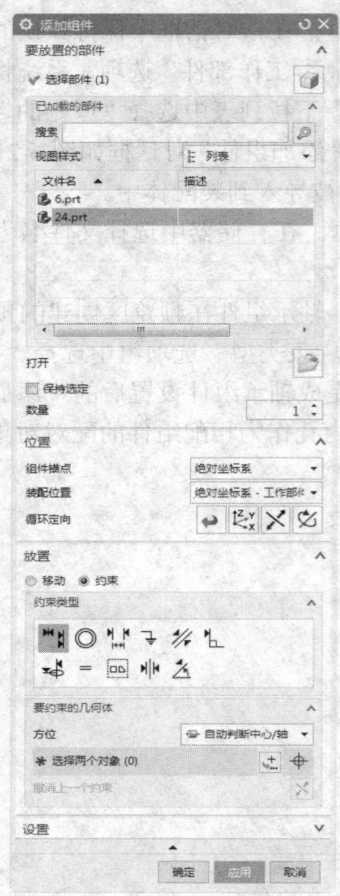

图 6-24 “添加组件”对话框 2

图 6-25 选择轴承的内孔面

6）在绘图区选择轴的圆柱面作为配合对象，如图 6-26 所示。

7）在对话框的中选择“接触对齐”约束类型，在“方位”下拉列表中选择“接触”；然后在绘图区选择轴的圆柱面作为配合对象，如图 6-27 所示。在“组件预览”中选择轴承的端面作为配合平面，如图 6-28 所示。最后在绘图区选择阶梯轴的表面为配合对象。

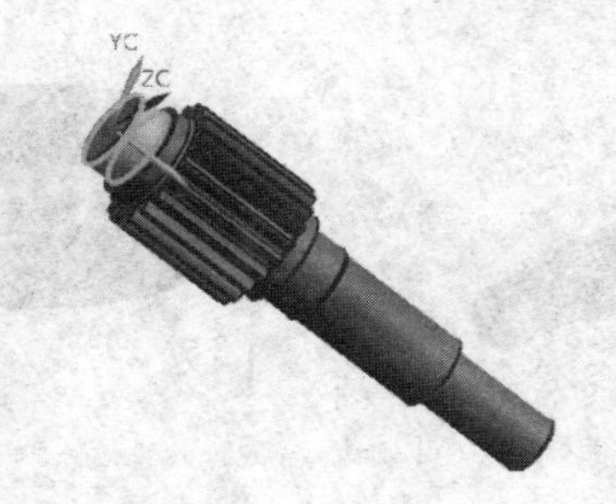

图 6-26 选择齿轮轴的圆柱面

图 6-27 选择轴的圆柱面

8）单击“确定”按钮，完成一个轴承与轴的配合，其效果如图 6-29 所示。

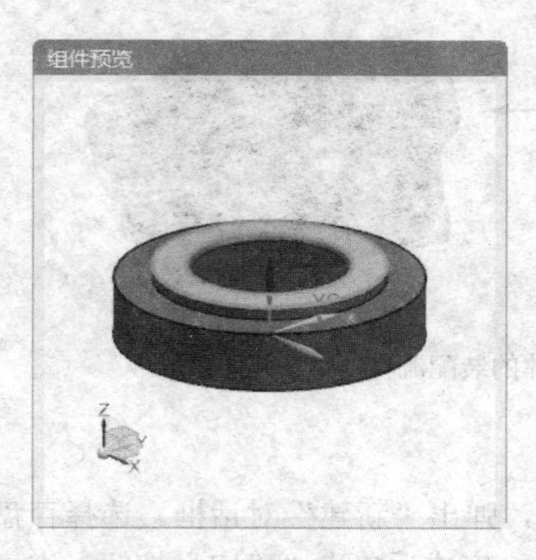

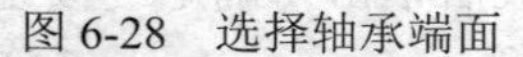

图 6-28　选择轴承端面

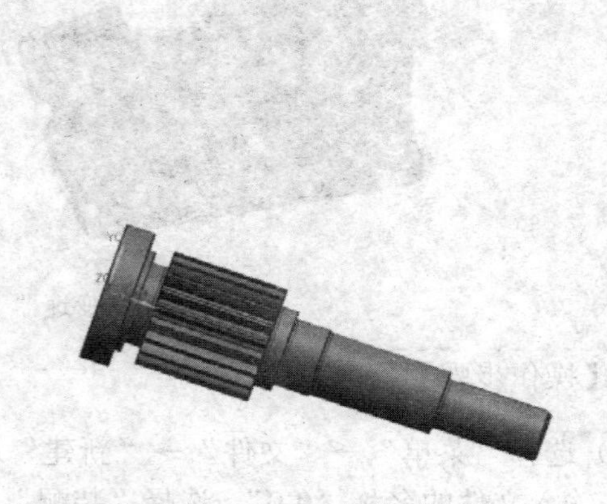

图 6-29　一个轴承与轴配合的效果图

9）按照相同的方法，装配高速轴和另外的轴承。选择轴承的端面和阶梯轴的端面“接触”，轴承的轴线和阶梯轴的轴线“自动判断中心/轴”，其效果如图 6-16 所示。

10）选择“菜单”→“文件”→“保存”选项，保存这个组件。

6.9.2　变速器下箱体装配

本实例完成变速器下箱体的装配，如图 6-30 所示。

图 6-30　变速器下箱体装配

【思路分析】

将已有的实体在 UG 装配环境下，通过一定的装配约束条件，将各个零件装配起来。其装配流程如图 6-31 所示。

【知识要点】

添加组件

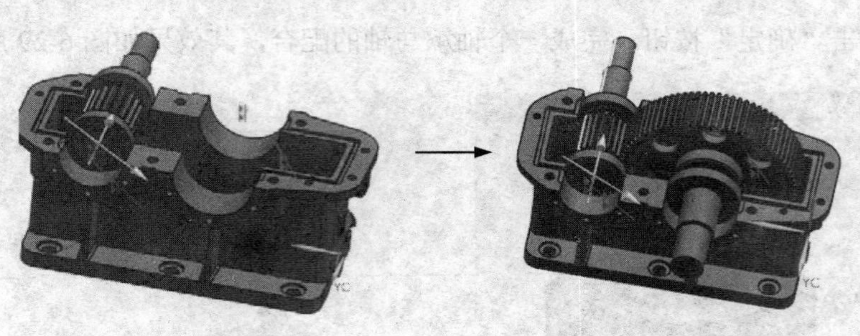

图 6-31　变速器下箱体的装配流程

【操作步骤】

1）选择“菜单”→“文件”→“新建”选项，弹出“新建”对话框。选择存盘文件的位置，输入文件的名称“0-0”，选择“装配”模板。完成后单击“确定”按钮，进入对实体进行装配的环境。

2）单击“主页”选项卡，选择“装配”组中的“添加”图标，弹出“添加组件”对话框，如图 6-32 所示。单击“打开”按钮，弹出“部件名”对话框 1，如图 6-33 所示。在存储器中选择文件名为“26”部件。

图 6-32　“添加组件”对话框

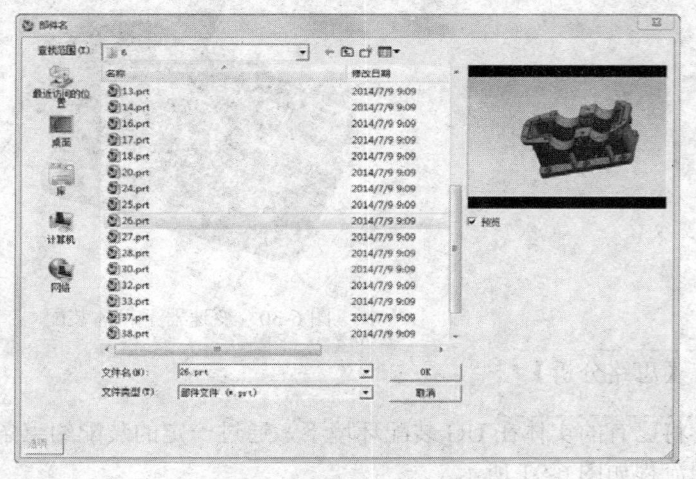

图 6-33　“部件名”对话框 1

3）单击“OK”按钮后系统返回“添加组件”对话框，在该对话框中保持默认的组件名“26”不变。在“装配位置”的下拉列表中选择“绝对坐标系-工作部件”选项，系统将按照绝对的定位方式确定部件在系统中的位置，同时出现组件预览 1，如图 6-34 所示。在“图层选项”下拉列表中选择“原始的”选项，系统将保持部件的原有的层的位置。单击“应用”按钮，组件被导入到装配体中。

4）单击“打开”按钮，弹出图 6-35 所示“部件名”对话框 2，在存储器中选择“0-10”零件，单击鼠标右键创建预览。

5）单击“OK”按钮，返回“添加组件”对话框。组件在预览区创建的预览 2 如图 6-36 所示。在“引用集”下拉列表中选择“模型”选项，在“放置”选项卡中选择“约束”选项。系统将按照配对的条件确定部件在装配体中的位置。在“约束类型”选项组中选择“接触对齐”约束类型，在“方位”下拉列表中选择“自动判断中心/轴”，完成设置后的“添加组件”对话框 3 如图 6-37 所示。

6）在“组件预览”中选择轴承的外圆柱面作为相配组件的配对对象，如图 6-38 所示。在绘图区选择机座的小半圆槽面作为基础组件配合对象，如图 6-39 所示。单击“应用”按钮。

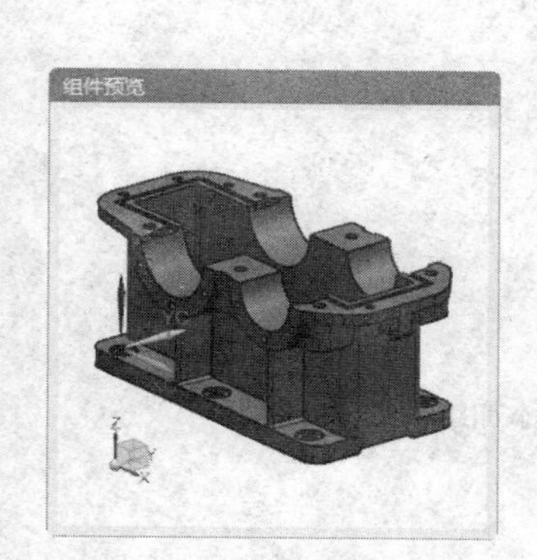

图 6-34　组件预览 1

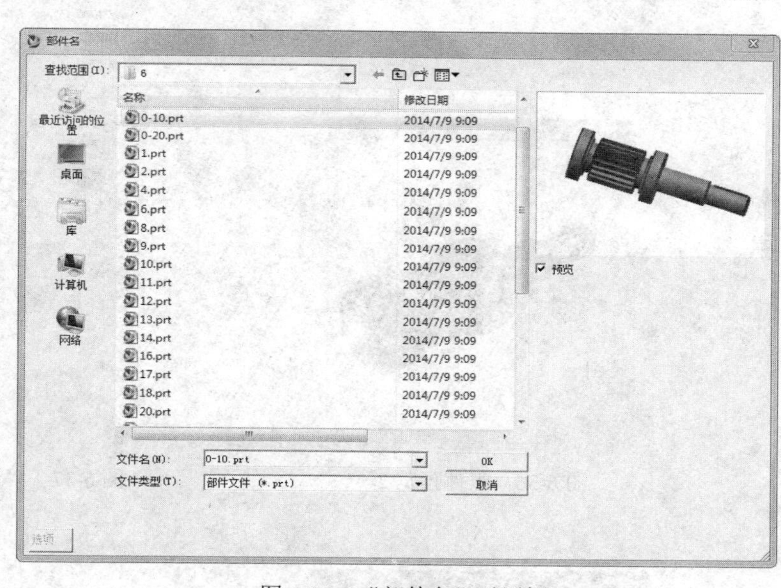

图 6-35　“部件名”对话框 2

7）在“添加组件”对话框中选择“接触对齐”约束类型，在“方位”下拉列表中选择“对齐”，在“组件预览”中选择轴承的端面作为配合平面，如图 6-40 所示，然后在绘图区选择下箱体的内表面的配合对象，如图 6-41 所示。单击“确定”按钮，完成高速轴与下箱体的配合，其效果如图 6-42 所示。

8）单击“确定”按钮，返回“添加组件”对话框，在列表中选择名称为“0-20”的低速轴组件，单击“确定”按钮，添加已有的组件，保持其设置不变，单击“确定”按钮，弹出“配对”对话框。

9）按照相同的方法，装配低速轴组件。选择轴承的端面和基座内表面为“接触对齐”，轴承的轴线和基座圆槽面轴线为“自动判断中心/轴”，其效果如图 6-43 所示。

图 6-36　组件预览 2

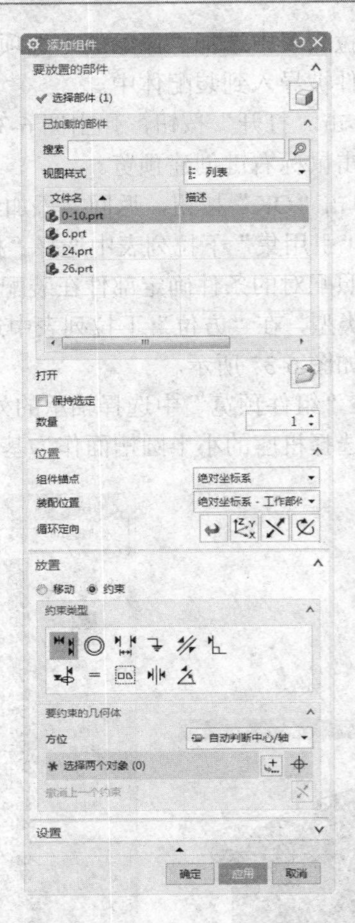

图 6-37　“添加组件”对话框 3

图 6-38　选择轴承的外圆柱面

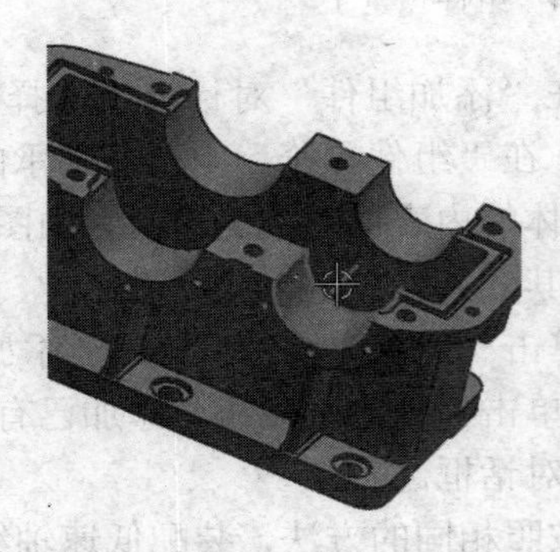

图 6-39　选择机座的小半圆槽面

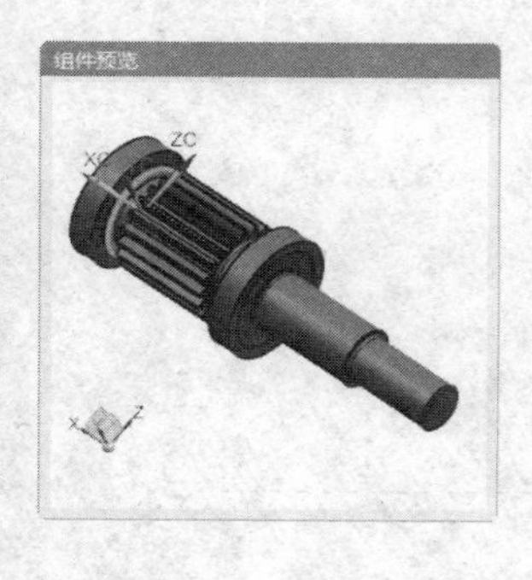

图 6-40　选择轴承端面

图 6-41　选择下箱体的内表面

图 6-42　高速轴与下箱体配合的效果图

图 6-43　装配低速轴组件的效果图

6.10　练习题

1．如图 6-44 所示，由已有的组件创建装配模型。

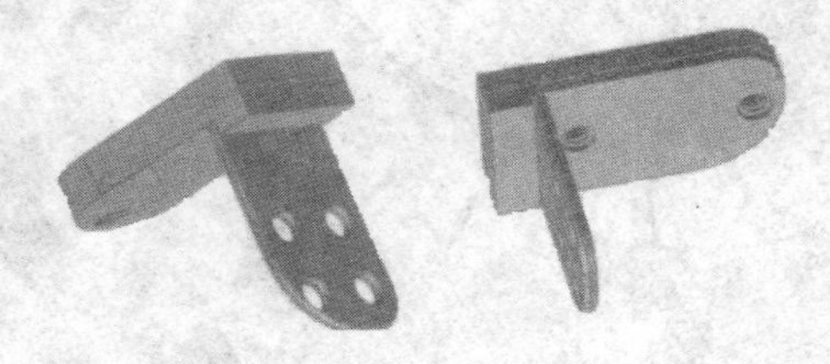

图 6-44　练习 1

2．如图 6-45 所示，由已有的组件创建装配模型。

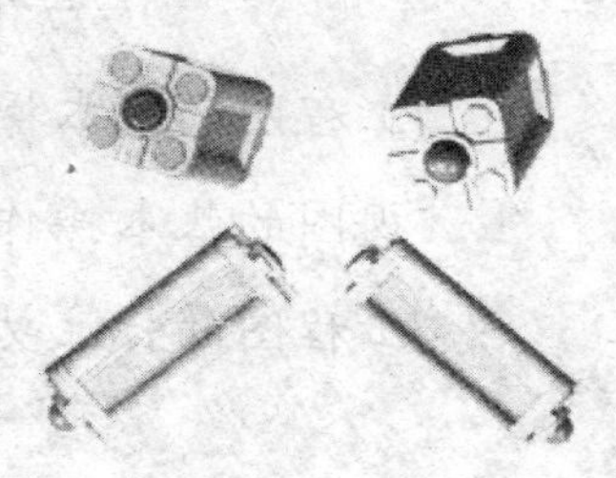

图 6-45　练习 2

第 7 章　工程图

通过前面几章的学习，我们已经掌握了三维实体零件和装配模型的创建方法，本章将讲解如何利用这些三维图快速生成二维的工程图。由于 UG 的工程图是基于 UG 实体建模的模块，因此工程图与三维实体模型是完全关联的，实体模型的尺寸、形状和位置的任何改变，都会同时引起二维工程图发生改变。

学习要点

- 工程图的基本操作
- 视图的基本操作
- 工程图的标注功能

7.1 进入工程图

进入工程图有两种方式：

1）选择“菜单”→“文件”→“新建”选项，弹出“新建”对话框，如图 7-1 所示。

在对话框中选择“图纸”选项卡，并在列表中选择模板。输入要创建的文件名称，输入要存储文件的文件夹路径，单击“确定”按钮，进入工程图环境。

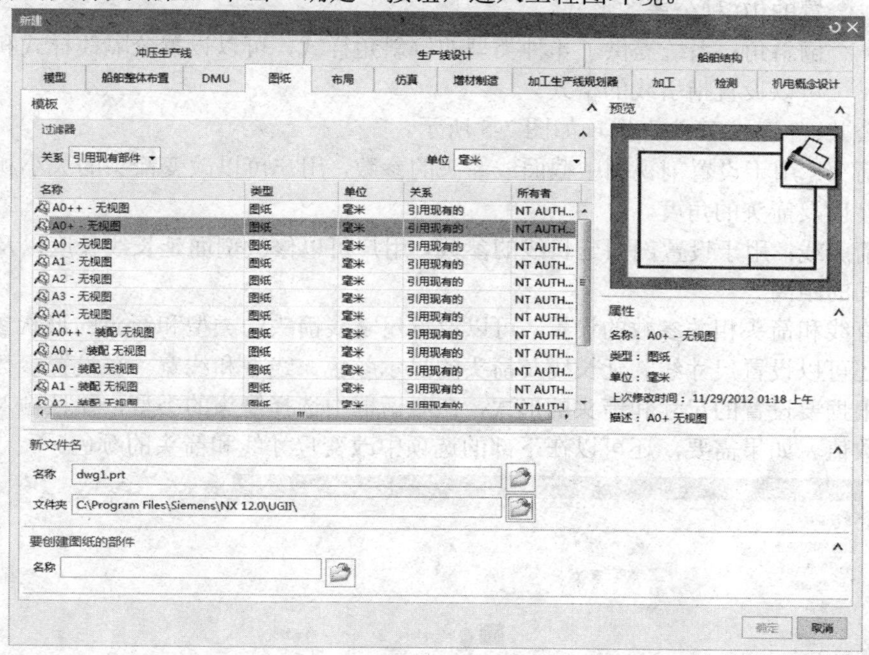

图 7-1 “新建”对话框

2）单击“文件”选项卡，选择“应用模块”中的“制图”选项，进入工程图环境。

7.1.1 工程图参数设置

当用户进入工程图环境后，在“首选项”下会出现一些关于工程图的参数设置的选项，用户需要对制图环境的参数进行设置，以便进行相关的工程图操作。

7.1.2 制图参数设置

制图首选项的设置是对包括尺寸参数、文字参数、单位和视图参数等制图注释参数的预设置。选择“菜单”→“首选项”→“制图”选项，系统弹出如图 7-2 所示“制图首选项”对话框。该对话框中包含了 11 个选项卡，用户选择相应的选项卡，对话框中就会出现相应的选项。

下面介绍几种常用参数的设置方法。

■ 尺寸：设置与尺寸相关的参数时，根据标注尺寸的需要，用户可以利用对话框中上部的尺寸和直线/箭头工具条进行设置。在尺寸设置中主要有以下几个设置选项。

- ➢ 尺寸线：根据标注的尺寸的需要，选择箭头之间是否有线，或者修剪尺寸线。
- ➢ 方向和位置：在下拉列表中可以选择 5 种文本的放置位置，如图 7-3 所示。
- ➢ 公差文本：可以设置最高 6 位的精度和 10 种类型的公差，图 7-4 所示为可以设置的 10 种公差的形式。
- ➢ 倒斜角：系统提供了 4 种类型的倒斜角样式，可以设置分隔线样式和间隔，也可以设置指引线的格式。

■ 公共：“直线/箭头”选项如图 7-5 所示。

- ➢ 箭头：用于设置剖视图中截面线箭头的参数，用户可以改变箭头的大小和箭头的长度以及箭头的角度。
- ➢ 箭头线：用于设置剖面延长线的参数。用户可以修改剖面延长线长度以及图形框之间的距离。
- ➢ 直线和箭头相关参数的设置。可以设置尺寸线箭头的类型和箭头的形状参数，同时还可以设置尺寸线、延长线及箭头的显示颜色、线型和线宽。在设置参数时，用户根据要设置的尺寸和箭头的形式，在对话框中选择箭头的类型，并且输入箭头的参数值。如果需要，还可以在下部的选项中改变尺寸线和箭头的颜色。

图 7-2 “制图首选项”对话框

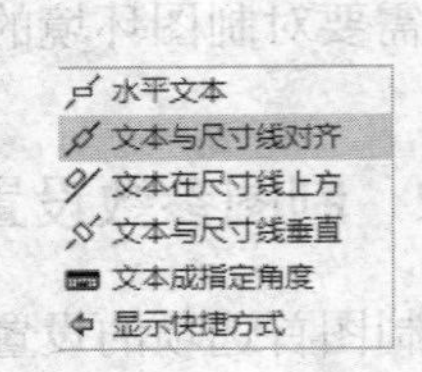

图 7-3 文本的放置位置

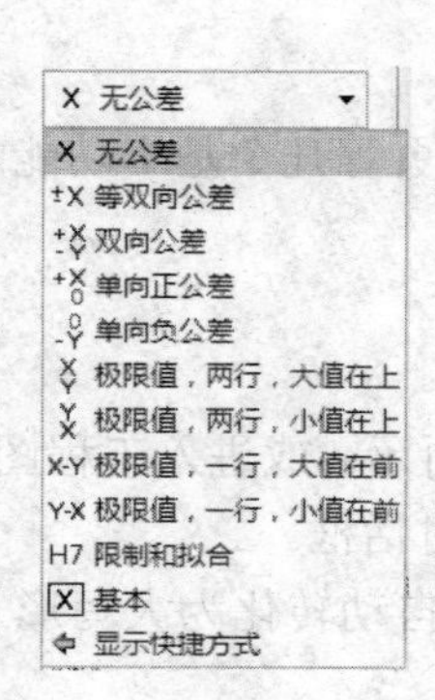

图 7-4　10 种公差形式

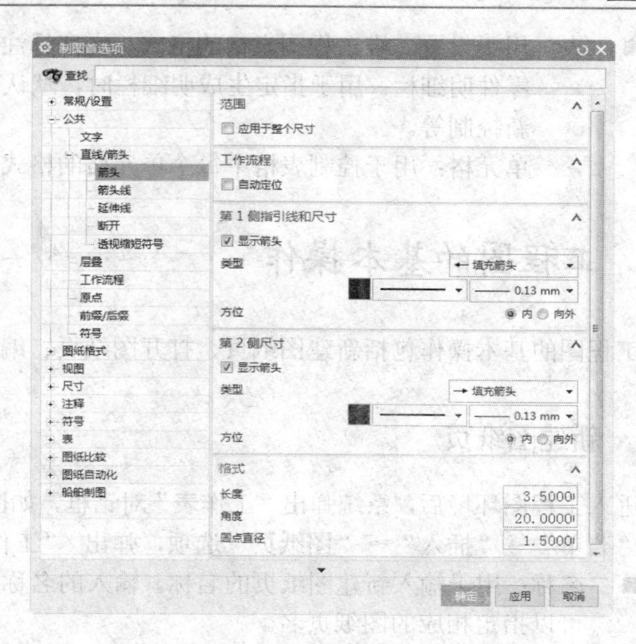

图 7-5　“直线/箭头”选项

➢　符号：符号参数选项可以设置符号的颜色、线型和线宽等参数。

■　注释：用于设置各种标注的颜色、线条和线宽。

➢　剖面线/区域填充：用于设置各种填充线/剖面线样式和类型，并且可以设置角度和线型。在此选项中设置了区域内应该填充的图形以及比例和角度等，如图 7-6 所示。

图 7-6　“剖面线/区域填充”选项

- 表：用于设置二维工程图表格的格式、文字标注等参数。
  - 零件明细栏：用于指定生成明细栏时，默认的符号、标号顺序、排列顺序和更新控制等。
  - 单元格：用于控制表格中每个单元格的格式、内容和边界线设置等。

7.2 工程图的基本操作

工程图的基本操作包括新建图纸页、打开图纸页、编辑图纸页等几个基本功能。

7.2.1 新建图纸页

进入工程图环境后，系统弹出“工作表”对话框，如图 7-7 所示。或进入工程图环境后，选择“菜单”→“插入”→“图纸页”选项，弹出 “工作表”对话框。

- 名称：用于输入新建图纸页的名称。输入的名称由系统自动转化为大写形式。用户可以指定相应的图纸页名。
- 大小 A0 - 841 x 1189：用于指定图纸的尺寸规格。可在 A0 - 841 x 1189 的下拉列表中选择所需的标准图纸号，也可在“高度”和“长度”文本框中输入用户自己的图纸尺寸。图纸尺寸随所选单位的不同而不同，如果选择“英寸”，则为英寸规格；如果选择“毫米”，则为米制规格。
- 比例：用于设置工程图中各类视图的比例大小，系统默认的设置比例为 1:1。
- 投影：用于设置视图的投影角度方式。系统提供了两种投影角度：第一角投影和第三角投影。

图 7-7 “工作表”对话框

7.2.2 编辑图纸

进入工程图环境后，选择“菜单”→“编辑”→“图纸页”选项，弹出 “工作表”对话框。

可按上节介绍创建图纸页的方法，在该对话框中修改已有的图纸页名称、尺寸、比例和单位等参数。修改完成后，系统就会以新的图纸页参数来更新已有的图纸页。在图纸导航器中选择要编辑的片体，单击鼠标右键，选择“编辑图纸页”也可打开相同的对话框。

7.3 视图的基本操作

绘制各种投影视图是工程图模块中最重要的功能。工程图模块拥有各种视图管理功能，如添加视图、移除视图、移动或复制视图、对齐视图和编辑视图等。利用这些功能，用户可以方便地建立所需的工程图。

7.3.1 基本视图

选择“菜单”→“插入”→“视图”→“基本”选项，弹出如图 7-8 所示的“基本视图”对话框。在要使用的“模型视图”下拉列表中，用户可以选择所需的模型视图。

模型视图指部件模型的各种向视图和轴测图，包括俯视图、仰视图、主视图、后视图、右视图、左视图、正等测图和正三轴测图。这些视图可添加到工程图中作基本视图，并可通过正交投影生成其他视图。

- 要使用的模型视图：用于设置向图纸中添加何种类型的视图。其下拉列表提供了“俯视图”“前视图”“右视图”“后视图”“仰视图”“左视图”“正等测图”和“正三轴测图”八种类型的视图。
- 定向视图工具：单击该图标，弹出如图 7-9 所示的“定向视图工具”对话框。该对话框用于自由旋转、寻找合适的视角、设置关联方位视图和实时预览。设置完成后，单击鼠标中键就可以放置基本视图。
- 比例：用于设置图纸中的视图比例。

图 7-8 “基本视图”对话框

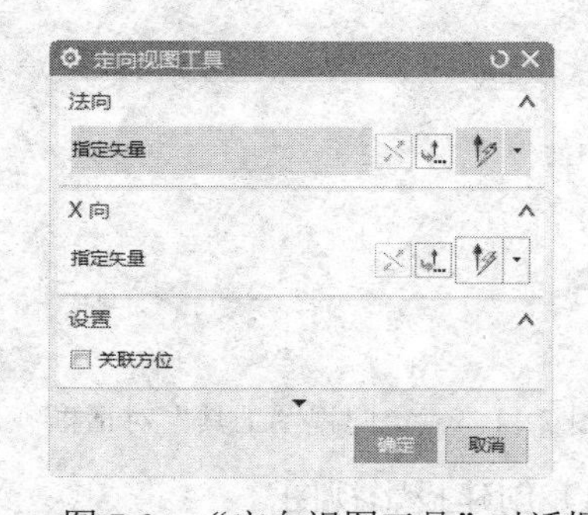

图 7-9 “定向视图工具”对话框

【例 7-1】 以创建图 7-10 所示轴的基本视图为例，讲述基本视图的创建步骤。

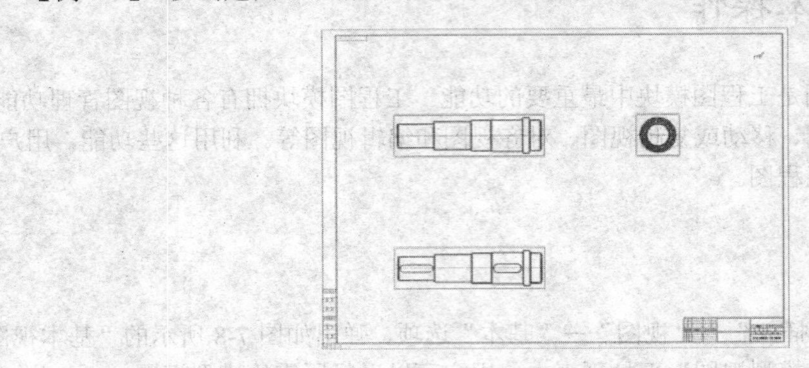

图 7-10 轴基本视图

（1）打开文件。选择“菜单”→“文件”→“打开”选项，或者单击“主页”选项卡，选择“标准”组中的图标，弹出“打开”对话框。选择轴零件，单击“OK”按钮，进入建模环境。

（2）新建文件。选择“菜单”→“文件”→“新建”选项，或者单击“主页”选项卡，选择“标准”组中的图标，弹出“新建”对话框，在“模板”列表框中选择“A1-无视图”，输入“zhou_dwg1”，单击“确定”按钮，进入建模环境。

（3）添加基本视图。

1）选择“菜单”→“插入”→“视图”→“基本”选项，弹出如图 7-8 所示的“基本视图”对话框。

2）单击“定向视图工具”按钮，弹出如图 7-11 所示的“定向视图工具”对话框。在 X 向“指定矢量”下拉列表中选择 XC 轴，并单击“反向”按钮，单击“确定”按钮。

3）此时在窗口中出现所选视图的边框，拖曳视图到窗口的左下方，单击“确定”按钮，则将此视图定位到图样中，即为三视图中的俯视图，如图 7-12 所示。

图 7-11 “定向视图工具”对话框

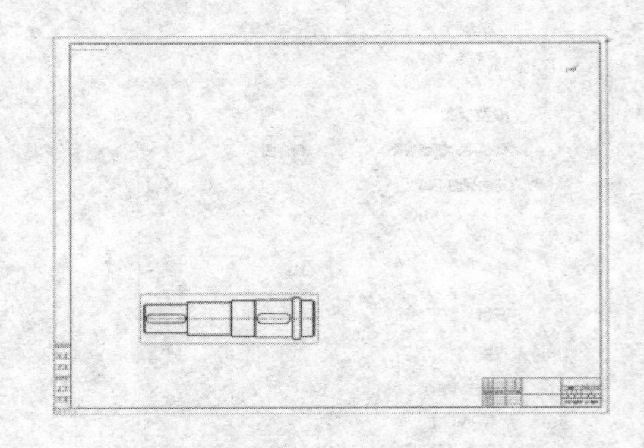

图 7-12 创建俯视图

（4）创建投影视图。

1）单击“主页”选项卡，选择“视图”组中的“投影视图”图标，弹出“投影视图”

对话框，如图 7-13 所示。

2）在图样中单击俯视图作为正交投影的父视图。

3）此时出现正交投影视图的边框，沿垂直方向拖曳视图，在合适位置处单击，将正交投影图定位到图样中，以此视图作为三视图中的正视图，如图 7-14 所示。

4）以同样的方法创建右视图，最终的三视图效果如图 7-10 所示。

技巧：

上述方法可能无法修改背景颜色，另一种方法是在打开轴零件后，可以单击“文件”选项卡，选择“应用模块”→“制图”，进入工程图环境后，在“主页”选项卡中选择“新建图纸页”，选择模板“A1-无视图”后，可以打开“文件”选项卡，选择“首选项”→“背景”就可以更改背景颜色。

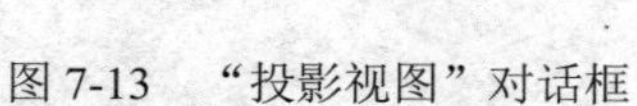
图 7-13　“投影视图”对话框

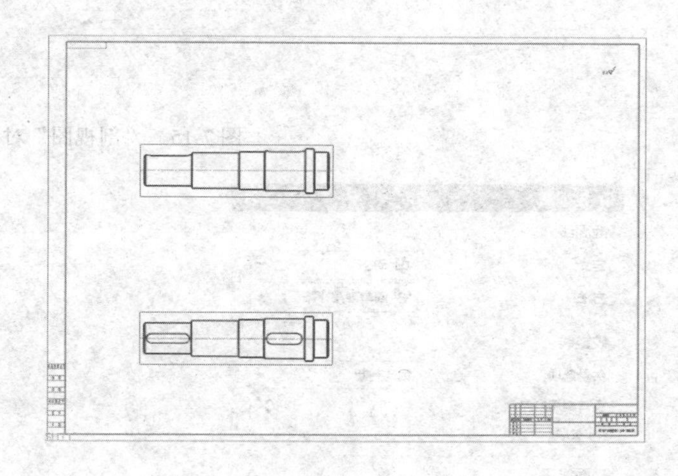
图 7-14　创建正视图

7.3.2　剖视图

单击“主页”选项卡，选择“视图”组中的：剖视图：图标，弹出“剖视图”对话框，如图 7-15 所示。选择合适的模型视图和合适的方向即可创建简单剖视图。

【例 7-2】 在例 7-1 的基础上创建轴的剖视图。

具体操作步骤如下：

（1）创建剖视图。

1）单击“主页”选项卡，选择“视图”组中的“剖视图”图标，弹出“剖视图”对话框，选择“简单剖/阶梯剖”方法，如图 7-16 所示。选择图 7-17 所示的位置和方向作为剖切线的位置和方向。

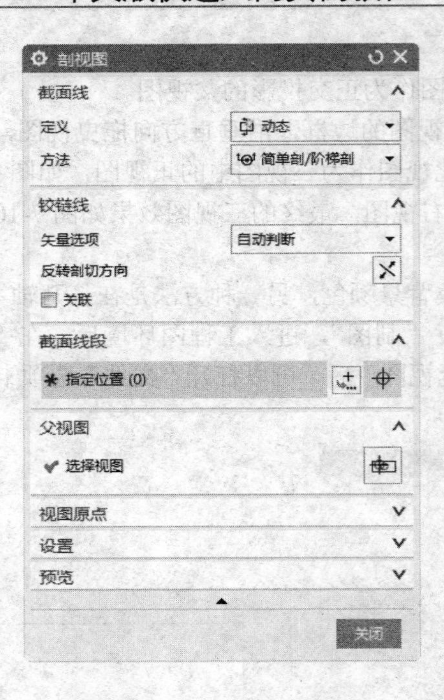

图 7-15 “剖视图”对话框

图 7-16 “剖视图”对话框

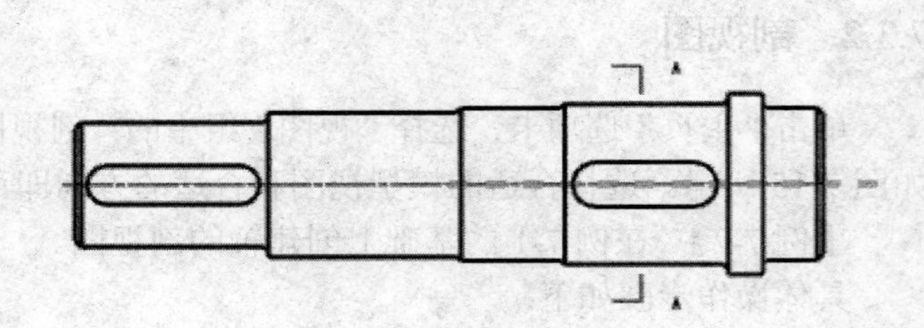

图 7-17 选择剖切线的位置和方向

2）沿水平方向移动鼠标，拖曳剖切视图到理想位置单击，将简单剖视图定位在图样中，效果如图 7-18 所示。

（2）修改标签。

1）将光标置于剖视图标签处单击，将其选中，再单击鼠标右键，弹出如图 7-19 所示的快捷菜单 1.选择其中的“设置”选项，弹出“设置”对话框，如图 7-20 所示。

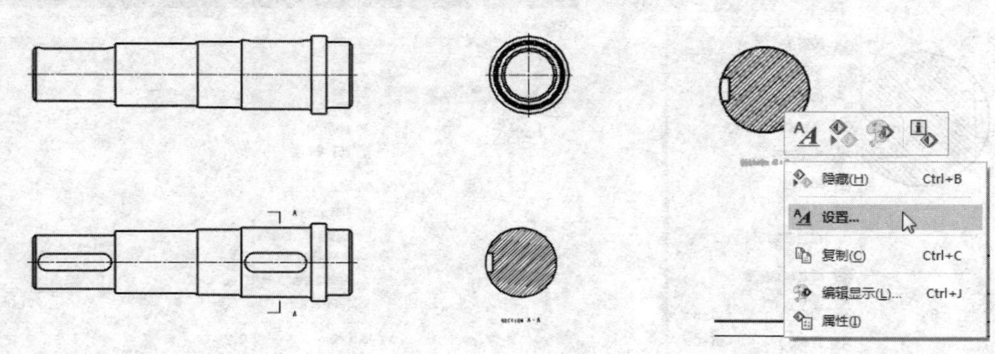

图 7-18　创建简单剖视图　　　　图 7-19　快捷菜单 1

2）在对话框中，选择“表区域驱动”→“标签”，然后将“前缀”文本框中的默认字符删除，“位置”设置为“上面”，其他参数保持默认。单击“确定”按钮，图样中的剖视图标签变为“A-A”，如图 7-21 所示。

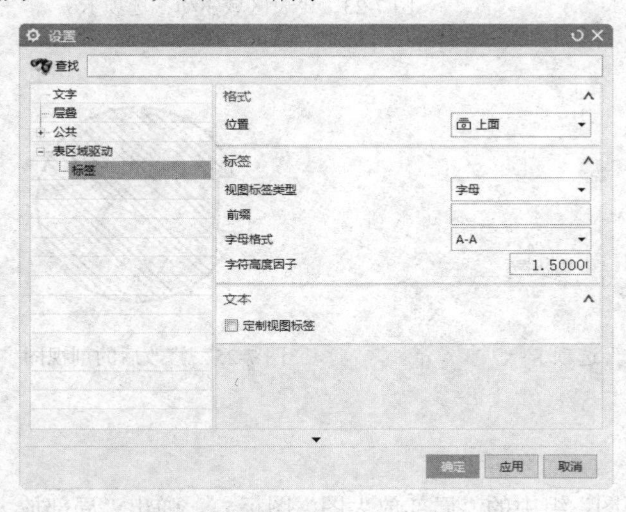

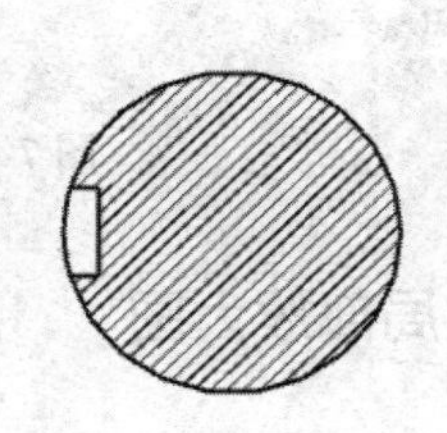

图 7-20　“设置”对话框　　　　图 7-21　修改后的视图标签

（3）修改剖视图。

1）将光标放置于剖视图附近，待光标改变了状态时，单击将其选中，然后右击，弹出如图 7-22 所示的快捷菜单 2，选择其中的“设置”选项，弹出“设置”对话框。

2）在对话框中选择“表区域驱动”→“设置”，取消选择“显示背景”复选框，如图 7-23 所示。

3）选择“设置”对话框的“继承”选项卡，如图 7-24 所示。则以后再产生的视图样式

将继承此参数。

4）单击“确定”按钮，则剖视图不显示背景投影线框，如图 7-25 所示。

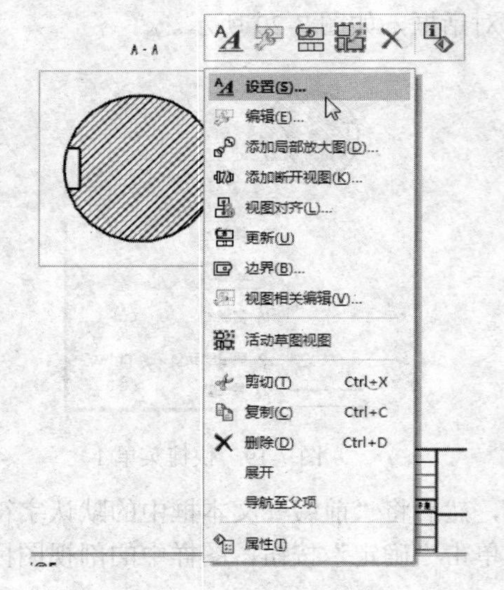

图 7-22　快捷菜单 2

图 7-23　“表区域驱动”选项卡

图 7-24　“继承”选项卡

图 7-25　修改后的剖视图

7.3.3　局部放大图

单击“主页”选项卡，选择“视图”组中的“局部放大图”图标，弹出“局部放大图”对话框，如图 7-26 所示。

下面介绍其中主要选项的用法：

■　按拐角绘制矩形：该类型用于指定视图的矩形边界。用户可以通过选择矩形中心点和边界点来定义矩形大小，同时可以通过拖动光标来定义视图边界大小。

■　圆形：该类型用于指定视图的圆形边界。用户可以选择圆形中心点和边界点来定义圆形大小，同时可以拖动光标来定义视图边界大小。

局部放大图如图 7-27 所示。

7.3.4 局部剖视图

单击“主页”选项卡，选择“视图”组中的“局部剖视图”图标，弹出如图 7-28 所示“局部剖”对话框。

图 7-26 “局部放大图”对话框

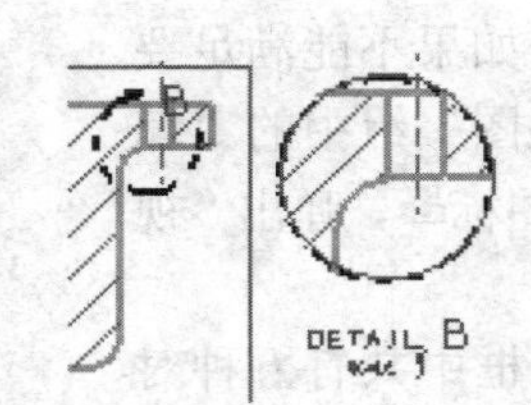

图 7-27 局部放大图

图 7-28 “局部剖”对话框

（1）创建局部剖视图。

1）选择视图。当系统弹出图 7-28 所示的对话框时，选择视图图标自动激活，并提示选择视图。用户可在绘图区中选择已建立局部剖视边界的视图作为视图。

2）指出基点。基点是用于指定剖切位置的点。选择视图后，指定基点图标被激活，对话框的视图列表框会变为点创建功能选项。在与局部剖视图相关的投影视图中，用点功能选项选择一点作为基点，来指定局部剖视的剖切位置。但是，基点不能选择局部剖视图中的点，而要选择其他视图中的点。

3）指出拉伸矢量：指定了基点位置后，指出拉伸矢量图标被激活，这时绘图区中会显示默认的投影方向，用户可以接受默认方向，也可用矢量功能选项指定其他方向作为投影方向，如果要求的方向与默认方向相反，则可选择“矢量反向”选项使之反向。

4）选择曲线。边界是局部剖视图的剖切范围。可以单击对话框中的“链”按钮选择剖切面，也可直接在图形中选择。

5）修改边界曲线。选择了局部剖视边界后，修改边界曲线的图标被激活。如果选择的边界不理想，可利用该步骤对其进行编辑修改。

局部剖视图与其他剖视图的操作是不同的，局部剖视图是在存在的视图中产生，而不是产生新的剖视图。

（2）编辑局部剖视图。编辑局部剖视图时，首先应选择需要编辑的视图（可在各视图中选择已进行的局部剖切的剖视图），完成选择后，对话框中的指定基点、指定投影方向、选择边界和编辑边界图标同时激活。此时可根据需要修改的内容选择相应图标，按创建剖视图时介绍的方法进行编辑修改。完成局部剖视图的修改后，则局部剖视图会按修改后的内容得到更新。

（3）删除局部剖视图。用户在绘图区中选择已建立的局部剖视图，则系统会删除所选的局部剖视图。

7.3.5 视图对齐

在 UG NX 12.0 中可以在单个视图上拖动视图边界，系统会自动判断用户的意图，显示可能对齐的方式。把视图拖动到适当的位置，放下视图，系统能够自动判断中心对齐、边对齐等多种对齐方式，基本上可以满足用户对于视图放置的要求。如果不能满足要求，单击“主页”选项卡，选择“视图”组中的“编辑视图”下拉菜单中的“视图对齐”图标，弹出“视图对齐”对话框，如图 7-29 所示。

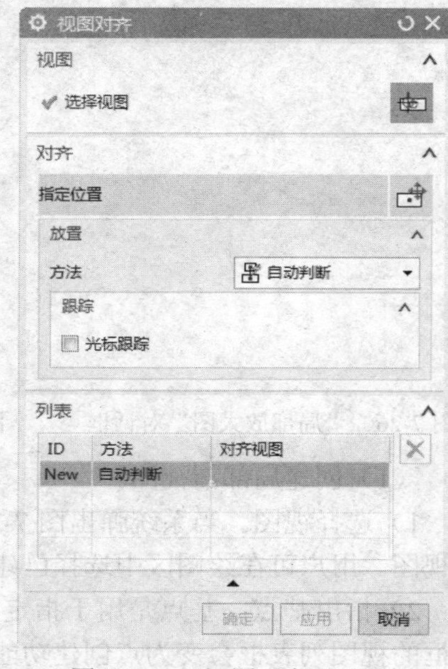

图 7-29 “视图对齐”对话框

- 方法：在“视图对齐”对话框中共有五种对齐方法：
  - 叠加（）：重叠放置两幅视图。
  - 水平（）：水平放置两幅视图。
  - 竖直（）：垂直对齐两幅视图。
  - 垂直于直线（）：两幅视图都和一条指定直线正交对齐。
  - 自动判断（）：自动推断两幅视图可能的对齐方式。
- 对齐：在“视图对齐”对话框中可以选择三种对齐方式：
  - 模型点：使用模型上的点对齐视图。
  - 对齐至视图：使用视图中心点对齐视图。
  - 点到点：移动视图上的一个点到另一个指定点来对齐视图。

7.4 工程图的标注功能

UG NX 12.0 支持多种尺寸和文本标注方法，提供了快捷的修改方式。使用全新的操作环境可以更好地与国家标准制图环境匹配。

7.4.1 尺寸标注

尺寸标注用于标识对象的尺寸大小。由于 UG 工程图模块和三维实体造型模块是完全关联的，因此，在工程图中进行标注尺寸就是直接引用三维模型真实的尺寸，具有实际的含义，无法像二维软件中的尺寸一样可以进行改动，如果要改动零件中的某个尺寸参数，需要在三维实体中修改。如果三维模型被修改，工程图中的相应尺寸会自动更新，从而保证了工程图与模型的一致性。

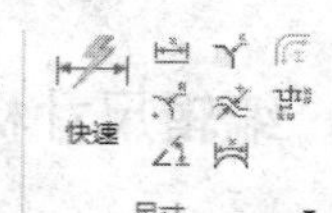

图 7-30 “尺寸”组

“尺寸”组中共包含九种尺寸类型（其余类型可以在“测量”→“方法”中选择），如图 7-30 所示。

该组用于选择尺寸的标注样式和标注符号。在标注尺寸前，先要选择尺寸的类型。下面介绍该组中所包含尺寸标注类型。

- 快速：可用单个选项和一组基本选择项从一组常规、好用的尺寸类型快速创建不同的尺寸。以下为“快速尺寸”对话框中的各种“测量”→“方法”：
  - 自动判断：由系统自动推断出选用哪种尺寸标注类型进行尺寸标注。
  - 水平：用于标注工程图中所选对象间的水平尺寸。
  - 竖直：用于标注工程图中所选对象间的垂直尺寸。
  - 斜角：用于标注工程图中所选两直线之间的角度。
  - 点到点：用于标注工程图中所选对象间的平行尺寸。
  - 垂直：用于标注工程图中所选点到直线（或中心线）的垂直尺寸。
  - 圆柱式：用于标注工程图中所选圆柱对象之间的直径尺寸。
- 倒斜角：用于标注对于国标的 45º 倒角的标注。
- 线性：可将六种不同线性尺寸中的一种创建为独立尺寸，或者创建为一组链尺寸或基线尺寸。可以创建下列尺寸类型（其中水平、竖直、点到点、垂直、圆柱式与上述快速尺寸中的一致）：
  - 孔标注：用于标注工程图中所选孔特征的尺寸。
- 径向尺寸：用于创建三个不同的径向尺寸类型中的一种（其中孔标注与线性尺寸中的一致）。
  - 径向：用于标注工程图中所选圆或圆弧的半径尺寸。
  - 直径：用于标注工程图中所选圆或圆弧的直径尺寸。

7.4.2 尺寸链标注

UG NG12.0 还提供尺寸链进行标注的方式，单击“主页”选项卡，选择“尺寸”组中的“线性”图标，在测量“方法”中选择“水平”或“竖直”，即可在“尺寸集”→“方法”下拉列表中选择“链”或者“基线”，如图 7-31 所示。

- 链：用来在工程图中生成一个水平方向（XC 轴方向）或者竖直方向（YC 轴方向）上的尺寸链，即生成一系列首尾相连的水平尺寸。
- 基线：用来在工程图中生成一个水平方向（XC 轴方向）或者垂直方向（YC 轴方向）的尺寸系列，该尺寸系列分享同一条基线。

7.4.3 编辑尺寸标注

尺寸标注以后，还可以对标注的属性进行编辑。双击标注的尺寸，系统弹出如图 7-32 所示的尺寸标注编辑栏，该栏中相关图标的功能如下：

- 文本设置：可以对尺寸、直线/箭头、文字和单位进行设置。
- X.XX：用于设置主尺寸小数点后面的位数。
- X：用于设置尺寸公差的类型，其默认的类型为无公差。在进行公差标注时，选择此选项，系统将弹出如图 7-33 所示的“公差标注类型”下拉列表。
- 其右侧的两个公差值文本框分别用于输入上下偏差的值。
- 编辑附加文本：可以在工程图添加必要的图形、符号，以表示零件的某些特征或形位公差等内容。

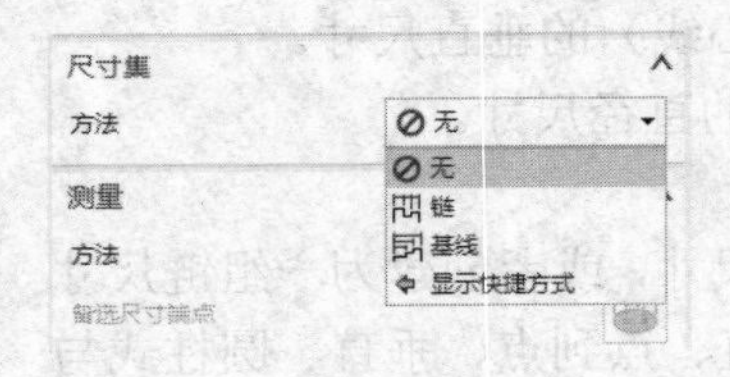

图 7-31 尺寸链标注

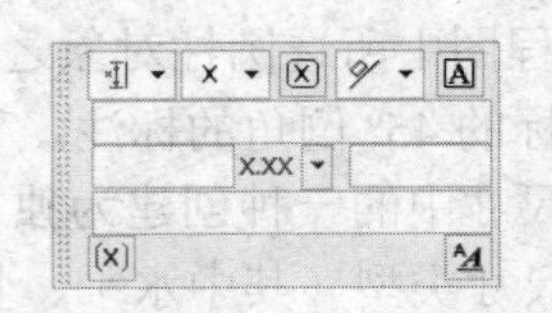

图 7-32 尺寸标注编辑栏

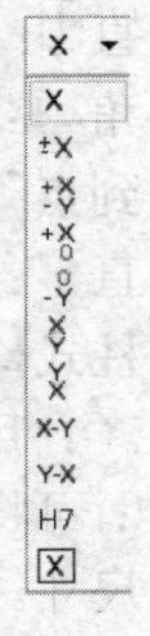

图 7-33 “公差标注类型”下拉列表

7.4.4 实用符号标注

单击“主页”选项卡，选择“注释”组“中心线”下拉菜单，如图 7-34 所示。下面对这些公用符号的操作方法进行说明。

- 中心标记：用于在所选的共线点或圆弧中产生中心线，或在所选择的单个点或圆弧上插入线性中心线。选择该图标后，在可变显示区中指定线性中心线的参数，并用点位置选项选择一个或多个圆弧的中心点或控制点，则系统就会在所选位置插入指定参数的线性中心线，并在选择点位置产生一条垂直线。

- 螺栓圆中心线：用于为沿圆周分布的螺纹孔或控制点插入带孔标记的完整环形中心线。系统提供了两种产生带孔的完整环形中心线的方法：中心点和通过三个或多个点。

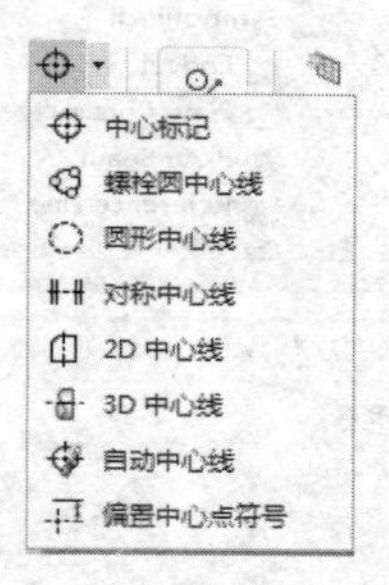

图 7-34　“中心线”下拉菜单

- 偏置中心点符号：用于在所选择的圆弧上产生新的定义点并产生中心线。在该对话框中，“点位置”选项处于非激活状态，只能通过输入偏移值的方式来指定偏移中心点的位置。要产生一个偏移中心点，需要设置偏移方式、输入偏移值和设置显示方式。
- 2D 中心线：用于在所取得沿长方体分布的对象上产生完整的长方体中心线。
- 3D 中心线：用于在圆柱面或非圆柱面的对象上产生圆柱中心线。该选项中的参数 A、B 和 C 的含义分别是中心线线段的间隔距离、指定位置到中心线段的距离和指定位置外中心线的伸长距离。用户还可以对其中的偏移方式参数进行设置，系统共提供了两种偏移方式：偏移距离和偏移对象。
- 自动中心线：系统会自动标识中心线。
- 圆形中心线：用于在所选择的沿圆周分布的对象上产生完整的环形中心线。
- 对称中心线：用于在所选择的对象上产生对称的中心线。

7.4.5　定制符号标注

定制符号用于向视图中添加一些特殊的专用符号。用户可以将自己的专用符号存放在 UG 的库中以便应用，同时 UG 还提供大量特殊符号，用户可以直接使用。

选择“菜单”→“插入”→“符号”→“定制”选项，弹出“定制符号”对话框，如图 7-35 所示。

该对话框包含了文件夹视图列表框以及符号视图、位置、放置模式和设置符号参数等选项。当用户创建一个自定义符号时，要先在“文件夹视图”选项中选择符号存放的目录和文件，然后设置符号的尺寸、指定符号的方向和选择放置的模式，最后系统会将定制符号插入

到视图中的指定位置。

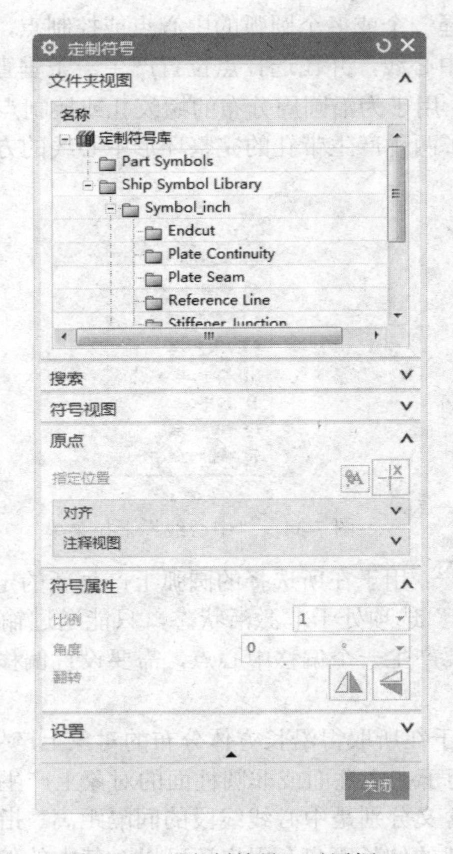

图 7-35 “定制符号”对话框

- ■ 文件夹视图：该选项用于在当前部件或指定目录中选择定制符号。
- ■ 原点
- ● 原点工具：使用原点工具查找图纸页上的表格注释。
- ● 指定位置：用于为表格注释指定位置。
- ● 对齐
  - ➢ 自动对齐：用于控制注释的相关性。
  - ➢ 层叠注释：用于将注释与现有注释堆叠。
  - ➢ 水平或竖直对齐：用于将注释与其他注释对齐。
  - ➢ 相对于视图的位置：将任何注释的位置关联到制图视图。
  - ➢ 相对于几何体的位置：用于将带指引线的注释的位置关联到模型或曲线几何体。
  - ➢ 捕捉点处的位置：可以将光标置于任何可捕捉的几何体上，然后单击放置注释。
- ■ 符号属性

- 比例：用于设置定制符号显示时的缩放比例。
- 角度：用于设置定制符号的放置角度。
- 翻转：定制符号的翻转方式用于修改已存在定制符号的放置方向，其中包含：
  - ➢ 水平翻转：该选项是将选择的用户自定义符号水平翻转，即作左右方向上的变换。使用该选项时，应先在视图中选择自定义符号，否则，该图标不能激活。
  - ➢ 竖直翻转：该选项是将选择的用户自定义符号垂直翻转，即作上下方向上的变换。

7.4.6 文本标注

文本包括中文和其他的字符。文本编辑器的功能与 Windows 的文本编辑器的功能类似。用户要创建一段的文本标注，一般要执行以下的操作步骤：

选择“菜单”→“插入”→“注释”→“注释”选项，系统弹出“注释”对话框，如图 7-36 所示。

- ■ 原点：用于设置和调整文字的放置位置。
- ■ 指引线：用于为文字添加指引线，可以通过其下拉列表指定指引线的类型。
- ■ 文本输入：
  - ➢ 编辑文本：用于编辑注释，其功能与一般软件的工具栏相同。具有复制、剪切、加粗、斜体及大小控制等功能。
  - ➢ 格式设置：编辑窗口是一个标准的多行文本输入区，使用标准的系统位图字体，用于输入文本和系统规定的控制符。用户可以在“字体”选项下拉列表中选择所需字体。
  - ➢ 制图：在“符号”→“类别”下拉列表中选择“制图”符号选项时，即进入常用“制图”符号设置状态。

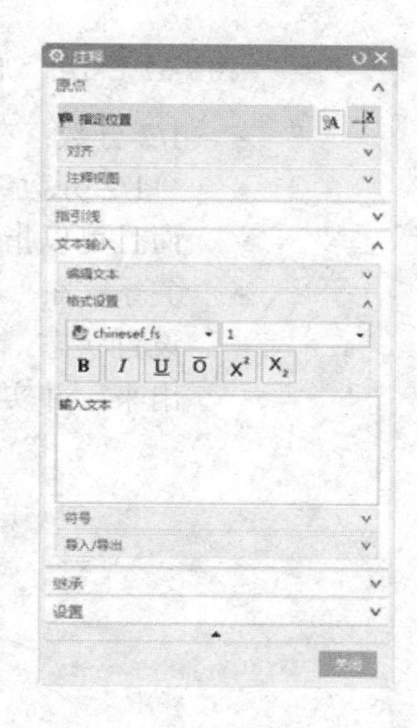

图 7-36 “注释”对话框

当要在视图中标注制图符号时，用户可以在对话框中单击某制图符号按钮，将其添加到注释编辑区，添加的符号会在预览区显示。如果要改变符号的字体和大小，可以用“注释编辑”工具进行编辑。添加制图符号后，可以选择一种定位制图符号的方法，将其放到视图中的指定位置。

- ➢ 形位公差：在“符号”→“类别”下拉列表中选择“形位公差”符号选项时，即进入常用“形位公差”符号设置状态，如图 7-37 所示。

其中列出了各种形位公差符号、基准符号、标注格式以及公差框高度和公差标准选项。当要进行视图的形位公差标注时，首先要选择公差框架格式，可以根据需要选择单个框架或

组合框架，然后选择形位公差符号，并输入公差数值和选择公差的标准。如果是位置公差，还应选择隔离线和基准符号。

➢ 用户定义：在“符号”→“类别”下拉列表中选择“用户定义”符号选项，即可进入“用户定义”符号设置状态，如图 7-38 所示。

如果用户已经定义好了自己的符号库，可以通过指定相应的符号库来加载相应的符号，同时可以设置符号的比例和投影。

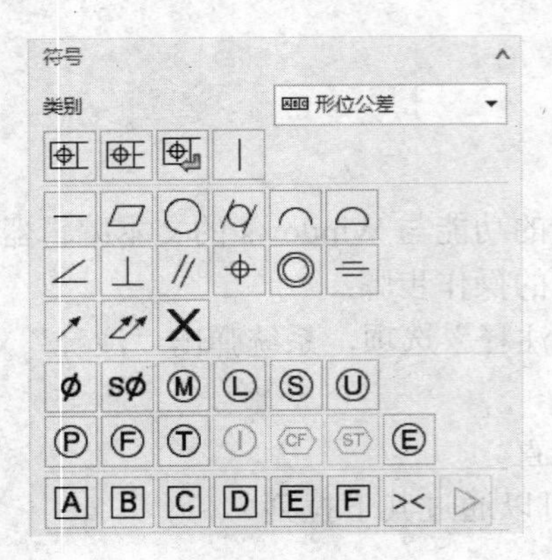

图 7-37 常用“形位公差”符号设置状态

图 7-38 “用户定义”符号设置状态

➢ 1/2 分数：在“符号”→“类别”下拉列表中选择“1/2 分数”选项，即可进入“1/2 分数”设置状态，如图 7-39 所示。用户可以通过上下部文本来输入数值，而且可以指定分数的类型。

➢ 关系：在“符号”→“类别”下拉列表中选择“关系”选项，即可进入“关系”设置状态，如图 7-40 所示。可以将物体的表达式、对象属性和零件属性标注出来，并实现连接。

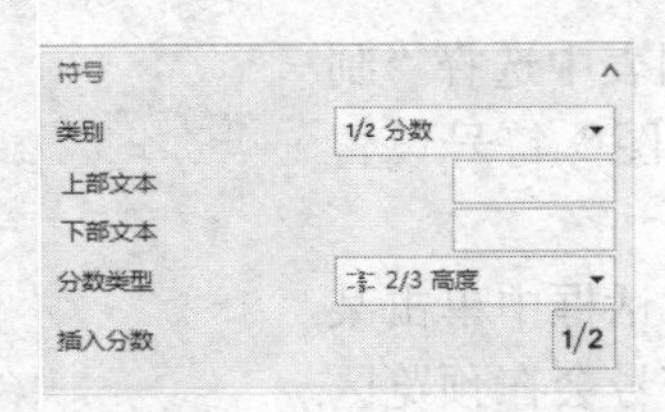

图 7-39 “1/2 分数”设置状态

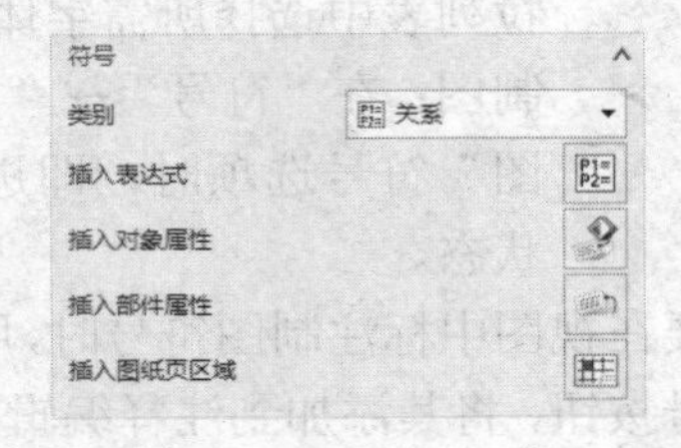

图 7-40 “关系”设置状态

【例 7-3】以标注轴工程图尺寸为例，讲述尺寸标注和文字标注的操作步骤。

（1）标注水平尺寸。

1）单击“主页”选项卡，选择“尺寸”组中的“线性”图标，在“线性”对话框中的“测量”→“方法”中选择“水平”，在俯视图中选择竖直直线上的两个任意点（可以利用界面底端的捕捉工具，捕捉线上不同位置上的点），系统自动弹出水平的尺寸线和尺寸值。

2）选择好要标注的边，拖动尺寸到合适位置，单击，将水平尺寸固定在光标指定的位置处，如图 7-41 所示。

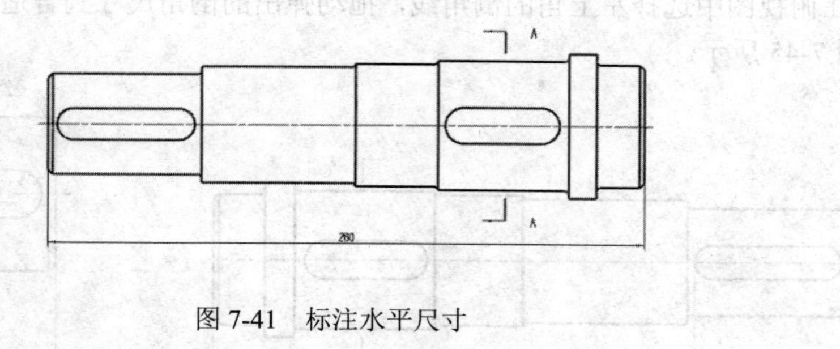

图 7-41　标注水平尺寸

（2）标注竖直尺寸。

1）单击“主页”选项卡，选择“尺寸”组中的“线性”图标，在“线性”对话框中的“测量”→“方法”中选择“竖直”，在选择好要标注的尺寸后右键单击，选择“编辑”，弹出“竖直尺寸”编辑栏。

2）在“竖直尺寸”编辑栏的“公差标注类型”下拉列表中选择第三项，使标注的尺寸带双向公差。

3）在上/下偏差右边的选项中将公差小数点位数设置为 3。

4）在公差文本框中输入“上偏差”值为 0、“下偏差”值为-0.043（上偏差不用输入+，但下偏差必须输入—）。完成设置后的“竖直尺寸”编辑栏如图 7-42 所示。

5）将竖直尺寸固定在鼠标指定的位置处，方法与标注水平尺寸类似，带公差的竖直尺寸如图 7-43 所示。

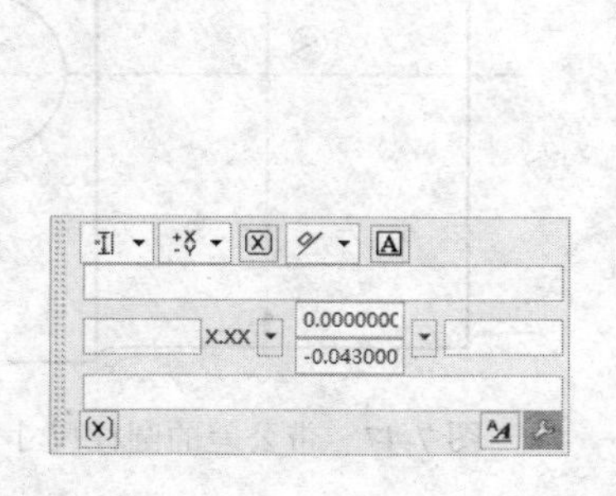

图 7-42　“竖直尺寸”编辑栏

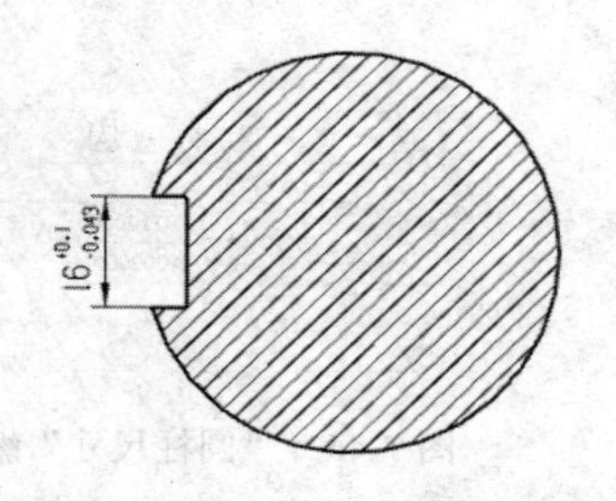

图 7-43　带公差的竖直尺寸

（3）标注垂直尺寸。

1）单击“主页”选项卡，选择“尺寸”组中的“线性”图标，在“线性”对话框中的“测量”→“方法”中选择“垂直”。

2）在俯视图中，选择最左端的竖直直线，再选择键槽右端圆弧的最高点。拖动弹出的尺寸到合适位置处，单击固定尺寸，效果如图 7-44 所示。

（4）标注倒角尺寸。

1）单击“主页”选项卡，选择“尺寸”组中的“倒斜角”图标，弹出“倒斜角尺寸”

对话框。

2）在俯视图中选择左上角的倒角线，拖动弹出的倒角尺寸到合适位置，单击固定尺寸，效果如图 7-45 所示。

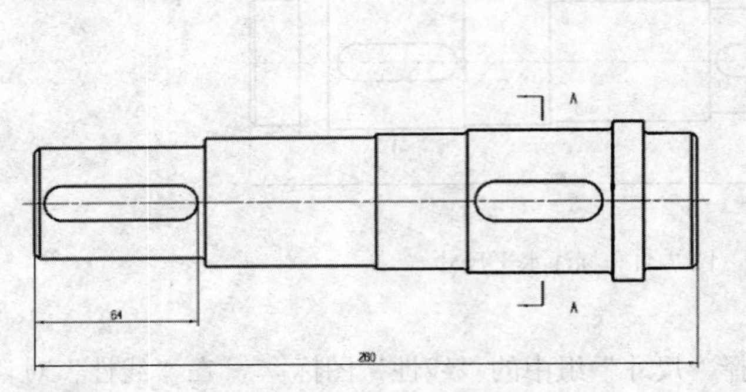

图 7-44　标注点到线的距离尺寸

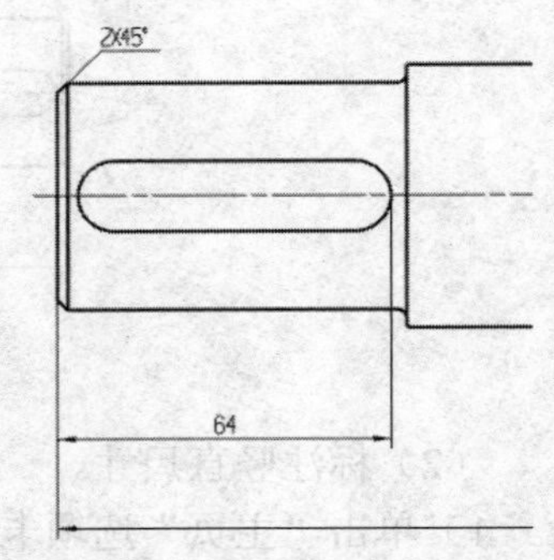

图 7-45　标注倒角

（5）标注圆柱尺寸。

1）单击“主页”选项卡，选择“尺寸”组中的“线性”图标，在“线性尺寸”对话框中的“测量”→“方法”中选择“圆柱式”，在俯视图中选择第三段圆柱（从右向左数）的上、下水平线，在选择好要标注的边后右键单击，选择“编辑”，按如图 7-46 所示设置“圆柱尺寸”编辑栏。

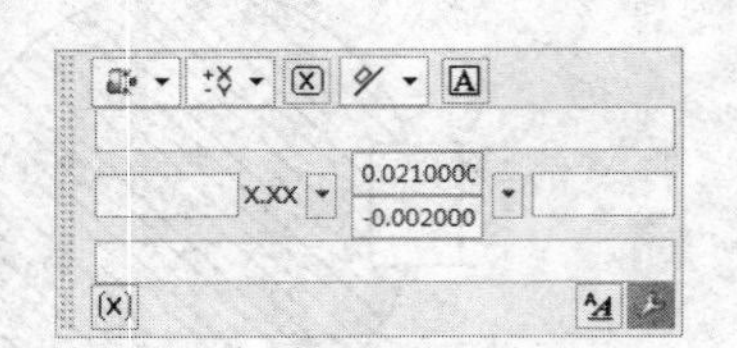

图 7-46　“圆柱尺寸”编辑栏

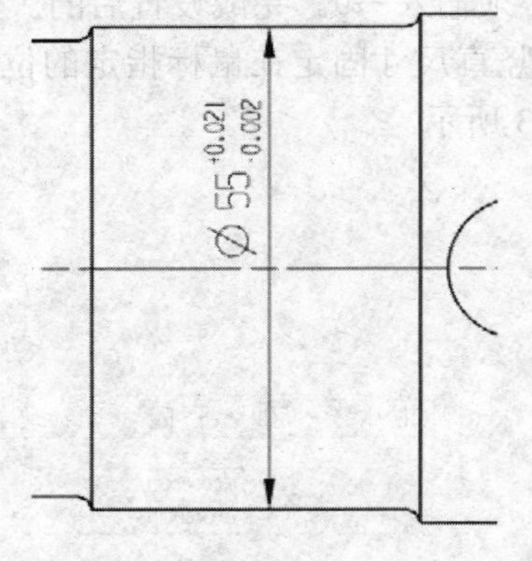

图 7-47　带公差的圆柱尺寸

2）拖动圆柱尺寸到合适位置处，单击固定尺寸，效果如图 7-47 所示。

（6）标注径向尺寸。

1）单击“主页”选项卡，选择“尺寸”组中的“径向”图标，“直径尺寸”编辑栏中的设置同“圆柱尺寸”编辑栏，按照图 7-46 所示设置公差值。

2）在图样的右视图中选择中间的圆，旋转直径尺寸到合适位置处，单击固定尺寸，效果如图 7-48 所示。工程图的尺寸标注效果如图 7-49 所示。

（7）标注技术要求。

1）选择“菜单”→“插入”→“注释”→“注释”选项或单击“主页”选项卡，选择

“注释”组中的“注释”图标A，弹出如图 7-50 所示的“注释”对话框。

2）在“注释”对话框的文本框中输入技术要求.。

3）将技术要求放在工程图中适当的位置，结果如图 7-51 所示。

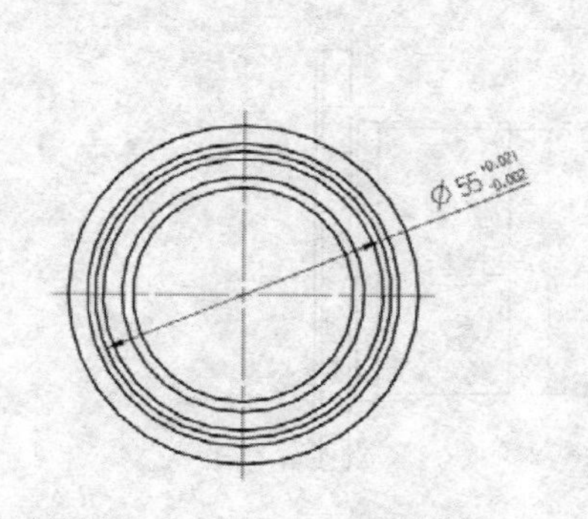

图 7-48　带公差的直径尺寸

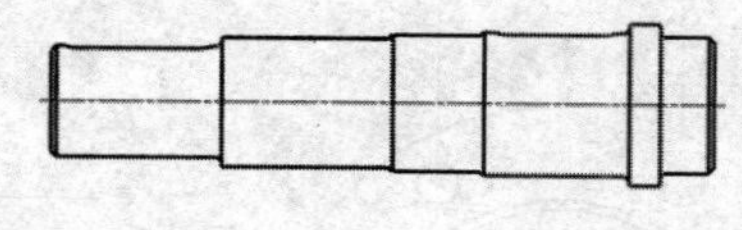
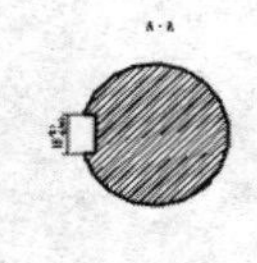
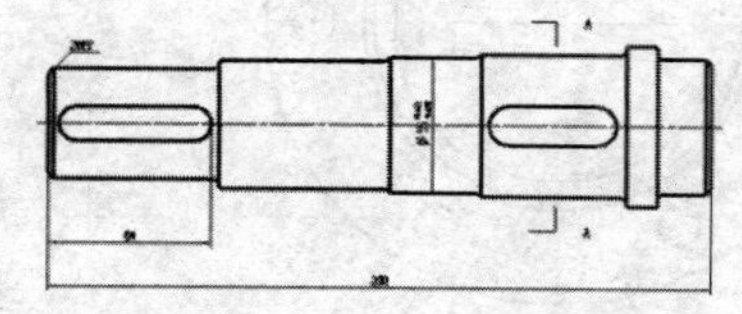

图 7-49　轴零件的工程图

图 7-50　“注释”对话框

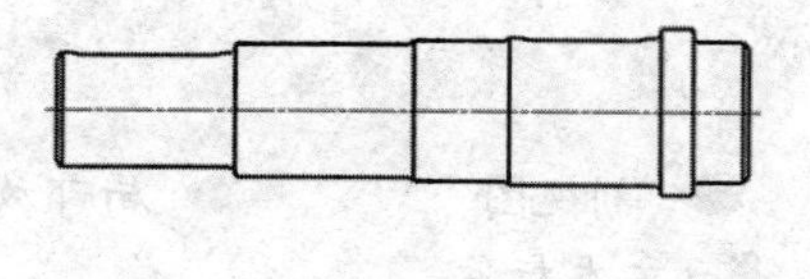
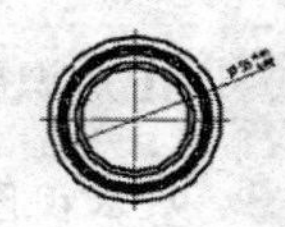
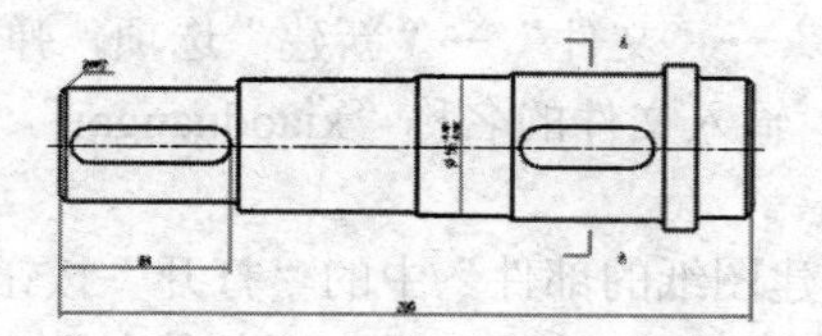
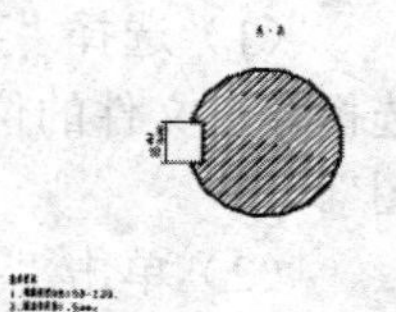

图 7-51　生成的技术要求文本

7.5 实例操作——小端盖工程图

本例绘制小端盖工程图，如图 7-52 所示。

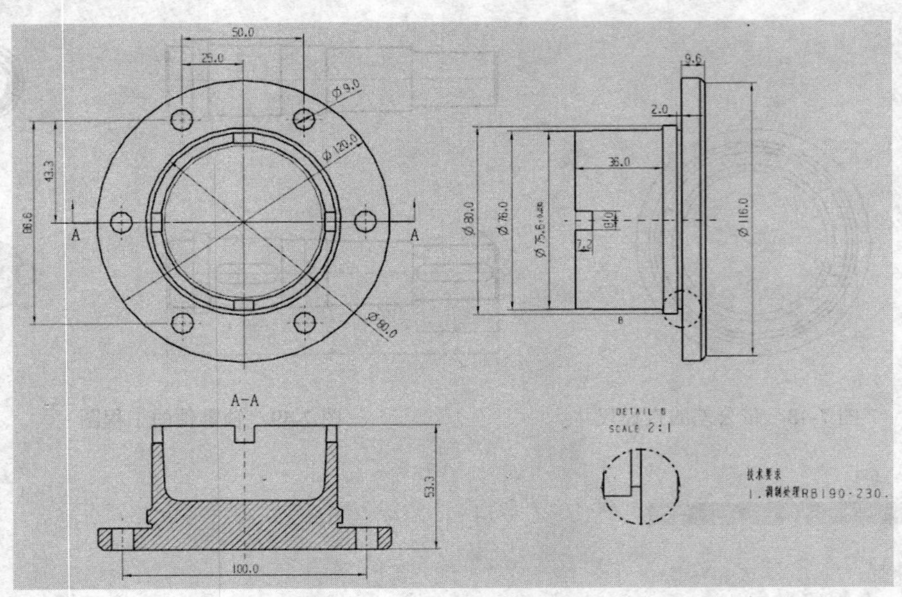

图 7-52　小端盖工程图

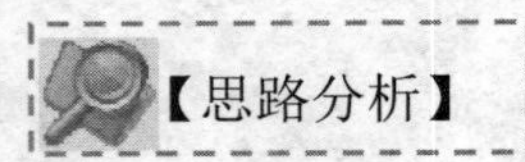

【思路分析】

首先新建图纸，打开原文件并放置视图，创建剖视图和局部放大图，添加尺寸标注、公差及文字说明，完成工程图的绘制，小端盖工程图流程如图 7-53 所示。

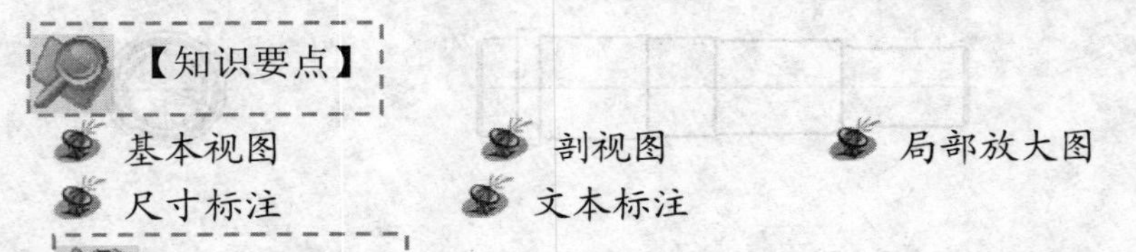

【知识要点】

- 基本视图
- 剖视图
- 局部放大图
- 尺寸标注
- 文本标注

【操作步骤】

（1）选择“菜单”→“文件”→“新建”选项，弹出“新建”对话框，如图 7-54 所示，选择存盘文件的位置，输入文件的名称“xiaoduangai”，在“图纸”选项卡中选择“A3-无视图”。

（2）单击“要创建图纸的部件”中的“打开”按钮，弹出“选择主模型部件”对话框，如图 7-55 所示。单击“打开”按钮，弹出“部件名”对话框，选择第 7 章 xiaoduangai，如图 7-56 所示。单击“OK”按钮，返回“选择主模型部件”对话框；单击“确定”按钮，返回“新建”对话框；单击“确定”按钮，进入工程图环境。

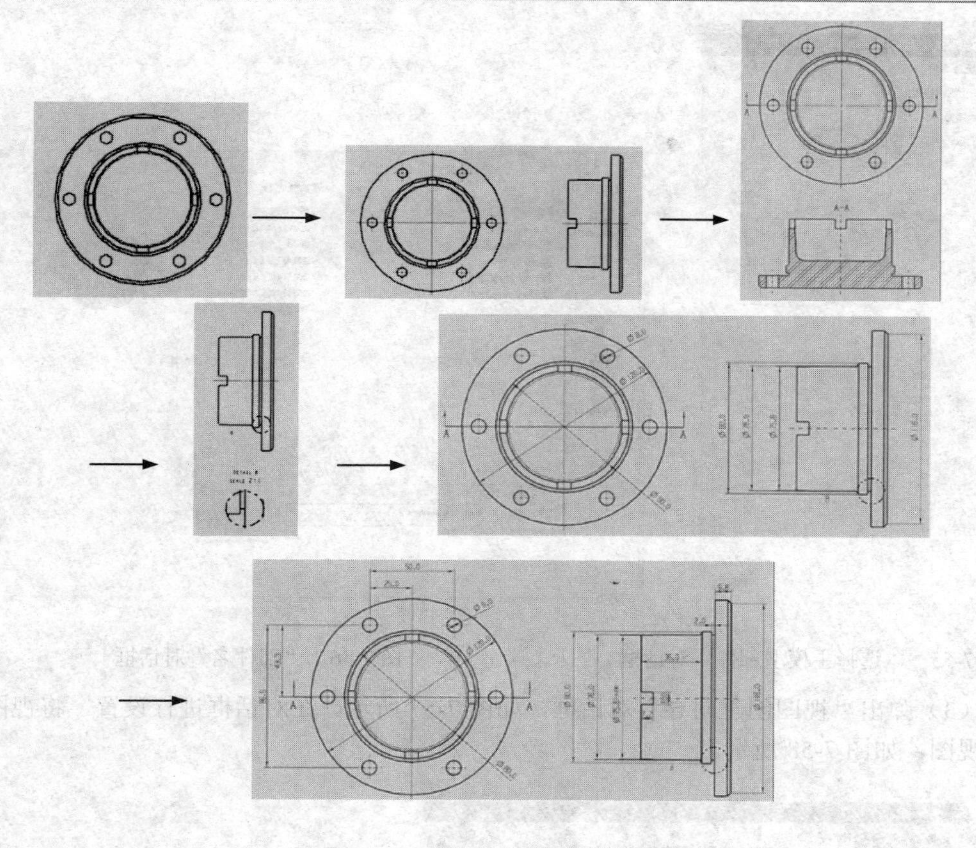

图 7-53 小端盖工程图流程图

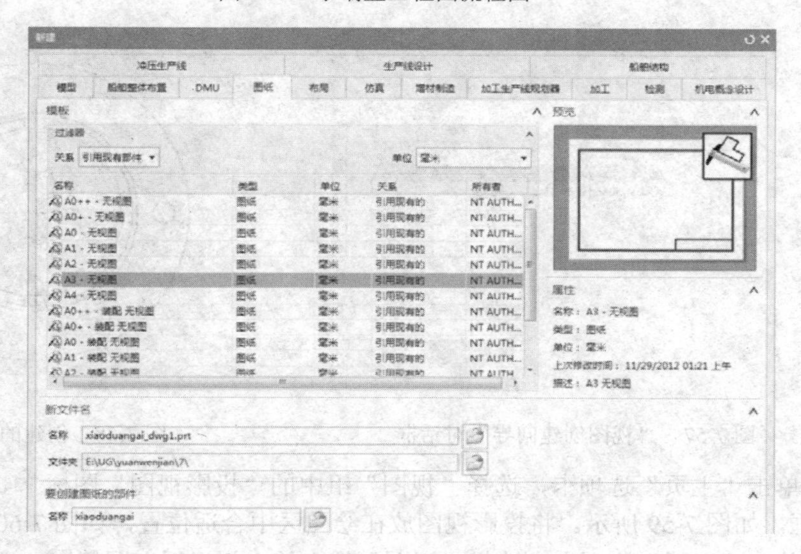

图 7-54 “新建”对话框

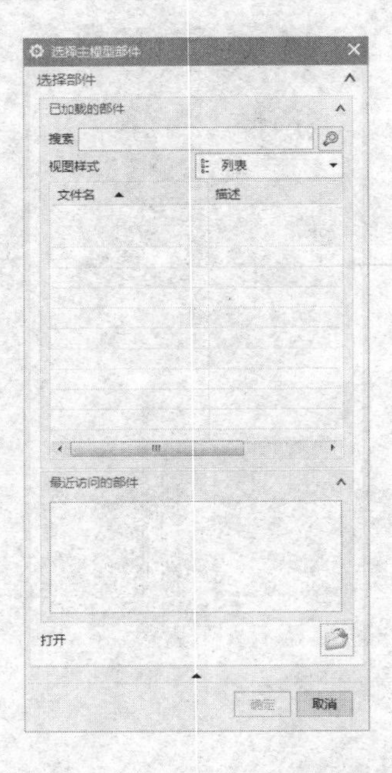

图 7-55 “选择主模型部件”对话框

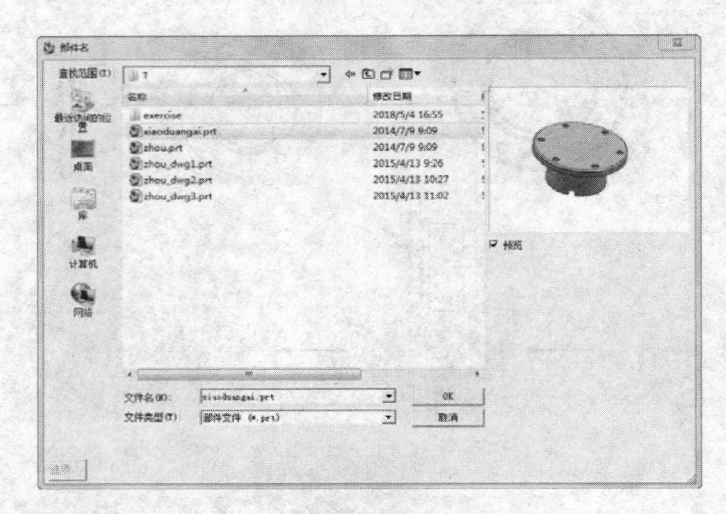

图 7-56 “部件名”对话框

（3）弹出“视图创建向导”对话框，如图 7-57 所示。在对话框进行设置，将视图放置在前视图，如图 7-58 所示。

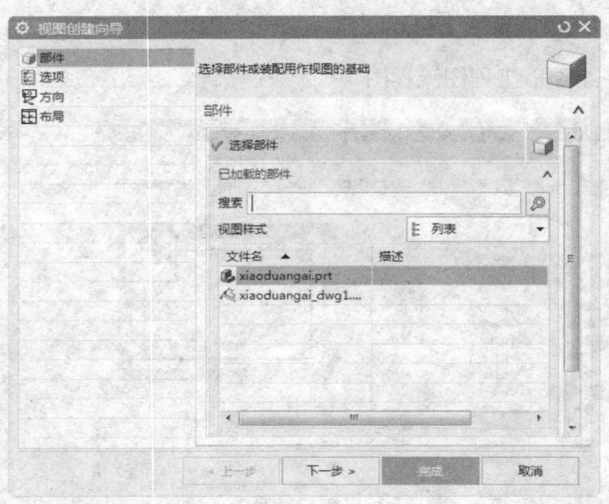

图 7-57 “视图创建向导”对话框

图 7-58 创建的基本视图

（4）单击“主页”选项卡，选择“视图”组中的“投影视图”图标，弹出“投影视图”对话框，如图 7-59 所示。将投影视图放在绘图区中合适位置，如图 7-60 所示。

（5）单击“主页”选项卡，选择“视图”组中的“剖视图”图标，弹出“剖视图”对话框，如图 7-61 所示。选择“简单剖/阶梯剖”方法，将截面线放置到主视图圆心位置，拖动视图到主视图下方，单击“反转剖切方向”按钮，调整剖切方向，确定剖视图的位置，修改视图标签。创建的部视图如图 7-62 所示。

（6）单击“主页”选项卡，选择“视图”组中的“局部放大图”图标，选择“圆形”类型，然后选择圆心和半径，系统自动创建局部放大图，并将放大图放置到视图中适当位置，如图 7-63 所示。

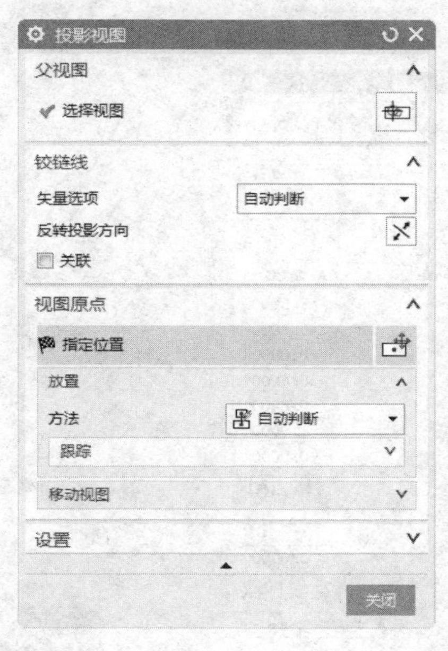

图 7-59 “投影视图”对话框

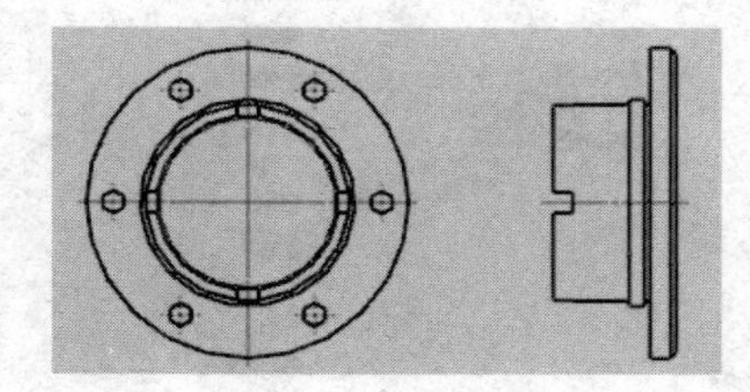

图 7-60 投影视图

图 7-61 “剖视图”对话框

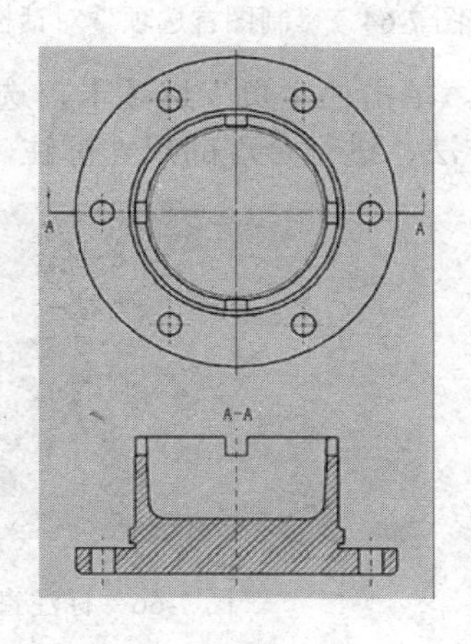

图 7-62 剖视图

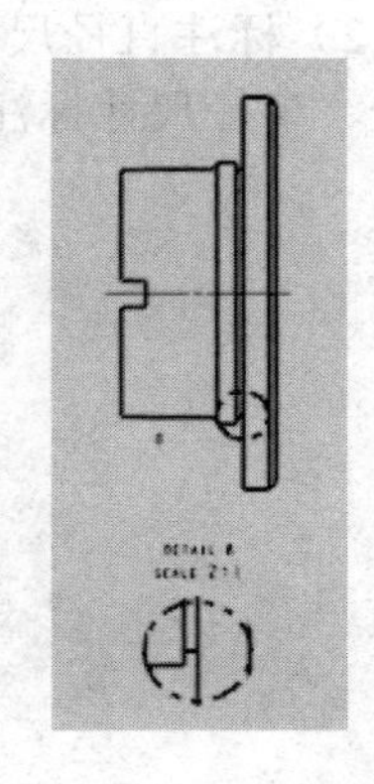

图 7-63 局部放大图

（7）选择“文件”选项卡，选择“首选项”→“制图”选项，弹出如图 7-64 所示的“制图首选项”对话框。对“尺寸”“文字”“直线/箭头”“符号”和“单位”等选项进行设置。

（8）标注尺寸。

1）标注圆柱尺寸。单击“主页”选项卡，选择“尺寸”组中的“线性”图标，在“线性尺寸”对话框中的“测量”→“方法”中选择“圆柱式”，进行合理的尺寸标注，如图 7-65 所示。

图 7-64 “制图首选项”对话框

图 7-65 标注圆柱尺寸

2）标注直径尺寸。单击“主页”选项卡，选择“尺寸”组中的“径向”图标，选择直径、半径尺寸标注方法，进行合理的尺寸标注，如图 7-66 所示。

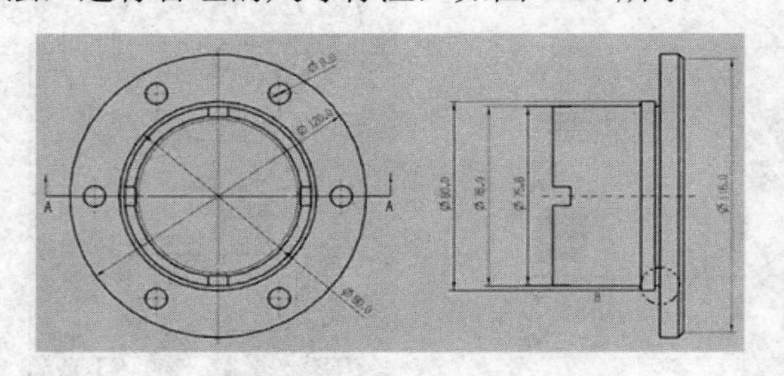

图 7-66 标注直径尺寸

3）标注直线的尺寸。单击“主页”选项卡，选择“尺寸”组中的“快速”图标，选择“自动判断”方法，进行线性尺寸标注，如图 7-67 所示。

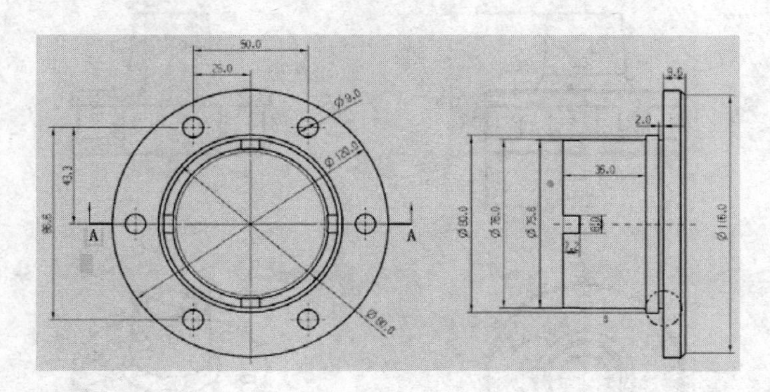

图 7-67　标注直线尺寸

4）标注公差：选择要标注公差的尺寸，单击鼠标右键，在弹出的快捷菜单中选择“编辑”选项，弹出“尺寸标注”编辑栏，输入公差值，如图 7-68 所示。

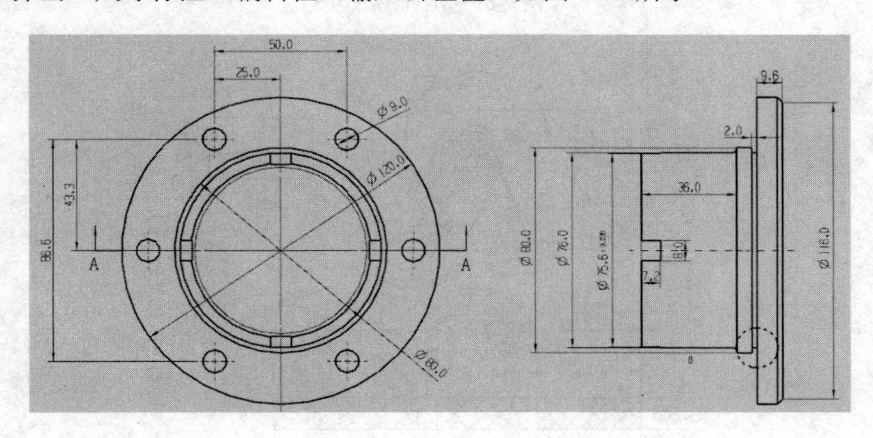

图 7-68　标注公差

（9）标注的注释。

1）选择“菜单”→“插入”→“注释”→“注释”选项，在“注释”对话框中编辑注释的内容，。

2）在“注释”对话框中，选择文本的高度，输入文字，确定文本的位置，最终绘制的效果图如图 7-53 所示。

7.6　练习题

创建如图 7-69 和图 7-70 所示的工程图。

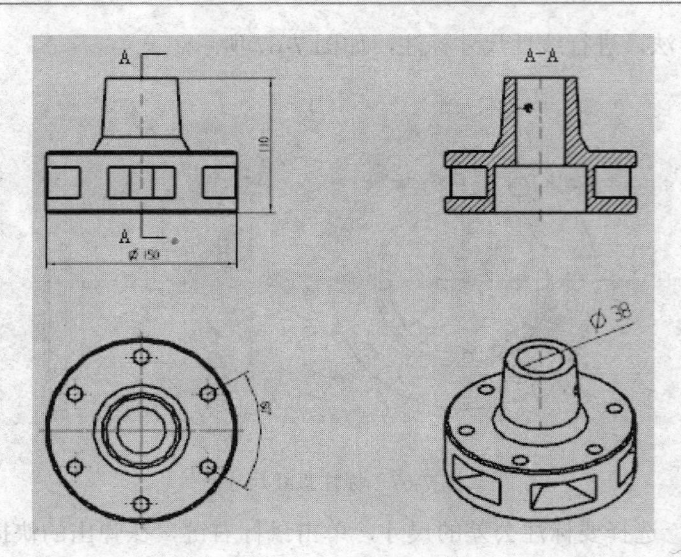

图 7-69　工程图练习 1

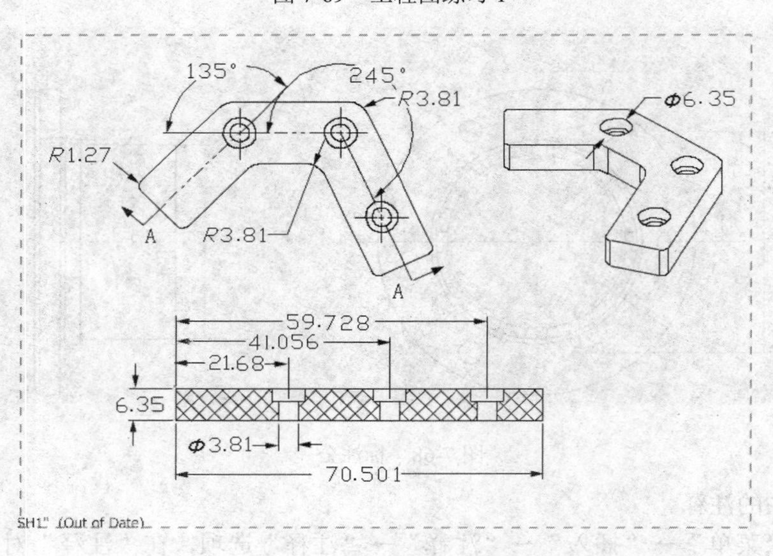

图 7-70　工程图练习 2

第 8 章　综合实例

本章通过三个实例对前面所介绍的 UG 各个模块的功能加以介绍，使读者加深对 UG 功能的了解。

学习要点

- 脚轮实例
- 茶壶实例
- 机械臂实例

8.1 脚轮实例

脚轮由轮架、轮轴和滚轮组成，下面分别讲述各零件绘制方法以及脚轮的装配方法。

8.1.1 轮架

本例创建的轮架如图 8-1 所示。

图 8-1 轮架

【思路分析】

先在 UG NX12.0 的草绘环境中绘制二维草图轮廓，然后利用“拉伸”创建基本实体，利用孔选项创建轴孔，最后利用“拉伸”和“”隐藏选项完成最后结构的创建，创建轮架的流程如图 8-2 所示。

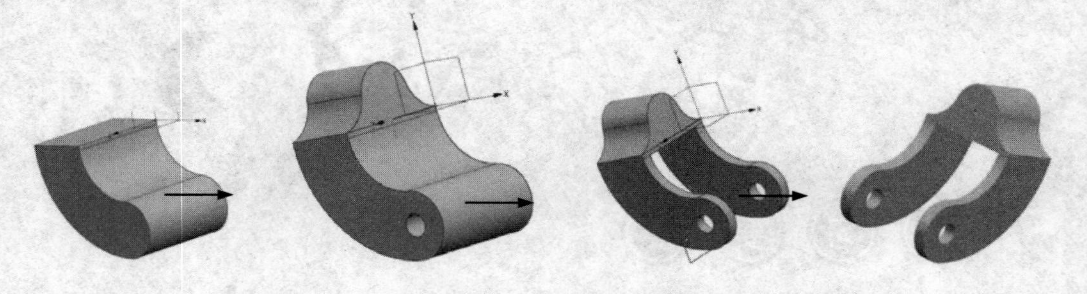

图 8-2 创建轮架的流程

拉伸　　孔　　隐藏

【操作步骤】

1）选择“菜单”→“文件”→“新建”选项，弹出“新建”对话框，如图 8-3 所示，选

择存储文件位置，输入文件的名称“lunjia”，选择“模型”模板，单击“确定”按钮。进入建模环境。

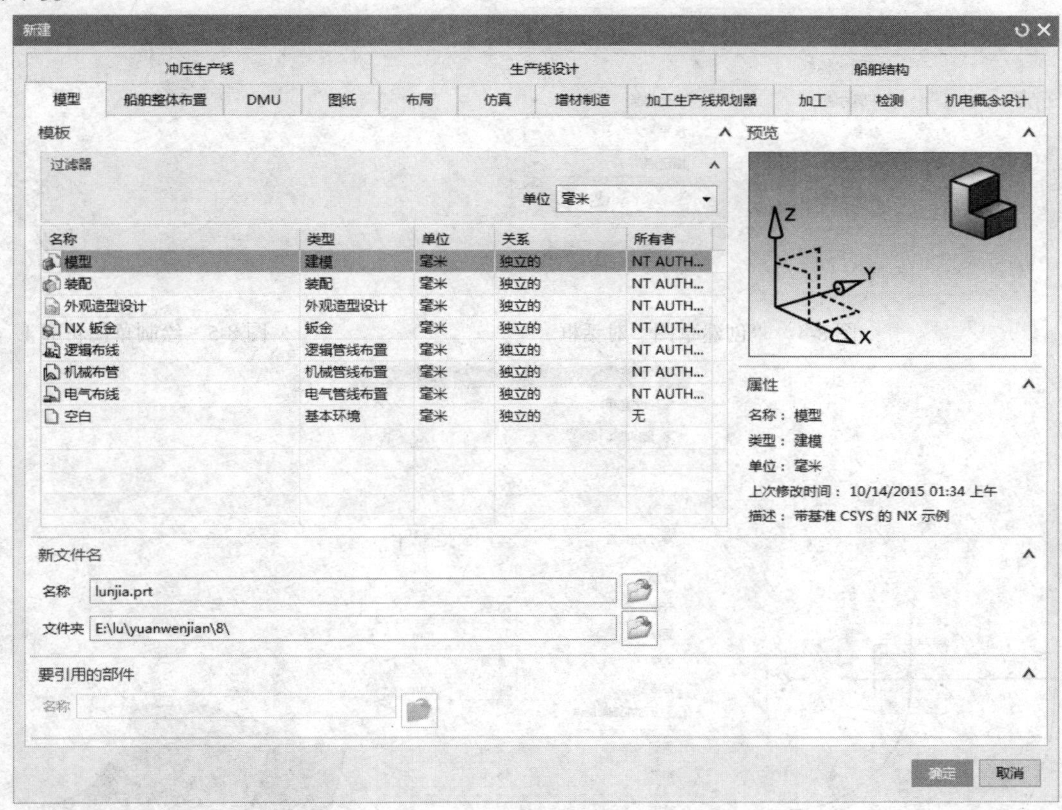

图 8-3 “新建”对话框

2）选择“菜单”→“插入”→“在任务环境中绘制草图”选项，弹出如图 8-4 所示的“创建草图”对话框。系统默认 XC-YC 平面为草图绘制面，单击“确定”按钮，进入草图绘制界面。

3）单击“主页”选项卡，选择“曲线”组中的“轮廓”图标，绘制草图轮廓 1，如图 8-5 所示。

4）单击“主页”选项卡，选择“约束”组中的“几何约束”图标，对草图添加几何约束。单击“主页”选项卡，选择“约束”组中的“快速尺寸”下拉菜单中的“快速尺寸”图标，为草图添加尺寸，如图 8-6 所示。单击“主页”选项卡，选择“草图”组中的“完成”图标，进入建模环境。

5）单击“主页”选项卡，选择“特征”组中的“设计特征”下拉菜单中的“拉伸”图标，系统弹出如图 8-7 所示的“拉伸”对话框 1。在“拉伸”对话框中的“限制”选项卡中的“开始”文本框中输入 0，在“结束”的文本框中输入 699，选择上步绘制的草图轮廓 1，创建如图 8-8 所示的拉伸实体 1。

图 8-4 “创建草图”对话框

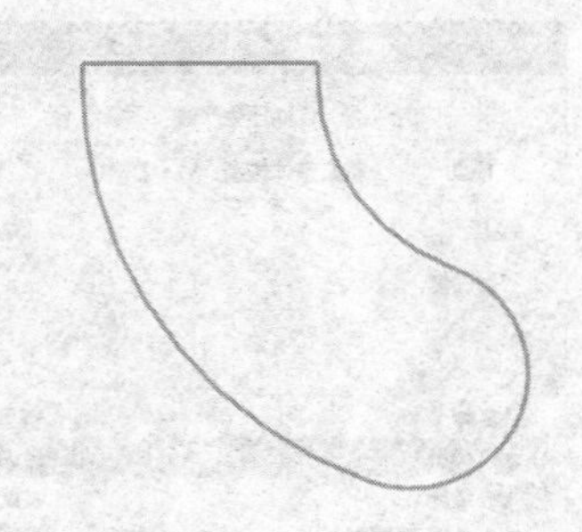

图 8-5 绘制草图轮廓 1

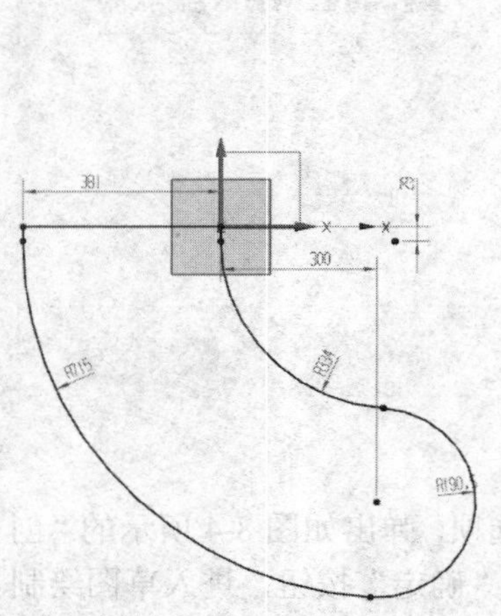

图 8-6 标注草图尺寸

图 8-7 “拉伸”对话框 1

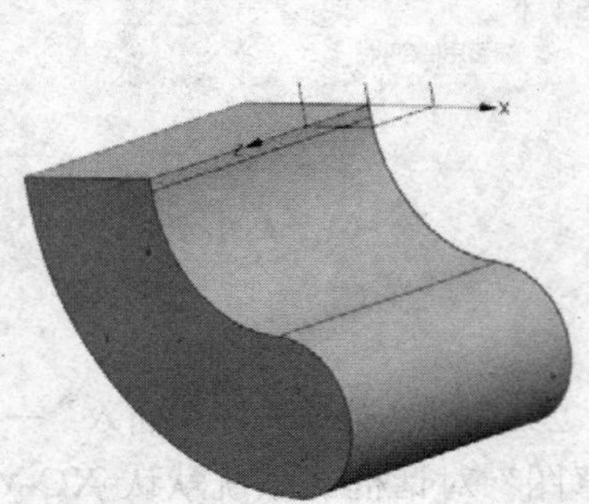

图 8-8 创建拉伸实体 1

6）单击“主页”选项卡，选择“特征”组中的“孔”图标，系统弹出“孔”对话框 1，如图 8-9 所示。在文本框中输入孔的直径为 130，孔的深度为 699 以及顶锥角为 0，捕捉圆弧中心为孔的放置位置，如图 8-10 所示。单击“确定”按钮，结果如图 8-11 所示。

7）选择“菜单”→“插入”→“在任务环境中绘制草图”选项，弹出“创建草图”对话框。选择实体的内曲面上方相切平面作为草图工作平面，然后单击“确定”按钮，进入草图绘制环境，绘制草图轮廓 2，并加以标注，如图 8-12 所示；最后单击“主页”选项卡，选择“草图”组中的“完成”图标。

8）单击“主页”选项卡，选择“特征”组中的“设计特征”下拉菜单中的“拉伸”图标，弹出“拉伸”对话框 2，设置“限制”选项组中的值，如图 8-13 所示。在图形中依次选择上一步中所绘草图轮廓 2，然后按“确定”按钮，创建拉伸实体 2，如图 8-14 所示。

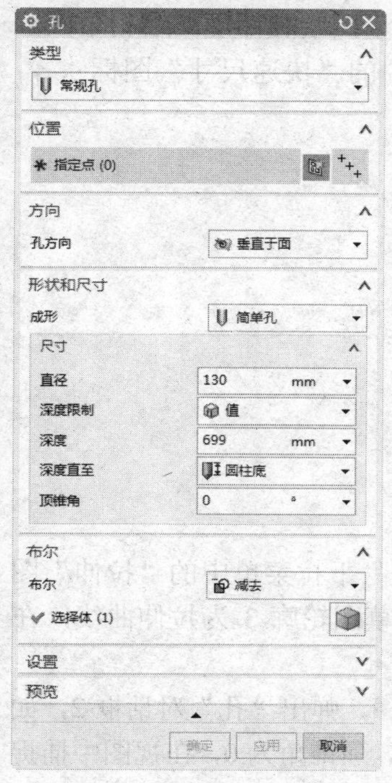

图 8-9 “孔”对话框 1

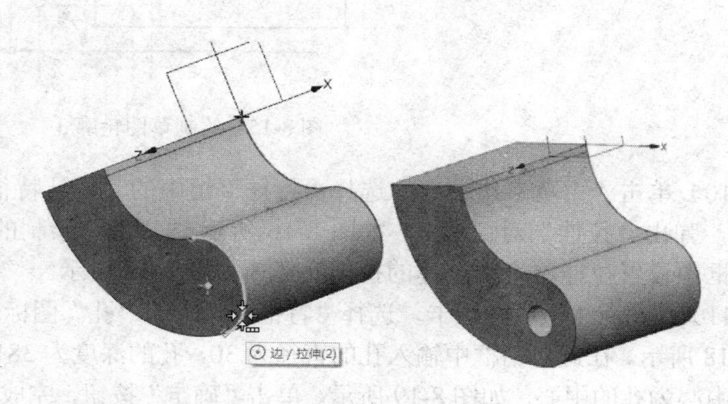

图 8-10 选择孔的放置位置　　图 8-11 创建的孔 1

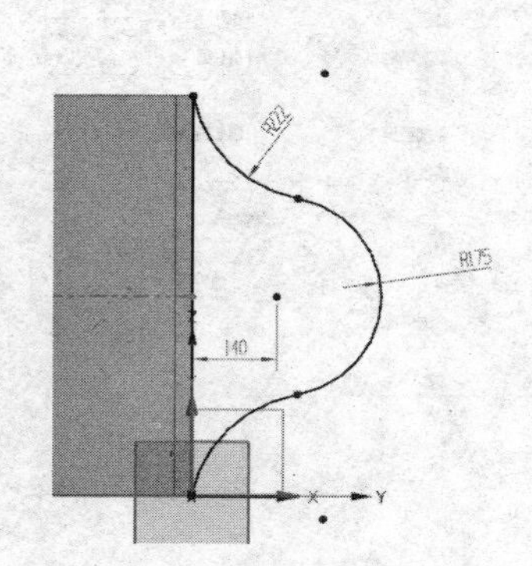

图 8-12 绘制草图轮廓 2

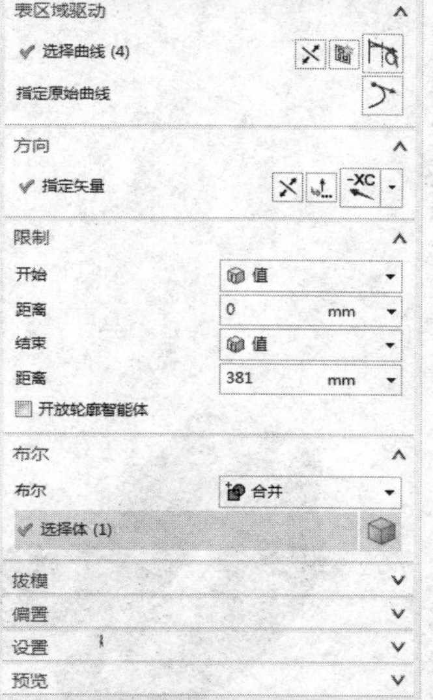
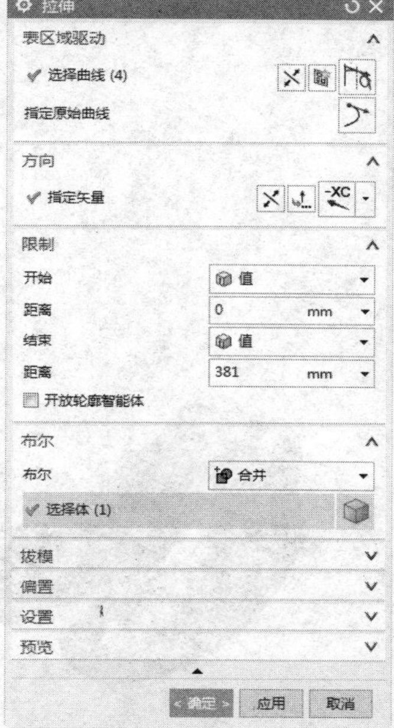

图 8-13 “拉伸”对话框 2

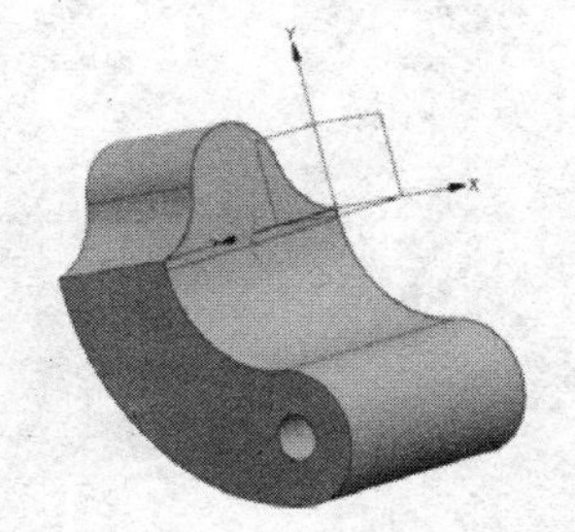

图 8-14 创建拉伸实体 2

9）选择“菜单”→“插入”→“在任务环境中绘制草图”选项，弹出“创建草图”对话框，选择 YOZ 平面作为草图平面，单击“确定”按钮，进入草图绘制环境，绘制草图。单击主页选项卡，选择“约束”组中的“快速尺寸”下拉菜单中的“快速尺寸”图标，标注尺寸，如图 8-15 所示。

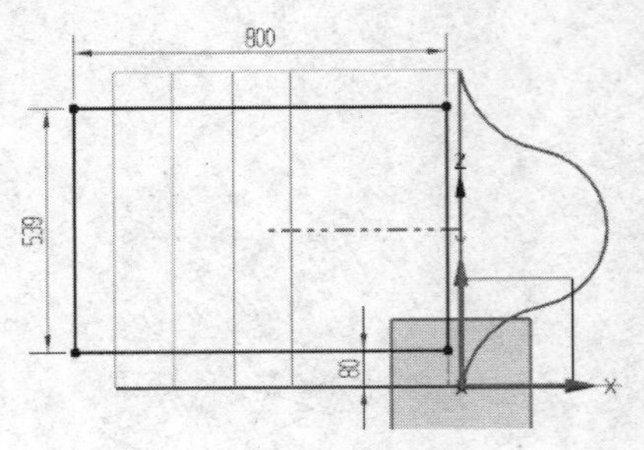

图 8-15　绘制草图轮廓 3

10）单击“主页”选项卡，选择“特征”组中的“设计特征”下拉菜单中的“拉伸”图标，弹出“拉伸”对话框 3，如图 8-16 所示.选择上步绘制的草图轮廓 3 为拉伸曲线，在对话框中设置拉伸深度，创建的拉伸实体 3 如图 8-17 所示。

11）单击“主页”选项卡，选择“特征”组中的“孔”图标，弹出“孔”对话框 2，如图 8-18 所示。在此对话框中输入孔的直径为 30，孔的深度为 381，顶锥角为 0，在视图中捕捉圆弧中心为孔的中心，如图 8-19 所示。单击“确定”按钮，完成孔 2 的创建，如图 8-20 所示。

图 8-16　“拉伸”对话框 3

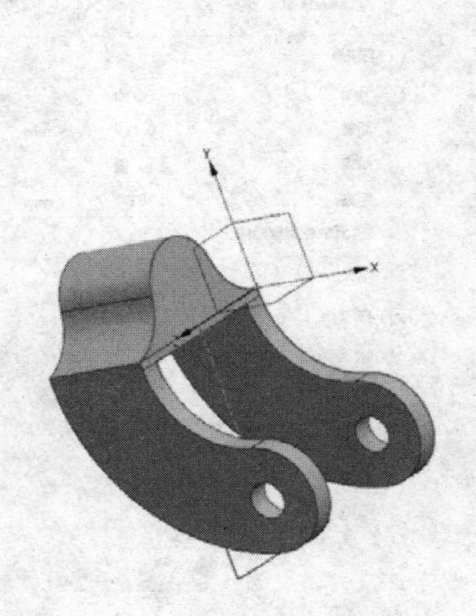

图 8-17　创建的拉伸实体 3

图 8-18　“孔”对话框 2

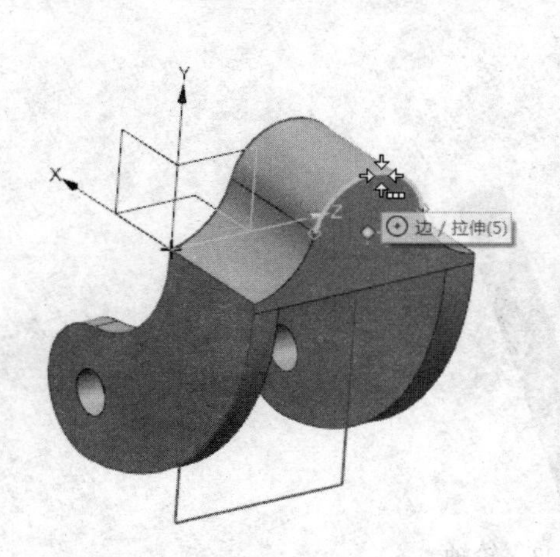

图 8-19 捕捉孔的中心

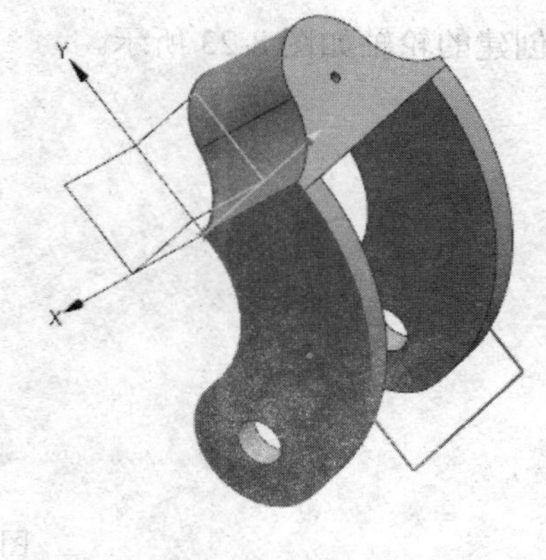

图 8-20 创建孔 2

12）选择“菜单”→“编辑”→“显示和隐藏”→“隐藏”选项，弹出“类选择”对话框，如图 8-21 所示。单击“类型过滤器”按钮，弹出如图 8-22 所示的“按类型选择”对话框。选择“草图”和“基准”，单击“确定”按钮，返回“类选择”对话框。单击“全选”按钮，视图中的所有基准和草图都被选中，单击“确定”按钮，其效果如图 8-1 所示。

类选择
对象
选择对象 (0)
全选
反选
其他选择方法
按名称选择
选择链
向上一级
过滤器
类型过滤器
图层过滤器
颜色过滤器
属性过滤器
重置过滤器
确定
取消

图 8-21 “类选择”对话框

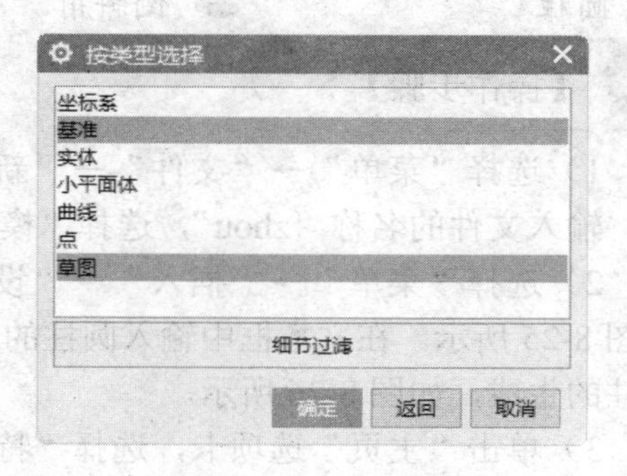

图 8-22 “按类型选择”对话框

8.1.2　轮轴

本例创建的轮轴如图 8-23 所示。

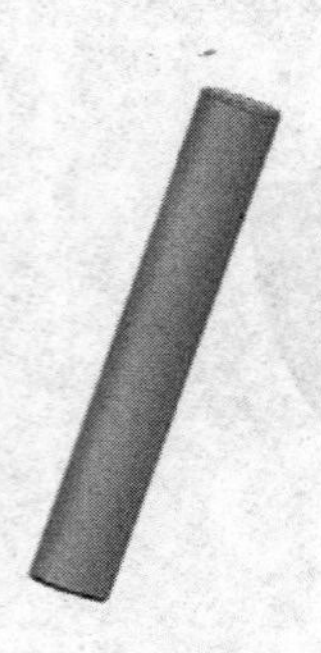

图 8-23　轮轴

【思路分析】

轮轴结构较简单，主要利用“圆柱”选项和“倒斜角”选项创建，其创建的流程如图 8-24 所示。

图 8-24　轮轴流程图

【知识要点】

圆柱　　　　倒斜角

【操作步骤】

1）选择“菜单”→“文件”→“新建”选项，弹出“新建”对话框，选择存盘文件位置，输入文件的名称“zhou”，选择“模型”模板，单击“确定”按钮，进入建模环境。

2）选择“菜单”→“插入”→“设计特征”→“圆柱”选项，弹出“圆柱”对话框，如图 8-25 所示。在文本框中输入圆柱的直径为 130，高度为 826。单击“确定”按钮，完成圆柱的生成，如图 8-26 所示。

3）单击“主页”选项卡，选择“特征”组中的“倒斜角”图标，弹出“倒斜角”对话框，如图 8-27 所示。选择要倒斜角的轴的上、下边，如图 8-28 所示。在文本框中输入“距离”值为 5，单击“确定”按钮，创建如图 8-23 所示的效果。

图 8-25 “圆柱”对话框

图 8-26 创建的圆柱

图 8-27 “倒斜角”对话框

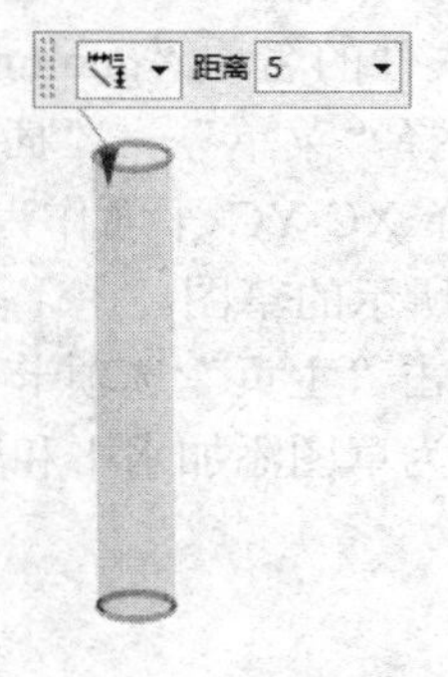

图 8-28 选择边

8.1.3 滚轮

本例创建的滚轮如图 8-29 所示。

图 8-29 滚轮

【思路分析】

先在 UG NX12.0 的草绘环境中绘制二维草图轮廓，然后利用“旋转”命令创建实体，再创建孔，最后做倒圆处理，创建滚轮的流程如图 8-30 所示。

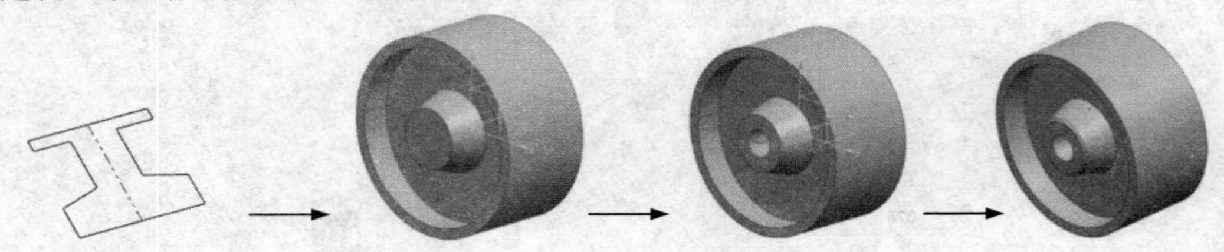

图 8-30 创建滚轮的流程

旋转　孔　边倒圆

1）选择“菜单”→“文件”→“新建”选项，弹出“新建”对话框。选择存盘文件位置，输入文件的名称“gunlun”，选择“模型”模板，单击“确定”按钮。进入建模环境。

2）选择“菜单”→“插入”→“在任务环境中绘制草图”选项，弹出“创建草图”对话框。选择 XC-YC 平面作为草图绘制平面，单击“确定”按钮，进入草图绘制环境，绘制如图 8-31 所示的草图。

3）单击“主页”选项卡，选择“约束”组中的“快速尺寸”下拉菜单中的“快速尺寸”图标，为草图添加水平和竖直两个方向尺寸，如图 8-32 所示。

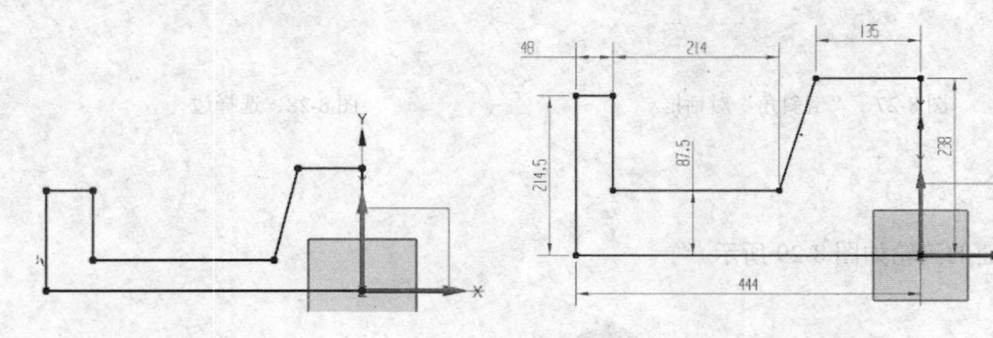

图 8-31 绘制草图　　图 8-32 为草图添加尺寸

4）单击“主页”选项卡，选择“曲线”组中的“曲线”库中的“镜像曲线”图标，系统弹出如图 8-33 所示的“镜像曲线”对话框。选择与 X 轴平行的直线为镜像的轴线，然后选择剩余的几何体作为镜像的几何体，单击“确定”按钮，完成几何体的镜像操作，如图 8-34 所示。单击“主页”选项卡，选择“草图”组中的“完成”图标，退出草绘环境，进入建模环境。

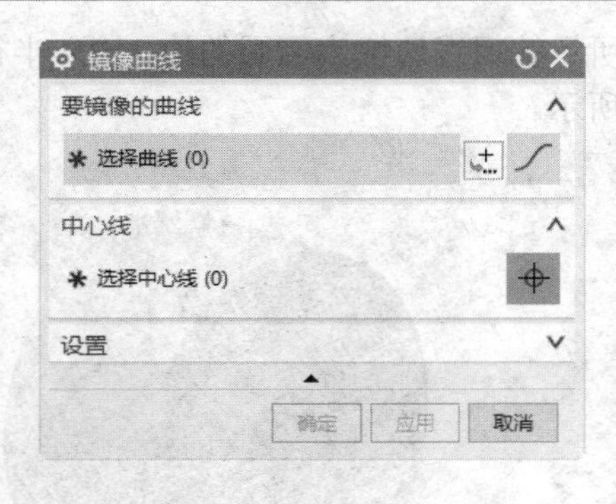

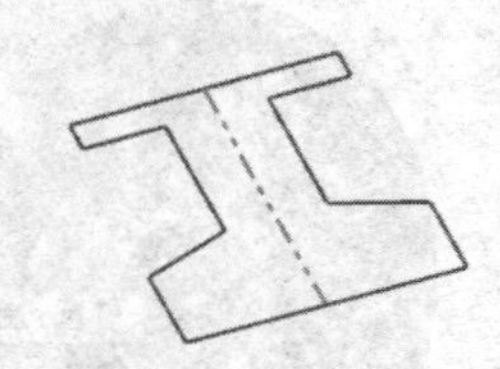

图 8-33　“镜像曲线”对话框　　　　图 8-34　镜像后的几何体

5）单击“主页”选项卡，选择“特征”组中的“设计特征”下拉菜单中的“旋转”图标，弹出“旋转”对话框，如图 8-35 所示。选择上步镜像后的几何体为旋转曲线，选择 YC 轴线作为旋转的轴线，拾取坐标原点为旋转点，单击“确定”按钮，创建旋转的实体如图 8-36 所示。

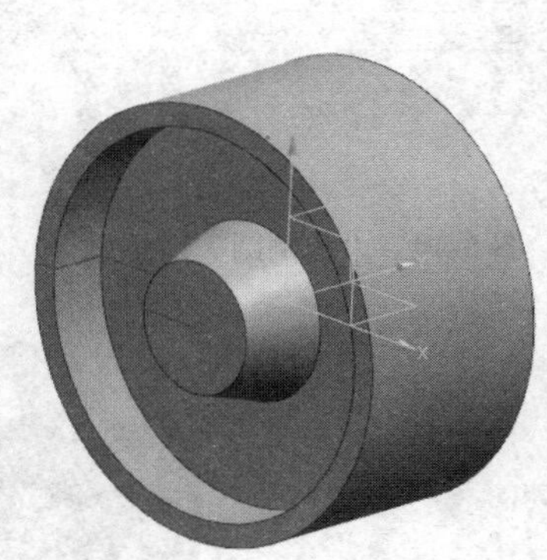

图 8-35　“旋转”对话框　　　　图 8-36　旋转体　　　　图 8-37　“孔”对话框

6）单击“主页”选项卡，选择“特征”组中的“孔”图标，弹出“孔”对话框，如图 8-37 所示。在此对话框中输入孔的直径为 130，孔的深度为 600，顶锥角为 0，拾取圆弧中心为孔的中心，如图 8-38 所示。单击“确定”按钮，完成孔的创建，如图 8-39 所示。

7）单击“主页”选项卡，选择“特征”组中的“边倒圆”图标，弹出“边倒圆”对

话框，如图 8-40 所示。在图形区选择图 8-41 所示的粗线边缘为倒圆的边，输入半径 1 为 16，单击“确定”按钮，创建边倒圆，如图 8-42 所示。

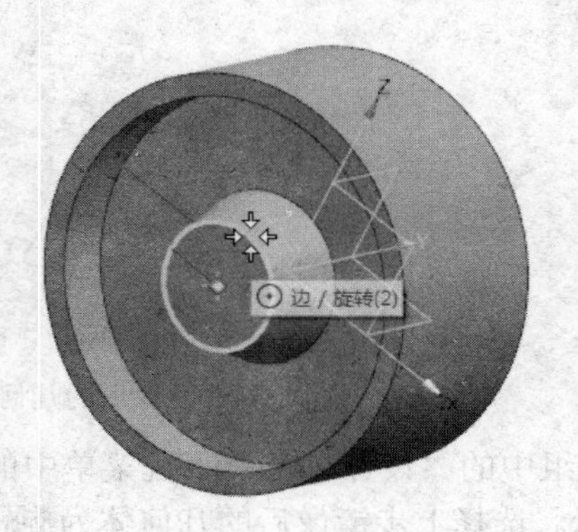

图 8-38 设置孔的形状、尺寸和位置

图 8-39 创建带孔的实体

图 8-40 “边倒圆”对话框

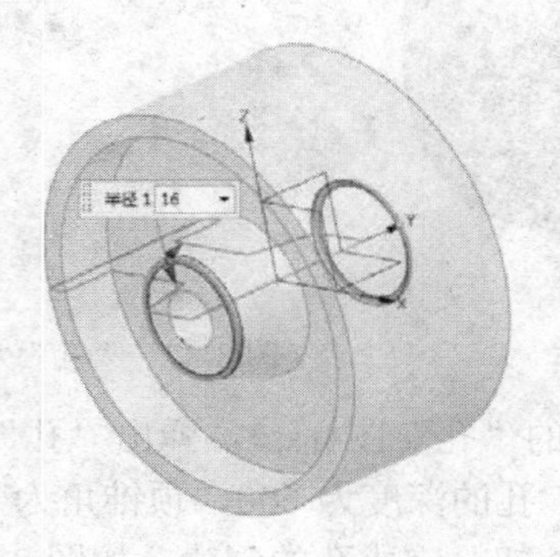

图 8-41 选择边

图 8-42 创建倒圆

8）选择“菜单”→“编辑”→“显示和隐藏”→“隐藏”选项，弹出“类选择”对话框，如图 8-43 所示。单击“类型过滤器”按钮，弹出如图 8-44 所示的“按类型选择”对话框，选择草图和基准，单击“确定”按钮，返回“类选择”对话框；单击“全选”按钮，视图中所有的草图和基准被选中，单击“确定”按钮，结果如图 8-29 所示。

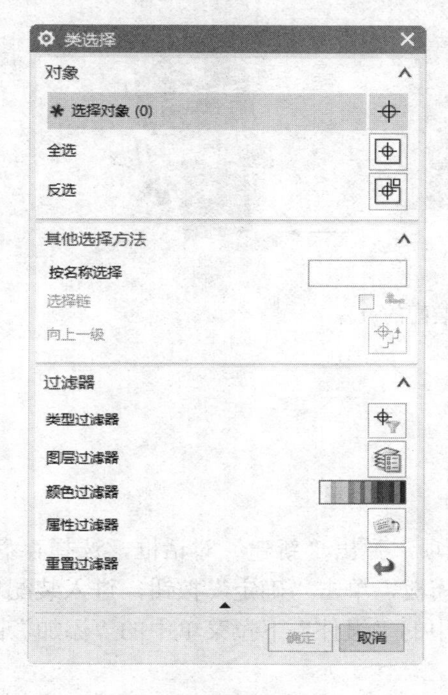

图 8-43 “类选择”对话框

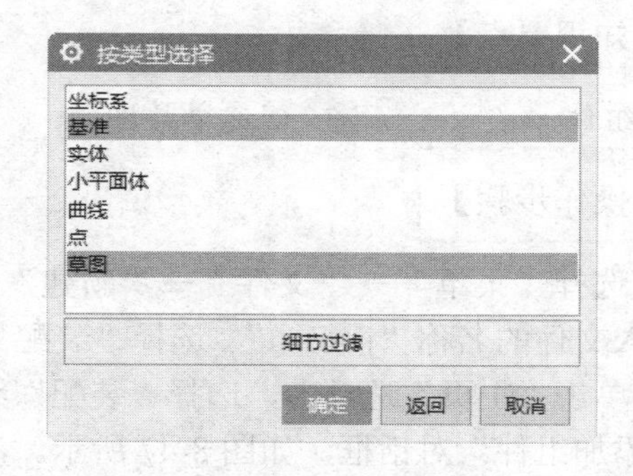

图 8-44 “按类型选择”对话框

8.1.4 脚轮装配

本例绘制脚轮的装配如图 8-45 所示。

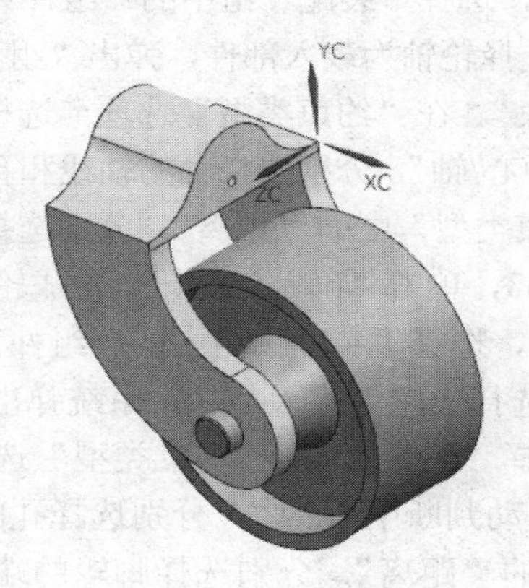

图 8-45 脚轮装配体

【思路分析】

创建完脚轮的各个零件后，可以按照一定的配对条件将各个零件装配起来。脚轮装配的流程如图 8-46 所示。

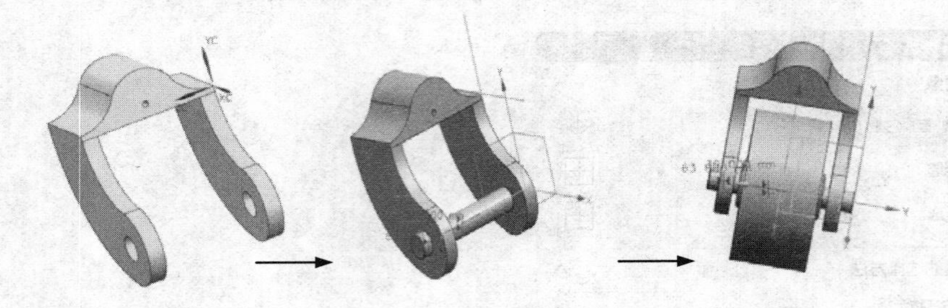

图 8-46　脚轮装配的流程

【知识要点】

添加组件　　　　创建爆炸图

【操作步骤】

1）选择“菜单”→“文件”→“新建”选项，弹出“新建”对话框，选择存盘文件位置，输入文件的名称“jiaolun”，选择“装配”模板，单击“确定”按钮，进入装配环境。

2）单击“主页”选项卡，选择“装配”组中的“组件”下拉菜单中的“添加”图标，弹出“添加组件”对话框，如图 8-47 所示。

3）单击“打开”按钮，在系统弹出的“部件名”对话框中选择轮架文件，然后单击 OK 按钮，弹出“组件预览”对话框如图 8-48 所示。返回“添加组件”对话框，在“装配位置”中选择“绝对坐标系-工作部件”，单击“确定”按钮，轮架定位于坐标系原点，如图 8-49 所示。

4）单击“主页”选项卡，选择“装配”组中的“组件”下拉菜单中的“添加”图标，弹出“添加组件”对话框。选择轮轴为载入部件，弹出“组件预览”对话框，如图 8-50 所示。在“放置”选项卡选择“约束”。在“约束类型”选项卡选择“接触对齐”类型，在“方位”下拉列表中选择“自动判断中心/轴”，分别选择轴的轴线和孔的中心轴线，如图 8-51 所示。单击“应用”按钮。选择“约束类型”中的“距离”，分别选择轴的端面和轮架的端面，在“距离表达式”的文本框中输入 63，单击“确定”按钮，完成轮架和轴的装配，如图 8-52 所示。

5）单击“主页”选项卡，选择“装配”组中的“组件”下拉菜单中的“添加”图标，弹出“添加组件”对话框。选择滚轮为载入部件，系统弹出“组件预览”对话框，如图 8-53 所示。在“放置”选项卡选择“约束”，在“约束类型”选项卡选择“接触对齐”类型，在“方位”下拉列表中选择“自动判断中心/轴”，分别选择孔的轴线和轴的轴线，单击“应用”按钮。选择“约束类型”中的“距离”，分别选择脚轮的端面和轮架的端面，在“距离表达式”的文本框中输入 30，然后单击“确定”按钮，完成组件装配，如图 8-54 所示。

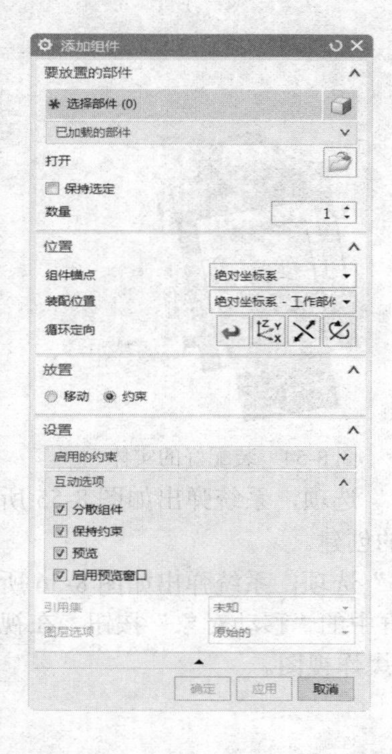

图 8-47 “添加组件”对话框

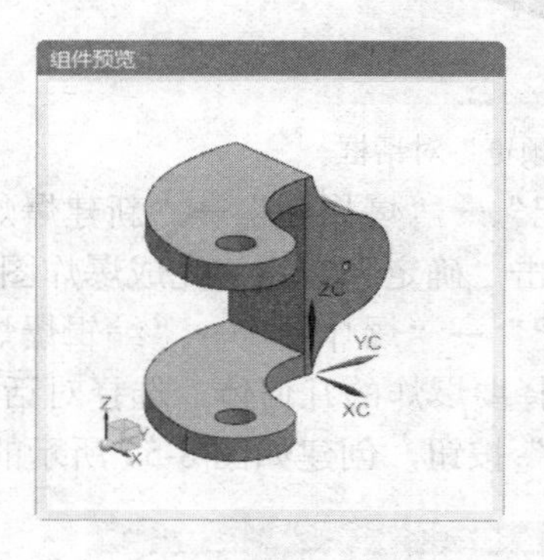

图 8-48 “组件预览”对话框

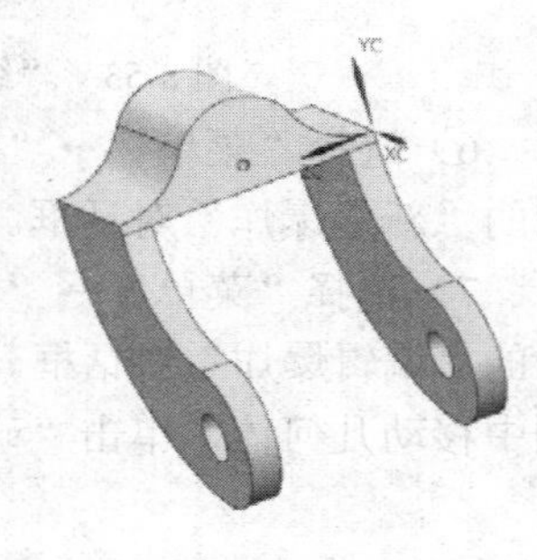

图 8-49 定位轮架

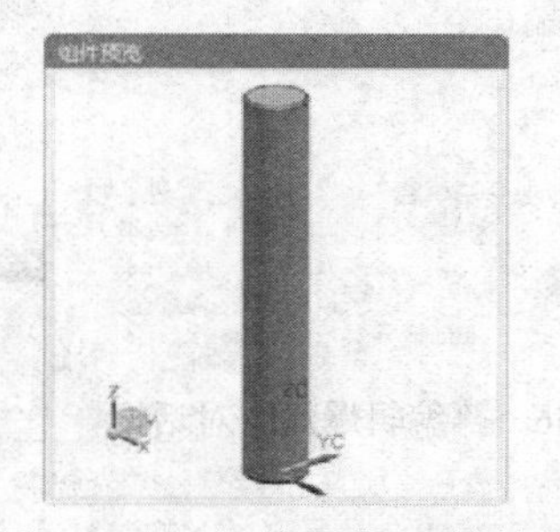

图 8-50 “组件预览”对话框

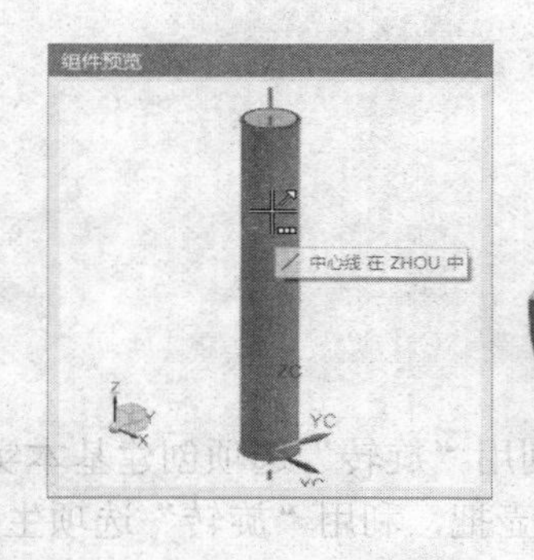

图 8-51 选择轴线

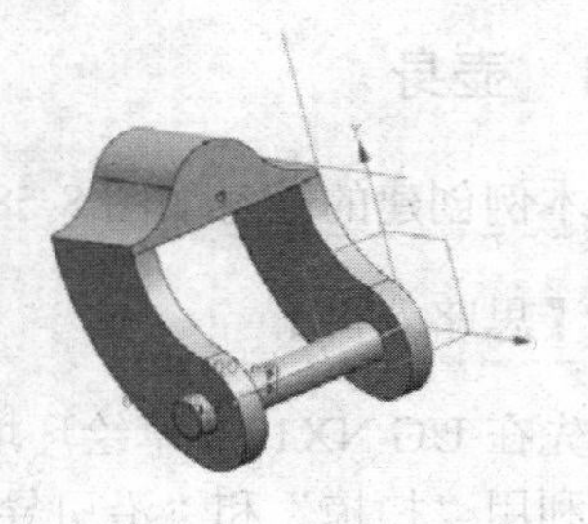

图 8-52 装配后的实体

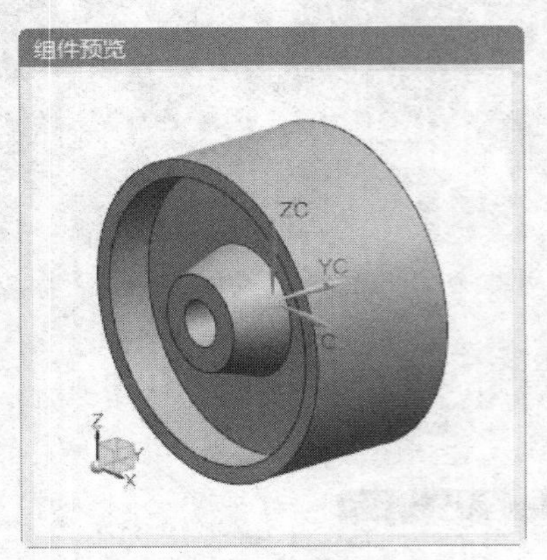

图 8-53 “组件预览”对话框

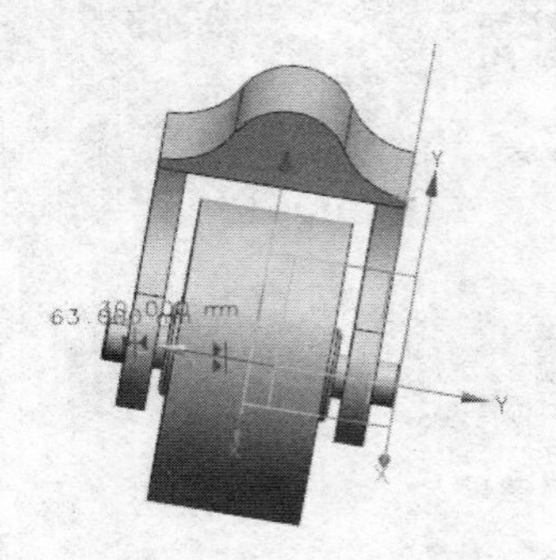

图 8-54 装配好的实体

6）选择“菜单”→“装配”→“爆炸图”→“新建爆炸”选项，系统弹出如图 8-55 所示的“新建爆炸”对话框。单击“确定”按钮，完成爆炸图的创建。

7）选择“菜单”→“装配”→“爆炸图”→“编辑爆炸”选项，系统弹出如图 8-56 所示的“编辑爆炸”对话框。选择要爆炸的几何体，选择对话框中的“移动对象”按钮，在视图中移动几何体，单击“确定”按钮，创建如图 8-57 所示的爆炸视图。

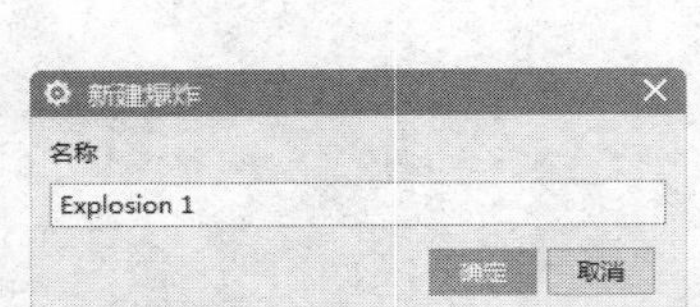

图 8-55 “新建爆炸”对话框

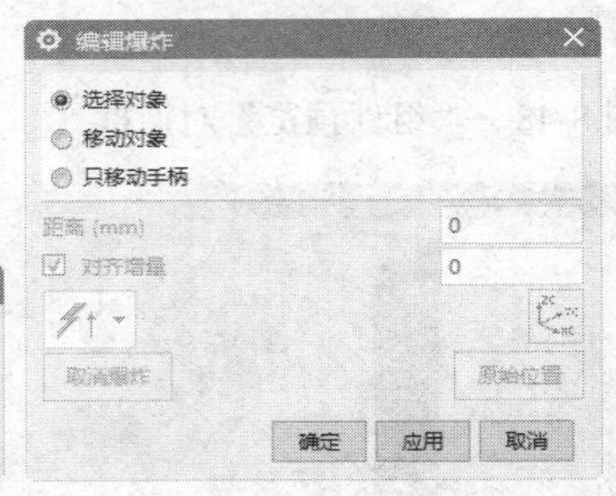

图 8-56 “编辑爆炸”对话框

图 8-57 创建爆炸视图

8.2 茶壶实例

8.2.1 壶身

本例创建的壶身如图 8-58 所示。

【思路分析】

先在 UG NX12.0 草绘环境中绘制二维草图轮廓，然后利用“旋转”选项创建基本实体，接着利用“扫掠”和“沿引导线扫掠”选项创建茶壶嘴和茶壶把，利用“旋转”选项生成茶壶底，最后对其进行倒圆，创建壶身的流程如图 8-59 所示。

图 8-58 壶身

图 8-59 创建壶身的流程

【知识要点】

- 旋转
- 圆柱
- 艺术样条
- 扫掠
- 边倒圆

【操作步骤】

1）选择“菜单”→“文件”→“新建”选项，弹出“新建”对话框。选择文件存盘的位置，输入文件的名称“hushen”，单位选择“毫米”，单击“确定”按钮，进入建模环境。

2）选择“菜单”→“格式”→“WCS”→“旋转”选项。弹出“旋转 WCS 绕”对话框，如图 8-60 所示。选择“+XC 轴：YC→ZC”，旋转角度为 90，单击“确定”按钮，将坐标系进行旋转，如图 8-61 所示。

3）选择“菜单”→“插入”→“在任务环境中绘制草图”选项，弹出如图 8-62 所示的“创建草图”对话框。选择 XC-YC 作为基准平面，单击“确定”按钮，进入草图绘制环境。

4）单击“主页”选项卡，选择“曲线”组中的“轮廓”图标，按图 8-63 所示，从原点绘制线段 12、线段 23、圆弧 34、线段 45、圆弧 56 和线段 61。注意圆弧 56 与线段 45 是相切关系。

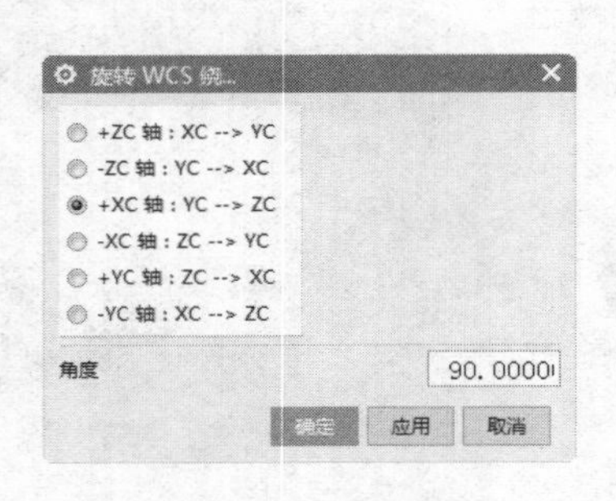

图 8-60 “旋转 WCS 绕”对话框

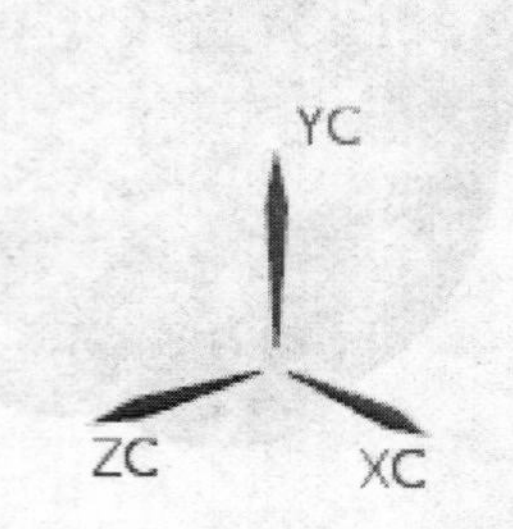

图 8-61 旋转后的坐标系

图 8-62 “创建草图”对话框

5）设置约束。单击“主页”选项卡，选择“约束”组中的“几何约束”图标，弹出“几何约束”对话框，单击“共线”按钮，在草图中选择图 8-63 所示的线段 12，再单击 Y 轴；单击“共线”按钮，在草图中选择线段 61，再单击 X 轴；在“约束”中单击“点在曲线上”按钮，选择圆弧 56 的圆心，再单击 Y 轴。

6）标注尺寸。单击“主页”选项卡，选择“约束”组中的“尺寸”下拉菜单中的“快速尺寸”图标，分别标注线段 12、线段 23、线段 61 三个尺寸 P0、P1、P5，以及线段 45 的位置尺寸 P2、P6 和长度尺寸 P3；然后再进行修改，分别输入 200、90、30、20、60、150；然后标注圆弧 34 的半径 P4＝144，最后生成如图 8-64 所示的草图。单击“主页”选项卡，选择“草图”组中的完成按钮，回到建模界面。

7）单击“主页”选项卡，选择“特征”组中的“设计特征”下拉菜单中的“旋转”图标，弹出“旋转”对话框，如图 8-65 所示。选择上步绘制的草图为旋转曲线，在此对话框中选择“指定矢量”下拉列表中的“YC 轴”，指定坐标原点为旋转点，在开始“角度”和结束“角度”文本框分别输入 0、360，单击“确定”按钮，创建旋转特征，如图 8-66 所示。

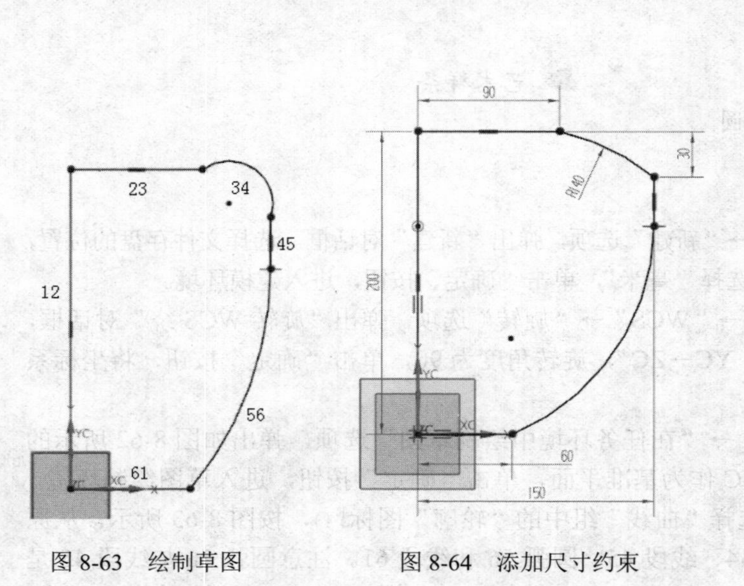

图 8-63 绘制草图　　图 8-64 添加尺寸约束

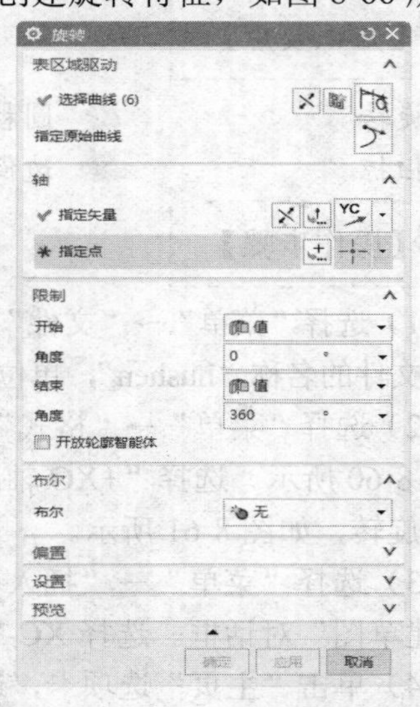

图 8-65 “旋转”对话框

8）单击“菜单”→“格式”→“WCS”→“旋转”选项，弹出“旋转 WCS 绕”对话框，如图 8-67 所示。选择“－XC 轴：ZC→YC”，在“角度”文本框中输入 90，单击“确定”按钮，旋转坐标系，如图 8-68 所示。

9）单击“主页”选项卡，选择“特征”组→“更多”→“设计特征”库中的“圆柱”图标，弹出“圆柱”对话框，如图 8-69 所示。选择“轴、直径和高度”类型，在“指定矢量”下拉列表中选择 ZC↑，单击“点对话框”，弹出“点”对话框，如图 8-70 所示，输入点坐标为（0，0，200）。在“直径”“高度”文本框中分别输入 180、8，在“布尔”下拉列表中选择“合并”。单击“确定”按钮，创建圆柱体如图 8-71 所示。

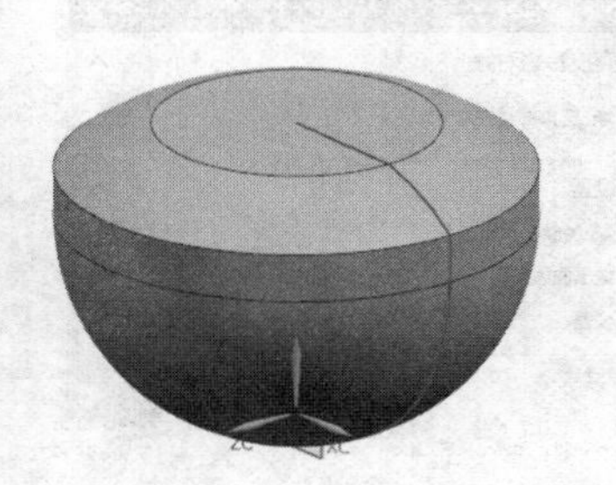

图 8-66 创建旋转特征

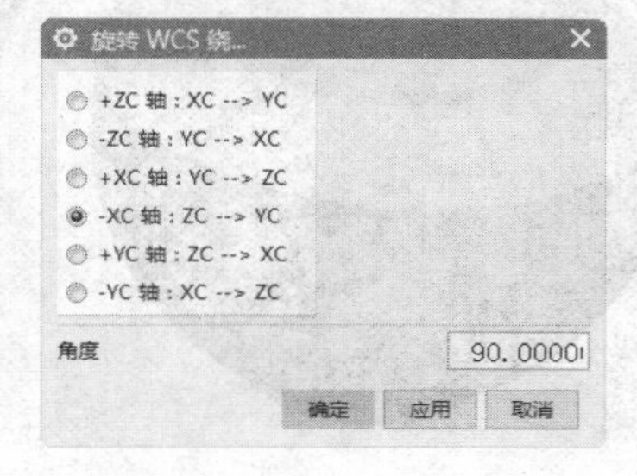

图 8-67 “旋转 WCS 绕”对话框

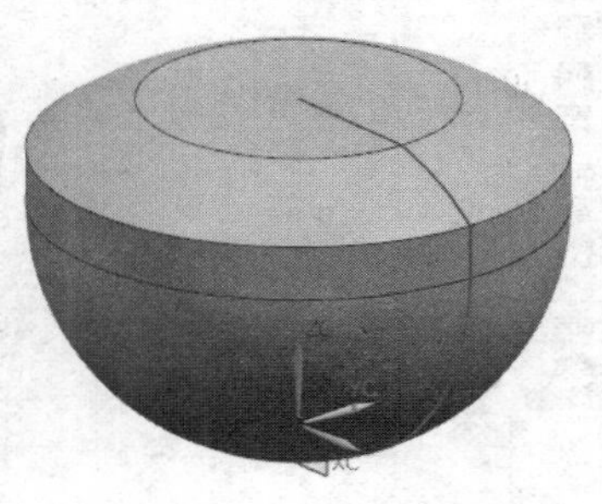

图 8-68 旋转坐标系

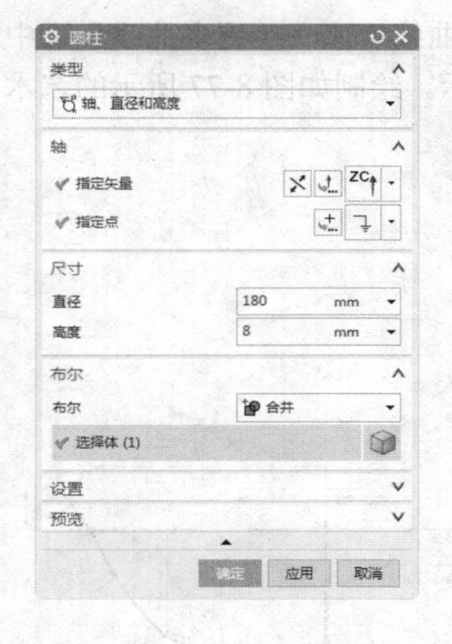

图 8-69 “圆柱”对话框

图 8-70 “点”对话框

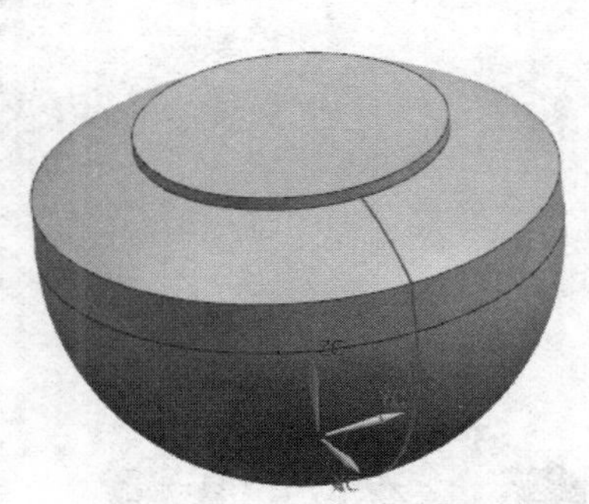

图 8-71 创建圆柱体

10）单击“主页”选项卡，选择“特征”组→“更多”→“设计特征”库中的“圆柱”图标，弹出“圆柱”对话框，如图 8-72 所示。选择“轴、直径和高度”类型，在“指定矢量”下拉列表中选择 -ZC↓，在“直径”“高度”文本框中分别输入 120、10，在“布尔”下拉列表中选择“合并”。单击“确定”按钮，在坐标原点创建圆柱体，如图 8-73 所示。

11）单击“主页”选项卡，选择“直接草图”组中的“草图”图标，弹出“创建草图”对话框。选择 XC－ZC 基准平面作为基准平面，然后单击“确定”按钮，进入草图绘制环境。

12）单击“主页”选项卡，选择“直接草图”组→“草图曲线”→“更多曲线”库中的投影曲线图标，弹出“投影曲线”对话框，如图 8-74 所示。在图形中选择图 8-75 所示的边线，最后单击“确定”按钮。

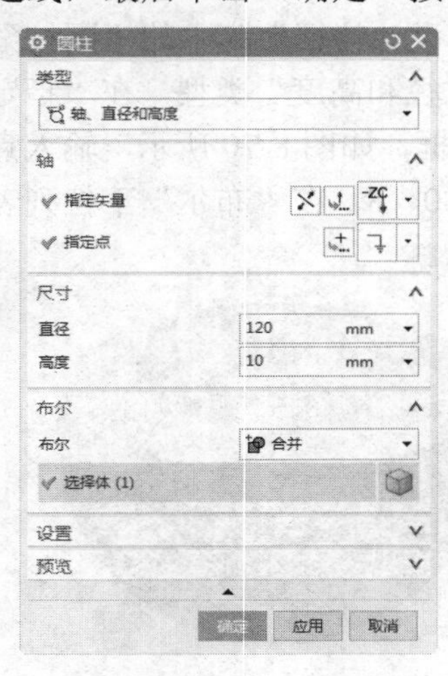

图 8-72 “圆柱”对话框

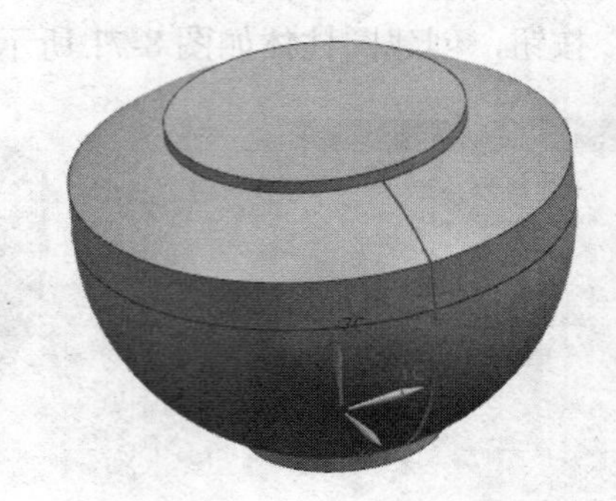

图 8-73 创建圆柱体

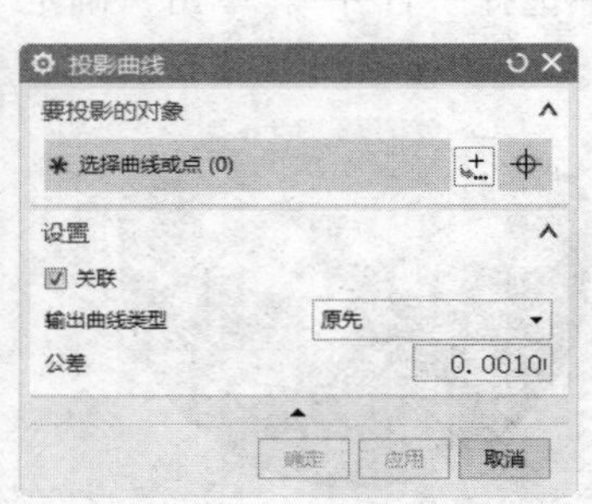

图 8-74 “投影曲线”对话框

13）单击“主页”选项卡，选择“直接草图”组→“草图曲线”库→“更多曲线”库中的艺术样条图标，弹出“艺术样条”对话框，如图 8-76 所示。绘制如图 8-77 所示的艺术样条曲线，单击“确定”按钮。

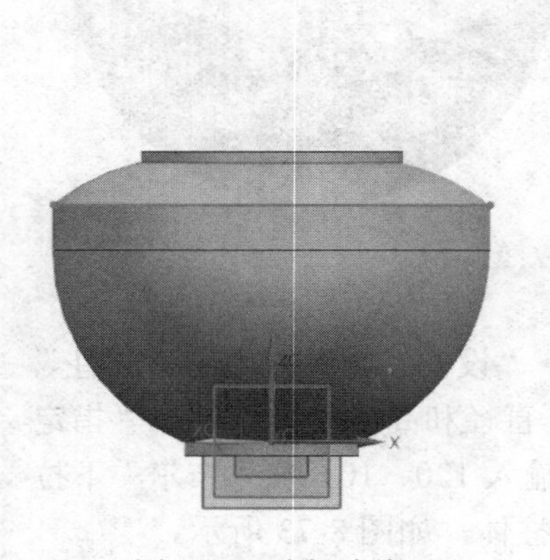

图 8-75 选择边线

图 8-76 “艺术样条”对话框

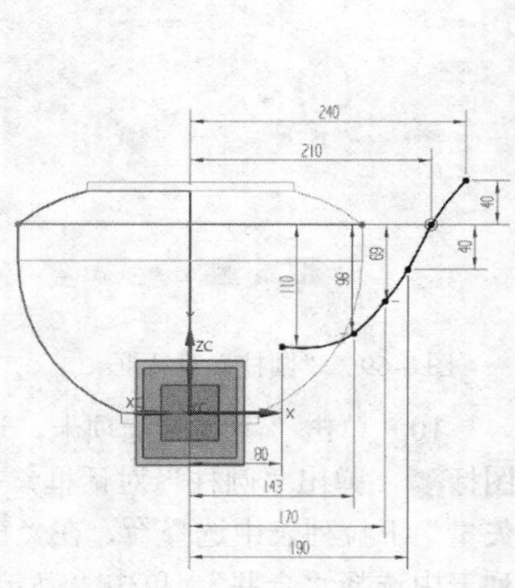

图 8-77 绘制艺术样条曲线

14）单击“主页”选项卡，选择“直接草图”组的“几何约束”图标，在图形中先单击（点在曲线上）按钮†，再单击点 5 和投影边线，完成约束。单击“主页”选项卡，选择“直接草图”组中的完成草图图标🏁，回到建模环境。

15）选择“菜单”→“格式”→“WCS”→“原点”选项。弹出“点”对话框，如图 8-78 所示，选择“端点”类型，再单击上一步生成的曲线端点，将坐标系移至曲线的端点处，如图 8-79 所示。

16）选择“菜单”→“格式”→“WCS”→“旋转”选项，系统弹出“旋转 WCS 绕”对话框，如图 8-80 所示，选择“-YC 轴：XC→ZC”选项，在旋转“角度”文本框中输入 60，单击“确定”按钮，坐标系旋转后的位置如图 8-81 所示。

17）选择“菜单”→“插入”→“曲线”→“基本曲线（原有）”选项，弹出“基本曲线”对话框，如图 8-82 所示。单击○按钮，在“点方法”下拉列表中单击按钮，系统弹出“点”对话框，如图 8-83 所示。在“点”对话框 XC 文本框中输入 35，如图 8-84 所示。单击“确定”按钮，创建以坐标原点为圆心，半径为 35 的圆，如图 8-85 所示。

图 8-78 “点”对话框

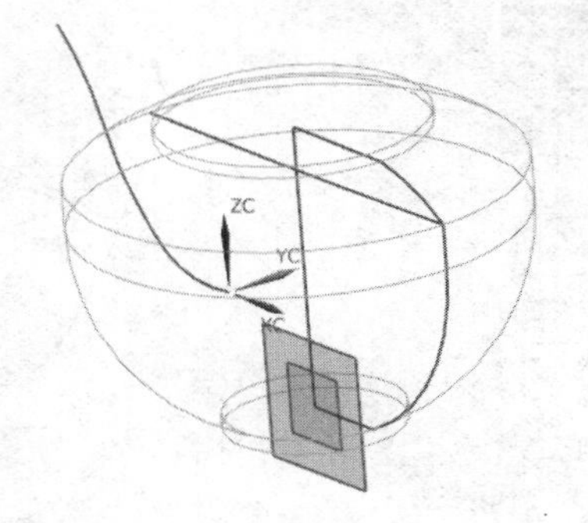

图 8-79 坐标的移动

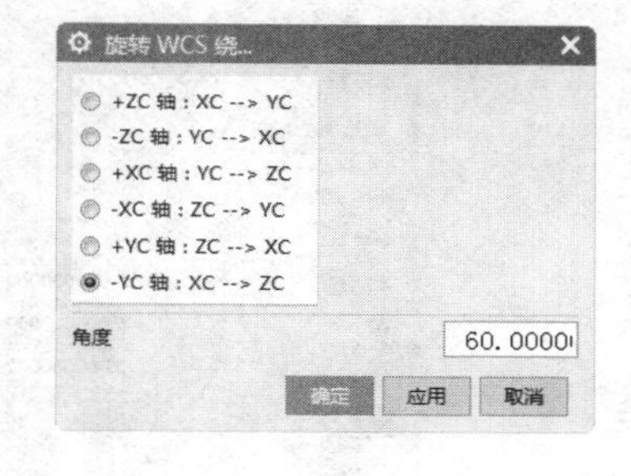

图 8-80 “旋转 WCS 绕”对话框

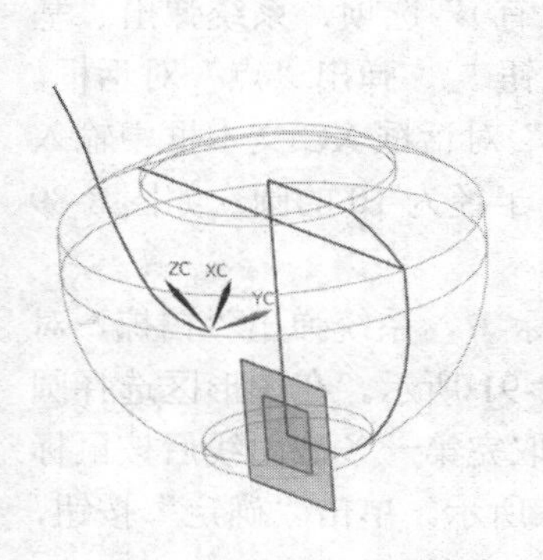

图 8-81 坐标旋转后的位置

图 8-82 “基本曲线”对话框

图 8-83 “点”对话框

18）选择“菜单”→“格式”→“WCS”→“原点”选项，弹出“点”对话框，如图

8-86 所示。选择“端点”类型，然后选择曲线的另一端点作为原点位置，单击“确定”按钮，移动坐标系如图 8-87 所示。

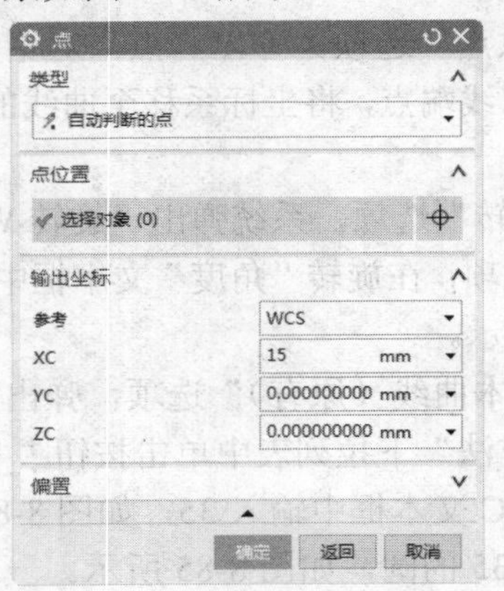

图 8-84 “点”对话框

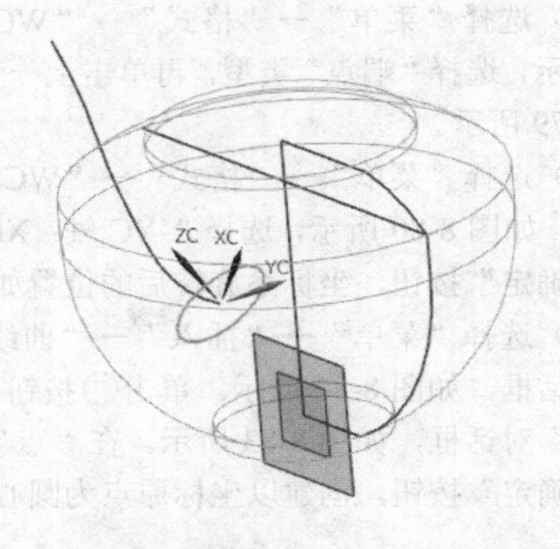

图 8-85 绘制截面圆

图 8-86 “点”对话框

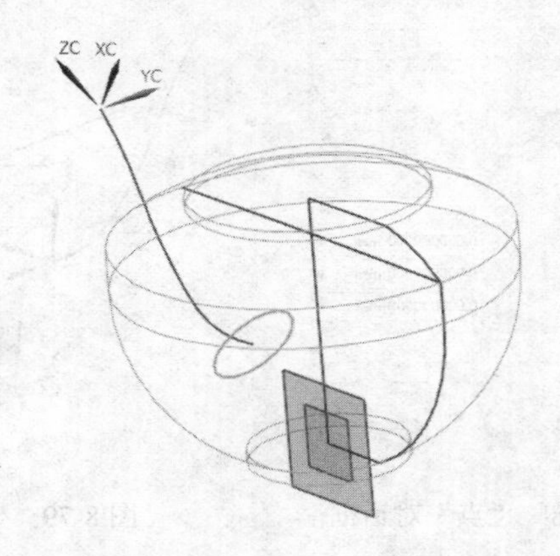

图 8-87 移动坐标系

19）选择“菜单”→“插入”→“曲线”→“基本曲线（原有)”选项，系统弹出“基本曲线”对话框。单击按钮○，在“点方法”下拉列表中单击按钮，弹出“点”对话框。在此对话框中输入（0，0，0)，单击“确定”按钮，然后在“点”对话框 XC 文本框中输入 10，如图 8-88 所示。单击“确定”按钮，创建圆心在坐标原点，半径为 10 的圆，如图 8-89 所示。

20）单击“主页”选项卡，选择“特征”组中的“扫掠”图标，系统弹出“扫掠”对话框，如图 8-90 所示。在图形中选择样条曲线为引导线，如图 8-91 所示。在图形区选择圆形截面线，以产生第一条截面线的向量方向，如图 8-92 所示。截取完第一条截面线后按鼠标中键再选择截面线，以产生第二条截面线的向量方向，如图 8-93 所示。单击“确定”按钮，完成曲面的创建。

21）单击“主页”选项卡，选择“特征”组中的“组合”下拉菜单中的“合并”图标，弹出“合并”对话框，如图 8-94 所示。在绘图区中选择所有实体，系统创建的实体如图 8-95 所示。

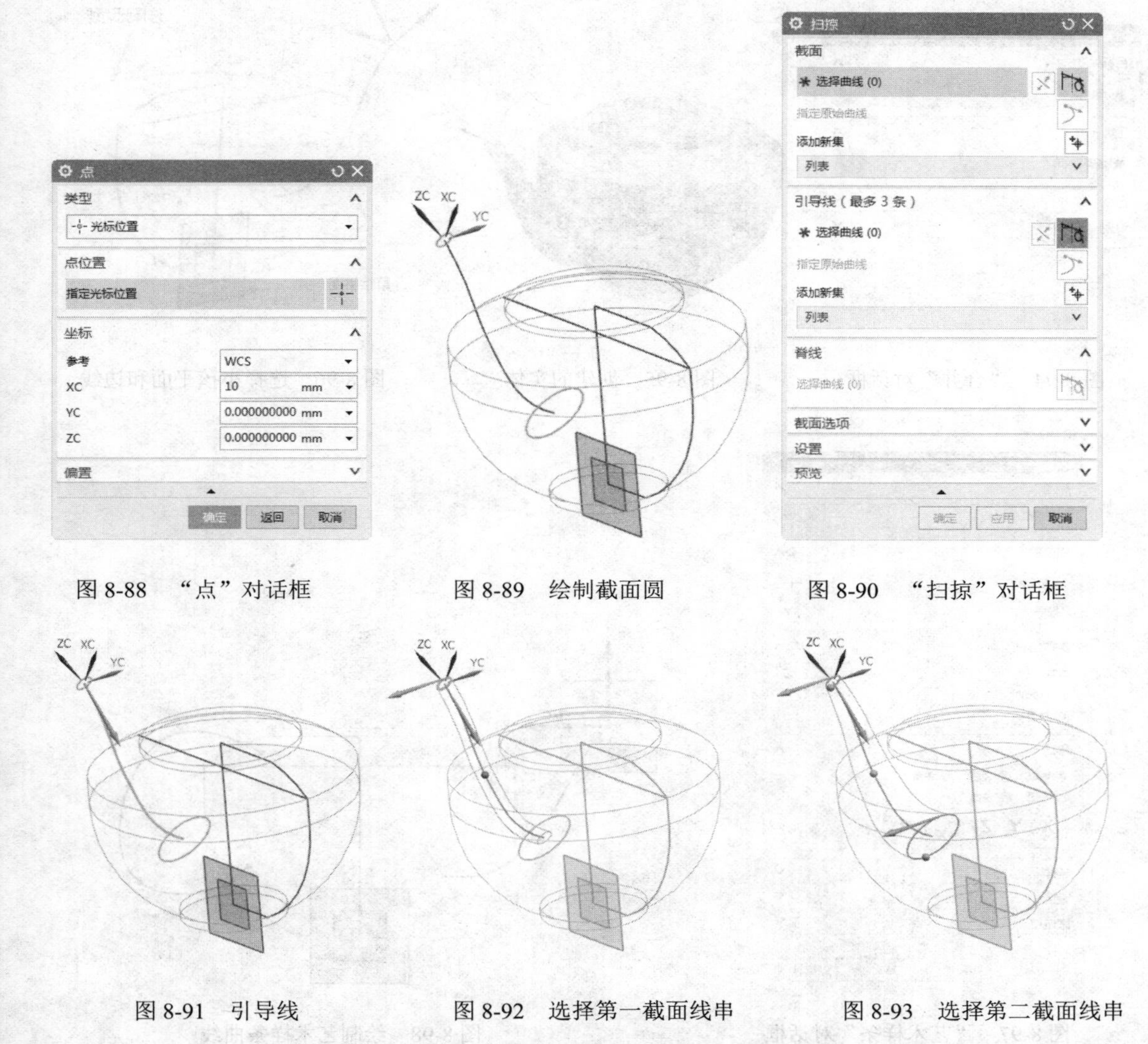

图 8-88 “点”对话框　　图 8-89 绘制截面圆　　图 8-90 “扫掠”对话框

图 8-91 引导线　　图 8-92 选择第一截面线串　　图 8-93 选择第二截面线串

22）单击“主页”选项卡，选择“直接草图”组中的“草图”图标，弹出“创建草图”对话框。选择图 8-96 所示的基准平面作为草绘平面，然后单击“确定”按钮，进入草图绘制环境。

23）单击“主页”选项卡，选择“直接草图”组→“草图曲线”库→“更多曲线”库中的“投影曲线”图标，弹出“投影曲线”对话框。在图形中选择图 8-96 所示的边线，单击“确定”按钮。

24）单击“主页”选项卡，选择“直接草图”组→“草图曲线”库→“更多曲线”库中的“艺术样条”图标，弹出“艺术样条”对话框，如图 8-97 所示。按照图 8-98 所示依次

选择点，单击“确定”按钮，绘制如图 8-98 所示的艺术样条曲线。

图 8-94 “合并”对话框

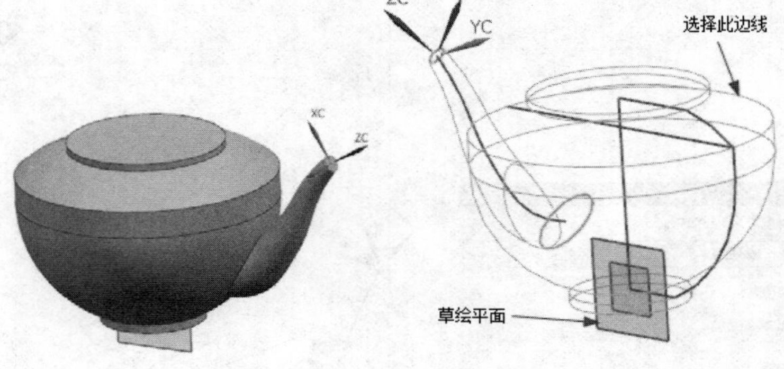

图 8-95 创建的实体

图 8-96 选择小孩平面和边线

图 8-97 “艺术样条”对话框

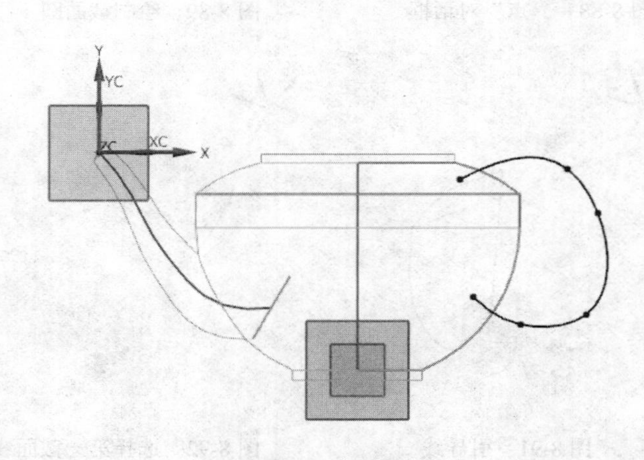

图 8-98 绘制艺术样条曲线

25）单击“主页”选项卡，选择“直接草图”组中的“尺寸”下拉菜单中的“快速尺寸”图标，标注尺寸，如图 8-99 所示。单击“完成草图”图标，返回建模环境。

26）选择“菜单”→“格式”→“WCS”→“原点”选项，弹出“点”对话框，如图 8-100 所示。选择图 8-99 所示艺术样条曲线上的点，将坐标系移至该点处，如图 8-101 所示。

27）选择“菜单”→“格式”→“WCS”→“旋转”选项，弹出“旋转 WCS 绕”对话框，如图 8-102 所示，选择“-YC 轴：XC→ZC”，旋转的“角度”为 30，单击“确定”按钮，旋转坐标如图 8-103 所示。

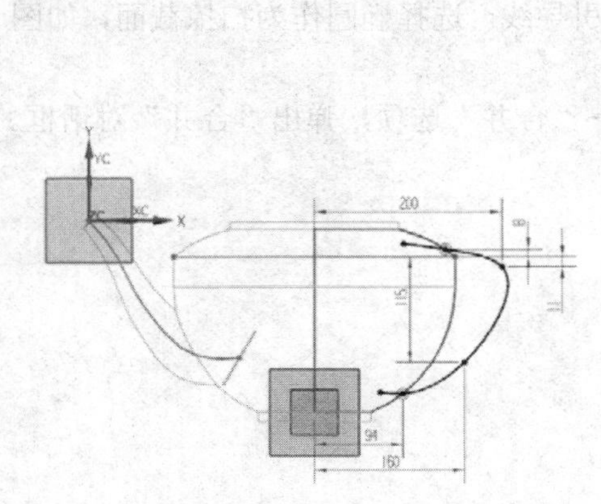

图 8-99　标注尺寸

图 8-100　“点”对话框

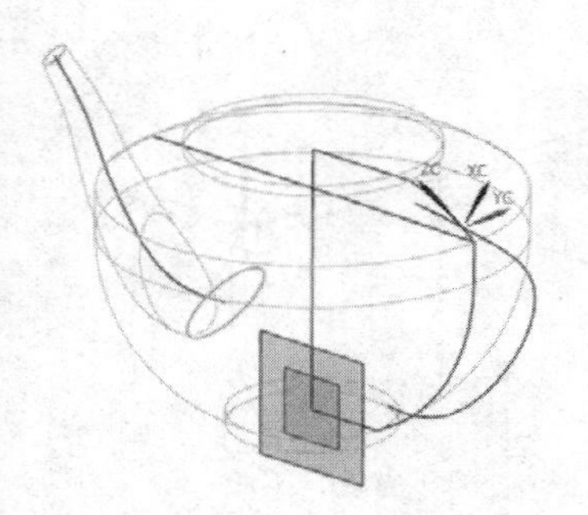

图 8-101　移动坐标系

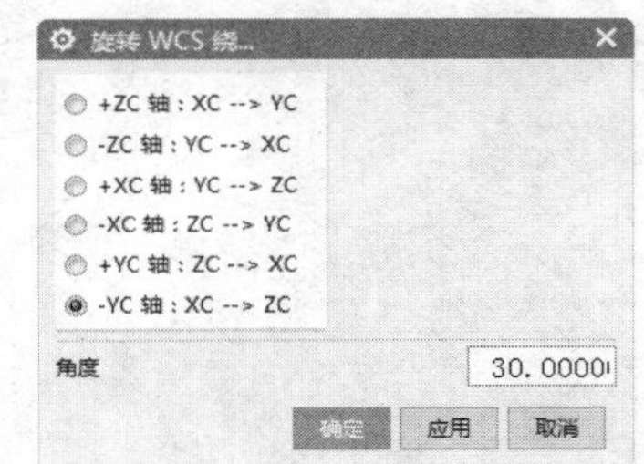

图 8-102　“旋转 WCS 绕”对话框

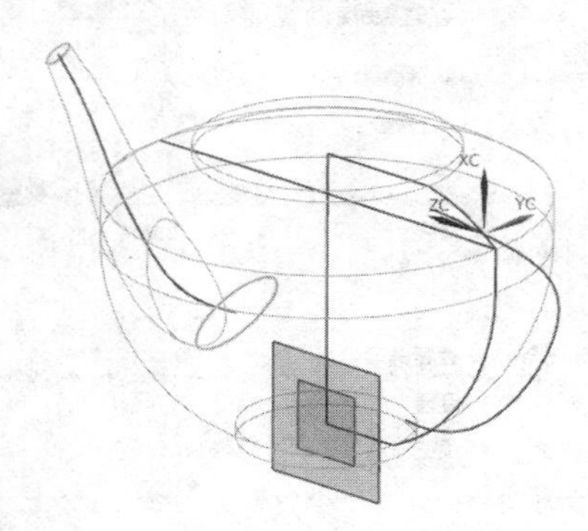

图 8-103　旋转坐标系

28）选择“菜单”→插入”→“曲线”→“椭圆（原有）”选项，弹出“点”对话框，在对话框中输入坐标（0，0，0），单击“确定”按钮，即指定椭圆的中心，弹出“椭圆”对话框，如图 8-104 所示。在“长半轴”“短半轴”“旋转角度”文本框中分别的输入 25、12、90，创建的椭圆如图 8-105 所示。

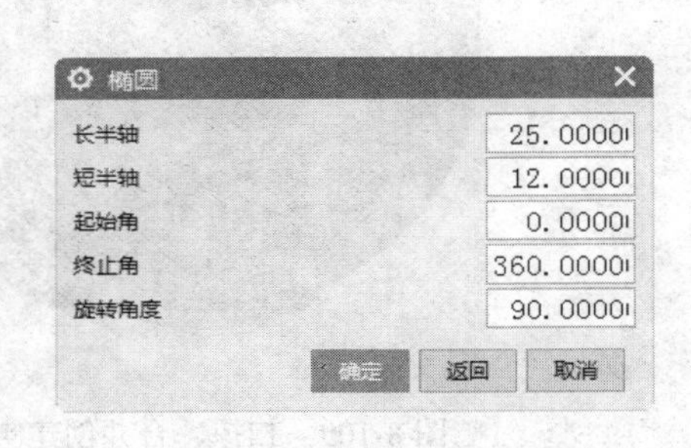

图 8-104　“椭圆”对话框

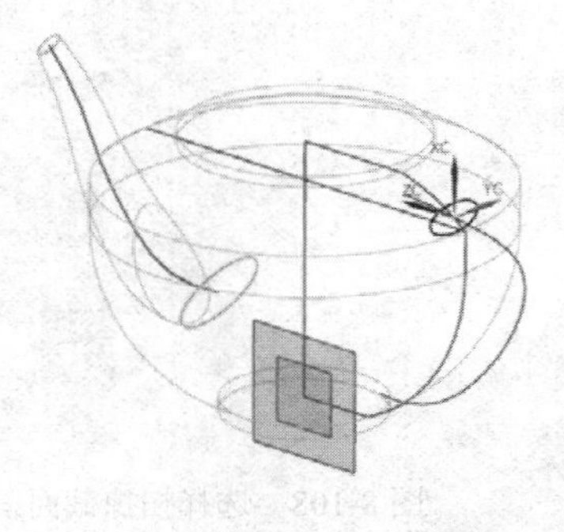

图 8-105　创建的椭圆

29）选择“菜单”→“插入”→“扫掠”→“扫掠”选项，弹出“扫掠”对话框，如图 8-106 所示。选择图 8-107 所示的样条曲线作为引导线。选择椭圆作为扫掠截面，如图 8-108 所示。

30）选择“菜单”→“插入”→“组合”→“合并”选项，弹出“合并”对话框。将壶身和扫掠体进行合并操作，如图 8-109 所示。

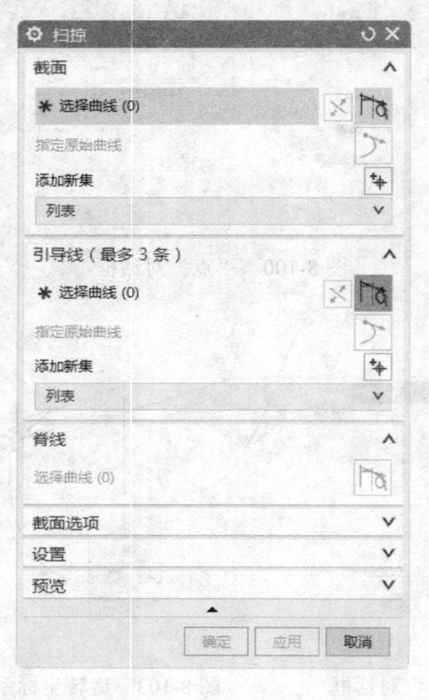

图 8-106 “扫掠”对话框

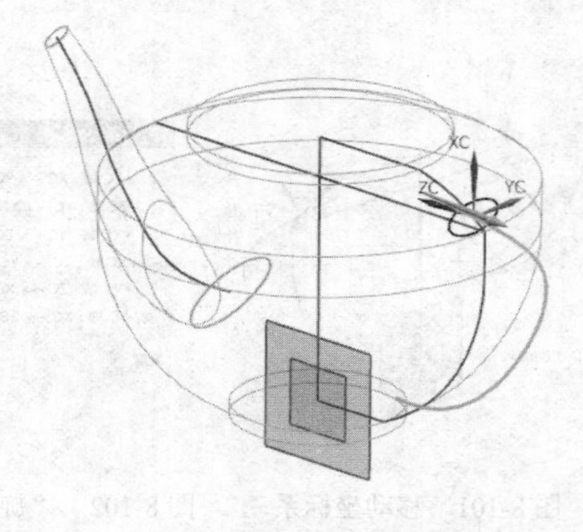

图 8-107 选择扫掠曲线

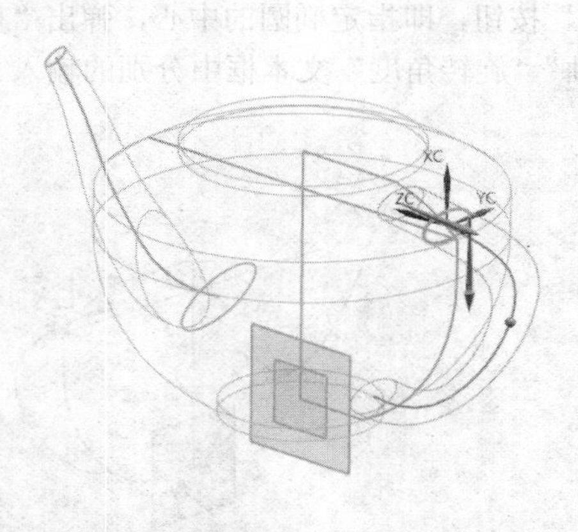

图 8-108 选择扫掠截面

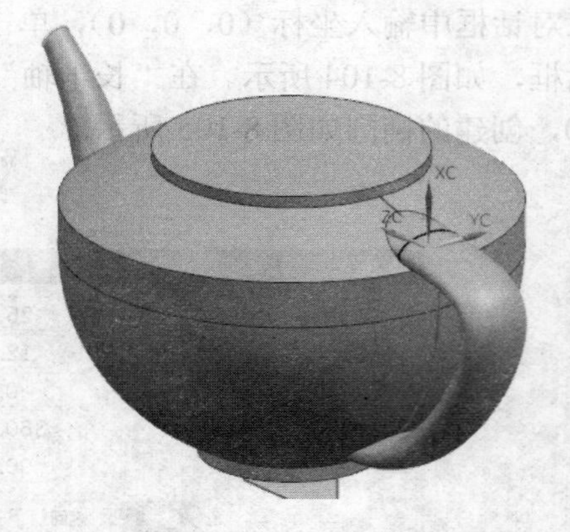

图 8-109 扫掠、合并创建实体

31）单击“主页”选项卡，选择“特征”组中的“边倒圆”图标，弹出“边倒圆”对话框，如图 8-110 所示。在绘图区选择图 8-111 所示的粗线边缘为倒圆的边，在“半径 1”中输入 10，单击“确定”按钮，结果如图 8-112 所示。

图 8-110　“边倒圆”对话框　　图 8-111　选择边 1　　图 8-112　边倒圆

32）单击“主页”选项卡，选择“特征”组中的“抽壳”图标，弹出“抽壳”对话框，如图 8-113 所示。在图形中选择壶身外壳面，如图 8-114 所示。在“抽壳”对话框 “厚度”文本框中输入 5，单击“确定”按钮，完成抽壳操作，创建的壳体如图 8-115 所示。

图 8-113　“抽壳”对话框

33）单击“曲线”选项卡，选择“派生曲线”组中的“相交曲线”图标，弹出如图 8-116 所示的“相交曲线”对话框。在图形中选择第一组面，如图 8-117 所示。在图形中选择第二组面，如图 8-118 所示。在“相交曲线”对话框中单击“确定”按钮，最后完成相交曲线如图 8-119 所示。

34）选择“菜单”→“格式”→“WCS”→“原点”选项。弹出“点”对话框。选择“圆弧中心/椭圆中心/球心”类型，如图 8-120 所示。选择图 8-119 所示的圆弧，将坐标系移至其圆心处，结果如图 8-121 所示。

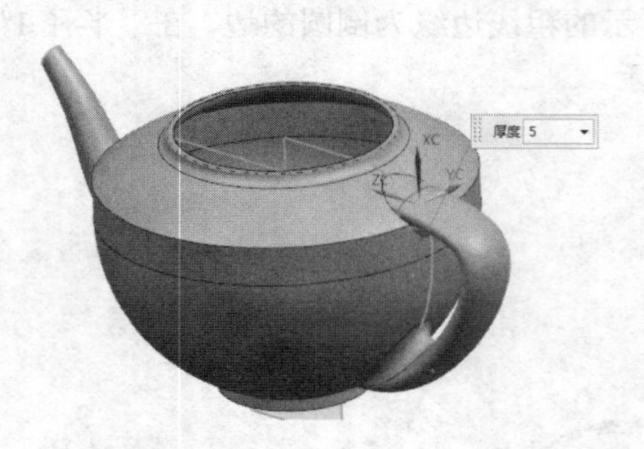

图 8-114　选择外壳平面

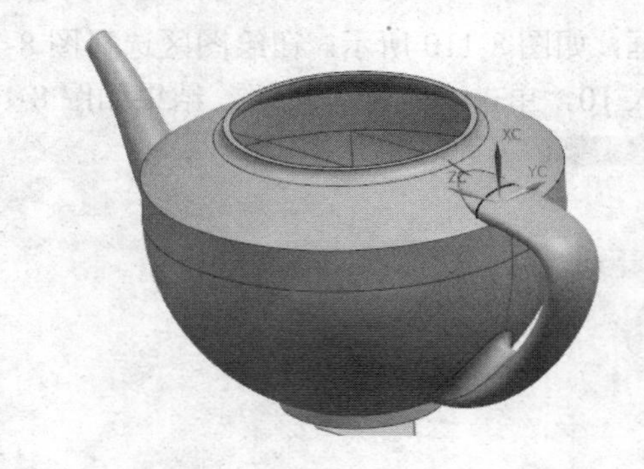

图 8-115　生成壳体

图 8-116　“相交曲线”对话框

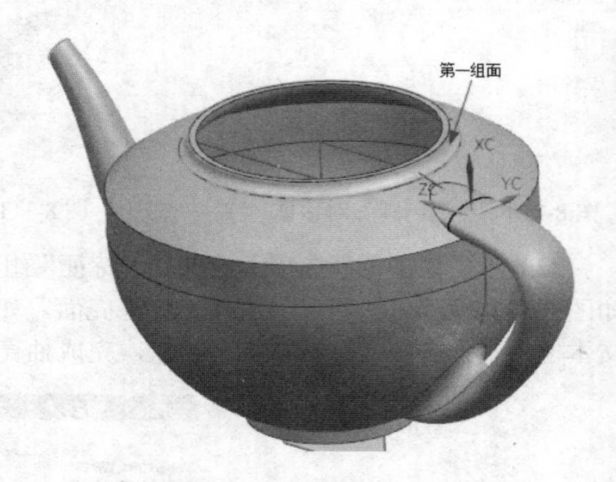

图 8-117　选择第一组面

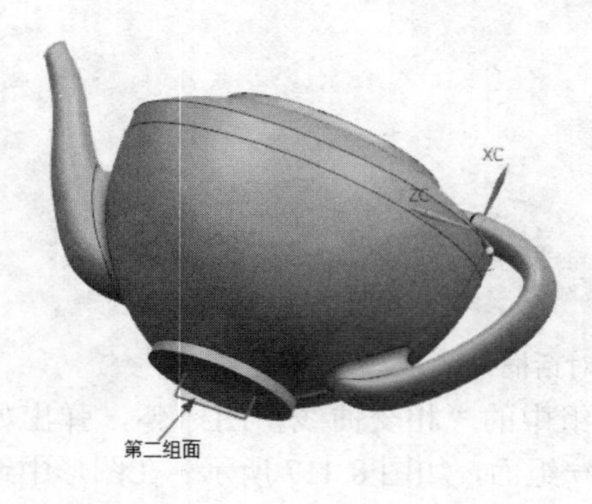

图 8-118　选择第二组面

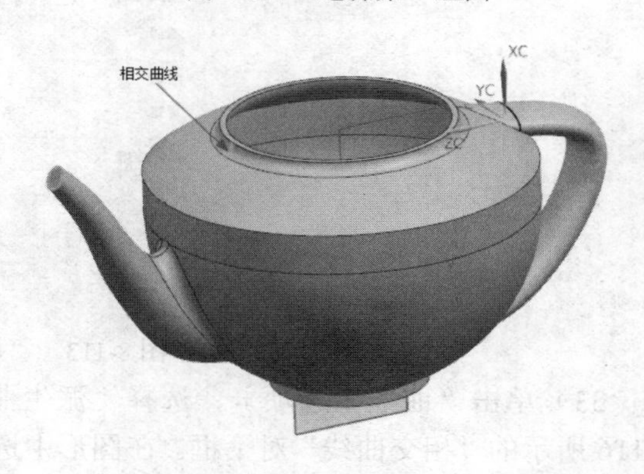

图 8-119　创建的相交曲线

35）选择“菜单”→“格式”→“WCS”→“旋转”选项，弹出“旋转 WCS 绕”对话框，如图 8-122 所示。选择“XC 轴：YC→ ZC”，在“角度”文本框中输入 90，单击“确定”按钮，旋转坐标系，如图 8-123 所示。

36）选择“菜单”→“插入”→“曲线”→“基本曲线（原有）”选项，弹出“基本曲线”对话框。如图 8-124 所示，单击对话框中的按钮。在“创建方法”中选择“中心点，起点，终点”，在“点方法”下拉列表中选择“点构造器”按钮，弹出“点”对话框，如图 8-125 所示。在此对话框中输入（0，0，0），以原点为中心绘制圆弧，单击“确定”按钮。

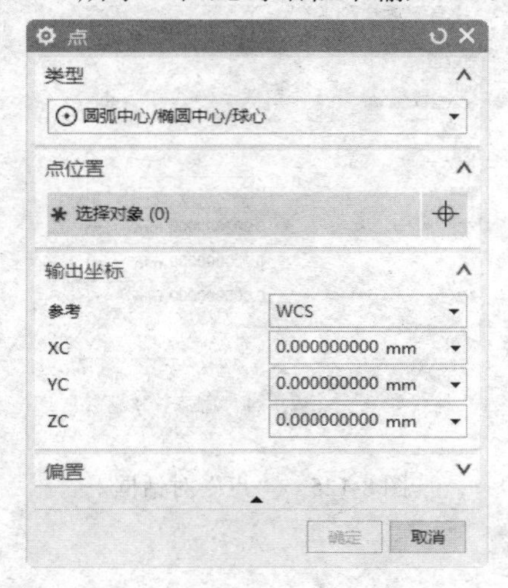

图 8-120 “点”对话框

图 8-121 移动坐标系

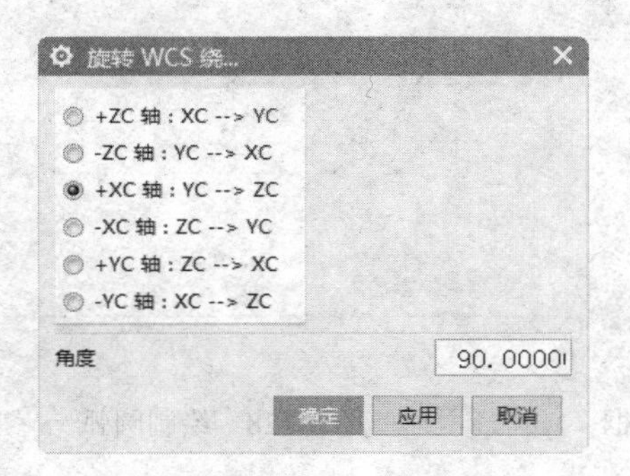

图 8-122 “旋转 WCS 绕”对话框

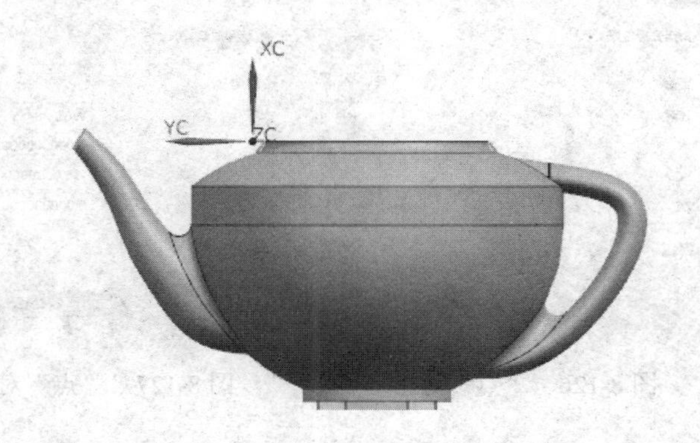

图 8-123 旋转坐标系

37）在“点”对话框中输入（-15，0，0），如图 8-126 所示。单击“确定”按钮，系统提示输入圆弧的终点（输出坐标）；然后在“点”对话框中输入（0，-15，0），如图 8-127 所示；最后单击“确定”按钮，完成圆弧的绘制，如图 8-128 所示。

38）单击“主页”选项卡，选择“直接草图”组中的“草图”图标，弹出“创建草图”对话框；以 XC→YC 作为基准平面，单击“确定”按钮，进入草图绘制环境，绘制如图 8-129 的草图。单击“主页”选项卡，选择“直接草图”组→“草图曲线”库→“编辑曲线”库中的“快速修剪”按钮，选择剪切的边，如图 8-130 所示，修剪掉多余的曲线，完成草图的绘制，如图 8-131 所示。单击“主页”选项卡，选择“直接草图”组中的“完成草图”图标。

39）选择“菜单”→“格式”→“WCS”→“原点”选项，弹出“点”对话框。选择“弧

/圆/球中心"类型，单击茶壶上面的圆，将坐标系移至其圆心处，如图 8-132 所示。

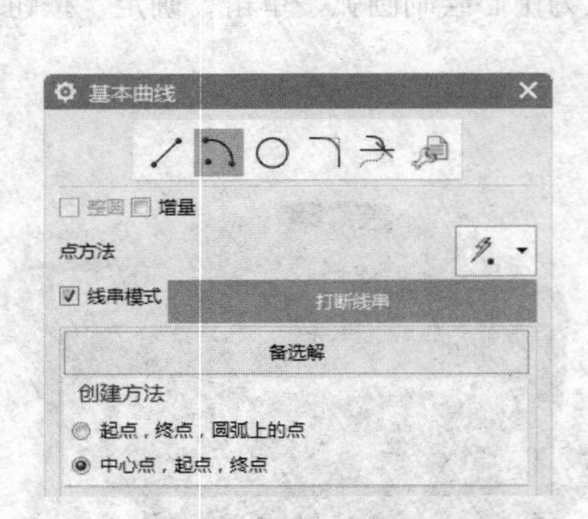

图 8-124 "基本曲线"对话框

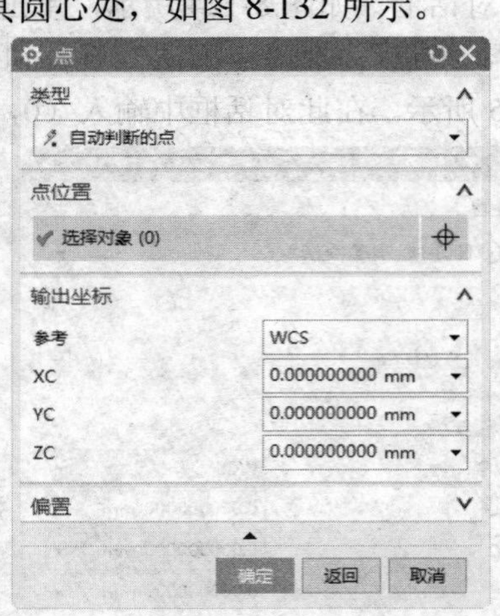

图 8-125 "点"对话框

图 8-126 "点"对话框

图 8-127 "点"对话框

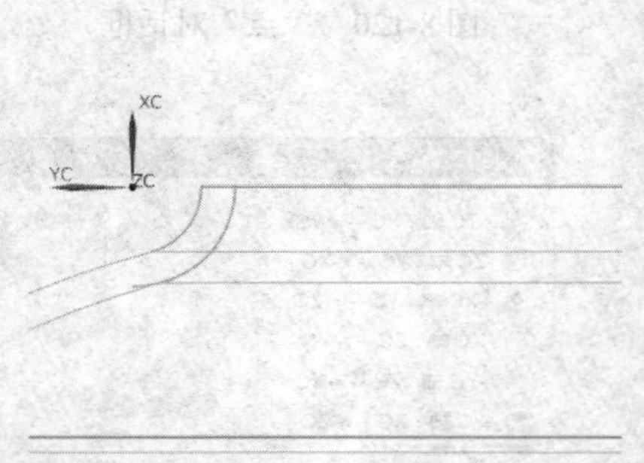

图 8-128 绘制圆弧

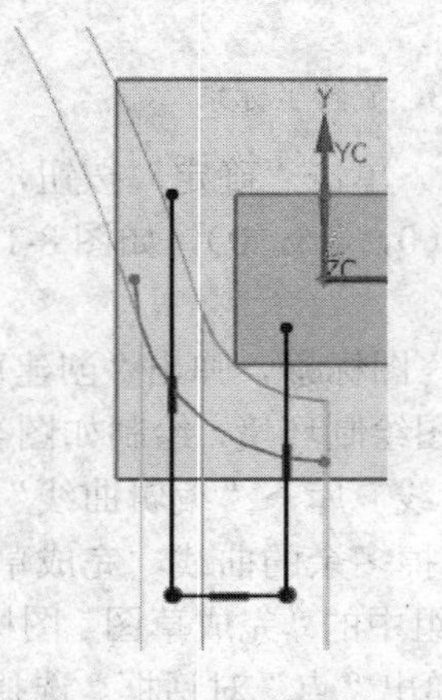

图 8-129 绘制草图

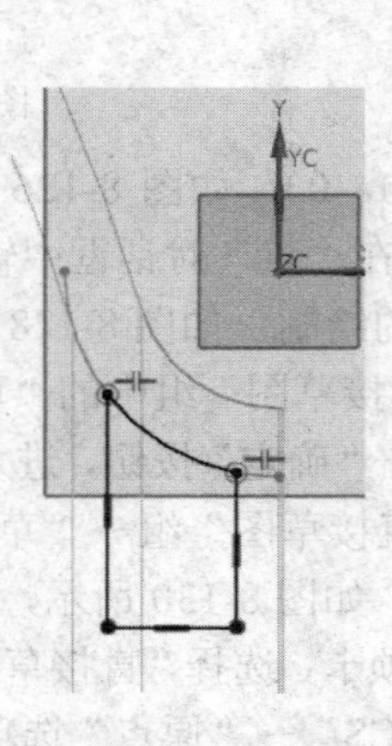

图 8-130 选择剪切的边

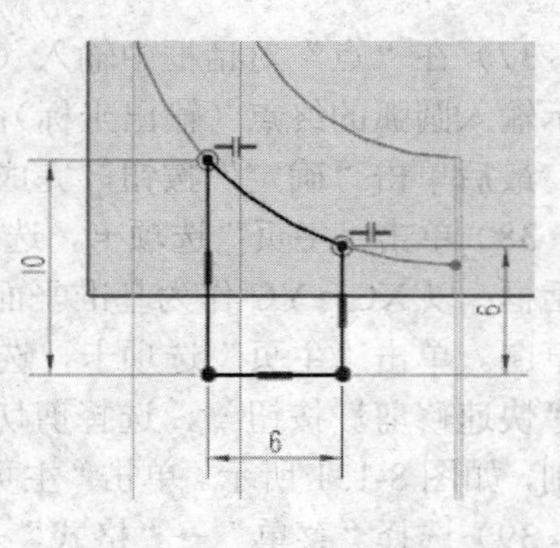

图 8-131 修剪后的草图

40）单击“主页”选项卡，选择“特征”组中的“设计特征”下拉菜单中的“旋转”图标，弹出“旋转”对话框，如图 8-133 所示。依次选择草图中所绘的全部曲线，如图 8-134 所示，系统返回“旋转”对话框。选择“XC 轴”为旋转轴，然后单击“确定”按钮，创建旋转体，如图 8-135 所示。

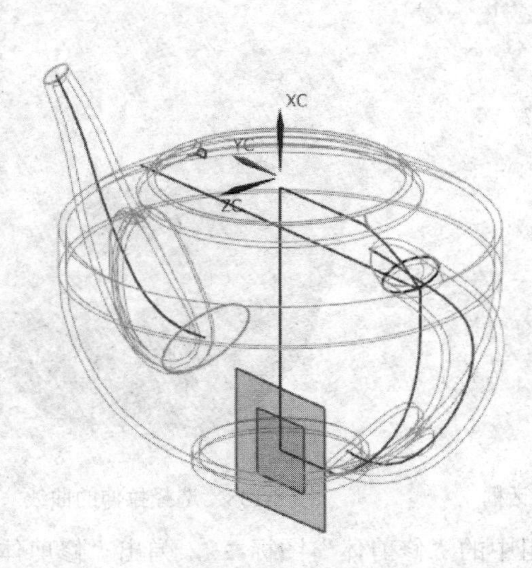

图 8-132　移动坐标系

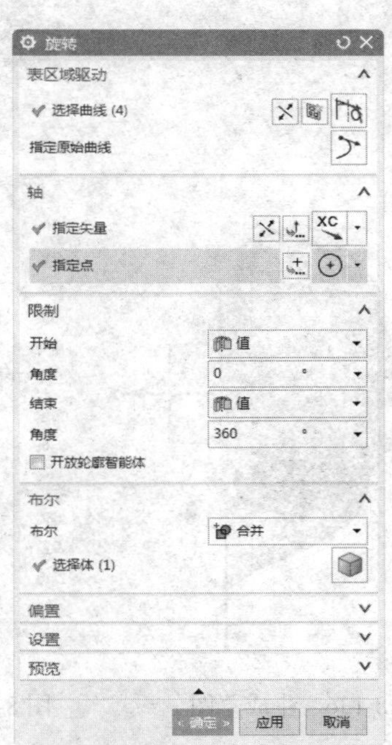

图 8-133　“旋转”对话框

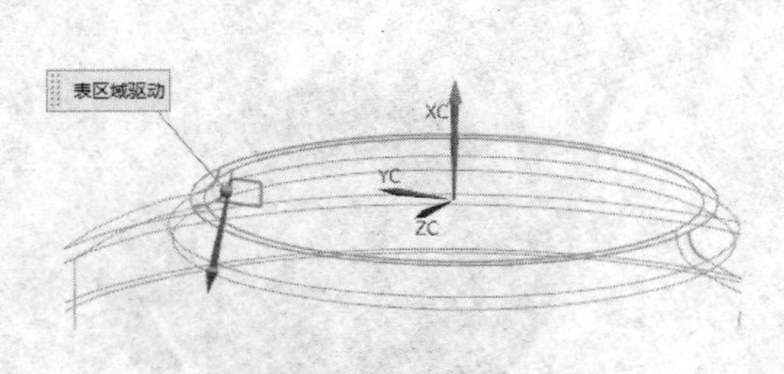

图 8-134　选择曲线

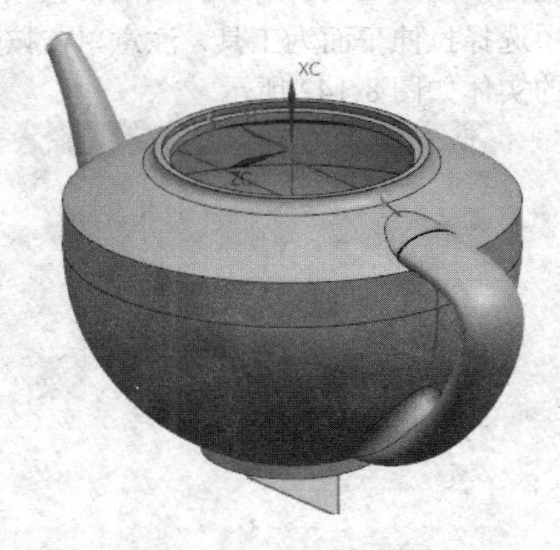

图 8-135　生成旋转体

41）选择“菜单”→“插入”→“在任务环境中绘制草图”选项，弹出“创建草图”对话框。在图形中单击 XC→YC 基准平面，单击“确定”按钮，进入草图绘制环境，绘制如图 8-136 所示的草图。

42）单击“主页”选项卡，选择“特征”组→“设计特征”下拉菜单中的“拉伸”图标，弹出“拉伸”对话框，如图 8-137 所示。在图形中选择刚绘制的曲线，如图 8-138 所示。输入“开始”和“结束”值，如图 8-137 所示，单击“确定”按钮，创建拉伸特征。

Y
YC
XC
X
31

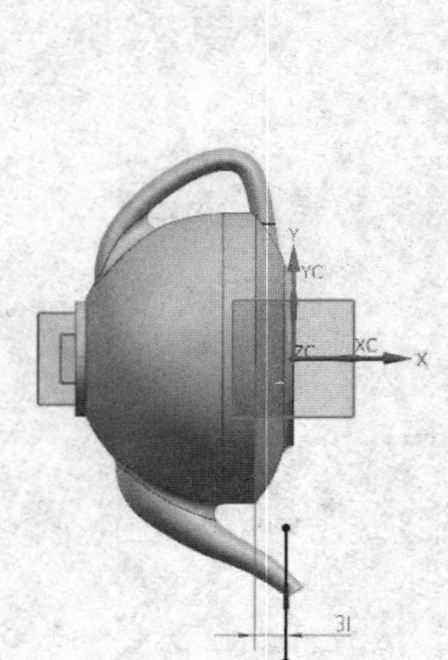

图 8-136　生成草图

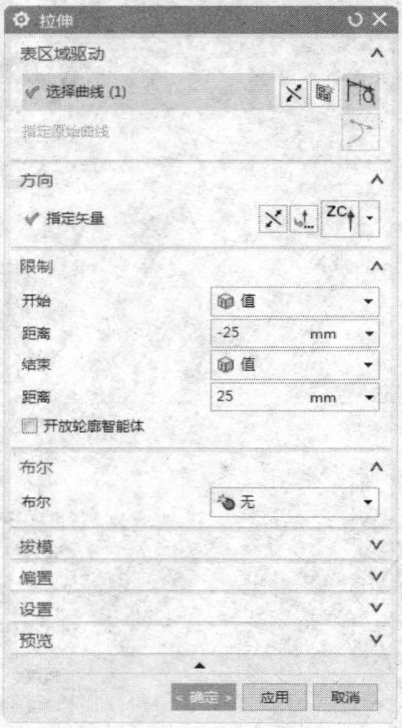

拉伸
表区域驱动
选择曲线 (1)
指定原始曲线
方向
指定矢量
限制
开始
值
距离
-25
mm
结束
值
距离
25
mm
开放轮廓智能体
布尔
布尔
无
拔模
偏置
设置
预览
确定
应用
取消

图 8-137　“拉伸”对话框

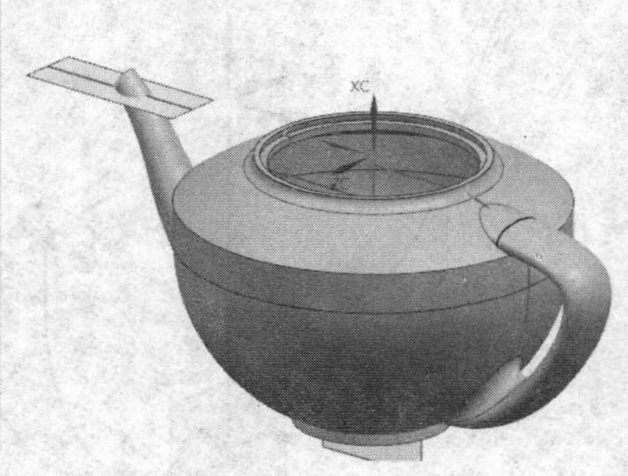

图 8-138　选择拉伸的曲线

43）单击“主页”选项卡，选择“特征”组中的“修剪体”图标，弹出“修剪体”对话框，如图 8-139 所示。在图形区域内选择壶体作为修剪体目标，如图 8-140 所示；在图形中选择拉伸平面为工具，注意单击按钮，可调节裁剪体的方向，如图 8-141 所示。修剪后的实体如图 8-142 所示。

修剪体
目标
选择体 (0)
工具
工具选项
面或平面
选择面或平面 (0)
反向
设置
预览
确定
应用
取消

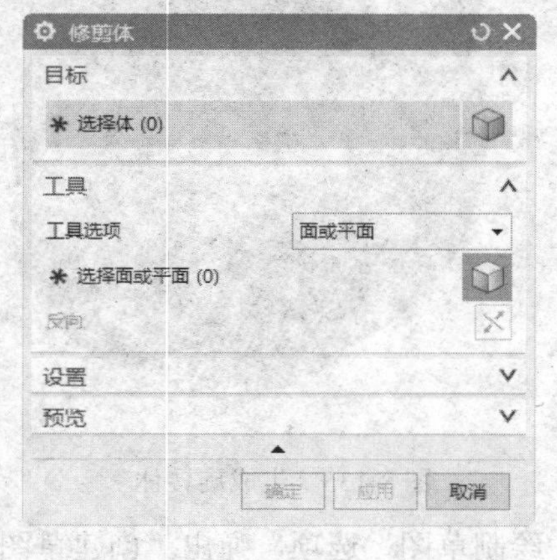

图 8-139　“修剪体”对话框

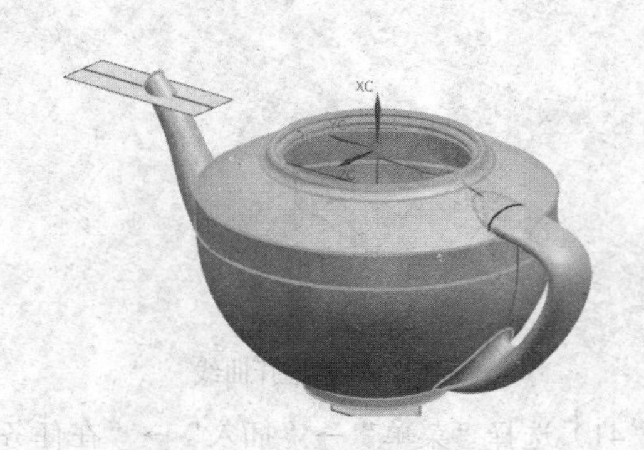

图 8-140　选择修剪目标

44）选择“菜单”→“编辑”→“显示和隐藏”→“隐藏”选项，弹出“类选择”对话框，如图 8-143 所示。单击“类型过滤器”按钮，系统弹出如图 8-144 所示的“按类型选择”对话框。选择“曲线”“草图”“片体”和“基准”，单击“确定”按钮。返回“类选择”对话框。单击“全选”按钮，单击“确定”按钮，隐藏曲线后的实体如图 8-145 所示。

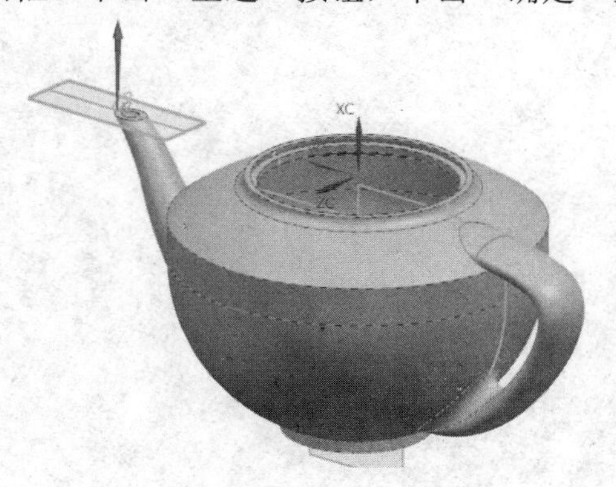

图 8-141　修剪体方向矢量

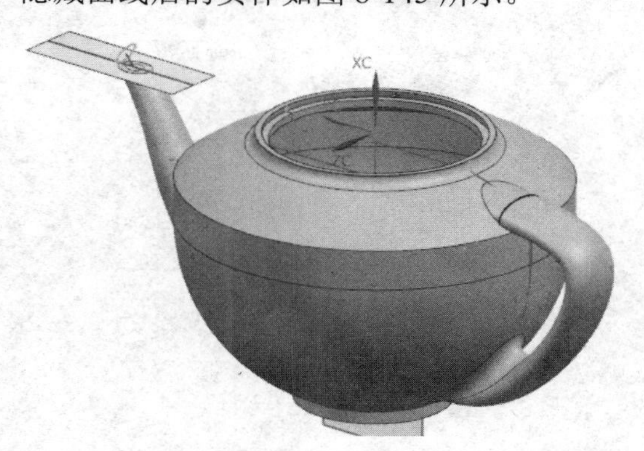

图 8-142　修剪后的实体

图 8-143　“类选择”对话框

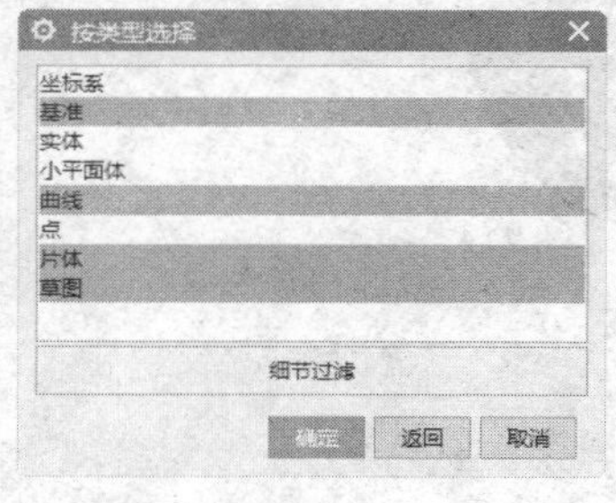

图 8-144　“按类型选择”对话框

图 8-145　隐藏曲线以后的实体

45）单击“主页”选项卡，选择“特征”组中的“边倒圆”图标，弹出“边倒圆”对话框，如图 8-146 所示。在图形区选择图 8-147 所示的粗线边缘为倒圆的边，在“半径 1”中输入 2，单击“确定”按钮，创建边倒圆，如图 8-148 所示。

46）单击“主页”选项卡，选择“特征”组中的“边倒圆”图标，弹出“边倒圆”对话框，在图形区选择图 8-149 所示的粗线边缘为倒圆的边，在“半径 1”中输入 10，单击“确定”按钮，创建边倒圆，如图 8-150 所示。

47）选择“菜单”→“插入”→“在任务环境中绘制草图”选项，弹出“创建草图”对话框。选择 YC－XC 作为基准平面，单击“确定”按钮，进入草图绘制环境。在壶底绘制如图 8-151 所示的草图。

图 8-146　“边倒圆”对话框

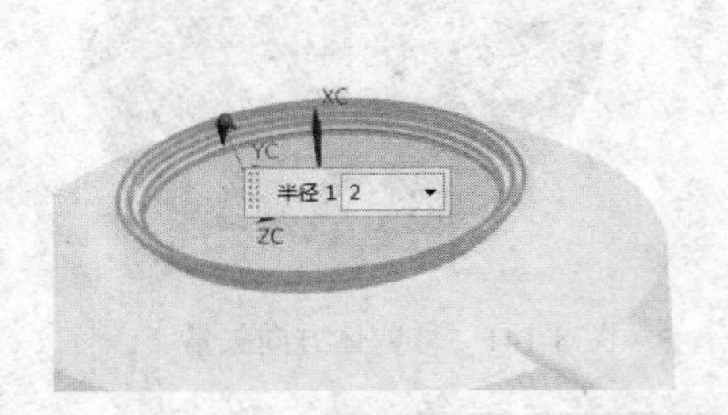

图 8-147　选择曲线

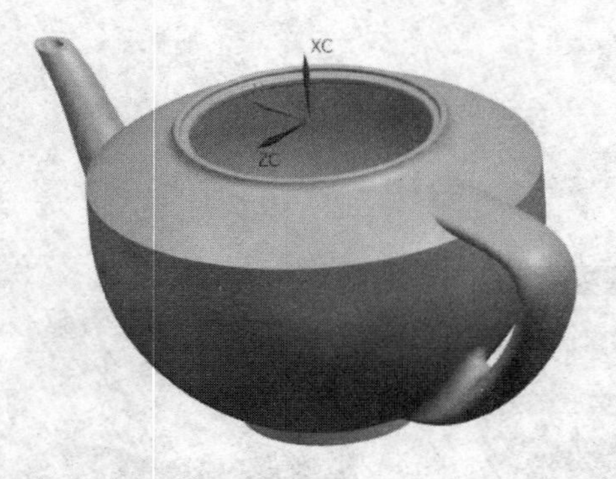

图 8-148　创建倒圆

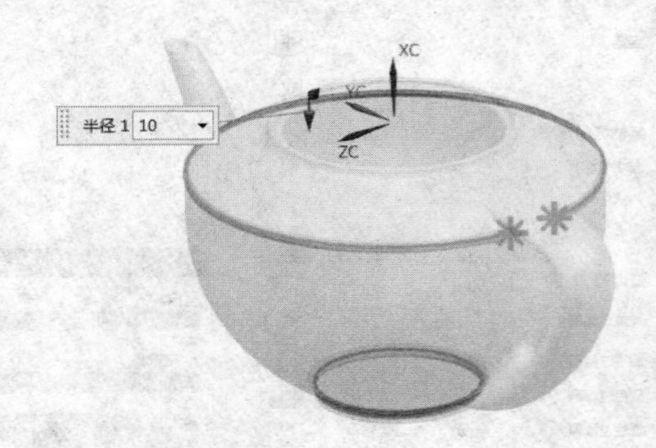

图 8-149　选择曲线

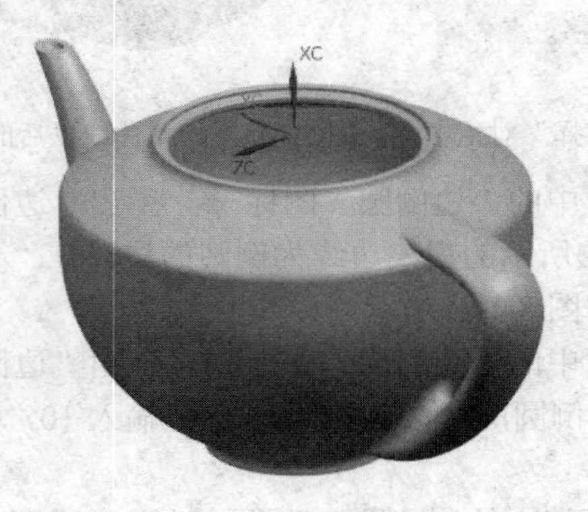

图 8-150　创建边倒圆

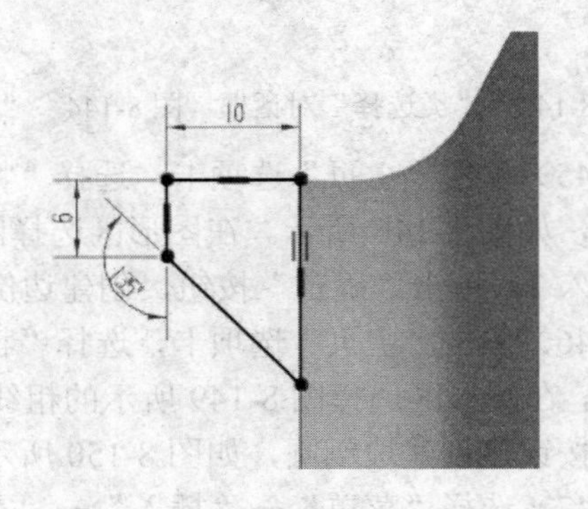

图 8-151　绘制草图

48）单击“主页”选项卡，选择“特征”组→“设计特征”下拉菜单中的“旋转”图标，弹出“旋转”对话框，如图 8-152 所示。在图形中依次选择上步草图中所绘的全部曲线，选择 XC 轴为旋转轴，单击“确定”按钮，创建的旋转体即加固底座如图 8-153 所示。

图 8-152　“旋转”对话框

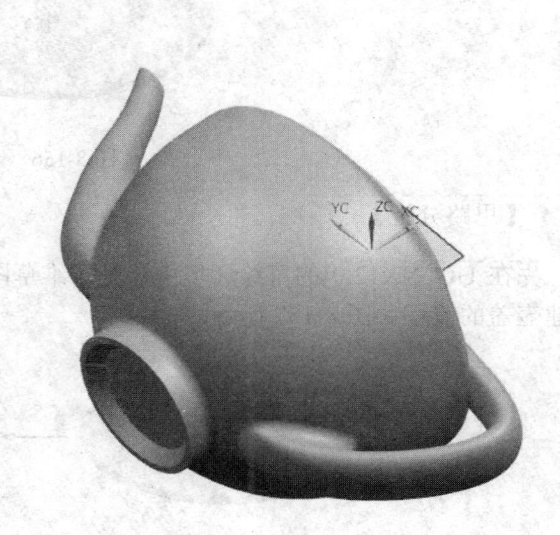

图 8-153　加固底座

49）单击“主页”选项卡，选择“特征”组中的“边倒圆”图标，弹出“边倒圆”对话框。在图形区选择图 8-154 所示的粗线边缘为倒圆的边，在“半径 1”中输入 3，单击“确定”按钮，创建的边倒圆如图 8-155 所示。

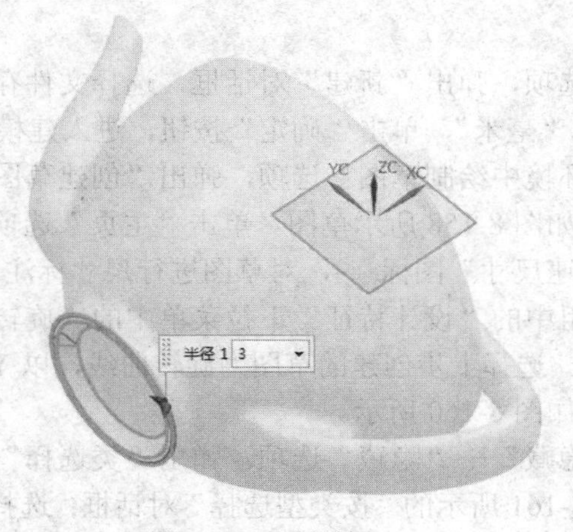

图 8-154　选择边

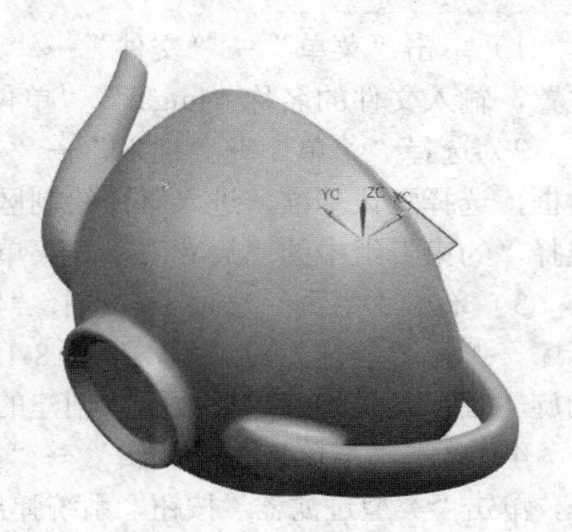

图 8-155　创建的倒边圆

8.2.2 壶盖

本例绘制的壶盖如图 8-156 所示。

图 8-156 壶盖

【思路分析】

先在 UG NX12.0 的草绘环境中绘制二维草图轮廓，然后应用“旋转”选项创建实体，创建壶盖的流程如图 8-157 所示。

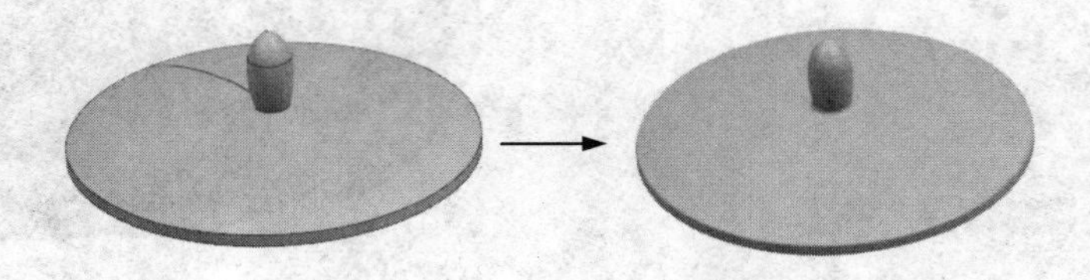

图 8-157 创建壶盖的流程

【知识要点】

旋转　　隐藏　　边倒圆

【操作步骤】

1）单击“菜单”→“文件”→“新建”选项，弹出“新建”对话框，选择文件存盘的位置，输入文件的名称“hugai”，“单位”选择“毫米”，单击“确定”按钮，进入建模环境

2）选择“菜单”→“插入”→“在任务环境中绘制草图”选项，弹出“创建草图”对话框，选择默认基准，进入草图绘制区，绘制如图 8-158 所示草图。单击“主页”选项卡，选择“约束”组中的“尺寸”下拉菜单中“快速尺寸”图标，对草图进行尺寸标注。

3）单击“主页”选项卡，选择“特征”组中的“设计特征”下拉菜单中的“旋转”图标，弹出“旋转”对话框，如图 8-159 所示。选择上步创建的草图为旋转曲线，以 YC 轴为旋转轴，单击“确定”按钮，创建的旋转体如图 8-160 所示。

4）单击“菜单”→“编辑”→“显示和隐藏”→“隐藏”选项，弹出“类选择”对话框，单击“类型过滤器”按钮，系统弹出如图 8-161 所示的“按类型选择”对话框；选择“草图”和“基准”，单击“确定”按钮，将其隐藏，其结果如图 8-162 所示。

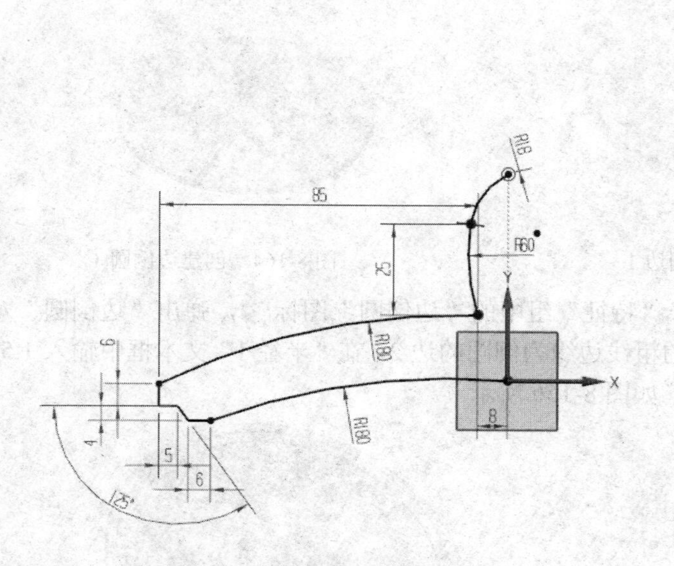

图 8-158 绘制草图并标注尺寸

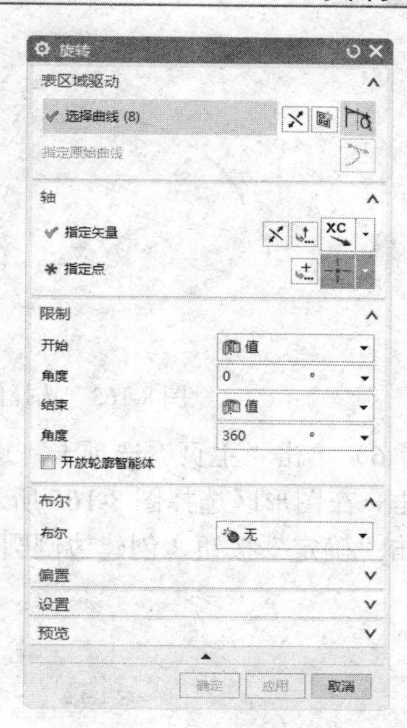

图 8-159 “旋转”对话框

图 8-160 创建的旋转体

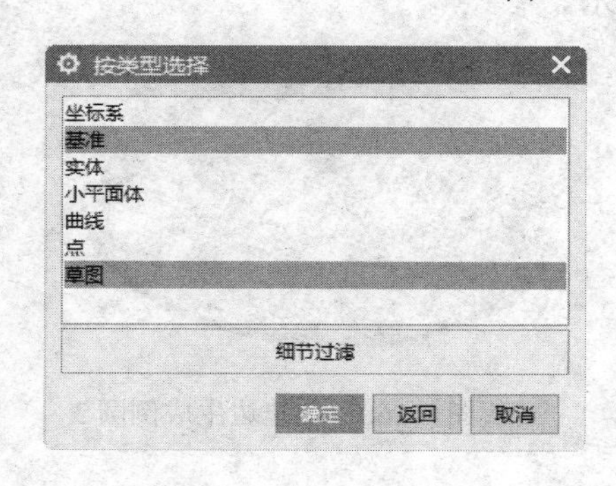

图 8-161 “按类型选择”对话框

图 8-162 隐藏后的实体

5）单击“主页”选项卡，选择“特征”组中的边倒圆图标，弹出“边倒圆”对话框，在图形区选择图 8-163 所示的粗线边缘为倒圆的边 1，在“半径 1”文本框中输入 2，单击“确定”按钮，创建边倒圆如图 8-164 所示。

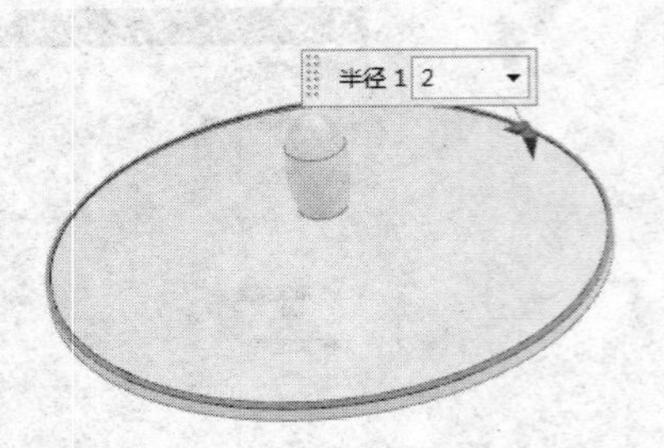

图 8-163 选择倒圆边 1

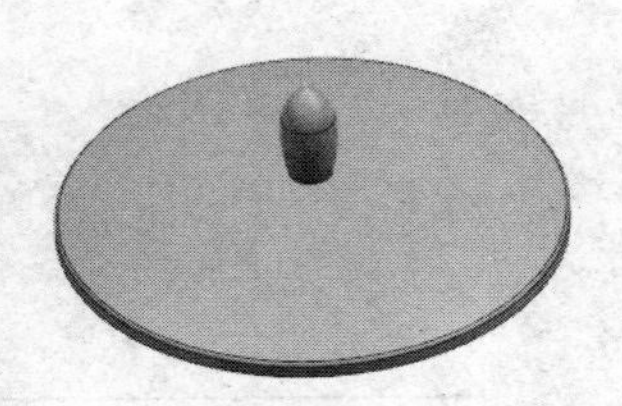

图 8-164 创建边倒圆 1

6）单击“主页”选项卡，选择“特征”组中的“边倒圆”图标，弹出“边倒圆”对话框，在图形区选择图 8-165 所示的粗线边缘为倒圆的边 2，在“半径 1”文本框中输入 1.5，单击“确定”按钮，创建边倒圆 2，如图 8-166 所示。

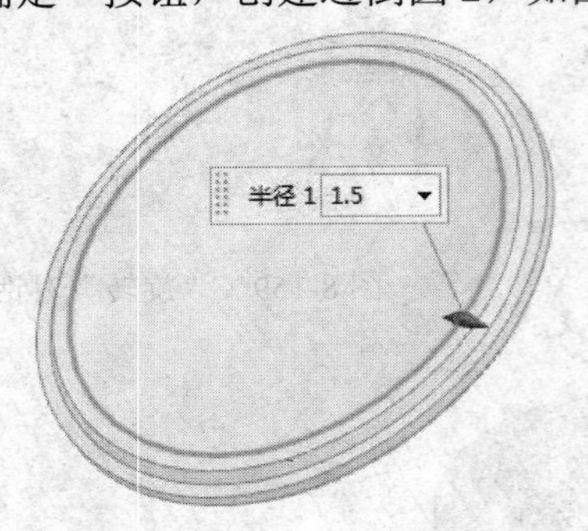

图 8-165 选择倒圆 2

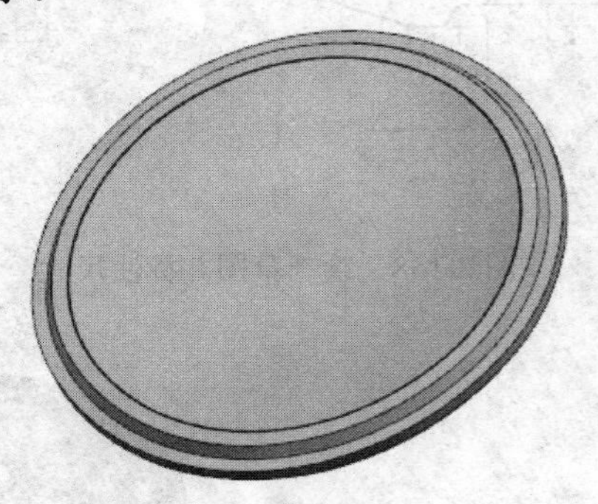

图 8-166 创建边倒圆 2

7）单击“主页”选项卡，选择“特征”组中的“边倒圆”图标，弹出“边倒圆”对话框，在图形区选择图 8-167 所示的粗线边缘为倒圆的边 3，然后在“半径 1”文本框输入 3，单击“确定”按钮，创建边倒圆 3，如图 8-168 所示。

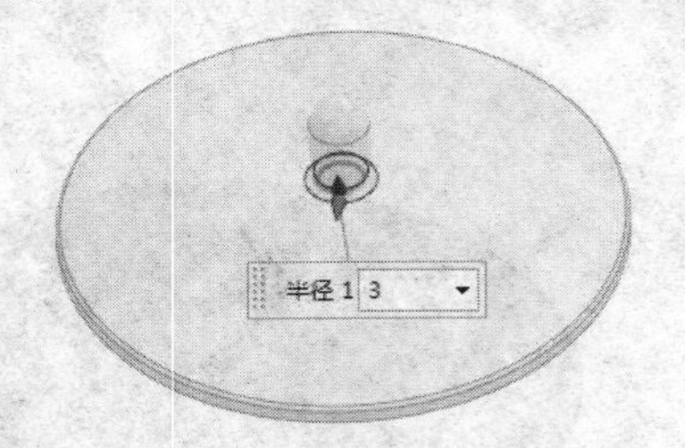

图 8-167 选择倒圆,3

图 8-168 创建边生成倒圆 3

8.2.3 茶壶装配

本例绘制茶壶的装配，如图 8-169 所示。

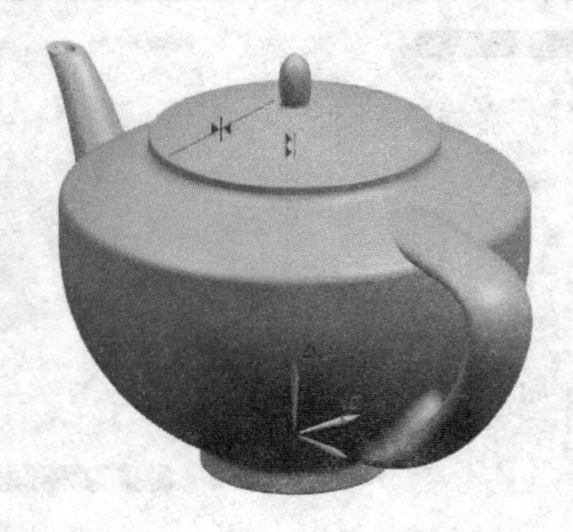

图 8-169　茶壶

【思路分析】

将上面生成的实体在 UG 装配环境下，通过一定的装配约束条件将各个零件装配起来。茶壶的装配流程如图 8-170 所示。

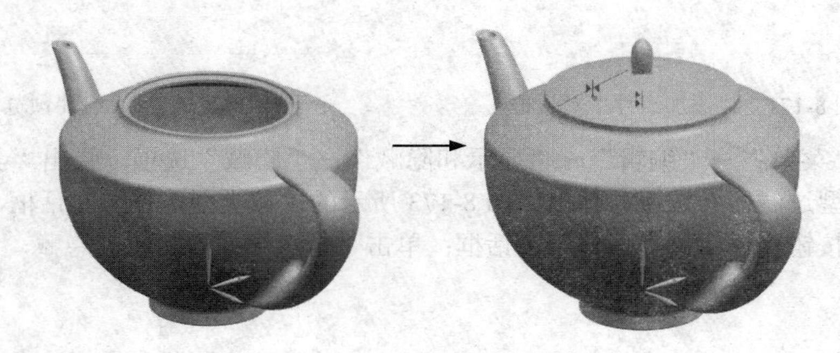

图 8-170　茶壶的装配流程

【知识要点】

添加组件　　　创建爆炸图

【操作步骤】

1）选择“菜单”→“文件”→“新建”选项，弹出“新建”对话框。在“名称”文本框中输入“chhzp”，在“模板”中选择“装配”，单击“确定”按钮，进入装配环境。

2）单击“主页”选项卡，选择“装配”组中的“组件”下拉菜单中的“添加”图标，弹出“添加组件”对话框，如图 8-171 所示。

3）单击“打开”按钮，弹出“部件名”对话框，选择壶身，弹出壶身“组件预览”，如图 8-172 所示，在“添加组件”对话框的装配位置下拉列表中选择“绝对坐标系-工作部件”选项，在“图层选项”选项中选择“原始的”，单击“确定”按钮，完成组件的添加。

图 8-171 “添加组件”对话框

图 8-172 壶身“组件预览”

4）选择“菜单”→“编辑”→“显示和隐藏”→“隐藏”选项，弹出“类选择”对话框，单击“类型过滤器”按钮，弹出如图 8-173 所示的“按类型选择”对话框，选择片体，单击“确定”按钮，返回“类选择”对话框；单击“全选”按钮，将其隐藏，如图 8-174 所示。

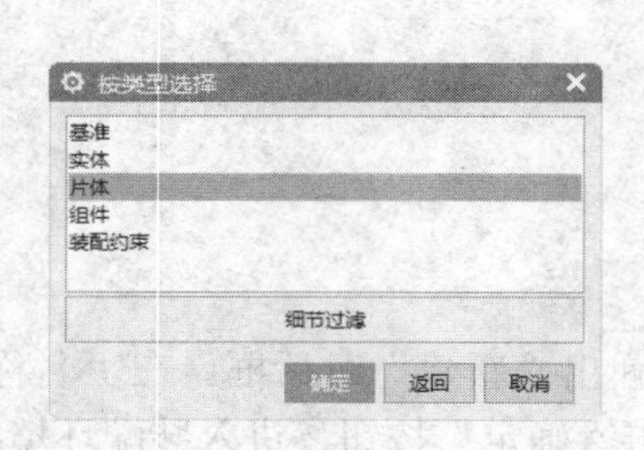

图 8-173 “按类型选择”对话框

图 8-174 隐藏片体后的壶身

5）单击“主页”选项卡，选择“装配”组中的“组件”下拉菜单中的“添加”图标，弹出“添加组件”对话框，如图 8-175 所示。加载“hugai”部件，然后单击“确定”按钮，同时弹出组件预览 2，如图 8-176 所示。在“添加组件”对话框的“放置”选项选择“约束”，在“约束类型”选项组选择“接触对齐”类型，在“方位”下拉列表中选择“接触”，选择相互配合的两个平面如图 8-177 所示，单击“应用”按钮。

6）在“方位”下拉列表中选择“自动判断中心/轴”，分别选择壶盖的旋转中心和茶壶的旋转中心，最后单击“确定”按钮。至此，两个组件已经完全约束，完成装配后的实体如图 8-178 所示。

图 8-175　“添加组件”对话框

图 8-176　组件预览

7）选择“菜单”→“装配”→“爆炸图”→“新建爆炸”选项，弹出“新建爆炸图”对话框。输入爆炸图名称，单击“确定”按钮。

图 8-177　选择相互配合的平面

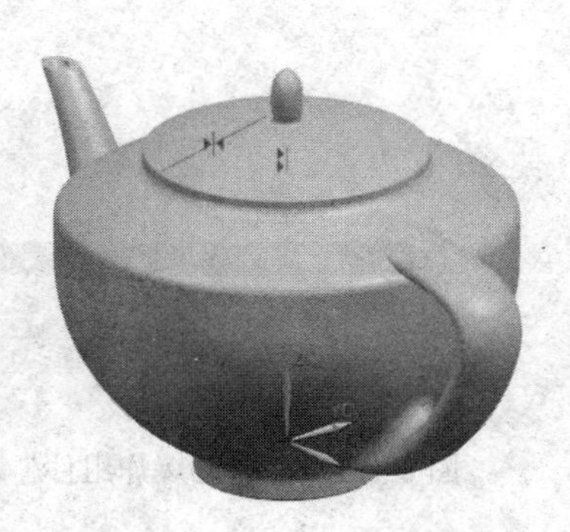

图 8-178　完成装配后的实体

8）选择“菜单”→“装配”→“爆炸图”→“自动爆炸组件”选项，弹出如图 8-179 所示的“类选择”对话框。根据提示选择要爆炸的组件，在图形中选择茶壶盖，如图 8-180 所示。单击“确定”按钮。弹出如图 8-181 所示“自动爆炸组件”对话框，在对话框中输入“距离”为 50，创建的爆炸图如图 8-182 所示。

图 8-179 “类选择”对话框

图 8-180 选择要爆炸的组件

图 8-181 “自动爆炸组件”对话框

图 8-182 创建的爆炸图

8.3 机械臂实例

8.3.1 小臂

本例创建的机械臂小臂如图 8-183 所示。

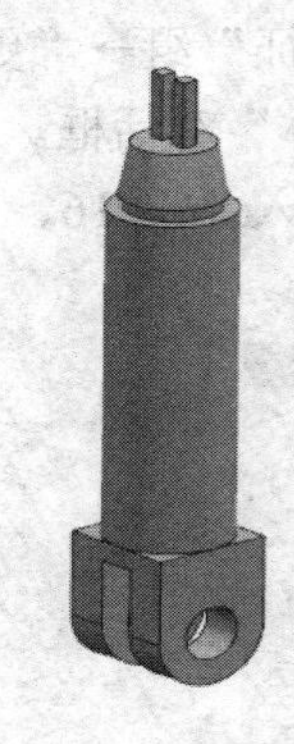

图 8-183 机械臂小臂

【思路分析】

首先利用“长方体”和“凸台”选项绘制小臂的基体，在基体上创建腔、凸台、孔和沟槽特征，完成小臂的创建。创建机械臂小臂的流程如图 8-184 所示。

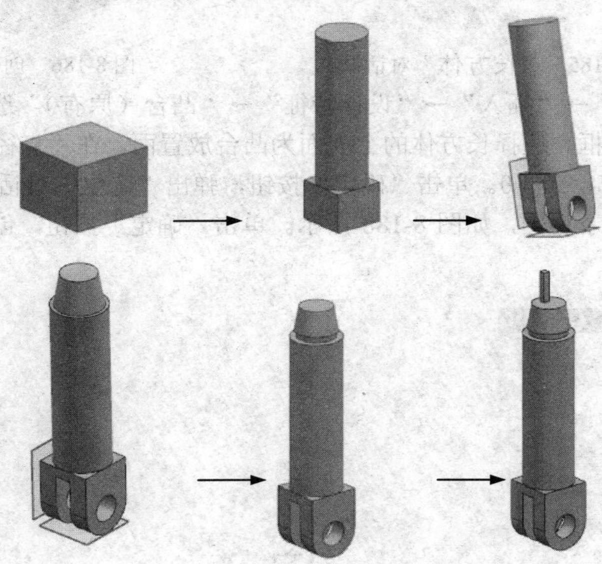

图 8-184 创建机械臂小臂的流程

【知识要点】

长方体　　凸台　　孔　　垫块

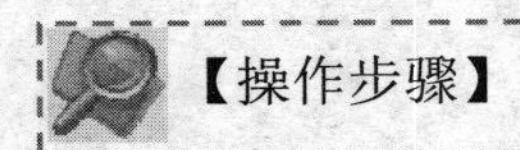
【操作步骤】

1）选择“菜单”→“文件”→“新建”选项，或者单击“主页”选项卡，选择“标准”组中的图标，弹出“新建”对话框。在“模板”列表框中选择“模型”，输入“ARM01”，单击“确定”按钮，进入建模环境。

2）单击“主页”选项卡，选择“特征”组→“更多”→“设计特征”库中的“长方体”图标，弹出如图 8-185 所示的“长方体”对话框。以坐标点（-8，-8，0）为角点。在“长度”“宽度”和“高度”文本框中分别输入 16、16、13。单击“确定”按钮，创建长方体特征，如图 8-186 所示。

图 8-185 “长方体”对话框

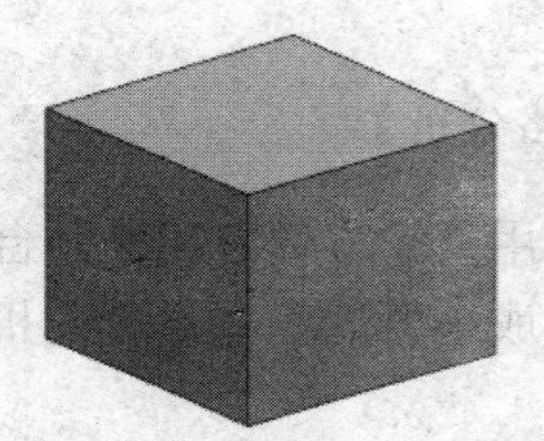

图 8-186 创建长方体特征

3）选择“菜单”→“插入”→“设计特征”→“凸台（原有）”选项，弹出如图 8-187 所示的“支管”对话框。选择长方体的上表面为凸台放置面。在“直径”“高度”和“锥角”文本框中分别输入 16、50、0。单击“确定”按钮，弹出“定位”对话框。选择“垂直”定位，定位后的尺寸示意图，如图 8-188 所示。单击“确定”按钮，创建凸台特征 1，如图 8-189 所示。

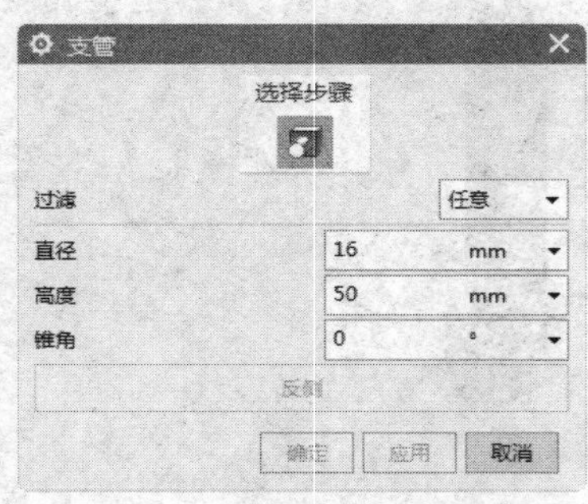

图 8-187 “支管”对话框 1

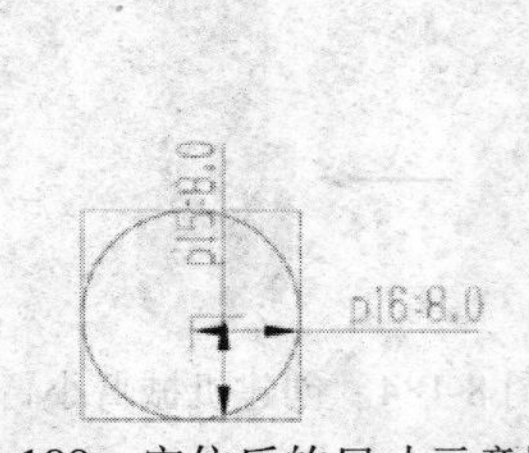

图 8-188 定位后的尺寸示意图 1

图 8-189 创建凸台特征 1

4）单击“主页”选项卡，选择“特征”组→“基准/点”下拉菜单中的“基准平面”图标，弹出如图 8-190 所示的“基准平面”对话框。选择“按某一距离”类型。在绘图区中选择长方体任意侧面。单击“应用”按钮，创建基准平面。

同理，创建距离长方体的下表面为 8 的基准平面，如图 8-191 所示。

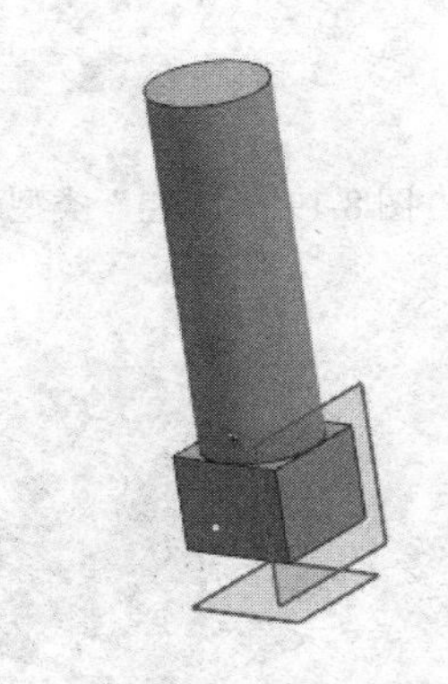

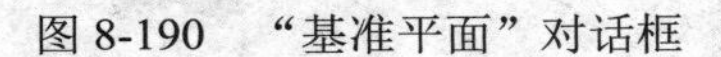

图 8-190 “基准平面”对话框　　图 8-191 创建基准平面

5）选择“菜单”→“插入”→“设计特征”→“凸台（原有）”选项，弹出如图 8-192 所示的“支管”对话框 2。选择基准平面为凸台放置面。单击“反侧”按钮，调整凸台的创建方向。在“直径”“高度”和“锥角”文本框中分别输入 16、16、0。单击“确定”按钮，弹出“定位”对话框。选择“垂直”定位，定位后的尺寸示意图 2 如图 8-193 所示。单击“确定”按钮，创建凸台特征 2，如图 8-194 所示。

6）选择“菜单”→“插入”→“设计特征”→“腔（原有）”选项，弹出如图 8-195 所示的“腔”类型选择对话框。单击“矩形”按钮，弹出“矩形腔”的放置面选择对话框。选择基准平面 2 为腔放置面，如图 8-196 所示。弹出“水平参考”对话框。选择长方体上表面与 X 轴平行的边，弹出“矩形腔”输入参数对话框，在“长度”“宽度”和“深度”文本框中分别输入 5、16、18。

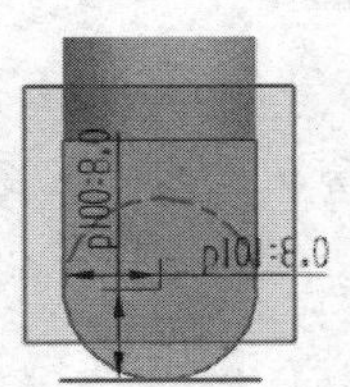
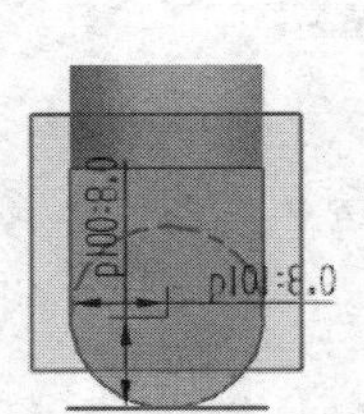

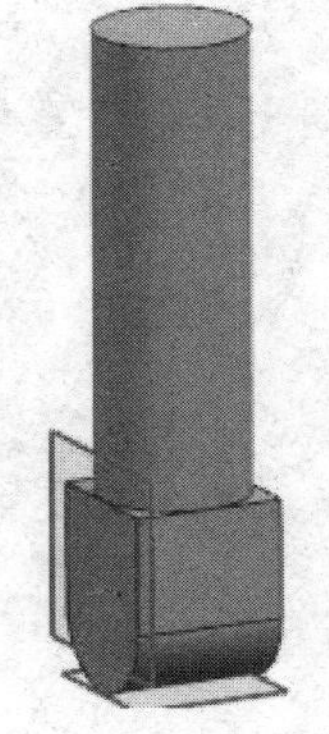

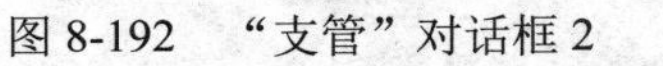

图 8-192 “支管”对话框 2　　图 8-193 定位后的尺寸示意图 2　　图 8-194 创建凸台特征 2

7）单击“确定”按钮，弹出“定位”对话框。选择“垂直”进行定位，定位后的尺

寸示意图 3 如图 8-197 所示。单击“确定”按钮，创建矩形腔体，如图 8-198 所示。

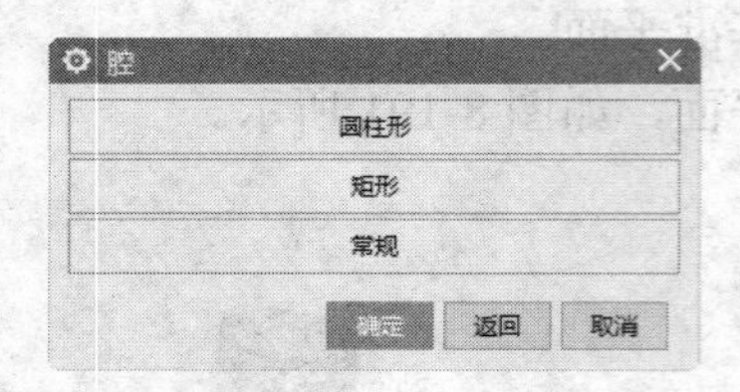

图 8-195　“腔”类型对话框

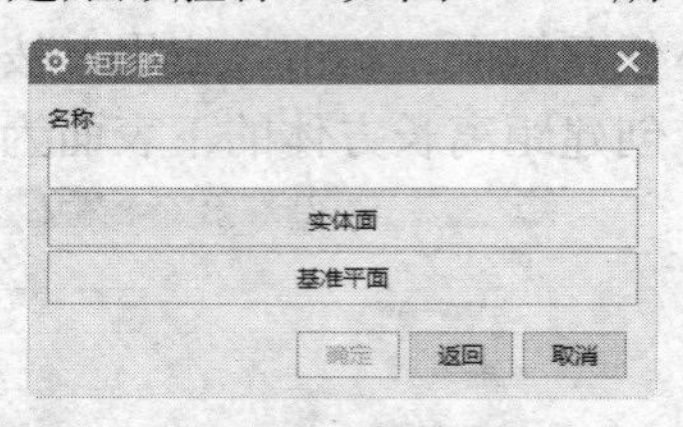

图 8-196　“矩形腔”放置面选择对话框

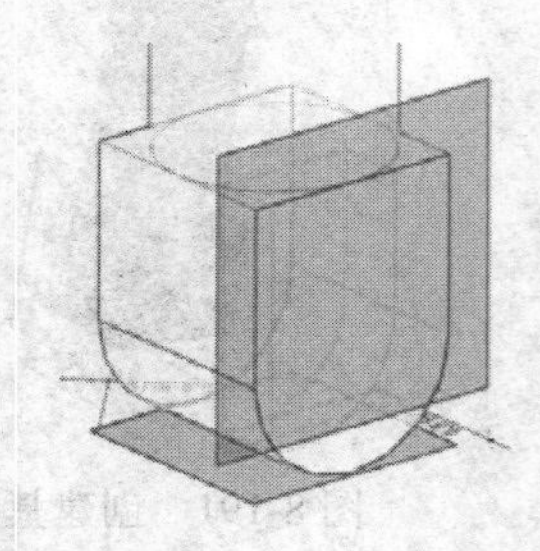

图 8-197　定位后的尺寸示意图 3

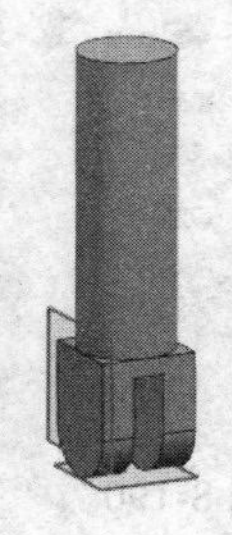

图 8-198　创建矩形腔体

8）单击“主页”选项卡，选择“特征”组中的“孔”，弹出如图 8-199 所示的“孔”对话框。选择“简单孔”成形方式。在“直径”“深度”和“顶锥角”的文本框中分别输入 8、16、0。捕捉凸台底面圆弧中心为孔放置位置，单击“确定”按钮，创建孔调整，如图 8-200 所示。

图 8-199　“孔”对话框

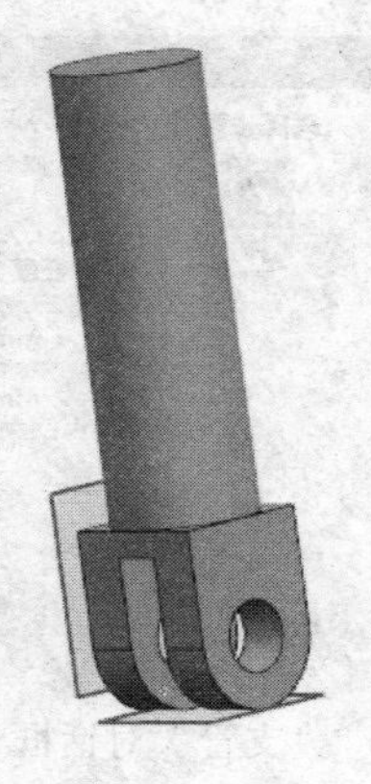

图 8-200　创建孔特征

9）选择“菜单”→“插入”→“设计特征”→“凸台（原有）”选项，弹出如图 8-201 所示的“支管”对话框 3。选择凸台上表面为放置面。在“直径”“高度”和“锥角”文本框中分别输入 14、10、10。单击“确定”按钮，弹出“定位”对话框。选择点落在点上定位，选择圆柱边。弹出“设置圆弧的位置”对话框，单击“圆弧中心”按钮，创建凸台特征 3，如图 8-202 所示。

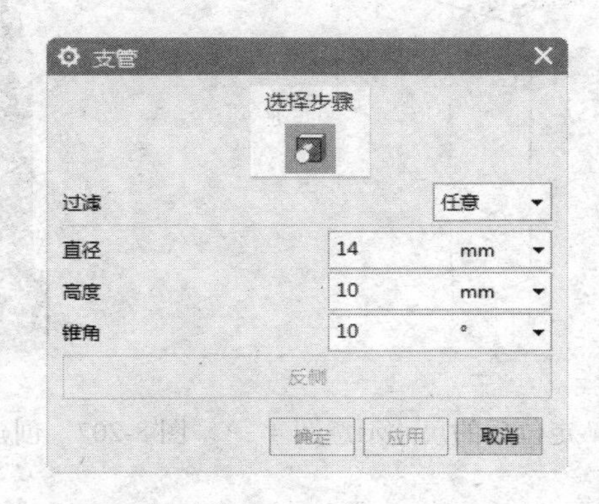

图 8-201 “支管”对话框 3

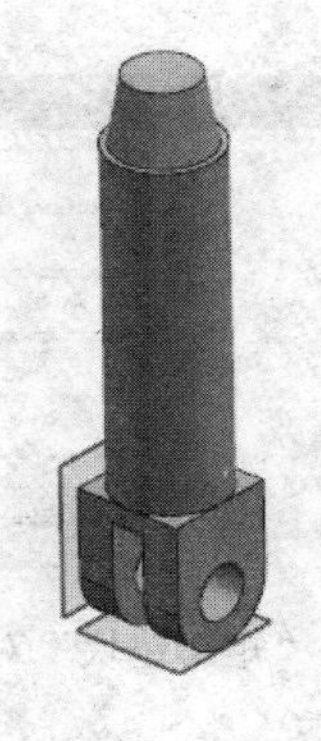

图 8-202 创建凸台特征 3

10）单击“主页”选项卡，选择“特征”组→“更多”→“设计特征”库中的槽图标，弹出如图 8-203 所示的“槽”对话框。选择“矩形”，同时弹出“矩形槽”放置面选择对话框。选择凸台外表面为槽放置面。弹出“矩形槽”参数输入对话框。在“槽直径”和“宽度”文本框中分别输入 12、2，单击“确定”按钮。在绘图区依次选择圆柱体上表面圆弧和槽下表面圆弧为定位边缘，弹出 “创建表达式”对话框。在文本框中输入 0，单击“确定”按钮，创建矩形槽，如图 8-204 所示。

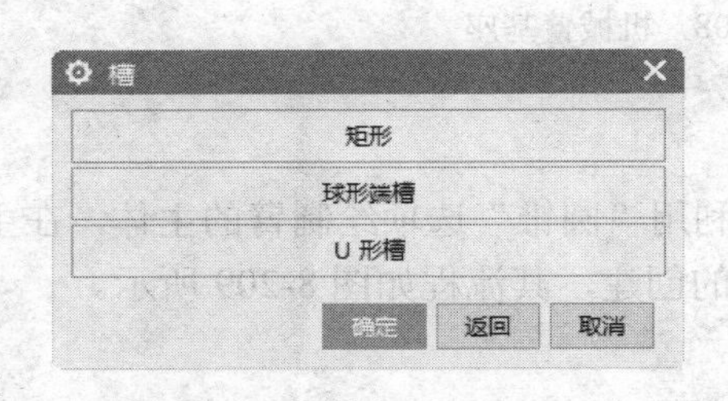

图 8-203 “槽”对话框

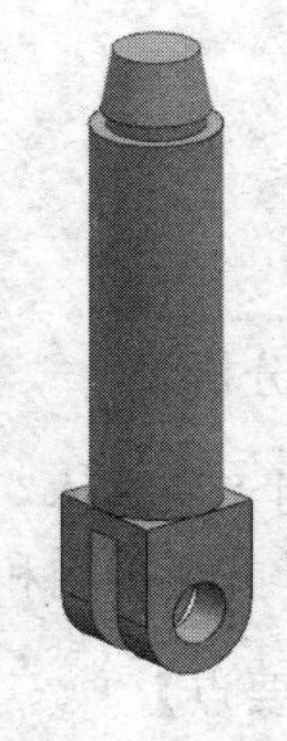

图 8-204 创建矩形槽

11）选择“菜单”→“插入”→“设计特征”→“垫块（原有）”选项，弹出“垫块”类型选择对话框。单击“矩形”按钮，弹出“矩形垫块”放置面选择对话框。选择凸台上表面为放置面，弹出“水平参考”对话框。在绘图区中选择长方体上与 Y 轴平行的边，弹出如图 8-205 所示的“矩形垫块”输入参数对话框。在“长度”“宽度”和“高度”数值输入栏分

别输入 2、2、10。单击“确定”按钮，弹出“定位”对话框。选择“垂直”进行定位，定位后的尺寸示意图 4 如图 8-206 所示。单击“确定”按钮，创建矩形垫块，如图 8-207 所示。

同理在凸台上表面对称位置创建另一个垫块，如图 8-184 所示。

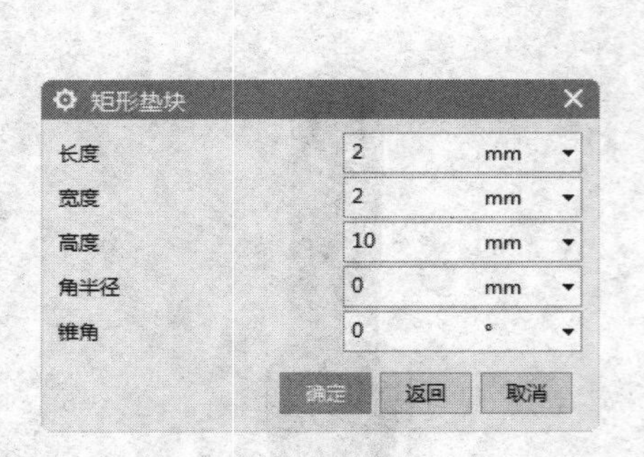

图 8-205 “矩形垫块”对话框

图 8-206 定位后的尺寸示意图 4

图 8-207 创建矩形垫块

8.3.2 基座

本例创建的机械臂基座如图 8-208 所示。

图 8-208 机械臂基座

【思路分析】

首先利用“长方体”选项绘制底座，再利用“圆锥”选项绘制臂的主体，在主体上绘制垫块和凸台，并添加腔和孔特征，完成基座的创建，其流程如图 8-209 所示。

【知识要点】

长方体　　圆锥　　孔

【操作步骤】

1）选择“菜单”→“文件”→“新建”选项，或者单击“主页”选项卡，选择“标准”组中的图标，弹出“新建”对话框，在“模板”列表框中选择“模型”，输入“ARM02”，

单击“确定”按钮，进入建模环境。

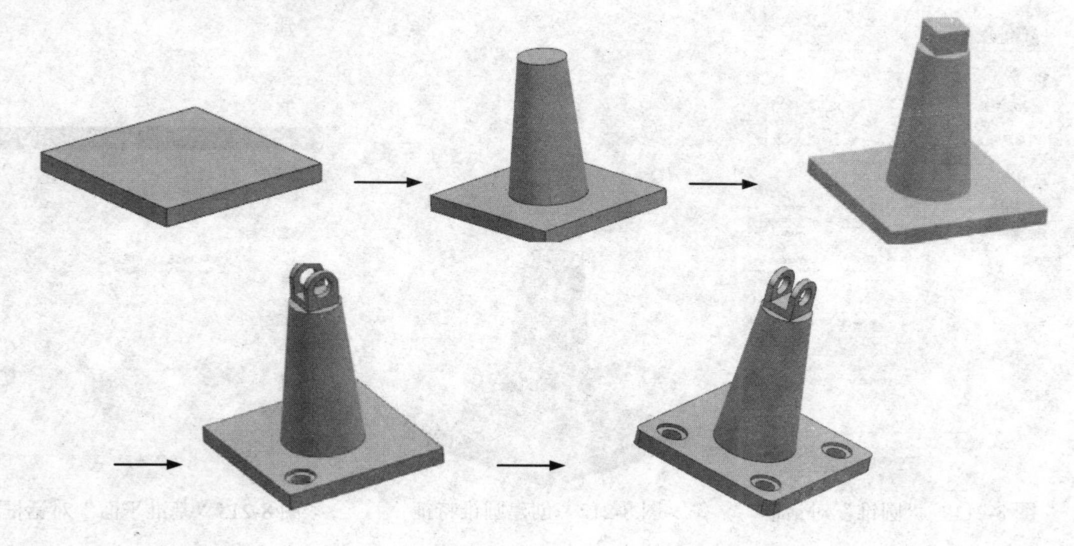

图 8-209　创建机械臂基座的流程

2）单击“主页”选项卡，选择“特征”组→“更多”→“设计特征”库中的“长方体”图标，弹出“长方体”对话框。以坐标点（-50，-50，0）为角点创建长度、宽度和高度为 100，100，10 的长方体，如图 8-210 所示。

3）选择“菜单”→“插入”→“设计特征”→“圆锥”选项，弹出如图 8-211 所示的“圆锥”对话框。选择“直径和高度”类型。在“底部直径”“顶部直径”和“高度”文本框中分别输入 50、30、100。在“布尔”下拉列表中选择“合并”，单击“确定”按钮，创建圆锥特征，如图 8-212 所示。

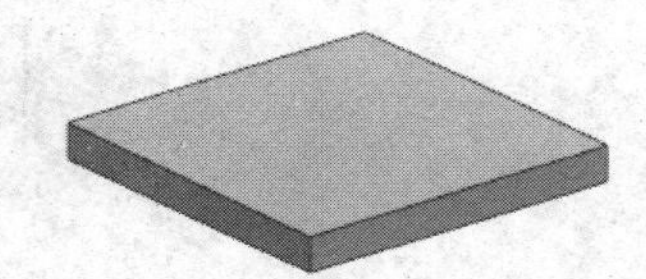

图 8-210　创建长方体特征

4）单击“主页”选项卡，选择“特征”组→“基准/点”下拉菜单中的“基准平面”图标，弹出如图 8-213 所示的“基准平面”对话框 1。在对话框中选择“YC-ZC 平面”类型，单击“应用”按钮，完成基准平面 1 的创建。

同上，选择“XC-ZC 平面”类型，单击“应用”按钮，完成基准平面 2 的创建。

同上，选择“XC-YC 平面”类型，单击“应用”按钮，完成基准平面 3 的创建，如图 8-214 所示。

5）选择“菜单”→“插入”→“设计特征”→“垫块（原有）选项，弹出“垫块”类型选择对话框。单击“矩形”按钮，弹出“矩形垫块”放置面选择对话框。选择圆锥体上表面为放置面，选择基准平面 1 为水平参考，弹出如图 8-215 所示的“矩形垫块”输入参数对话框。在“长度”“宽度”“高度”“角半径”和“锥角”数值输入栏分别输入 20、20、15、0、0。单击“确定”按钮，弹出“定位”对话框，选择“垂直”进行定位，垫块中心线与基准平面定位后的尺寸示意图 1 如图 8-216 所示。单击“确定”按钮，创建矩形垫块，如图 8-217 所示。

图 8-211 “圆锥”对话框

图 8-212 创建圆锥特征

图 8-213“基准平面”对话框 1

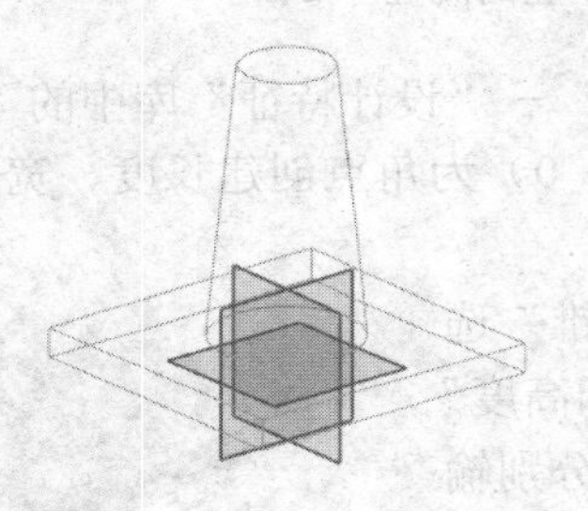

图 8-214 创建基准平面

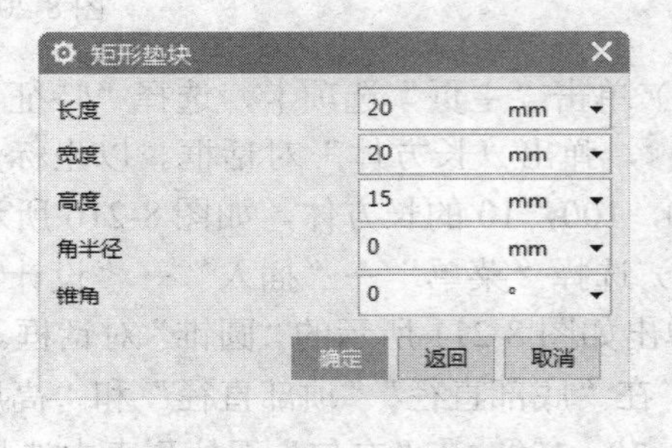

图 8-215 “矩形垫块”对话框

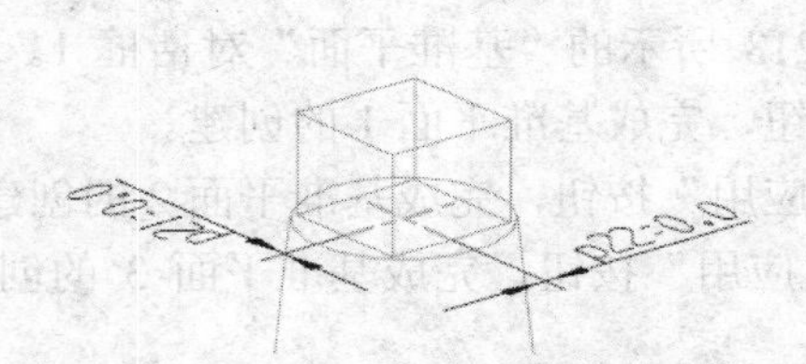

图 8-216 定位后的尺寸示意图 1

图 8-217 创建矩形垫块

6）单击“主页”选项卡，选择“特征”组→“基准/点”下拉菜单中的“基准平面”图标，弹出如图 8-218 所示的“基准平面”对话框 2。选择“按某一距离”类型。在绘图区中选择长方体任意侧面，在“距离”文本框中输入 0。单击“应用”按钮，创建基准平面 4，如图 8-219 所示。

同理，创建距离长方体的上表面为 10 的基准平面 5，结果如图 8-220 所示。

7）选择“菜单”→“插入”→“设计特征”→“凸台（原有）”选项，弹出如图 8-221

所示的“支管”对话框。在零件体中选择基准平面 4 为放置面，单击“反侧”按钮，调整凸台的创建方向。在“直径”“高度”和“锥角”文本框中分别输入 20、20、0。单击“确定”按钮，弹出“定位”对话框。选择“垂直”定位，凸台与基准平面 5 的距离为 10，与基准平面 2 的距离为 0。定位后的尺寸示意图 2 如图 8-222 所示。单击“确定”按钮，创建凸台特征，如图 8-223 所示。

图 8-218 “基准平面”对话框 2

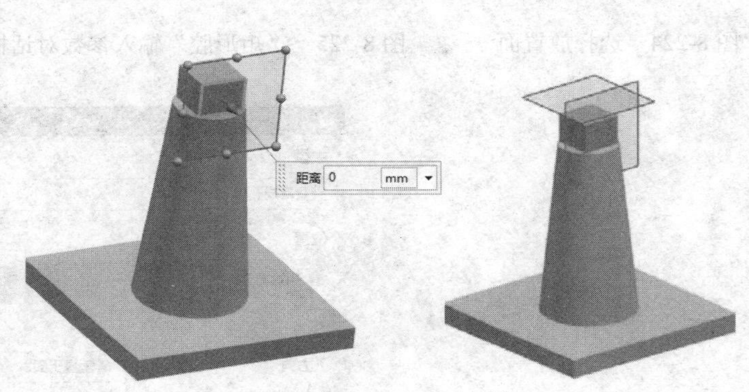

图 8-219 创建基准平面 4

图 8-220 创建基准平面 5

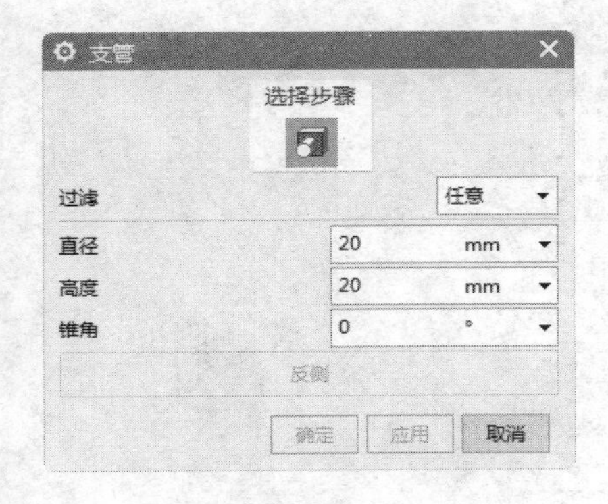

图 8-221 “支管”对话框

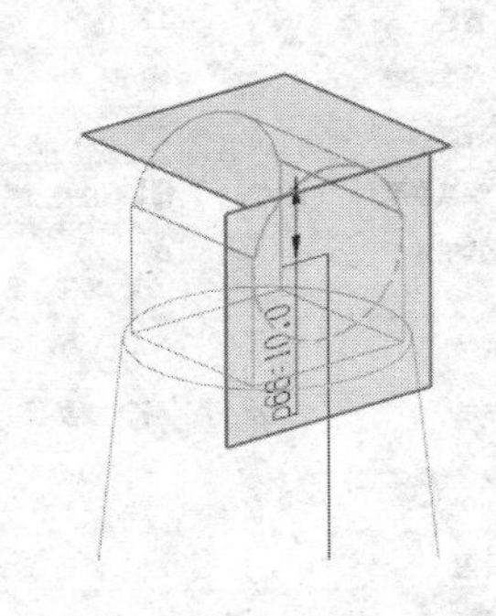

图 8-222 定位后的尺寸示意图 2

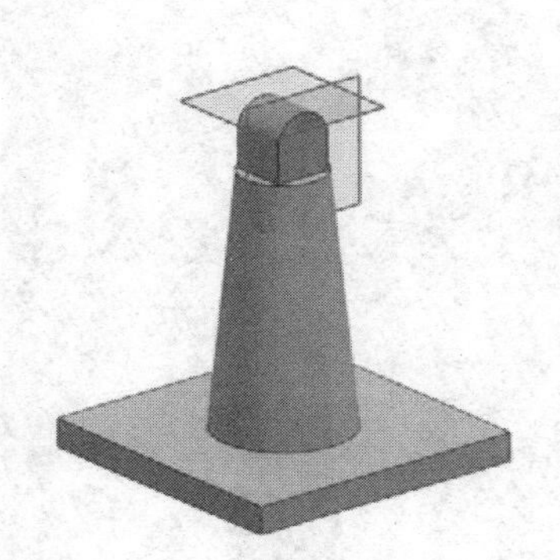

图 8-223 创建凸台特征

8）选择“菜单”→“插入”→“设计特征”→“腔（原有）”选项，弹出“腔”类型对话框。单击“矩形”按钮，弹出“矩形腔”的放置面选择对话框。在零件体中选择图 8-224 所示的放置面，弹出“水平参考”对话框。在长方体上选择与 X 轴平行的边，弹出如图 8-225 所示的“矩形腔”输入参数对话框。在 “长度”“宽度”“深度”“角半径”“底面半径”和“锥角”文本框中分别输入 12、20、20、0、0、0。单击“确定”按钮，弹出“定位”对话框。选择“垂直”进行定位，定位后的尺寸示意图 3 如图 8-226 所示。单击“确定”按钮，创建锥腔体，如图 8-227 所示。

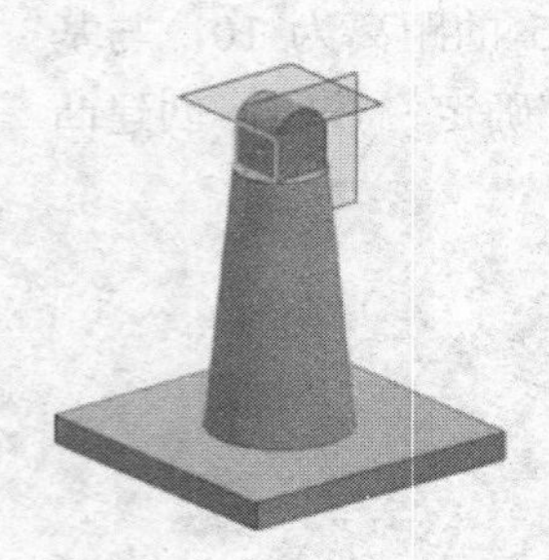

图 8-224　选择放置面

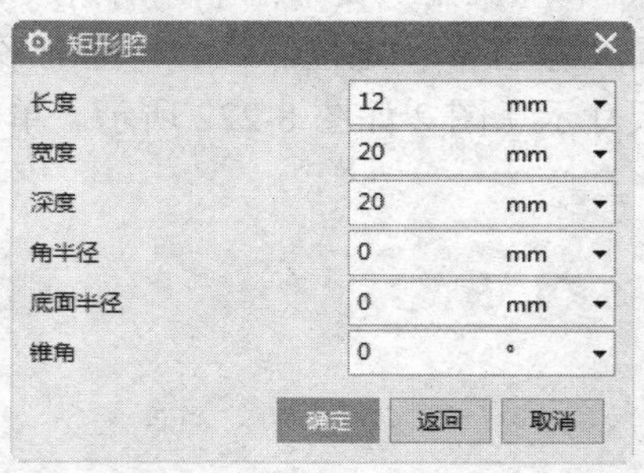

图 8-225　“矩形腔”输入参数对话框

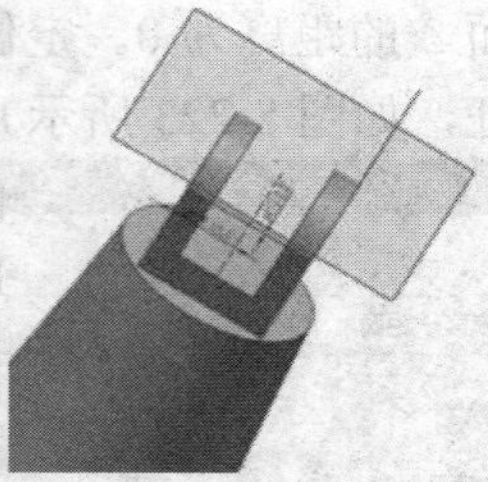

图 8-226　定位后的尺寸示意图 3

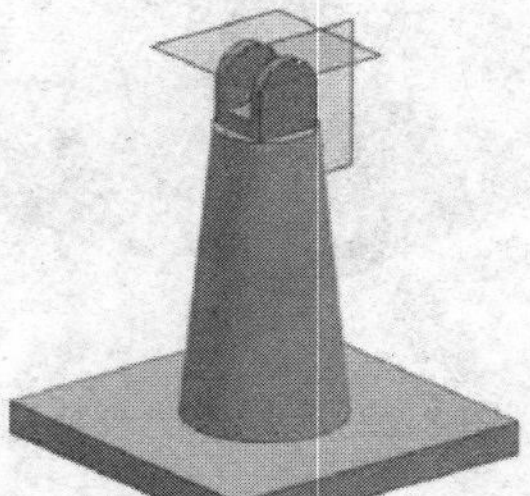

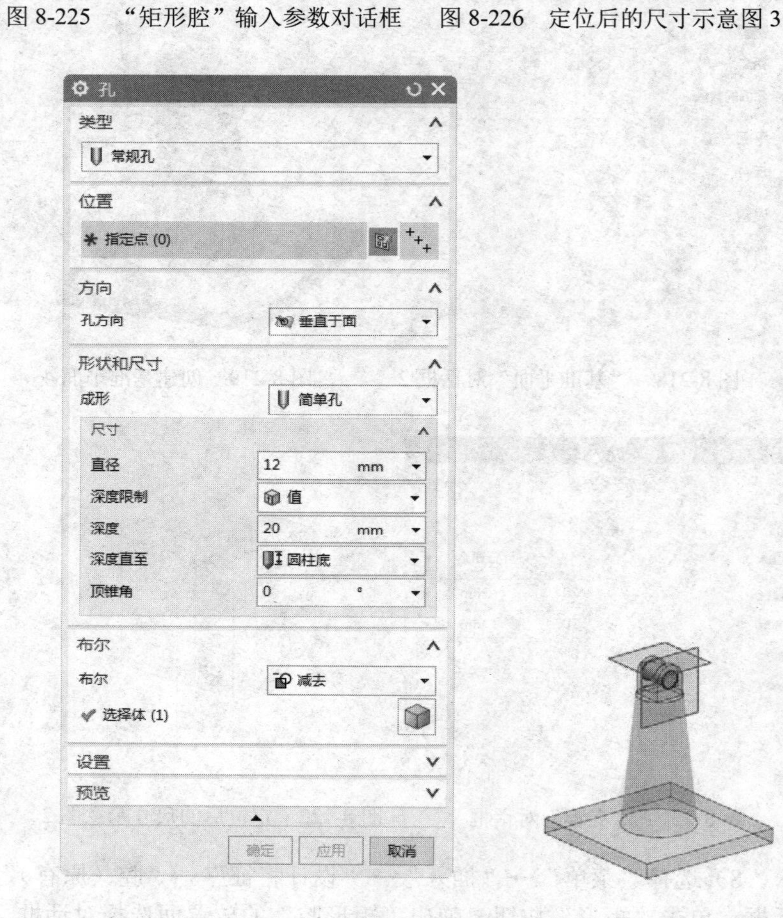

图 8-227　创建锥腔体

图 8-228　“孔”对话框 1

图 8-229　捕捉圆弧圆心

9）单击“主页”选项卡，选择“特征”组中的“孔”图标，弹出如图 8-228 所示的“孔”对话框 1。在“成形”下拉列表中选择“简单孔”。在“直径”“深度”和“顶锥角”的文本框中分别输入 12、20、0。在绘图区中捕捉凸台底面圆弧圆心，如图 8-229 所示。单击

“确定”按钮，创建孔特征如图 8-230 所示。

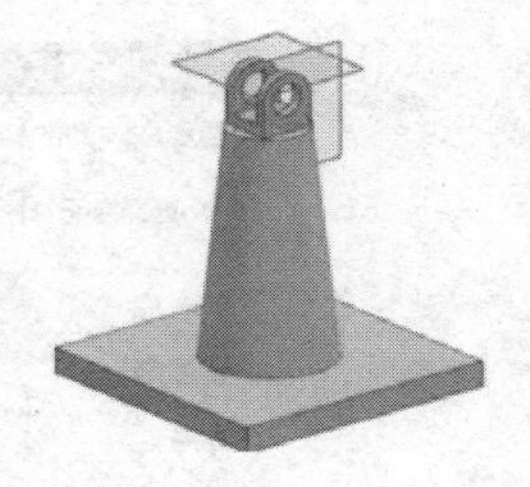

图 8-230　创建孔特征

10）单击“主页”选项卡，选择“特征”组中的“孔”图标，弹出如图 8-231 所示的“孔”对话框 2。选择“沉头”成形方式。在“沉头直径”“沉头深度”“直径”“深度”和“顶锥角”的文本框分别输入 18、2、11、10、0。选择长方体的上表面为草图放置面，弹出“草图点”对话框，创建点，即沉头孔定位如图 8-232 所示。单击“完成草图”按钮，返回“孔”对话框后单击“确定”按钮，创建沉头孔，如图 8-233 所示。

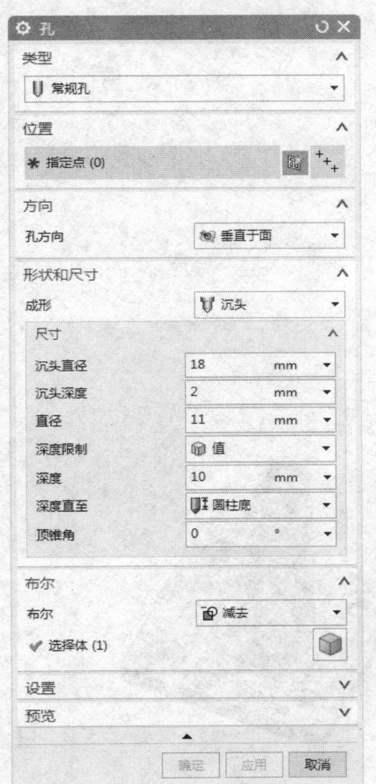

图 8-231　“孔”对话框 2

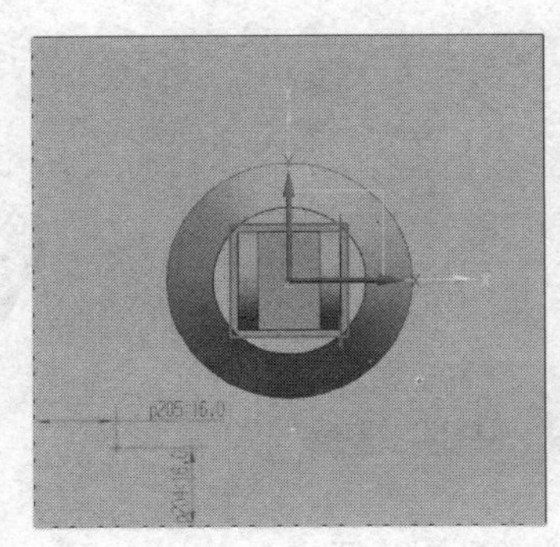

图 8-232　“沉头孔”定位

图 8-233　创建沉头孔

11）选择“菜单”→“插入”→“关联复制”→“阵列特征”选项或者单击“主页”选项卡，选择“特征”组中的“阵列特征”图标，弹出“阵列特征”对话框，选择沉头孔为要阵列的特征，对对话框进行设置，如图 8-234 所示。单击“确定”按钮，结果如图 8-235 所示。

12）单击“主页”选项卡，选择“特征”组中的“边倒圆”图标，弹出如图 8-236 所示的“边倒圆”对话框。在绘图区中选择长方体的四条棱边为要倒圆的边，如图 8-237 所示，并在“半径 1”文本框中输入 5。单击“确定”按钮，结果如图 8-209 所示。

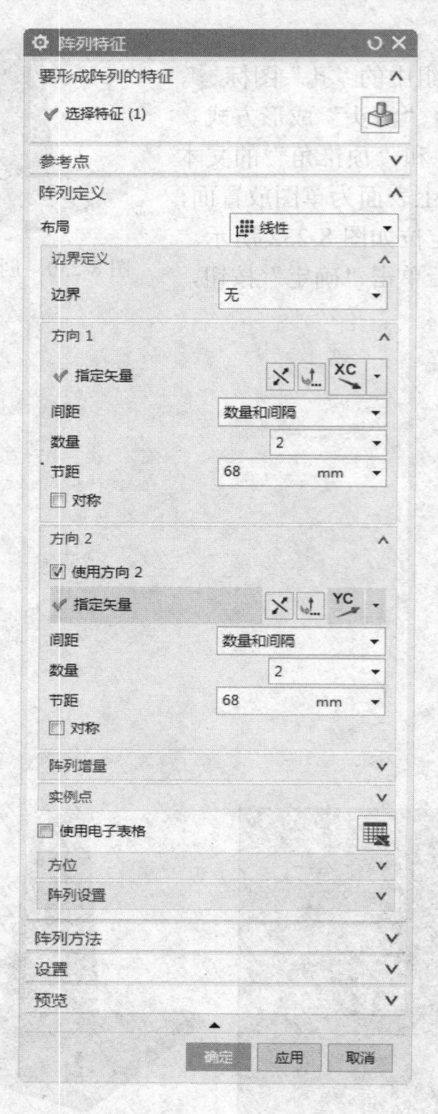

图 8-234 “阵列特征”对话框

图 8-235 阵列埋头孔后的零件体

8.3.3 转动关节

本例创建的机械臂转动关节如图 8-238 所示。

【思路分析】

本例利用“垫块”“凸台”和“孔”命令，在大臂的基体上创建转动关节，用于连接基座及大臂，创建机械臂转动关节的流程如图 8-239 所示。

图 8-236 “边倒圆”对话框

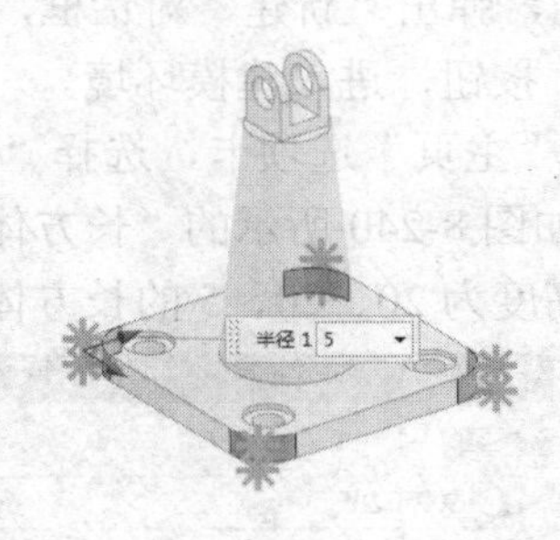

图 8-237 选择倒圆边

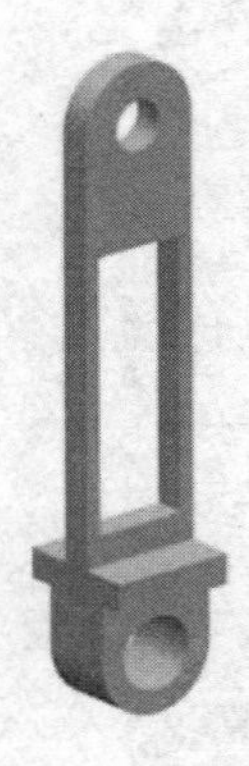

图 8-238 机械臂转动关节

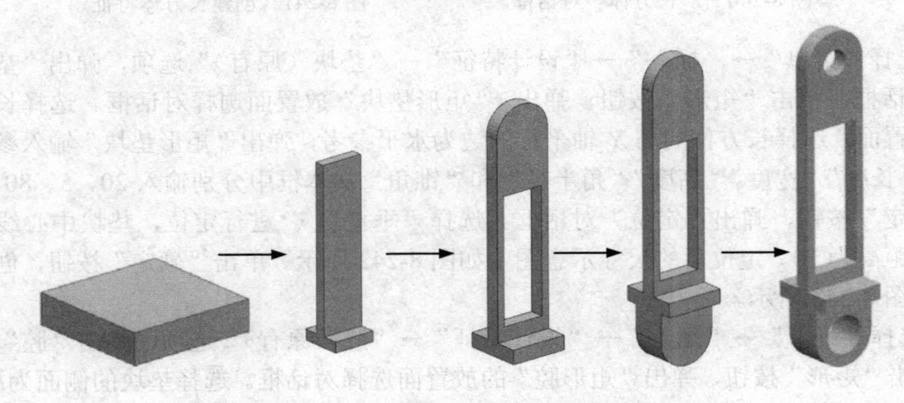

图 8-239 创建机械臂转动关节的流程

垫块　　腔　　孔

1）选择“菜单”→“文件”→“新建”选项，或者单击“主页”选项卡，选择“标准”组中的图标，弹出“新建”对话框，在“模板”列表框中选择“模型”，输入“ARM03”，单击“确定”按钮，进入建模环境。

2）单击“主页”选项卡，选择“特征”组→“更多”→“设计特征”库中的长方体图标，弹出如图 8-240 所示的“长方体”对话框。以坐标点（-10，-10，0）为角点，创建长度、宽度和高度为 20、20、5 的长方体，如图 8-241 所示。

图 8-240　“长方体”对话框

图 8-241　创建长方体特征

3）选择“菜单”→“插入”→“设计特征”→“垫块（原有）”选项，弹出“垫块”类型选择对话框。单击“矩形”按钮，弹出 “矩形垫块”放置面选择对话框。选择长方体上表面为放置面，选择长方体的与 Y 轴平行的边为水平参考，弹出“矩形垫块”输入参数对话框。在 “长度”“宽度”“高度”“角半径”和“锥角”文本框中分别输入 20、5、80、0、0。单击“确定”按钮，弹出“定位”对话框。选择“垂直”进行定位，垫块中心线与长方体两边的距离为 10。定位后的尺寸示意图 1 如图 8-242 所示。单击“确定”按钮，创建矩形垫块，如图 8-243 所示。

4）选择“菜单”→“插入”→“设计特征”→“腔（原有）”选项，弹出“腔”类型对话框。单击“矩形”按钮，弹出“矩形腔”的放置面选择对话框。选择垫块的侧面为放置面，选择垫块侧面平行于 Z 轴的边为水平参考。弹出“矩形腔”输入参数对话框。在“长度”“宽度”“深度”“角半径”“底面半径”和“锥角”文本框中分别输入 45、15、5、0、0、0。单击“确定”按钮，弹出“定位”对话框。选择“垂直”进行定位，定位后的尺寸示意图2如图8-244所示。单击“确定”按钮，创建矩形腔体，如图8-245所示。

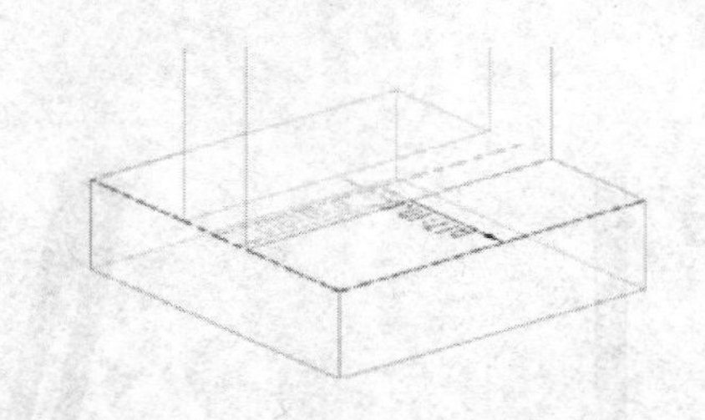

图8-242 定位后的尺寸示意图1

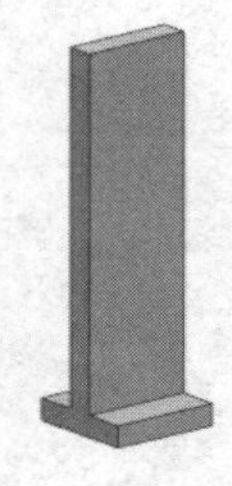

图8-243 创建矩形垫块

5）单击“主页”选项卡，选择“特征”组中的“边倒圆”图标，弹出“边倒圆”对话框。在绘图区中选择垫块的两条棱边为要倒圆的边，如图8-246所示，并在“半径1”文本框中输入10。单击“确定”按钮，结果如图8-247所示。

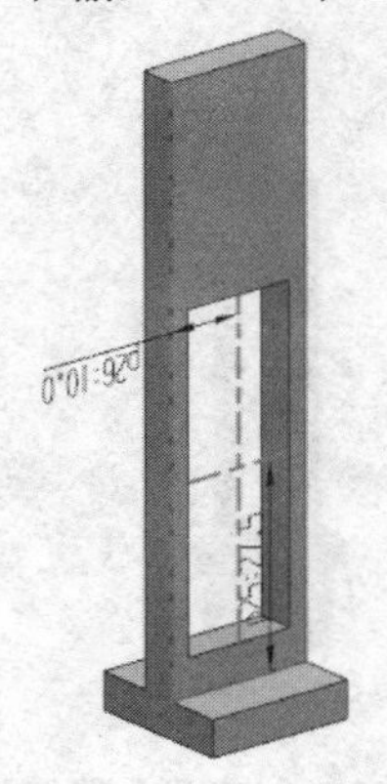

图8-244 定位后的尺寸示意图

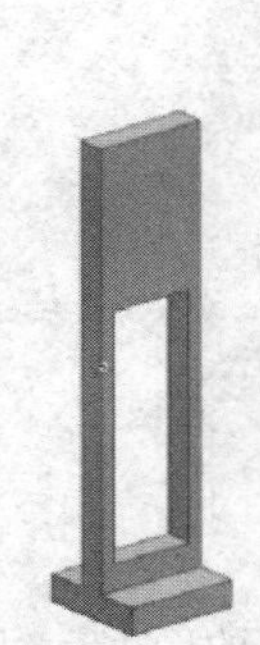

图8-245 创建腔体

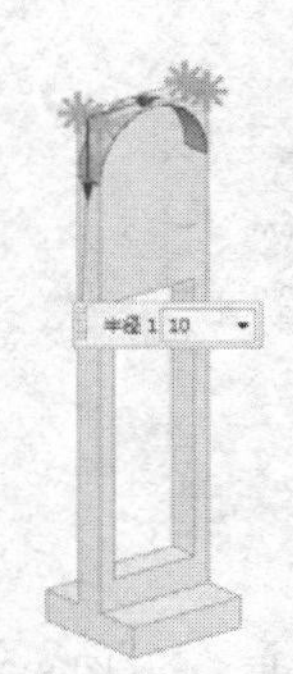

图8-246 选择倒圆边

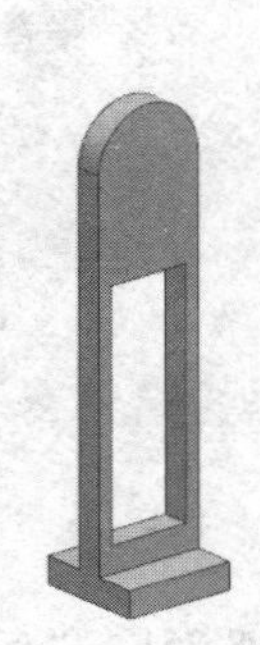

图8-247 倒圆角

6）选择“菜单”→“插入”→“设计特征”→“垫块（原有）”选项，弹出“垫块”类型选择对话框。单击“矩形”按钮，弹出“矩形垫块”放置面选择对话框。选择长方体的下表面为垫块放置面，选择长方体与Y轴平行的边为水平参考。弹出“矩形垫块”的输入参数对话框。在“长度”“宽度”“高度”“角半径”和“锥角”数值输入栏分别输入20、12、10、0、0。单击“确定”按钮，弹出“定位”对话框。选择“垂直”进行定位，垫块中心线与长方体两边的距离为10。定位后的尺寸示意图3如图8-248所示。单击“确定”按钮，创建矩形垫块，如图8-249所示。

7）单击“主页”选项卡，选择“特征”组→“基准/点”下拉菜单中的“基准平面”图标，弹出“基准平面”对话框。选择“按某一距离”类型。在绘图区中选择长方体任意侧面，在“距离”文本框中输入0。单击“确定”按钮，创建基准平面1，如图8-250所示。

8）选择“菜单”→“插入”→“设计特征”→“凸台（原有）”选项，弹出如图8-251所示的“支管”对话框。选择基准平面1为放置面，单击“反侧”按钮，调整凸台的创建方向。在“直径”“高度”和“锥角”文本框中分别输入20、12、0。单击“确定”按钮，弹出

“定位”对话框。选择“垂直”定位，凸台与垫块侧边距离为 10，与垫块的底边距离为 0。定位后的尺寸示意图 4 如图 8-252 所示。单击“确定”按钮，创建凸台特征 1，如图 8-253 所示。

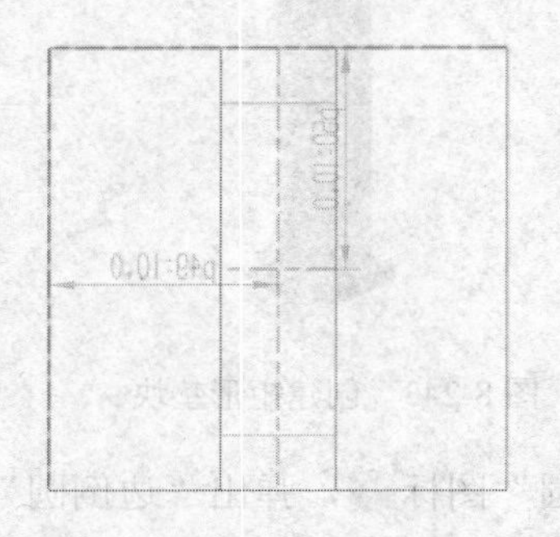

图 8-248　定位后的尺寸示意图 3

图 8-249　创建矩形垫块

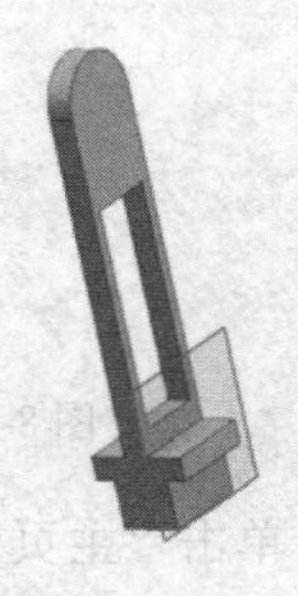

图 8-250　创建基准平面 1

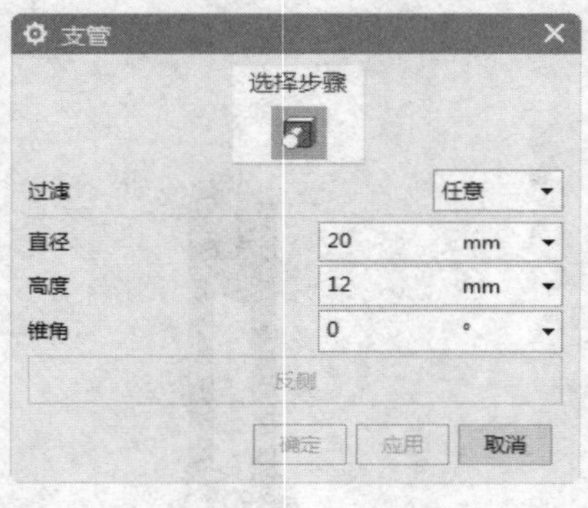

图 8-251　“支管”对话框

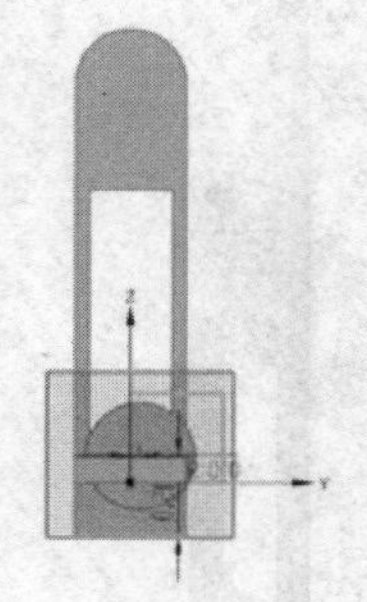

图 8-252　定位后的尺寸示意图 4

图 8-253　创建凸台特征 1

9）单击“主页”选项卡，选择“特征”组中的“孔”图标，弹出“孔”对话框。选择“常规孔类型”。选择边倒圆的中心为指定点，在“直径”“深度”和“顶锥角”的文本框分别输入 8、5、0。捕捉上端圆弧中心为孔放置位置，如图 8-254 所示。单击“确定”按钮，创建孔特征如图 8-255 所示。

同理，在底端圆弧中心创建“直径”“深度”和“顶锥角”为 12、12、0 的简单孔，如图 8-238 所示。

8.3.4　机械臂装配

本例完成的机械臂装配如图 8-256 所示。

【思路分析】

图 8-254　选择定位边

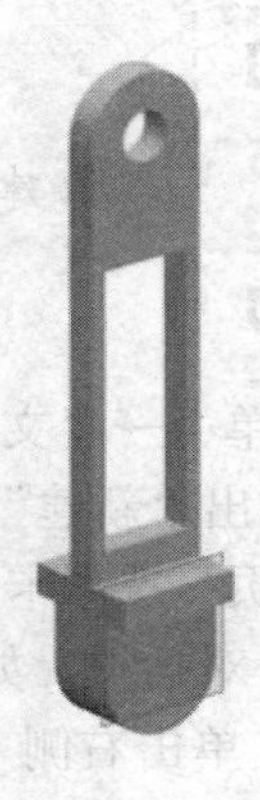
图 8-255　创建孔

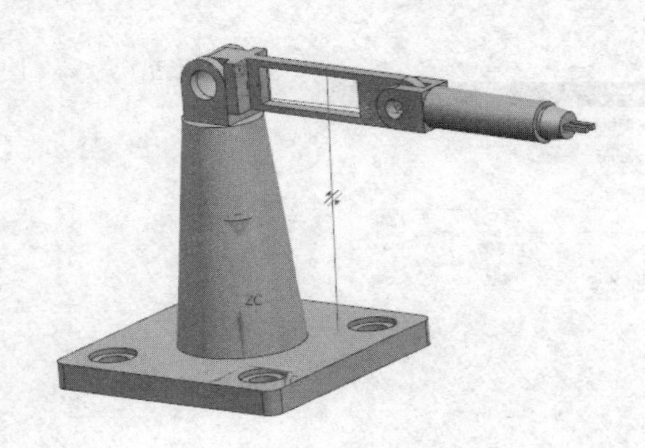
图 8-256　机械臂装配

本节将介绍机械臂装配的具体步骤和方法，将机械臂的三个零部件：基座，转动关节和小臂装配成完整的机械臂。其装配流程如图 8-257 所示。

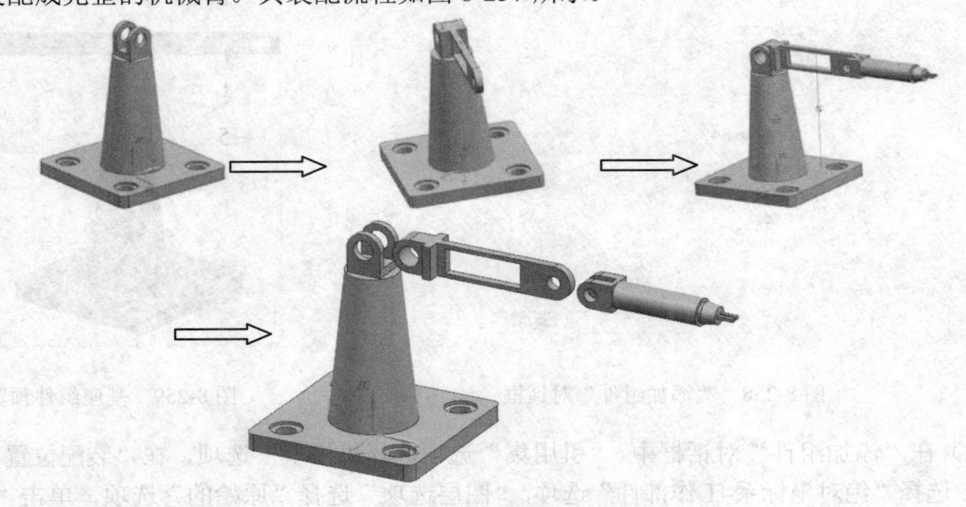
图 8-257　机械臂的装配流程

【知识要点】

添加组件　　建立爆炸视图

【操作步骤】

1）选择“菜单”→“文件”→“新建”选项，或者单击“主页”选项卡，选择“标准”组中的图标，弹出“新建”对话框，选择“装配”模板，输入文件名为 ARM。

2）单击“主页”选项卡，选择“装配”组中的“组件”下拉菜单中的“添加”图标，弹出“添加组件”对话框，如图 8-258 所示。单击按钮，弹出“部件名”对话框。选择已存的零部件文件，单击右侧“预览”复选框，可以预览已存的零部件。选择“ARM02.prt”文件，右侧预览窗口中显示出该文件中保存的基座实体。单击“确定”按钮，弹出基座组件预览，如图 8-259 所示。

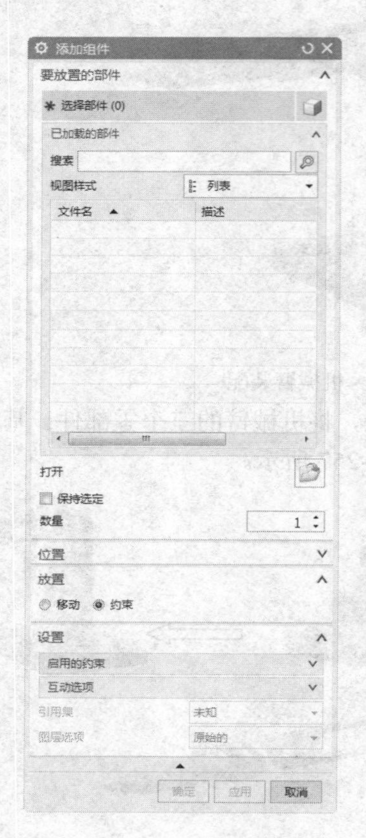

图 8-258　“添加组件”对话框

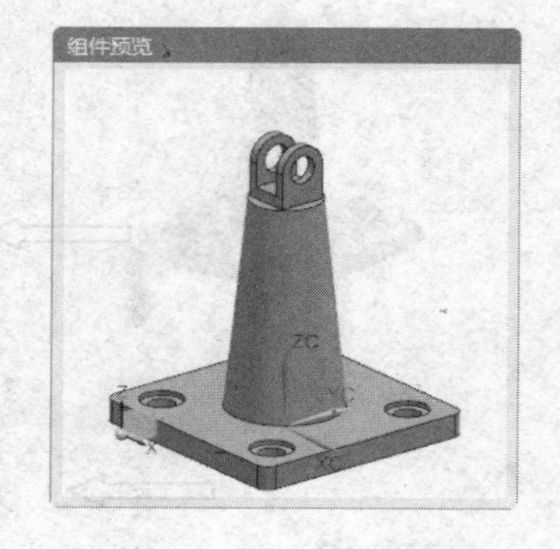

图 8-259　基座组件预览

3）在“添加组件”对话框中，“引用集”选项选择“模型”选项，在“装配位置”下拉列表中选择“绝对坐标系-工作部件”选项，“图层选项”选择“原始的”选项，单击“确定”按钮，完成按绝对坐标定位方法添加基座，如图 8-260 所示。

4）单击“主页”选项卡，选择“装配”组→“组件”下拉菜单中的“添加”图标，弹出“添加组件”对话框。单击按钮，弹出“部件名”对话框，选择“ARM03.prt”文件，右侧预览窗口中显示出转动关节实体的预览图。单击“确定”按钮，弹出转动关节组件预览，如图 8-261 所示。

5）在“添加组件”对话框“放置”选项组中选择“约束”选项，在“约束类型”选项组中选择“接触对齐”类型，用光标首先在“组件预览”窗口中选择基座的右侧端面，接下来在绘图区中选择转动关节端面，进行配对约束，如图 8-262 所示。

图 8-260　添加基座

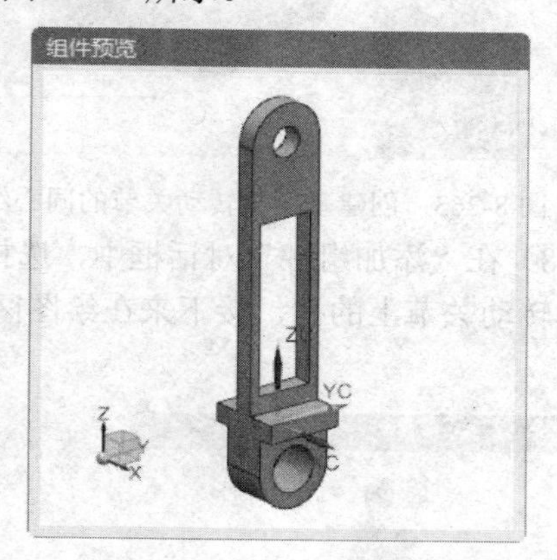

图 8-261　转动关节组件预览

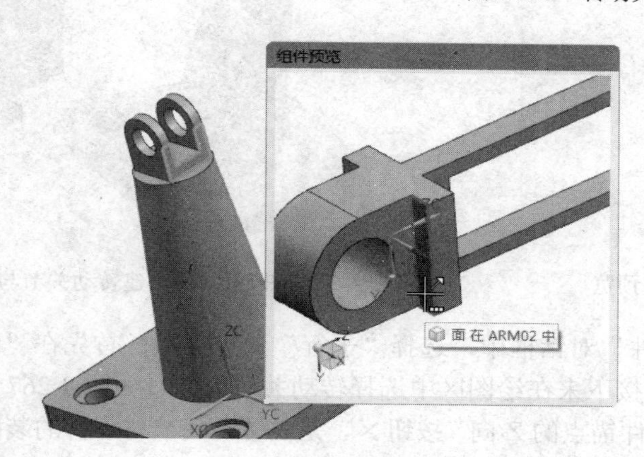

图 8-262　创建基座与转动关节的配对约束

6）选择“同心”约束类型，用光标首先在“组件预览”窗口中选择基座上端孔，接下来在绘图区中选择转动关节上端孔，进行同心约束，如图 8-263 所示。单击 “确定”按钮，完成基座与转动关节的装配，如图 8-264 所示。

7）单击“主页”选项卡，选择“装配”组→“组件”下拉菜单中的“添加”图标，弹出“添加组件”对话框。单击按钮，弹出“部件名”对话框，选择“ARM01.prt”文件，右侧预览窗口中显示出小臂的预览图。单击“确定”按钮，弹出小臂组件预览，如图 8-265

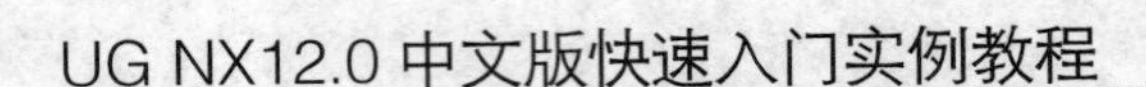

所示。

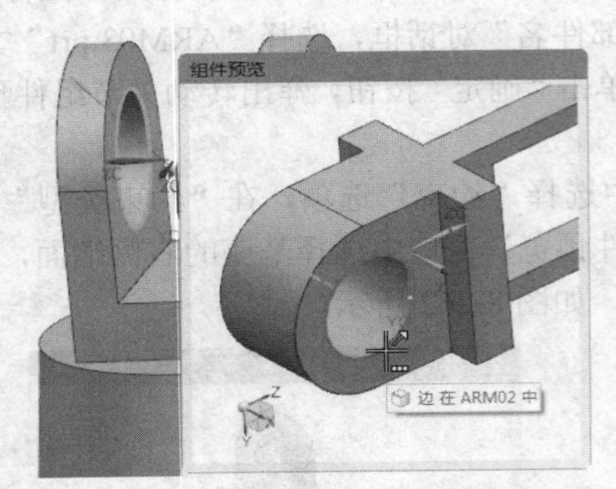

图 8-263　创建基座与转动关节的同心约束

图 8-264　基座与转动关节的装配

8）在“添加组件”对话框中，选择“同心”约束类型，用光标首先在“组件预览”窗口选择转动关节上的孔，接下来在绘图区中选择小臂上的孔，如图 8-266 所示。单击“确定”按钮。

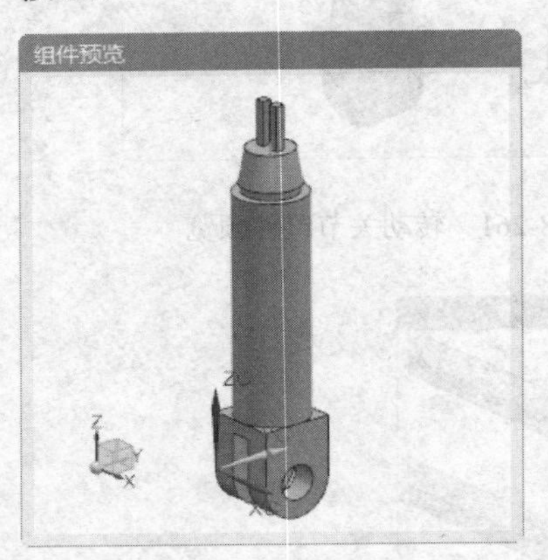

图 8-265　小臂组件预览

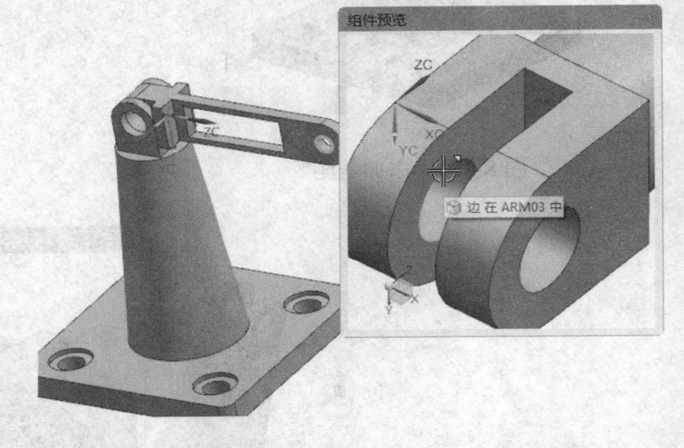

图 8-266　创建转动关节与小臂的同心约束

9）在“添加组件”对话框中，选择“平行”约束类型，首先在“组件预览”窗口中选择小臂中块的上面，接下来在绘图区中选择转动关节上面，如图 8-267 所示。若方向相反，可选择“反转选定组件锚点的 Z 向”按钮，完成转动关节与小臂的装配，如图 8-268 所示。

10）选择“菜单”→“装配”→“爆炸图”→“新建爆炸”选项，弹出“新建爆炸”对话框，如图 8-269 所示。在“名称”文本框中可以输入爆炸图的名称，或是接受默认名称。单击“确定”按钮，创建“Explosion 1”爆炸图。

11）选择“菜单”→“装配”→“爆炸图”→“编辑爆炸”选项，弹出“编辑爆炸”对话框，如图 8-270 所示。在绘图区中选择小臂组件，然后在“编辑爆炸”对话框选择“移动对象”单选按钮，如图 8-271 所示。在绘图区中直接选择 Z 轴，单击“确定”按钮。

12）返回“编辑爆炸”对话框，激活“编辑爆炸”对话框中“距离”设定文本框，设定移动距离为 50，即沿 Z 轴正方向移动 50，如图 8-272 所示。单击“确定”按钮，完成对机械臂爆炸位置的重定位。按同样方法完成剩余零件的爆炸，如图 8-273 所示。

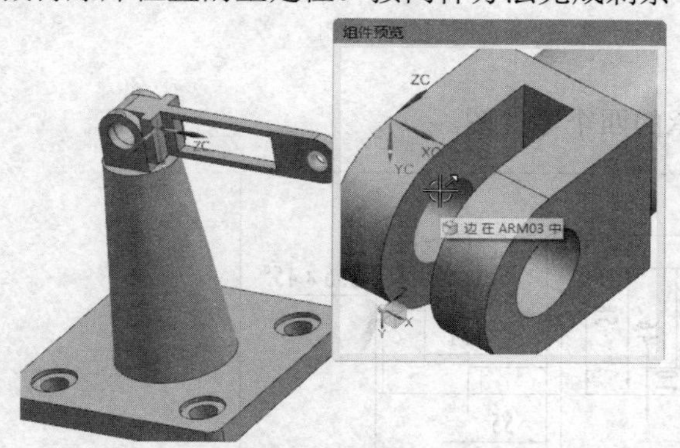

图 8-267 创建转动关节与小臂的平行约束

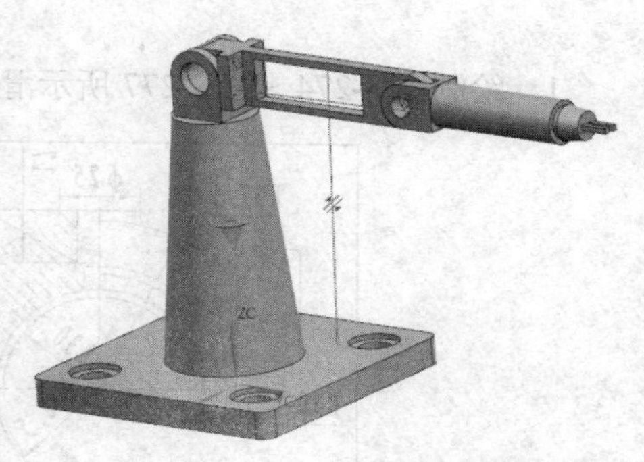

图 8-268 转动关节与小臂的机械臂装配

图 8-269 “新建爆炸”对话框

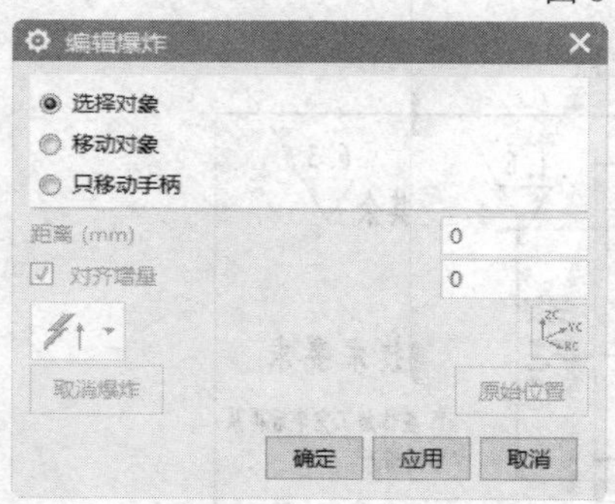

图 8-270 “编辑爆炸”对话框

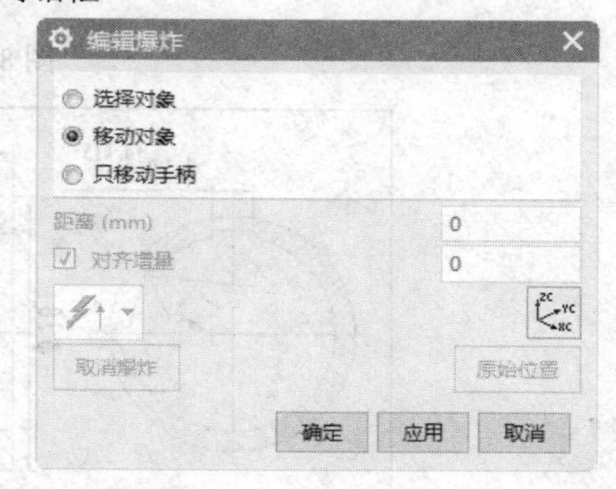

图 8-271 “移动对象”单选按钮

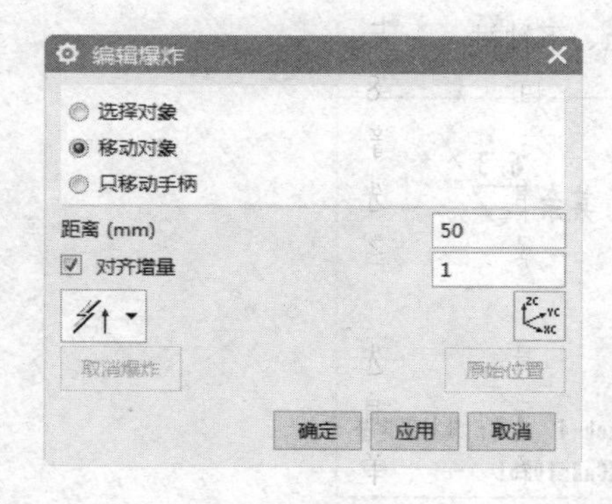

图 8-272 设定移动距离

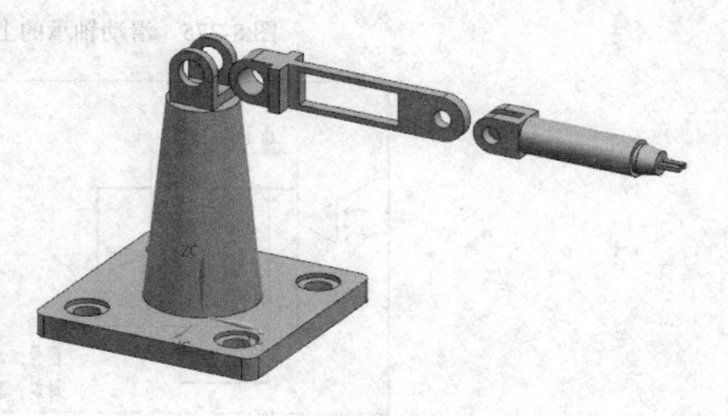

图 8-273 爆炸机械臂组件

8.4 练习题

1．绘制图 8-274～图 8-277 所示滑动轴承的四个零件图。

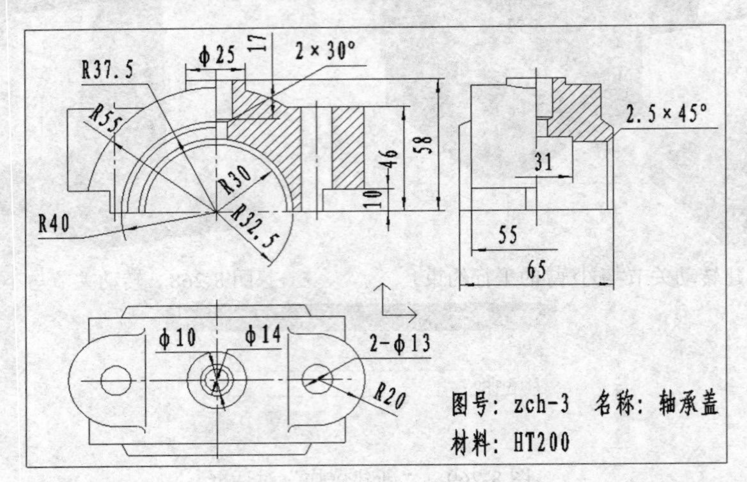

图 8-274 滑动轴承的上盖

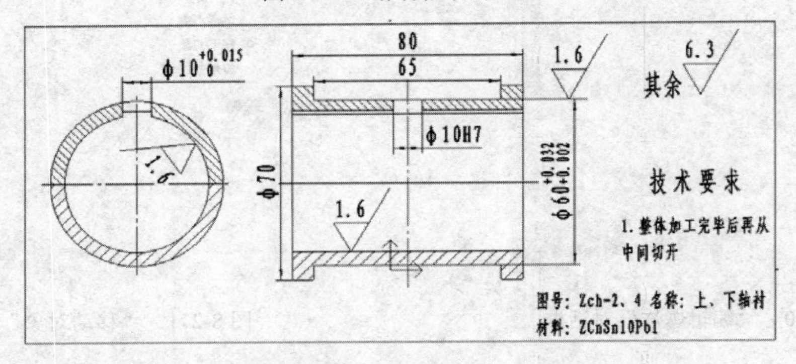

图 8-275 滑动轴承的上、下轴衬

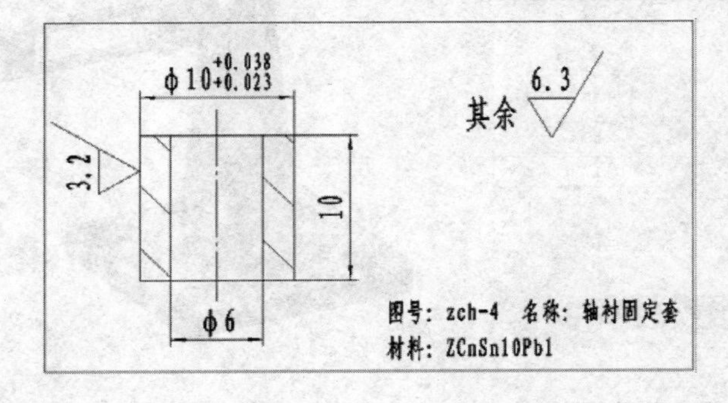

图 8-276 滑动轴承的轴衬固定套

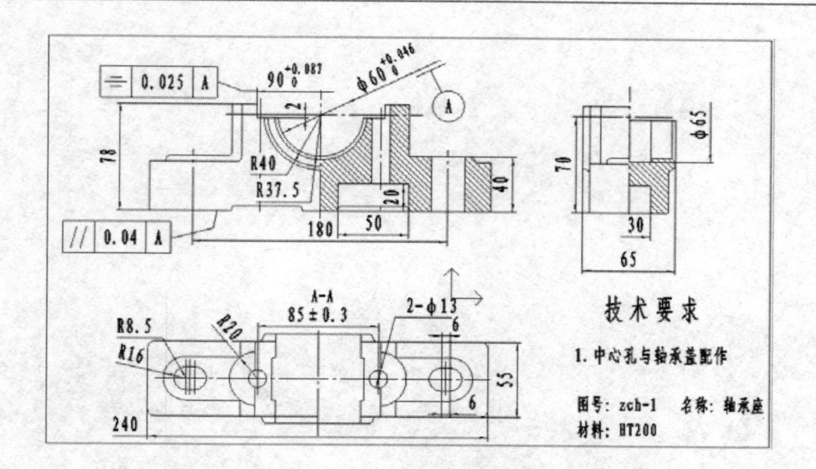

图 8-277　滑动轴承的轴承座

2．绘制图 8-278 所示滑动轴承的装配图。

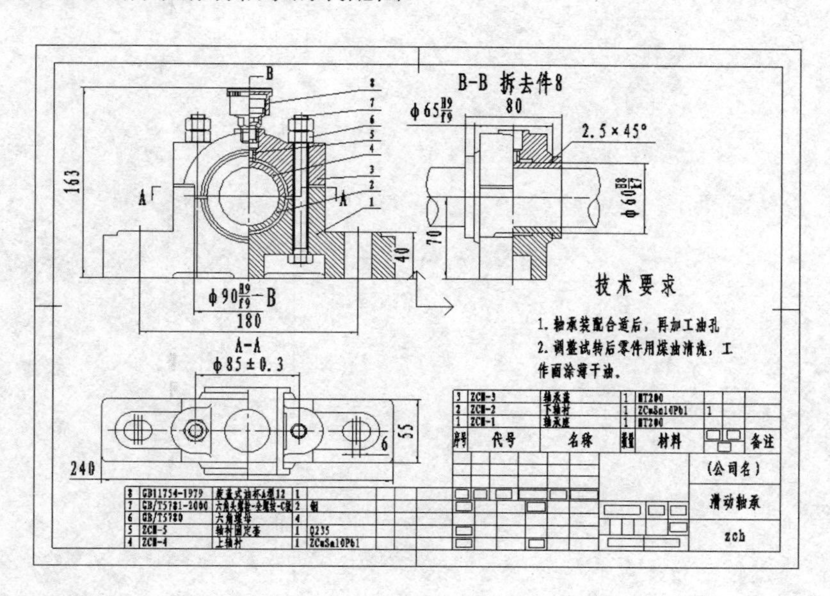

图 8-278　滑动轴承装配图